"十三五"普通高等教育本科系列教材

工程测量项目化教程

主　编　刘　伟　权娟娟

副主编　邢琳琳　孙佳伟　冯少飞　李庆瑞

编　写　米永刚　张海龙　张　锋　李国泰　刘海南

主　审　马　斌　周建新

- 微信扫码关注，加入测量人才、技术交流圈；
- 阅览《桥梁工程施工测量和桥梁工程变形测量》等拓展内容。

内容提要

本书是参照卓越工程师培养和应用型本科教育土建类各专业测量学的基本要求编写的。全书分4个模块：模块1基本技能，介绍了测量学的基本知识、基本理论及测量仪器的构造和使用方法；模块2地形图测绘，介绍了小地区控制测量及大比例尺地形图的测绘、识图和用图；模块3施工测量，介绍了建筑、路桥等施工阶段的测定、测设工作；模块4变形测量，介绍了现代建筑、古建筑、大坝等工程施工及使用过程中的变形测量技术。

本书按照国家最新测量规范编写，力求做到简明、扼要、实用，融入较多的当前测绘新技术，每章后面附有习题。

本书可作为土建类本科和函授教材，也可供其他相关专业的师生、工程技术人员和研究人员学习参考。

图书在版编目（CIP）数据

工程测量项目化教程/刘伟，权娟娟主编．—北京：中国电力出版社，2019.1（2023.7重印）
“十三五”普通高等教育本科规划教材
ISBN 978-7-5198-2232-3

Ⅰ.①工…　Ⅱ.①刘…　②权…　Ⅲ.①工程测量—高等学校—教材　Ⅳ.①TB22

中国版本图书馆CIP数据核字（2018）第155584号

出版发行：中国电力出版社
地　　址：北京市东城区北京站西街19号（邮政编码100005）
网　　址：http：//www.cepp.sgcc.com.cn
责任编辑：熊荣华　郑晓萌（010-63412543　124372496@qq.com）
责任校对：黄　蓓　郝军燕
装帧设计：赵姗姗
责任印制：钱兴根

印　　刷：三河市航远印刷有限公司
版　　次：2019年1月第一版
印　　次：2023年7月北京第三次印刷
开　　本：787毫米×1092毫米　16开本
印　　张：20
字　　数：492千字
定　　价：54.00元

前　言

《工程测量项目化教程》是“陕西省高等学校省级质量工程项目”研究成果，本书从实际工程中所遇到的实际问题出发，采用“项目引导、任务驱动”的项目化教学编写方式，内容设置体现“基于工作过程”及“教、学、做”一体化的教学理念和实践特点。本书依据“立足使用、打好基础、强化能力”的教学原则，结合应用型人才培养特点编写。

本书共分 4 个（包含一体化实训工作任务单）模块：模块 1，基本技能；模块 2，地形图测绘；模块 3，施工测量；模块 4，变形测量；共 13 个项目、56 个任务。

本书以项目任务为载体，以任务实施的过程为主线，突出了实践性、应用性。基于工作过程的结构：设计了一个“项目导引＋能力目标＋知识目标＋项目任务＋教学活动＋项目实训”的学习结构，每项任务的实施完全模拟了实际的工作过程。注重实用性的教学内容，学习内容即为实际工作的内容，培养学生将所学与所用结合，以所学为所用，以所用悟所学，为学生可持续发展奠定基础。体现“教、学、练一体化”的教学思路，每项任务在实施过程中安排了大量的“互动练习”和项目实训，促使学生学练结合，提高主动参与意识和创新意识，培养他们发现问题、解决问题和综合应用的能力。

编者多次与荣获中国建筑工程鲁班奖、国家优质工程奖、陕西建设工程长安杯奖工程的中国新时代国际工程公司启源设计、西安四方建设监理有限责任公司合作，深入勘察设计、工程监理、施工现场一线调研，获取一手资料和宝贵意见。同时，在编写思路上采用“一体化（实训）工作任务单”的方式统筹了教材内容。

本书由刘伟、权娟娟任主编，邢琳琳（黄河水利职业技术学院）、孙佳伟、冯少飞、李庆瑞任副主编，米永刚、张海龙、张锋、李国泰等编写，马斌、周建新任主审。具体编写分工如下：项目 1、项目 2、项目 5、项目 6 由权娟娟编写，绪论、项目 3、项目 4、项目 7 由刘伟、李庆瑞编写，项目 8 由孙佳伟、权娟娟、刘海南（陕西省地质环境监测总站）编写，项目 9 由刘伟、张锋、李国泰编写，项目 10 由李庆瑞、刘伟编写，项目 11 由邢琳琳编写，项目 12 由邢琳琳、刘伟编写，项目 13 由刘伟、米永刚、张海龙编写，两个拓展项目由冯少飞编写。全书由权娟娟总体规划，由刘伟统稿。在本书的编写过程中，马斌教授在理论层面提出了地形图测绘优化技术和宝贵的指导意见，周建新教授级高级工程师在工程建设及质量验收层面给予了有价值的质量管理技术与施工测量经验，并得到了中国电力出版社、中国新时代国际工程公司和西安四方建设监理有限责任公司的大力支持，在此表示衷心感谢。

本书在编著过程中，硕士生张华、赵满云、欧浩、李雪梅，李科生、周昕昕、邓森文、李天赐做了大量的绘图和校对工作，造价工程师冉巧庆对项目案例数据进行了核算，在此致以衷心的感谢。

由于编者水平有限，书中如有不妥之处，欢迎广大读者朋友批评指正。

编　者

2017 年 12 月

目录

模块2　地 形 图 测 绘

模块3 施 工 测 量

模块 4 变 形 测 量

绪　　论

地球是人类赖以生存的基础，人类的一切活动都在地球上，各类工程建设都在地球上进行。测量学是由于人类生产与生活的需要而诞生的一门科学。

测量学研究的对象是地球，如何准确认识并描述地球的形状，一直是人类要面对的问题。从最初的平面到圆球，再到椭球，都是认识上的一次质的飞跃。当今，卫星发射、巡航导弹、太空活动都需要精确定位，都需要对地球形状进行更加准确地认识和描述。

能力目标

1. 能够进行地面上两点之间的高差计算，会正确识读建筑物标高。
2. 会计算高斯投影带中央子午线精度，可进行坐标自然值和通用值之间的换算。

知识目标

1. 了解测量学的定义和内容，了解测量学的分支学科。
2. 了解测量工作的程序和组织原则。
3. 理解测量工作的基准面、基准线概念和确定地面点位的方法。
4. 理解用水平面代替水准面产生的高程和距离的影响。
5. 掌握测量坐标系统和高程系统的基本概念和确定方法。
6. 掌握控制测量和碎步测量施测原则。

0.1　预　备　知　识

测量学是研究地球的形状、大小及确定地面（包括空中、地下和海底）点位，以及对空间点位信息进行采集、处理、存储、管理的科学。

0.1.1　测量学分类

按照研究范围、对象和技术手段的不同，测量学产生了许多分支学科，如普通测量学、大地测量学、摄影测量学、海洋测量学、工程测量学等。

普通测量学是在不考虑地球曲率影响的情况下，研究地球自然表面局部区域的地形、确定地面点位的基础理论、基本技术方法与应用的学科，是测量学的基础部分。其内容是将地表的地物、地貌及人工建筑物等测绘成地形图，为各建设部门提供数据和资料。

大地测量学是研究地球的大小、形状、地球重力场及建立国家大地控制网的学科。现代大地测量学已进入以空间大地测量为主的领域，可提供高精度、高分辨率、适时、动态的定量空间信息，是研究地壳运动与形变、地球动力学、海平面变化、地质灾害预测等的重要手段之一。

摄影测量学是利用摄影或遥感技术获取被测物体的影像或数字信息，进行分析、处理后以确定物体的形状、大小和空间位置，并判断其性质的学科。按获取影响方式的不同，摄影测量学又分为水下、地面、航空摄影测量学和航天遥感等。随着空间、数字和全息影像技术的发展，摄影测量可方便地提供数字图件、建立各种数据库、虚拟现实，已成为测量学的关键技术。

海洋测量学是以海洋和陆地水域为对象，研究港口、码头、航道、水下地形测量及海图绘制的理论、技术和方法的学科。

工程测量学是研究各类工程在规划、勘测设计、施工、竣工验收和运营管理等各阶段的测量理论、技术和方法的学科。其主要内容包括控制测量、地形测量、施工测量、安装测量、竣工测量、变形观测、跟踪监测等。

测量学的内容包括测定和测设两个部分。测定是指应用测量仪器和工具，通过测量和计算得到一系列测量数据，或将地球表面的地物和地貌缩绘成地形图，供经济建设、规划设计、科学研究和国防建设使用。测设是指应用测量仪器和工具把图纸上规划设计好的建筑物、构筑物的位置依据规定精度在地面上标定出来，作为施工的依据。

工程测量工作是指在工程建设中进行的测定和测设工作。

0.1.2 工程测量在工程各阶段的作用

1. 在工程规划设计阶段

要进行规划设计，首先需要规划区的地形图。有精确的地形图和测绘成果，才能保证工程的选址、选线、设计得出经济合理的方案。因此，测定是一种前期性、基础性的工作。

2. 在工程施工阶段

工程施工的主要目的是把工程的设计精确地在地面上标定出来，这就需要使用测量的仪器，按一定的方法进行施工测量。精确地进行施工测量是确保工程质量最为重要的手段之一。

3. 在工程运营与管理阶段

为了保证工程完工后，能够正常运营或日后改建与扩建的需要，应进行竣工测量，编绘竣工图。对于大型或特殊的建筑物，还需进行周期性的重复观测，观测建筑物的沉降、倾斜、位移等，即变形观测，从而判断建筑物的稳定性，防止灾害事故的发生。

0.1.3 地球的形状和大小

测绘工作是在地球的自然表面上进行的，而地球自然表面是极不平坦和不规则的，其中有高达 8844.43m 的珠穆朗玛峰，也有深至 11022m 的马里亚纳海沟，尽管它们高低起伏悬殊，但与半径为 6371km 的地球比较，还是可以忽略不计的。此外，地球表面海洋面积约占 71%，陆地面积仅占 29%。因此，人们设想以一个静止不动的海水面延伸穿越陆地，形成一个闭合的曲面包围整个地球，这个闭合的曲面称为水准面。由于海水面在涨落变化，水准面可有无数个，其中通过平均海水面的一个水准面称为大地水准面，它是测量工作的基准面（高程计算的起算面）。由大地水准面所包围的地球形体，称为大地体，如图 0－1（a）所示。

水准面是受地球重力影响而形成的，它的特点是水准面上任意一点的铅垂线（重力作用线，是测量工作的基准线）都垂直于该点的曲面。由于地球内部质量分布不均匀，重力也受其影响，故引起了铅垂线方向的变动，致使大地水准面成为一个有微小起伏的复杂曲面。如果将地球表面的图形投影到这个复杂曲面上，对于地形制图或测量计算工作都是非常困难的，为此，人们经过几个世纪的观测和推算，选用一个既非常接近大地体，又能用数学式表示的规则几何形体来代表地球的实际形体，这个几何形体是由一个椭圆 NWSE 绕其短轴 NS 旋转而成的形体，称为地球椭球体或旋转椭球体，如图 0-1（b）所示。

旋转椭球体的形状和大小由椭球基本元素确定，即由长半径 a（或短半径 b）和扁率 α 所决定。我国目前采用的元素值为：$a=6378140$m，$\alpha=1:298.257$，并选择陕西泾阳县乐镇某点为大地原点，进行了大地定位。由此而建立起来的全国统一坐标系，也是目前使用的“1980 年国家大地坐标系”。

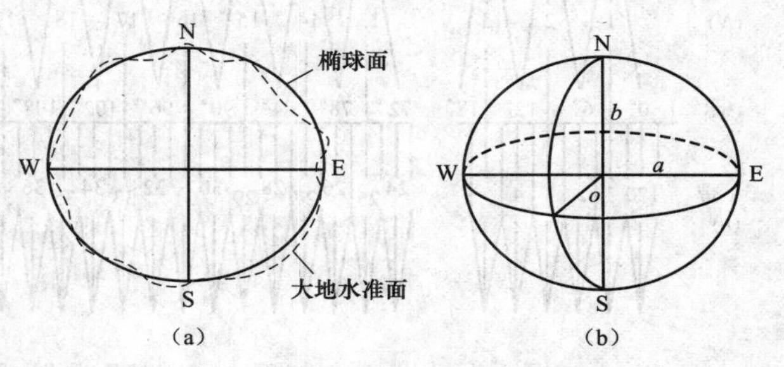

图 0-1　大地水准面与地球椭球体

由于地球的扁率很小，因此当测区范围不大时，可近似地把地球椭球作为圆球，其半径为 6371km。

0.1.4　坐标系统

坐标系统是用来确定地面点在地球横椭球面或投影在水平面上的位置。表示地面点位在球面或平面上的位置，通常有下列几种坐标系统：

1. 地理坐标

地面点在球面（水准面）上的位置用经度和纬度表示，称为地理坐标。图 0-2 所示为天文地理坐标，它表示地面点 A 在大地水准面上的位置，用经度 λ 和纬度 φ 来表示。天文经度和天文纬度是用天文测量的方法直接测定的。

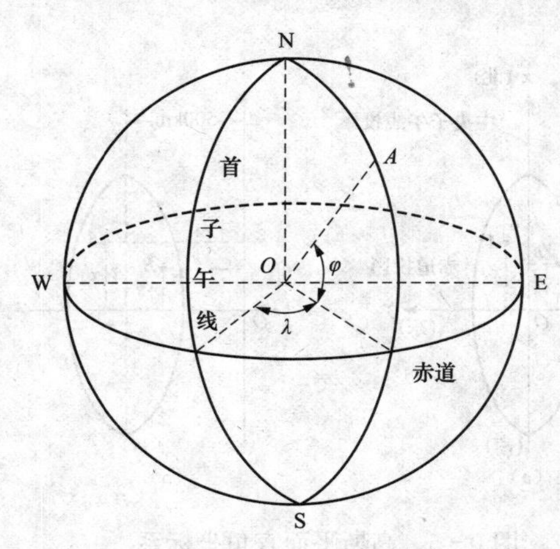

图 0-2　天文地理坐标

经度是从首子午线（首子午面）向东或向西自 0°起算至 180°，向东者为东经，向西者为西经；纬度是从赤道（赤道面）向北或向南自 0°起算至 90°，分别称为北纬和南纬。我国国土均在北纬，例如，南京市某地的大地地理坐标为东经 118°47′，北纬 32°03′。

2. 高斯平面直角坐标

上述地理坐标只能确定地面点在大地水准面或地球椭球面上的位置，不能直接用来测图。测量上的计算最好是在平面上进行，而地球椭球面是一个曲面，不能简单地展开成平面，那么如何建立一个平面直角坐标系呢？我国是采用高斯投影来实现。

高斯投影首先是将地球按经线分为若干带，称为投影带。它从首子午线（零子午线）开始，自西向东每 6°划为一带，每带均有统一编排的带号，用 N 表示，位于各投影带中央的子午线称为中央子午线（L_0），也可由东经 1°30′开始，自西向东每隔 3°划为一带，其带号用 n 表示，如图 0-3 所示。我国国土所属范围大约为 6°带第 13～23 号带，即带号 $N=13\sim23$。相应 3°带大约为第 24～46 号带，即带号 $n=24\sim46$。6°带中央子午线经度 $L_0=6n-3$，3°带中央子午线经度 $L_0'=3n$。

设想一个横圆柱体套在椭球外面，使横圆柱的轴心通过椭球的中心，并与椭球面上某投影带的中央子午线相切，然后将中央子午线附近（即该带东西边缘子午线构成的范围）的椭

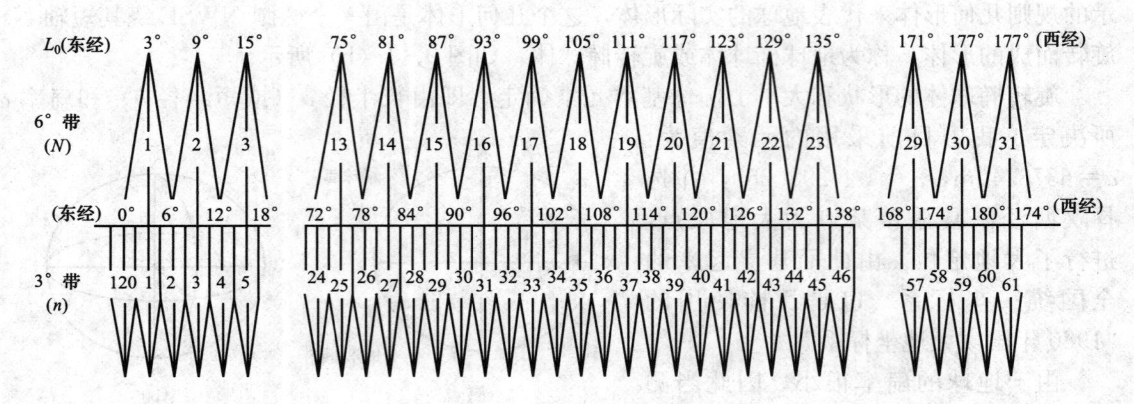

图 0-3 投影分带 6°带与 3°带

球面上的点、线投影到横圆柱面上，如图 0-4 表示。再顺着过南北极的母线将圆柱面剪开，并展开为平面，这个平面称为高斯投影平面。

在高斯投影平面上，中央子午线和赤道的投影是两条相互垂直的直线。规定中央子午线的投影为高斯平面直角坐标系的 x 轴，赤道的投影为高斯平面直角坐标系的 y 轴，两轴交点 O 为坐标原点，并令 x 轴上原点以北为正，y 轴上原点以东为正，由此建立了高斯平面直角坐标系，如图 0-5（a）所示。

在图 0-5（a）中，地面点 A、B 在高斯平面上的位置，可用高斯平面直角坐标 x、y 来表示。

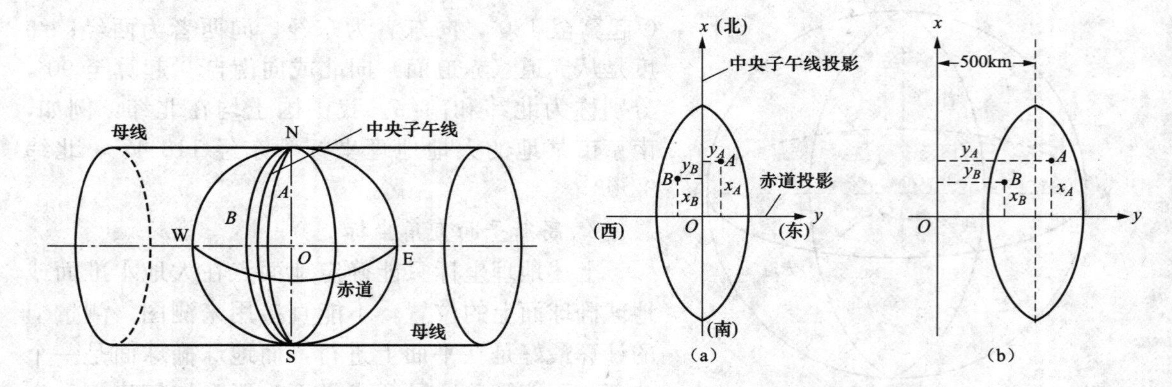

图 0-4 高斯平面直角坐标的投影

图 0-5 高斯平面直角坐标系

由于我国国土全部位于北半球（赤道以北），故我国国土上全部点位的 x 坐标值均为正值，而 y 坐标值则有正有负。为了避免 y 坐标值出现负值，我国规定将每带的坐标原点向西移 500km，如图 0-5（b）所示。由于各投影带上的坐标系是采用相对独立的高斯平面直角坐标系，为了能正确区分某点所处投影带的位置，规定在横坐标 y 值前面冠以投影带带号。例如，图 0-5（a）中 B 点位于高斯投影 6°带，第 20 号带内（$N=20$），其真正横坐标 $y_B=-113424.690$m，按照上述规定，y 值应改写为 $y_B=20(-113424.690+500000)=20386575.310$。反之，人们从这个 y_B 值中可以知道，该点是位于 6°第 20 号带，其真正横坐标 $y_B=386575.310-500000=-113424.690$m。

高斯投影是正形投影，一般只需将椭球面上的方向、角度及距离等观测值经高斯投影的方向改化和距离改化后，归化为高斯投影平面上的相应观测值，然后在高斯平面坐标系内进行平差计算，从而求得地面点位在高斯平面直角坐标系内的坐标。

3. 独立平面直角坐标

当测量范围较小时（如半径不大于 10km 的范围），可以将该测区的球面看作为平面，直接将地面点沿铅垂线方向投影到水平面上，用平面直角坐标来表示该点的投影位置。在实际测量中，一般将坐标原点选在测区的西南角，使测区内的点位坐标均为正值（Ⅰ象限），并以该测区的子午线（或磁子午线）的投影为 x 轴，向北为正，与此 x 轴相垂直的为 y 轴，向东为正，由此建立了该测区的独立平面直角坐标系，如图 0-6 所示。

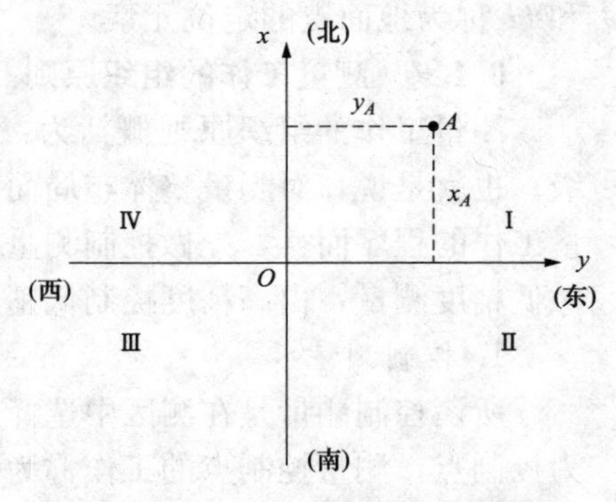

图 0-6　独立平面直角坐标系

0.1.5　高程系统

地面点的高程（绝对高程或海拔）就是地面点到大地水准面的铅垂距离，一般用 H 表示，如图 0-7 所示。图 0-7 中地面点 A、B 的高程分别为 H_A、H_B。

在个别的局部测区，若远离已知国家高程控制点或为便于施工，也可以假设一个高程起算面（即假定水准面），这时地面点到假定水准面的铅垂距离，称为该点的假定高程或相对高程。如图 0-7 中 A、B 两点的相对高程为 H'_A、H'_B。

我国曾以青岛验潮站多年观测资料求得黄海平均海水面作为我国的大地水准面（高程基准面），由此建立了“1956 年黄海高程系”，并在青岛市观象山上建立了国家水准基点，其基点高程 $H=72.289$m。以后，随着几十年来验潮站观测资料的积累与计算，更加精确地确定了黄海平均海水面，于是在 1987 年启用“1985 国家高程基准”，此时测定的国家水准基点高程 $H=72.260$m。根据国家测绘总局国测发〔1987〕198 号文件通告，此后全国都应以“1985 国家高程基准”作为统一的国家高程系统。

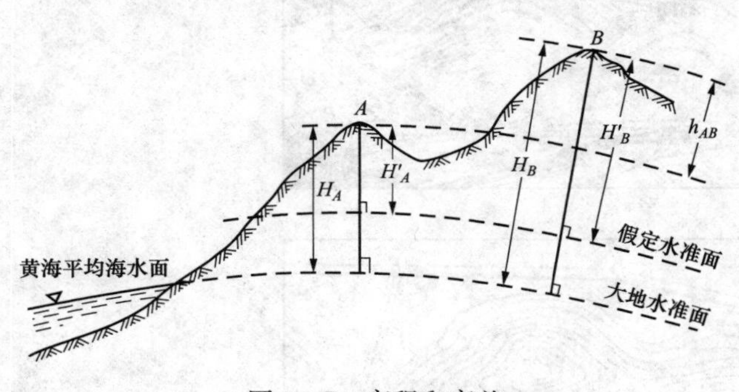

图 0-7　高程和高差

地面上两点之间的高程之差称为高差，用 h 表示。例如，图 0-7 中 A 点至 B 点的高差为

$$h_{AB}=H_B-H_A=H'_B-H'_A \tag{0-1}$$

由式（0-1）可知，高差有正、有负，并用下标注明其方向，两点间的高差与高程的起算面无关。当 h_{AB} 为正时，B 点高于 A 点；当 h_{AB} 为负时，B 点低于 A 点。

B 点至 A 点的高差为

$$h_{BA}=H_A-H_B=H'_A-H'_B \tag{0-2}$$

可见，A、B 两点的高差与 B、A 两点的高差绝对值相等，符号相反，即 $h_{AB}=-h_{BA}$。

在土木建筑工程中，又将绝对高程和相对高程统称为标高，常以首层室内地坪作为该建筑的高程起算面，称为“±0”，其他各部位的标高都是相对“±0”而言的。

0.1.6　地面点定位元素

想确定地面点的位置，就必须求得它在椭球面或投影平面上的坐标（λ、φ或x、y）和高程（H）3个量，这3个量称为三维定位参数。而将（λ、φ或x、y）称为二维定位参数。无论采用何种坐标系统，都需要测量出地面点间的距离D、相关角度β和高程H，则D、β和H称为地面点的定位元素。

0.1.7　测量工作的组织原则

测量工作的组织原则概括为：从整体到局部，先控制测量、后碎部测量，由高级到低级；也就是说，对测量整体布局而言，对整个测区采用什么方案，局部地区又怎么做。对测量工作的程序而言，先做控制测量，后做碎步测量。对测量精度而言，先做高精度测量，后做低精度测量，由高精度控制低精度。

1. 控制测量

所谓控制测量是在测区中选择有控制意义的点，用较精确的方法测定其位置，这些点称为控制点，测量控制点的工作称为控制测量。例如图0-8，选A，B，C，D，E，F…各点为控制点，用仪器测量控制点之间的距离及各边之间的水平夹角等，最后计算出各控制点的坐标，以确定其平面位置。还要测量各控制点之间的高差，设A点的高程为已知，就可求出其他控制点的高程。

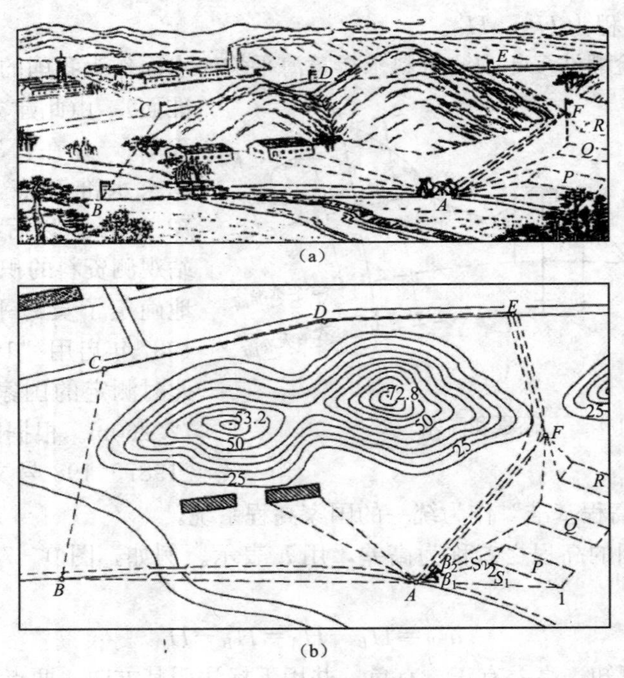

图0-8　控制测量

2. 碎部测量

碎部测量就是测量地物、地貌特征点的位置。例如测量房屋P，就必须测定房屋的特征点1、2等点，在A点测量水平夹角β_1与边长s_1即可确定1点。用极坐标法把地面上各点描绘到图纸上。

0.1.8　测量常用计量单位

1. 长度单位

1km（千米）＝1000m（米），1m＝10dm（分米）＝100cm（厘米）＝1000mm（毫米）

1mm（毫米）＝1000μm（微米），1μm（微米）＝1000nm（纳米）

2. 面积单位

面积单位是 m^2。大面积通常用 km^2 或 hm^2，在农业上也用市亩。

$1km^2$（平方千米）＝$100hm^2$（公顷），$1hm^2 = 1000m^2$＝15 亩，1 亩＝$666.7m^2$

3. 角度单位

测量上常用的角度单位有度和弧度。

1 圆周角＝360°，1°＝60′＝3600″，1 圆周角＝2π（弧度）＝360°

$1\rho^{\circ} \approx 57.30^{\circ} 1\rho' \approx 3438' 1\rho'' \approx 206265''$

4. 测量数据计算的凑整规则

测量数据在成果计算过程中，往往涉及凑整问题。为了避免凑整误差的积累而影响测量成果的精度，通常采用以下凑整规则：

(1) 被舍去数值部分的首位大于 5，则保留数值最末位加 1。

(2) 被舍去数值部分的首位小于 5，则保留数值最末位不变。

(3) 被舍去数值部分的首位等于 5，则保留数值最末位凑成偶数。

综合上述原则，可表述为：大于 5 则进，小于 5 则舍，等于 5 视前一位数而定，奇进偶不进。例如，下列数字凑整后保留 3 位小数：3.14159→3.142（奇进），2.64575→2.646（进 1），1.41421→1.414（舍去），7.14256→7.142（偶不进）。

0.2　项　目　实　施

为了让读者更好地理解工程测量基本原理与基础知识，下面结合实例说明测定、测设在工程中的应用，同时进一步的说明用水平面代替水准面对高差和距离的影响。

0.2.1　任务一：测设工作

下面将图 0－9（b）所示拟建建筑物 P 测设到实地（a）图上。

根据控制点 A、F 及建筑物的设计坐标，计算水平角 β_1、β_2 和水平距离 D_1、D_2 等放样数据，然后在控制点 A 上，用仪器测设出水平角 β_1、β_2 所指的方向，并沿这些方向测设水平距离 D_1、D_2，即在实地定出 1、2 等点，这就是该建筑物的实地位置。上述所介绍的方法是施工放样中常用的极坐标法。

0.2.2　任务二：测定工作

下面将图 0－10 所示建筑物 P 测定到地形图上。

在控制点 A 上安置经纬仪，以另一控制点 B 定向，使水平度盘读数为 0°0′00″，然后依次瞄准在房屋角点 1、2、3 处竖立的标尺，读得相应角度 β_1、β_2、β_3 及距离 D_1、D_2、D_3。根据角度和距离在图板的图纸上用量角器和直尺按比例尺标绘出房屋角 1、2、3 点的平面位置，同时还可求得这些碎步点的高程。这种测定方法称为经纬仪测绘法。

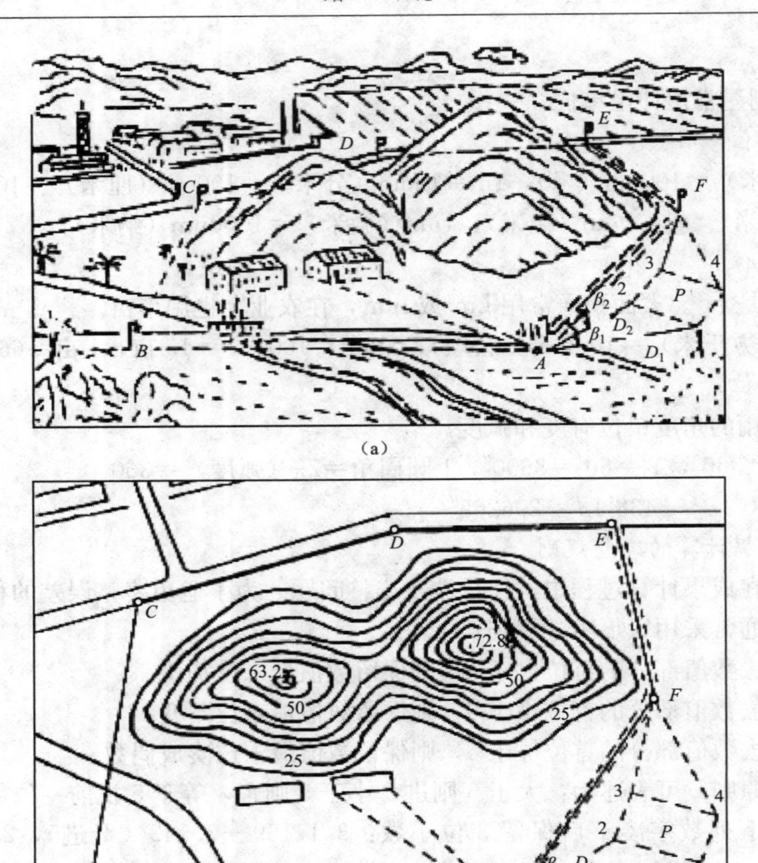

图 0-9 地物、地形图示意

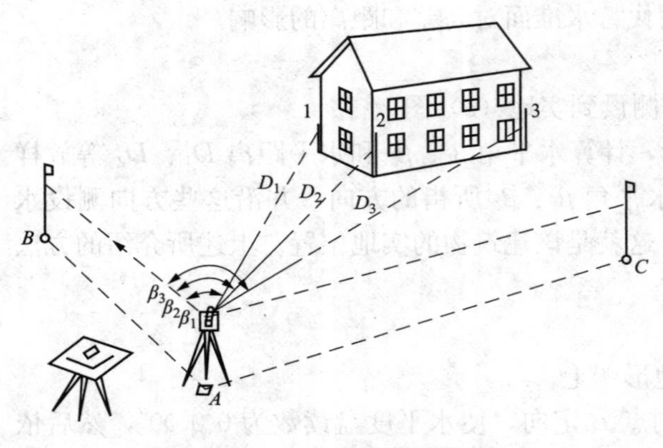

图 0-10 经纬仪测绘法

0.2.3 任务三：用水平面代替水准面限度的讨论

在普通测量范围内是将大地水准面近似地看作圆球面，将地面点投影到圆球面上，然后再投影到平面图纸上描绘，显然这是很复杂的工作。在实际测量工作中，在一定的精度要求和测区面积不大的情况下，往往以水平面代替水准面，即把较小一部分地球表面上的点投影到水平面上来决定其位置，这样可以简化计算和绘图工作。

从理论上讲，将极小部分的水准面（曲面）当作水平面也是要产生变形的，必然对测量观测值（如距离、高差等）带来影响。如图 0-11 所示，A、B、C 是地面点，它们在大地水准面上的投影是 a、b、c，用该区域中心点的切平面代替大地水准面后，地面点在水平面上的投影点是 a'、b'、c'，现分析由此而产生的影响。

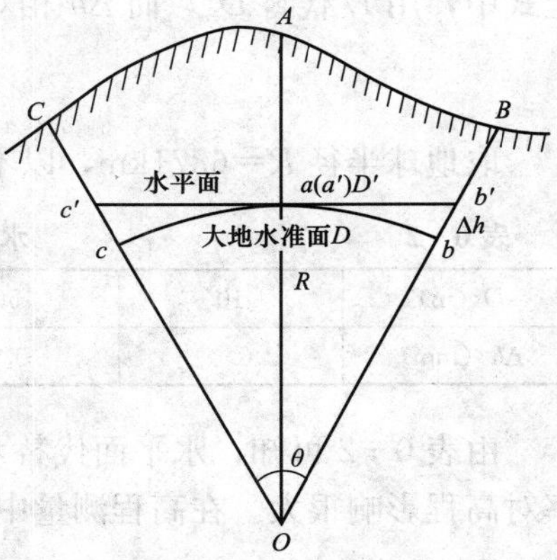

1. 对距离的影响

设 A、B 两点在水准面上的距离为 D，在水平面上的距离为 D'，两者之差 ΔD 就是用水平面代替水准面所引起的距离差异。在推导公式时，近似将大地水准面视为半径为 R 的球面。

$$D=R\theta$$
$$D'=R\tan\theta$$

以水平距离 D' 代替球面上的弧长 D 产生的误差为

$$\Delta D=D'-D=R(\tan\theta-\theta) \tag{0-3}$$

图 0-11　用水平面代替水准面

将 $\tan\theta$ 按级数展开，略去高次项，得

$$\tan\theta=\theta+\frac{1}{3}\theta^3+\cdots \tag{0-4}$$

将式（0-4）代入式（0-3）并考虑

$$\theta=\frac{D}{R}$$

得
$$\Delta D=R\left(\theta+\frac{\theta^3}{3}+\cdots-\theta\right)=R\frac{\theta^3}{3}=\frac{D^3}{3R^2} \tag{0-5}$$

两端除以 D，得相对误差

$$\frac{\Delta D}{D}=\frac{D^2}{3R^2} \tag{0-6}$$

地球半径 $R=6371$km，并用不同的 D 值代入式（0-6），可计算出水平面代替水准面的距离误差和相对误差，见表 0-1。

表 0-1　水平面代替水准面对距离的影响

D（km）	ΔD（cm）	$\Delta D/D$
10	0.8	1：1200000
20	6.6	1：300000
50	102.6	1：49000
100	821.2	1：12000

由表 0-1 可知，当 $D=10$km 时，所产生的相对误差为 1：1200000，这样小的误差，对精密量距来说也是允许的。因此，在以 10km 为半径的圆面积之内进行距离测量时，可以把水准面当作水平面看待，即可不考虑地球曲率对距离的影响。

2. 对高程的影响

在图 0-11 中，地面点 B 的高程应是铅垂距离 bB，如果用水平面作基准面，则 B 点的高程为 $b'B$，两者之差 Δh 即为对高程的影响，也称为地球曲率对高程的影响

$$(R+\Delta h)^2=R^2+D'^2$$
$$2R\Delta h+\Delta h^2=D'^2$$
$$\Delta h=\frac{D'^2}{2R+\Delta h}$$

上式中，用 D 代替 D'，而 Δh 相对于 $2R$ 很小，可略去不计，则

$$\Delta h=\frac{D^2}{2R} \tag{0-7}$$

取地球半径 $R=6371\text{km}$，以不同的 D 代入式（0－7），则得高程误差，见表 0－2。

表 0－2　　水平面代替水准面对高程的影响

D（m）	10	50	100	200	500	1000
Δh（mm）	0.0	0.2	0.8	3.1	19.6	7.5

由表 0－2 可知，水平面代替水准面对高程的影响，200m 时就有 3.1mm。所以地球曲率对高程影响很大。在高程测量中，即使距离很短也应顾及地球曲率的影响。

0.3 拓展知识

0.3.1 工程测量学的发展历史

测绘学是一门古老而悠久的学科，测绘学的历史与人类文明史基本同步，工程测量学是测绘学中出现最早、地位最重要的学科分支。众所公认的人类文明史大约为 5000 年，古埃及胡夫王朝的第一金字塔始建于约公元前 2700 年，塔高 146.59m，外形像中文的“金”字，倾角 51°12′，建筑在一块巨大的凸形岩石上，底面呈正方形，每边长 230 多米，四边为东南西北四个方向，方位误差不超过 3′。整个塔用 260 多万块巨石砌成，每块重达 2.5～10t。金字塔的选址、定位、基坑开挖、回填监测，轴线定位、定向，巨石的开采、运输、安装、粘合和施工放样都离不开工程测量，乃至王室的工匠用铅垂线、木尺和测规等仪器进行测量和指导施工。金字塔建成已有 4700 多年，经历过大洪水、地震、干旱和风暴等灾害，至今屹立不倒，实乃奇迹。历史上所有的大型建筑，如我国的万里长城、都江堰工程、京杭大运河，宗教大型庙宇、教堂、军事通道，以及大型水利工程苏伊士运河、巴拿马运河等，在勘测设计、施工建设和运输管理阶段都离不开工程测量。

在我国和测绘发达的欧洲一些国家，地籍测量（或称土地测量）、矿山测量出现较早。公元前十四世纪，在幼发拉底河与尼罗河流域进行过土地测量；我国地籍测量最早出现在殷周时期，秦、汉过渡到私田制，隋唐实行均田制，宋朝按乡清丈土地，出现地块图，明朝洪武四年，全国进行土地大勘丈，编制鱼鳞地籍图册。据《周礼》记载，我国周朝已有采矿；四大发明之一的指南针对矿山测量有很大贡献；意大利都灵存有公元前十五世纪的金矿巷道图；埃及在公元前十三世纪也有按比例缩小的巷道图；希腊人格罗·亚里山德里斯基在公元前一世纪对地下定向测量就有叙述；德国在矿山测量方面有很大贡献，格·阿格里柯拉于 1556 年出版了《采矿与冶金》一书，论述了用罗盘测量井下巷道。圣经中关于测绘的经文有 24 处，其文字记载最早可追溯到公元前 1400 年以前，有关于地籍登记、地籍图绘制的记载，也有与工程测量有关的建筑测量记载。

在历史上，许多名人都与测绘有关。林肯、华盛顿、拿破仑、赫鲁晓夫、勃列日涅夫作过测量员；秦始皇大修万里长城、灵渠，隋炀帝大修京杭大运河，康熙皇帝亲自主持全国的大地测量和测图工作；古今中外有不少帝王、总统、国家级领导人从事过测绘，被传为佳话。亚里士多德、哥白尼、伽利略、开普勒、高斯、徐光启、哥伦布等伟大的哲学家、科学

家无不与测绘有关。当代测绘殿堂更是两院院士云集之地，省部级以上官员也多有测绘背景。

0.3.2　工程测量学的发展现状

在国外，从事地籍测绘与管理部门的测绘人员最多，在我国，从事工程测量（包括城市测量、矿山测量）的测绘人员最多。据统计，在德国平均每 1000 人就有一人在政府的测绘部门工作，按此比例，我国需要 140 万这样的测绘人员。近半个多世纪的工程建设可能是过去上千年的总和，特别是在我国，工程建设发展速度快、规模大、数量多，许多大型工程如全国性的城镇化建设、大型水利枢纽工程、大型调水与引水工程、高速公路和高速铁路、特长隧道与桥梁、高层高耸与异形异构建筑、城市地铁与轨道交通、大型油气管线工程及大型科学试验工程等，其范围之广、规模之大、数量之多、速度之快，堪居世界之首。大型特种精密工程是工程测量学发展的动力，这种动力超过了过去数千年，工程测量学这个学科比过去任何时候都活跃。

工程测量的发展方向主要表现为以下五个方面：

（1）测量数据处理方面的发展。主要表现为：误差理论、精度理论和扩展的可靠性理论，工程控制网的优化设计理论，从通用平差模型到非线性模型，时序分析、小波理论、人工神经网络及有限元法等理论方法引入工程变形分析和预报，基于地理位置的大数据分析处理等。

（2）电磁波测距技术是工程测量最核心的技术。从全球定位系统（GPS）到全球导航卫星系统（增加了我国的北斗系统、俄罗斯的 GLONASS 和欧盟的 GALLIEO 系统）、合成孔径雷达干涉测量系统、地面和机载雷达测量系统、多种激光扫描测量仪和跟踪仪、多种全站仪和超站仪系统等，无不与电磁波测距技术有关。

（3）数字摄影测量和遥感技术的发展。航空摄影测量、近景摄影测量和工业摄影测量都从模拟测量、解析测量发展到了数字测量阶段，航空摄影测量系统发展到航天遥感系统的多光谱多时段和全天候的对地观测，多种无人机摄影与遥感技术，水平加倾斜摄影测量技术，多传感器集成对地观测技术，在数字地形图测图、大区域地表沉降监测和城市三维测量等方面有广泛应用。

（4）其他技术如光电传感器技术、计算机技术、通信技术及地理信息系统技术对工程测量的发展有极大的影响和促进作用。

（5）测绘仪器发展日新月异。无论是地面测量仪器、地下和水域测量仪器、对地观测仪器及特种精密专用仪器，在精度、可靠性、自动化、智能化、数字化、实时、快速及大信息获取方面都有日新月异的发展。

0.3.3　工程测量学的展望

工程测量将进一步向宏观和微观两方面发展。在宏观方面，将从陆地延伸到海洋，从地球到太空和其他星球，涉及太空飞船空间站的运行、监控与维护，登月车到月球及其他星球的自动化、智能化遥控着陆和信息的遥测遥传；地球上、地下、水下，工程测量除一般的工程建设外，多种工程的规模越来越大，结构更加复杂，还有大型科学试验工程和天文观测工程，对精度、可靠性、速度、环境等方面的要求都会更高。在微观方面，将向物质的粒子结构和计量方向发展，测量的尺寸更小，精度更高，如到计量级，并将转向为生命科学、生物学和医学的发展服务，为人类的健康和长寿服务，如显微摄影测量和显微图像处理，可智能化发现多种病变。工程测量将从一维、二维、三维到四维信息，将从点信息、面信息到体信息获取，从静态观测到动态观测，从周期监测到持续监测，从事后处理到实时处理，从接触量测到无接触遥测，从人工观测到测量机器人自动观测等。上述种种都是工程测量的机遇与挑战，必将促进工程测量学科的发展。

习　题

1. 测定与测设有何区别？

2. 何谓大地水准面？它有什么特点和作用？

3. 何谓绝对高程、相对高程及高差？

4. 为什么高差测量（水准测量）必须考虑地球曲率的影响？

5. 测量上的平面直角坐标系和数学上的平面直角坐标系有什么区别？

6. 已知某点位于高斯投影 6°带第 20 号带，若该点在该投影带高斯平面直角坐标系中的横坐标 $y=-306579.210$m，试写出该点不包含负值且含有带号的横坐标 y 及该带的中央子午线精度。

7. 从控制点坐标成果表中抄录某点在高斯平面直角坐标系中的纵坐标 $x=3456.780$m，横坐标 $y=21386435.260$m，试问该点在该带高斯平面直角坐标中的真正纵、横坐标 x、y 为多少？该点位于第几象限内？

8. 某宾馆首层室内地面 ± 0.000 的绝对高程为 45.300m，室外地面设计高程为 -1.500m，女儿墙设计高程为 $+88.200$m，问室外地面和女儿墙的绝对高程分别为多少？

模块1 基 本 技 能

项目1 水 准 测 量

测量地面上各点的高程工作，称为高程测量。高程是确定地面点位置的要素之一。高程测量根据所使用的仪器和施测方法的不同，可分为水准测量、三角高程测量和气压高程测量。水准测量是高程测量中最基本、精度较高的一种方法。

能力目标

1. 能够按正确的操作步骤使用水准仪、对水准尺进行观测；
2. 能够较为熟练地整平、瞄准和读数；
3. 能够合理地选择水准点、转点和测量路线；
4. 能够准确地进行读数、记录、计算、检核和完成外业测量手簿；
5. 能够较熟练地检验高差闭合差，评价外业观测水平，较快地调整高差闭合差，推算高程；
6. 能够熟练运用正确的观测方法提高水准测量精度；
7. 会整理和应用水准测量原理解决实际问题的能力。

知识目标

1. 了解水准仪各组成部件及其作用；
2. 掌握水准测量的原理；
3. 掌握水准仪的操作步骤和使用注意事项；
4. 掌握水准点、转点、三种水准路线的含义和区别；
5. 掌握水准测量的观测步骤和施测方法、数据的记录、计算和检核的方法；
6. 掌握闭合差计算及其改正数的计算方法；
7. 掌握水准测量误差来源及提高测量精度的方法；
8. 了解精密水准仪、电子水准仪的技术操作要求。

1.1 预 备 知 识

1.1.1 水准测量

水准测量又名“几何水准测量”，是用水准测量仪器和工具测定地面上两点间高差的方法。为保证测量精度，水准测量遵循一定的水准路线及技术等级要求进行。

水准测量是利用水准仪提供的水平视线，借助于带有分划的水准尺，直接测定地面上两点间的高差，然后根据已知点高程和测得的高差，推算出未知点高程。

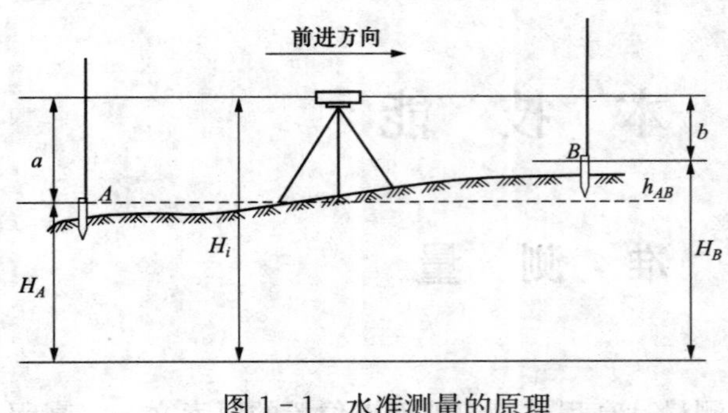

图1-1　水准测量的原理

如图1-1所示，已知A点的高程为H_A，预测B点高程H_B。在A、B两点间安置水准仪，并在A、B两点上分别竖立水准尺。设水准测量是由A向B进行的，则A点为后视点，B点为前视点。利用水准仪的水平视线，读出后视点A上水准尺后视读数a，读出前视点B上水准尺前视读数b，由图1-1的几何关系可得B点相对于A点的高差h_{AB}为后视读数减去前视读数，即

$$h_{AB}=a-b \tag{1-1}$$

由图1-1不难看出，高差为正时，表明前视点B高于后视点A；高差为负时，表明前视点B低于后视点A。

水准测量中求待定点高程的方法有高差法和视线高法。

1. 高差法

测得A、B两点间高差h_{AB}后，如果已知A点的高程H_A，则B点的高程H_B为

$$H_B=H_A+h_{AB} \tag{1-2}$$

这种直接利用高差计算未知点B高程的方法，称为高差法。

2. 视线高法

如图1-1所示，B点高程也可以通过水准仪的视线高程H_i来计算，即

$$H_i=H_A+a$$
$$H_B=H_i-b \tag{1-3}$$

这种利用仪器视线高程H_i计算未知点B高程的方法，称为视线高法。在施工测量中，有时安置一次仪器，需测定多个地面点的高程，采用视线高法就比较方便。

1.1.2　水准测量的仪器和工具

水准测量所使用的仪器为水准仪，工具有水准尺和尺垫。

国产水准仪按其精度分类，有DS_{05}、DS_1、DS_3及DS_{10}等几种型号。05、1、3和10表示水准仪精度等级。

1. DS_3微倾式水准仪的构造

DS_3主要由望远镜、水准器及基座三部分组成。其构造如图1-2所示。

(1) 望远镜。望远镜是用来精确瞄准远处目标并对水准尺进行读数的。它主要由物镜、目镜、调焦透镜和十字丝分划板组成。

1) 物镜和目镜。物镜和目镜多采用复合透镜组，目标AB经过物镜成像后形成一个倒立而缩小的实像ab，调节调焦透镜，可使不同距离的目标均能清晰地成像在十字丝平面上。再通过目镜的作用，便可看清同时放大了的十字丝和目标影像$a'b'$。

2) 十字丝分划板。为了瞄准目标和读数用。水准测量就是在视准轴水平时，用十字丝的中丝在水准尺上截取读数的，如图1-3(a)所示。十字丝交点与物镜光心的连线，称为望远镜视准轴CC。视准轴的延长线即为水准测量所需的水平视线，如图1-3(a)所示。

(2) 水准器。水准器用于整平水准仪。微倾式水准仪通常装有管水准器和圆水准器两

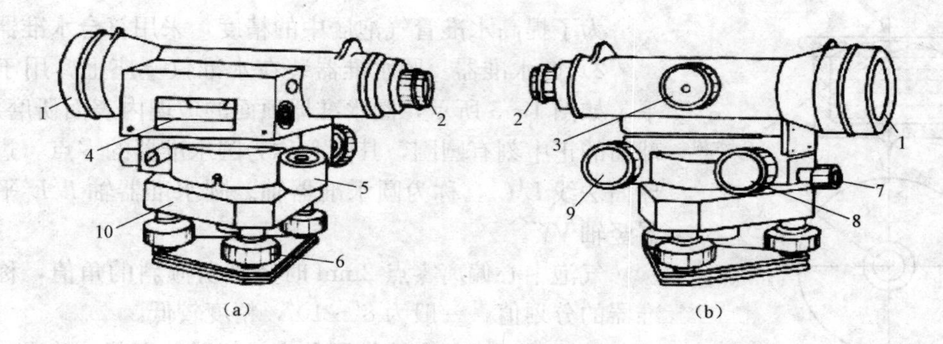

图 1-2 水准仪的构造

1—望远镜物镜；2—望远镜目镜；3—物镜对光螺旋；4—水准管；5—圆水准器；6—脚螺旋；7—制动螺旋；8—微动螺旋；9—微倾螺旋；10—基座

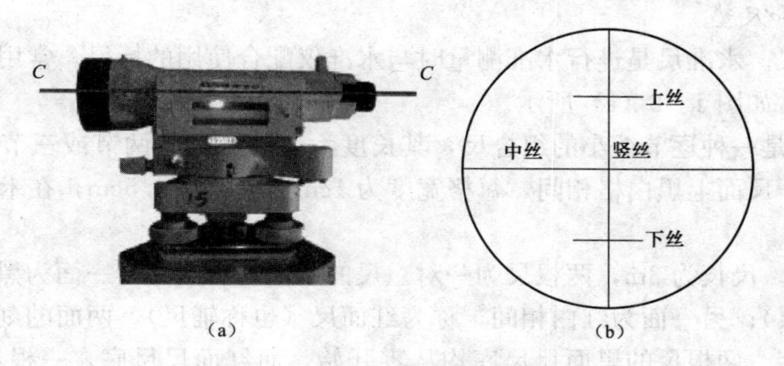

图 1-3 望远镜的构造

(a) 视准轴 CC；(b) 十字丝

种。圆水准器是用于水准仪的粗略整平。管水准器是用于水准仪的精确整平。

1) 管水准器。管水准器（也称水准管）用于精确整平仪器。如图 1-4 所示，它是玻璃管，其纵剖面方向的内壁研磨成一定半径的圆弧形，水准管上一般刻有间隔为 2mm 的分划线，分划线的中点 O 称为水准管零点，通过零点与圆弧相切的纵向切线 LL 称为水准管轴。水准管轴 LL 平行于视准轴 CC。

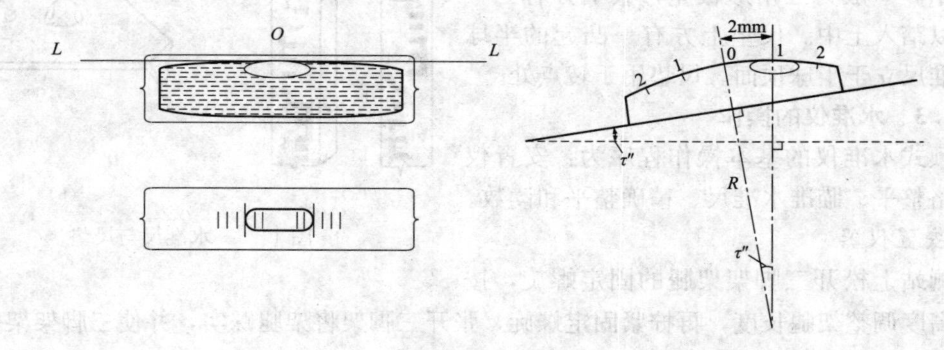

图 1-4 管水准器

水准管上 2mm 圆弧所对的圆心角 τ，称为水准管的分划值，水准管分划越小，水准管灵敏度越高，用其整平仪器的精度也越高。DS_3 型水准仪的水准管分划值为 20″，记作 20″/2mm。

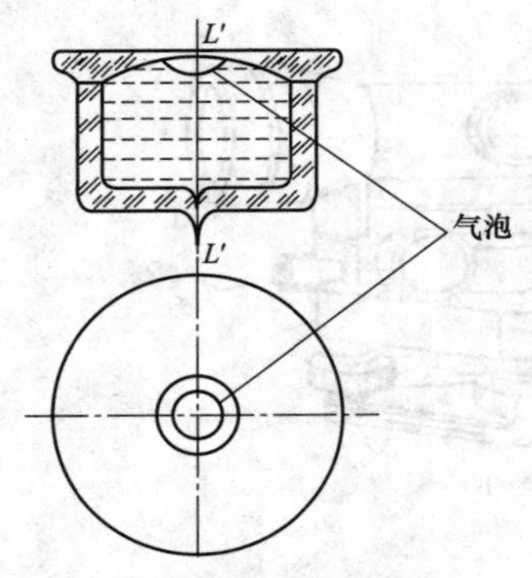

图1-5 圆水准器

为了提高水准管气泡居中的精度，采用符合水准器。

2）圆水准器。圆水准器装在水准仪基座上，用于粗略整平。如图1-5所示，圆水准器顶面的玻璃内表面研磨成球面，球面的正中刻有圆圈，其圆心称为圆水准器的零点。过零点的球面法线 $L'L'$，称为圆水准器轴。圆水准器轴 $L'L'$ 平行于仪器竖轴 VV。

气泡中心偏离零点2mm时竖轴所倾斜的角值，称为圆水准器的分划值，一般为8′～10′，精度较低。

（3）基座。基座的作用是支承仪器的上部，并通过连接螺旋与三脚架连接。它主要由轴座、脚螺旋、底板和三脚压板构成。转动脚螺旋，可使圆水准气泡居中。

2. 水准尺和尺垫

（1）水准尺。水准尺是进行水准测量时与水准仪配合使用的标尺。常用的水准尺有塔尺和双面尺两种，如图1-6（a）所示。

1）塔尺。是一种逐节缩小的组合尺，其长度为2～5m，有两节或三节连接在一起，尺的底部为零点，尺面上黑白格相间，每格宽度为1cm，有的为0.5cm，在米和分米处有数字注记。

2）双面尺。尺长为3m，两根尺为一对。尺的双面均有刻划，一面为黑白相间，称为黑面尺（也称主尺）；另一面为红白相间，称为红面尺（也称辅尺）。两面的刻划均为1cm，在分米处注有数字。两根尺的黑面尺尺底均从零开始，而红面尺尺底，一根从4.687m开始，另一根从4.787m开始。在视线高度不变的情况下，同一根水准尺的红面和黑面读数之差应等于常数4.687m或4.787m，这个常数称为尺常数，用 K 来表示，以此可以检核读数是否正确。

（2）尺垫。尺垫是由生铁铸成，如图1-6（b）所示。一般为三角形板座，其下方有三个脚，可以踏入土中。尺垫上方有一凸起的半球体，水准尺立于半球顶面。尺垫用于转点处。

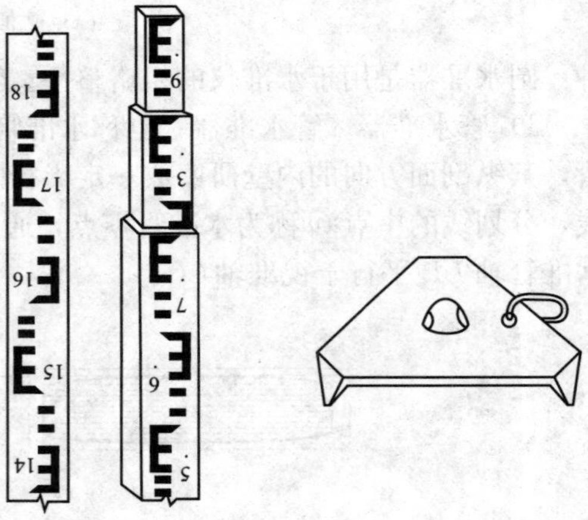

(a) (b)

图1-6 水准尺与尺垫

1.1.3 水准仪的操作

微倾式水准仪的基本操作程序为：安置仪器、粗略整平、瞄准水准尺、精确整平和读数。

1. 安置仪器

在测站上松开三脚架架腿的固定螺旋，按需要的高度调整架腿长度，再拧紧固定螺旋，张开三脚架将架腿踩实，并使三脚架架头大致水平。利用三脚架的连接螺旋将水准仪固定在三脚架架头上。

2. 粗略整平

粗略整平简称粗平，即粗略整平仪器，调节脚螺旋，使圆水准器中的气泡居中，从而使水准仪的竖轴铅垂。粗略整平的操作方法是：如图1-7所示，水准气泡不在圆水准器的中心位置，偏向脚螺旋1的方向，这表示水准仪脚螺旋1这一点偏高，用双手按箭头所指的方向同时旋转脚螺旋1和2，气泡便向脚螺旋2的方向移动，表明水准仪脚螺旋1一侧降低，脚螺旋2一侧升高（气泡的运动总是与左手拇指运动方向相同），直至图1-7（a）所示位置时停止。再旋转脚螺旋3［见图1-7（b）］，使气泡移至圆水准器中心。这样反复调节直到水准仪的望远镜转向任何方向，圆水准仪气泡都居中为止。

3. 瞄准水准尺

（1）目镜调焦。松开制动螺旋，将望远镜转向明亮的背景，转动目镜对光螺旋，使十字丝成像清晰。

（2）初步瞄准。通过望远镜筒上方的照门和准星瞄准水准尺，旋紧制动螺旋。

（3）物镜调焦。转动物镜对光螺旋，使水准尺成像清晰。

（4）精确瞄准。转动微动螺旋，使十字丝的竖丝瞄准水准尺边缘或中央，如图1-8所示，并读出中丝所指的读数。

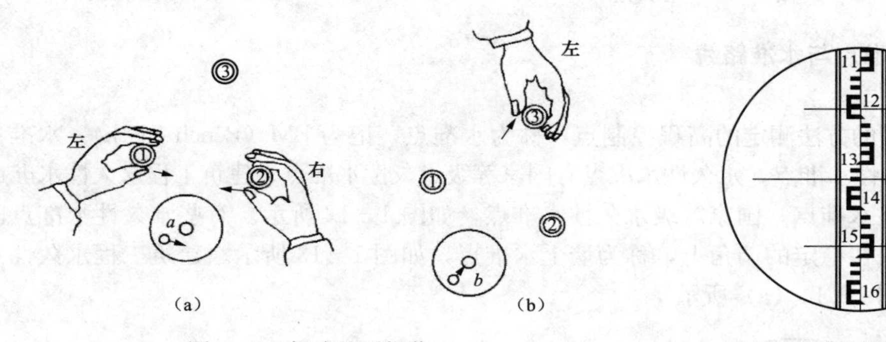

图1-7 粗略整平操作

图1-8 精确瞄准与读数

（5）消除视差。眼睛在目镜端上下移动，有时可看见十字丝的中丝与水准尺影像之间相对移动，这种现象叫视差。产生视差的原因是水准尺的尺像与十字丝平面不重合，如图1-9（a）所示。视差的存在将影响读数的正确性，应予消除。消除视差的方法是仔细地转动物镜对光螺旋，直至物像与十字丝平面重合，如图1-9（b）所示。

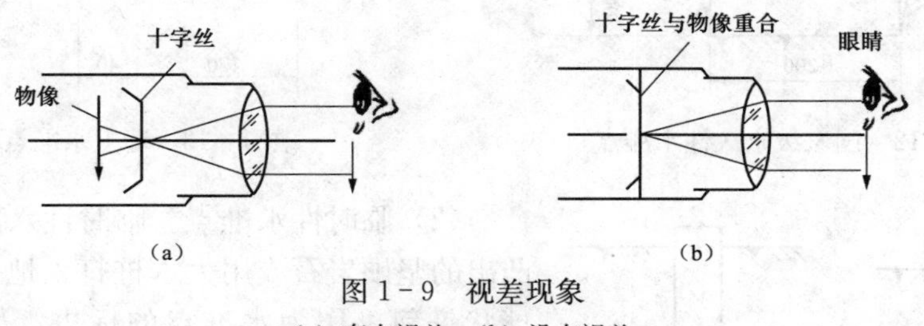

图1-9 视差现象

（a）存在视差；（b）没有视差

4. 精确整平

精确整平简称精平，眼睛观察水准气泡观察窗内的气泡影像，用右手缓慢地转动微倾螺旋，使气泡两端的影像严密吻合。此时视线即为水平视线。微倾螺旋的转动方向与左侧半气泡影像的移动方向一致，如图1-10所示。图1-10（a）是右手大拇指顺时针（往上）转动，左半气泡影像向上移动，使气泡两端的影像严密吻合；图1-10（b）是右手大拇指逆时针（往下）转动，左半气泡影像向下移动，使气泡两端的影像严密吻合。

5. 读数

符合水准器气泡居中后，应立即用十字丝中丝在水准尺上读数。读数时，应从小数向大数读，如果从望远镜中看到的水准尺影像是倒像，在尺上应从上到下读取。直接读取米、分米和厘米，并估读出毫米，共四位数。如图1-11所示，中丝读数是1.610m。读数后再检查符合水准器气泡是否居中，若不居中，应再次精平，重新读数。

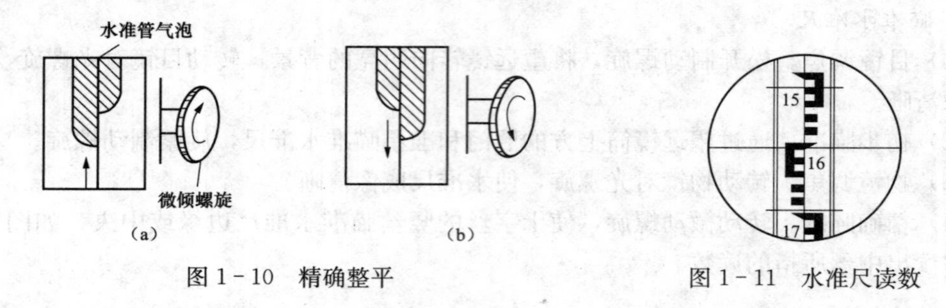

图1-10 精确整平　　图1-11 水准尺读数

1.1.4 水准点与水准路线

1. 水准点

用水准测量的方法测定的高程控制点，称为水准点，记为BM（Bench Mark）。水准点分为永久性和临时性水准点，永久性水准点有国家等级永久性水准点、建筑工程永久性水准点。

（1）永久性水准点。国家等级永久性水准点，如图1-12所示。有些永久性水准点的金属标志也可镶嵌在稳定的墙角上，称为墙上水准点，如图1-13所示。建筑工程永久性水准点，其形式如图1-14（a）所示。

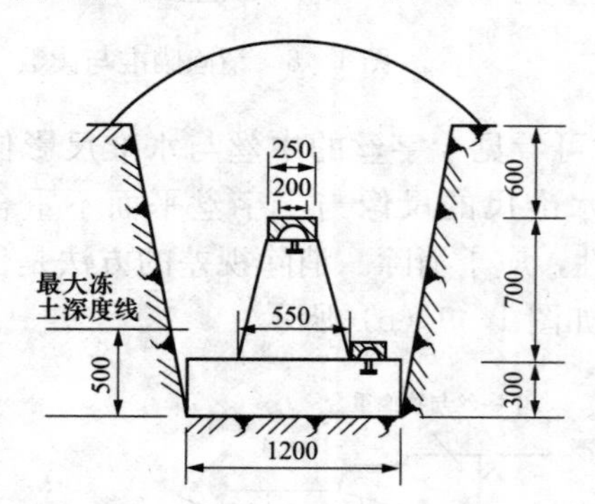

图1-12 国家级永久性水准点

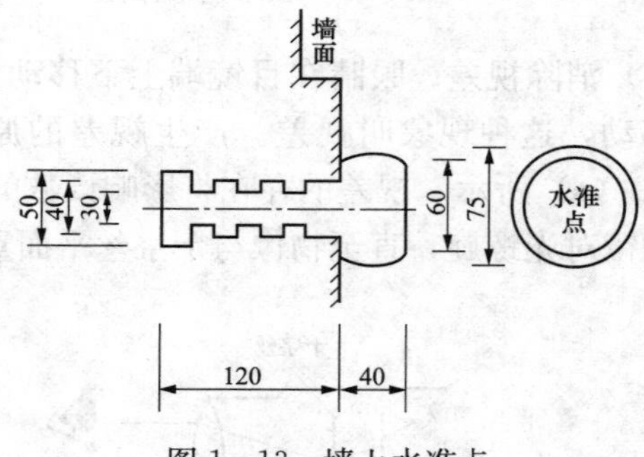

图1-13 墙上水准点

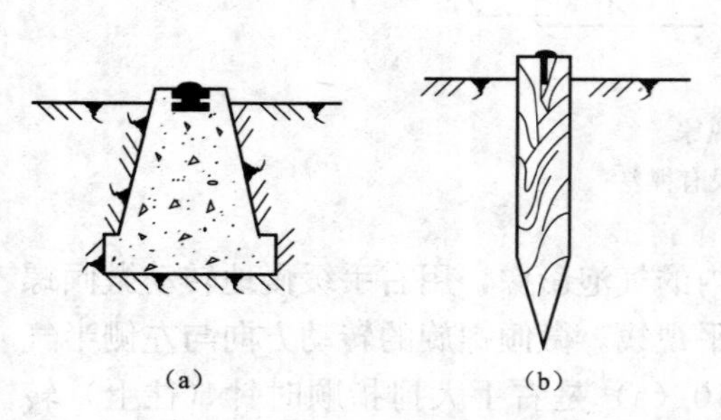

图1-14 建筑工程水准点

(a) 永久性水准点；(b) 临时性水准点

（2）临时性水准点。临时性水准点可用地面上凸出的坚硬岩石或用大木桩打入地下，桩顶钉一半球状铁钉，作为水准点的标志，如图1-14（b）所示。

2. 水准路线及成果检核

水准路线分为附合水准路线、闭合水准路线、支水准路线。在水准点间进行水准测量所经过的路线，称为水准路线。相邻两水准点间的路线称为测段。

在一般的工程测量中，水准路线布设形式主要有以下三种形式：

（1）附合水准路线。

1）附合水准路线的布设方法。如图1-15所示，从已知高程的水准点BM_A出发，沿待定高程的水准点1、2、3进行水准测量，最后附合到另一已知高程的水准点BM_B所构成的水准路线，称为附合水准路线。

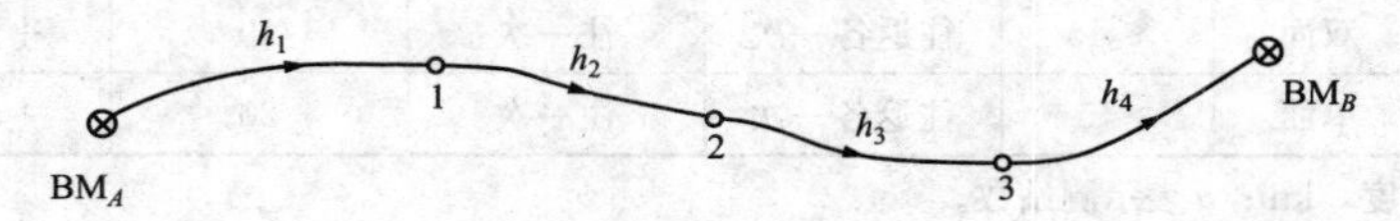

图1-15 附合水准路线

2）成果检核。从理论上讲，附合水准路线各测段高差代数和应等于两个已知高程的水准点之间的高差，即

$$\Delta h = H_B - H_A \quad (1-4)$$

各测段高差代数和$\sum h_{测}$与其理论值$\sum h_{理}$的差值，称为高差闭合差Δh，即

$$\Delta h = \sum h_{测} - \sum h_{理} = \sum h_{测} - (H_B - H_A) \quad (1-5)$$

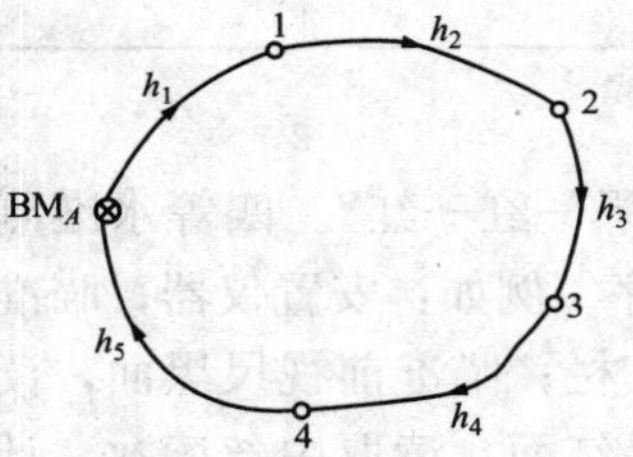

（2）闭合水准路线。

1）闭合水准路线的布设方法。如图1-16所示，从已知高程的水准点BM_A出发，沿各待定高程的水准点1、2、3、4进行水准测量，最后又回到原出发点BM_A的环形路线，称为闭合水准路线。

图1-16 闭合水准路线

2）成果检核。从理论上讲，闭合水准路线各测段高差代数和应等于零，即

$$\sum h_{测} = 0$$

如果不等于零，则高差闭合差为

$$\Delta h = \sum h_{测} \quad (1-6)$$

（3）支水准路线。

1）支水准路线的布设方法。如图1-17所示，从已知高程的水准点BM_A出发，沿待定高程的水准点1进行水准测量，这种既不闭合又不附合的水准路线，称为支水准路线。支水准路线要进行往返测量，以资检核。

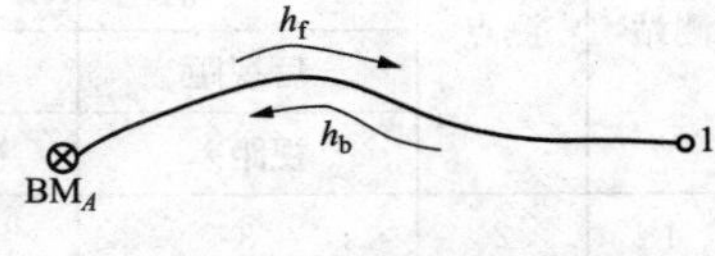

图1-17 支水准路线

2）成果检核。从理论上讲，支水准路线往测高差与返测高差的代数和应等于零，即

$$\sum h_{往测} + \sum h_{返测} = 0$$

如果不等于零，则高差闭合差为

$$\Delta h = \sum h_{往测} + \sum h_{返测} \quad (1-7)$$

各种路线形式的水准测量，其高差闭合差均不应超过容许值，否则即认为观测结果不符合要求。

1.1.5 三、四等水准测量

1. 三、四等水准测量技术要求

三、四等水准测量技术要求见表1-1。三、四等水准测量测站技术要求见表1-2。

表 1-1　三、四等水准测量技术指标

等级	水准仪	水准尺	线路长度（km）	观测次数		高差中误差（mm/km）	高差闭合差	
				与已知点联测	附合或环线		平地（mm）	山地（mm）
三	DS_1	铟瓦	≤45	往返各一次	往一次	6	$\pm12\sqrt{l}$	$\pm4\sqrt{n}$
	DS_3	双面			往返各一次			
四	DS_3	双面	≤15	往返各一次	往一次	10	$\pm20\sqrt{l}$	$\pm6\sqrt{n}$
图根	DS_{10}	单面	≤5	往返各一次	往一次	20	$\pm40\sqrt{l}$	$\pm12\sqrt{n}$

注　l 表示路线长度，km；n 表示测站数。

表 1-2　三、四等水准测量测站技术要求

等级	水准仪	视线长（m）	视线高（m）	前后视距差（m）	视距差累计（m）	红黑面读数差（mm）	红黑面高差之差（mm）
三	DS_1	≤100	三丝读数	≤2.0	≤5.0	1.0	1.5
	DS_3	≤75				2.0	3.0
四	DS_3	≤100	三丝读数	≤3.0	≤10.0	3.0	5.0
图根	DS_{10}	≤100	三丝读数	大致相等			

2. 一个测站上的观测程序和记录

一个测站上的观测程序简称“后—前—前—后”或“黑—黑—红—红”。四等水准测量也可采用“后—后—前—前”或“黑—红—黑—红”的观测程序。例如：安置仪器；瞄准后视尺黑面，读取下、上、中丝读数，计入手薄（1）、（2）、（3）栏；瞄准前视尺黑面，读取下、上、中丝读数，计入手薄（4）、（5）、（6）栏；瞄准前视尺红面，读取中丝读数，计入手薄（7）栏；瞄准后视尺红面，读取中丝读数，计入手薄（8）栏，见表 1-3。

表 1-3　三、四等水准测量手簿（双面尺法）

测站	测点	后尺 下丝 / 上丝 后视距 视距差	前尺 下丝 / 上丝 前视距 视距累计差	方向及尺号	水准尺读数（m）		K＋黑－红（mm） $K_1=4.787$ $K_2=4.687$	高差中数（m）
					黑面读数	红面读数		
1	2	3	4	5	6	7	8	9
		（1）	（4）	后视	（3）	（8）	（13）	（18） $K_1=4.687$ $K_2=4.787$
		（2）	（5）	前视	（6）	（7）	（14）	

3. 测站计算与检核

（1）视距部分。视距等于下丝读数与上丝读数的差乘以 100。

后视距离(9)＝[(1)－(2)]×100

前视距离(10)＝[(4)－(5)]×100

计算前、后视距差(11)＝(9)－(10)

计算前、后视距累积差(12)＝上站(12)＋本站(11)

（2）水准尺读数检核。同一水准尺的红、黑面中丝读数之差，应等于该尺黑面中丝读数加该尺红面尺常数 K（4.687m 或 4.787m）减去该尺红面中丝读数。红、黑面中丝读数差

(13)、(14) 按下式计算

$$(13)=(6)+K_{前}-(7)$$

$$(14)=(3)+K_{后}-(8)$$

红、黑面中丝读数差 (13)、(14) 的值，三等不得超过 2mm，四等不得超过 3mm。

(3) 高差计算与校核。根据黑、红面读数计算黑、红面高差 (15)、(16)，计算平均高差 (18)，即

黑面高差(15)＝(3)－(6)

红面高差(16)＝(8)－(7)

黑、红面高差之差(17)＝(15)－[(16)±0.100]＝(14)－(13) (校核用)

式中 0.100——两根水准尺的尺常数之差 (m)。

黑、红面高差之差 (17) 的值，三等不得超过 3mm，四等不得超过 5mm。

平均高差(18)＝{(15)＋[(16)±0.100]}/2

当 $K_{后}=4.687$m 时，式中取＋0.100m；当 $K_{后}=4.787$m 时，式中取－0.100m。

4. *每页计算的校核*

(1) 视距部分。后视距总和减前视距总和应等于末站视距累积差，即

$$\sum(9)-\sum(10)=末站(12)$$

$$总视距=\sum(9)+\sum(10)$$

(2) 高差部分。红、黑面后视读数总和减红、黑面前视读数总和应等于黑、红面高差总和，还应等于平均高差总和的两倍，即

测站数为偶数时

$$\sum[(3)+(8)]-\sum[(6)+(7)]=\sum[(15)+(16)]=2\sum(18)$$

测站数为奇数时

$$\sum[(3)+(8)]-\sum[(6)+(7)]=\sum[(15)+(16)]=2\sum(18)\pm 0.100$$

用双面水准尺进行三、四等水准测量的记录、计算与校核，见表 1－9。

1.2 项 目 实 施

水准测量项目包含两点间的高差测量、闭合水准路线的水准测量、附合水准路线的水准测量、仪器的检校、提高测量精度的措施与方法等。

1.2.1 任务一：两点间的高差测量实施

某高校国旗广场 A 点的高程 $H_A=100.000$m，问国旗广场另外某点 B 的高程为多少？

任务分析：A、B 两点都位于国旗广场，距离不远、无障碍物、坡度不大，距离大约 100m 左右。

1. *活动 1：确定后视点、前视点*

高程测量是根据已知点的高程测出已知点和待定点高差，求出待定点的高程。所以已知点是后视点，待定点是前视点。任务一 A 点为后视点，B 点为前视点。

2. *活动 2：测站检验*

测站检验的办法有两种：变动仪器高法和双面尺法。根据水准测量的级别选择不同的方法。根据测量的不同级别选择不同的方法，普通水准测量选择变动仪器高法，三、四等水准

测量选择双面尺法。

（1）变动仪器高法。是在同一个测站上用两次不同的仪器高度，测得两次高差进行检核。要求：改变仪器高度应大于10cm，两次所测高差之差不超过容许值（例如，等外水准测量容许值为±6mm），取其平均值作为该测站最后结果，否则需要重测。最后进行计算检核。

（2）双面尺法。是分别对前后水准尺的黑面和红面进行观测，继而算出两点间的高差。观测前后尺黑面的上丝、中丝、下丝读数，红面的中丝等8个数据，并记录。要求：算出视距、视距差、黑红面读数差、高差、高差之差、高差中数。如果算出的视距差、读数差、高差之差超过规定的限差，要重新对该站进行高差测量。最后进行计算检核。

3. *活动3：测量实施*

（1）变动仪器高法（见表1-4）：

1）在A、B两点安置水准尺和A、B两点间安置水准仪，高度适中，整平。

2）粗瞄：朝着明亮的背景，旋转目镜对光螺旋，将十字丝调到又黑、又亮、又细的状态。

3）瞄后视尺：目镜、准星、目标三点一线瞄准目标，调节物镜对光螺旋，使目标成像清晰。拧紧制动螺旋，旋转微动螺旋，使成像与十字丝竖丝重合，旋转微倾螺旋，使水准管气泡居中（自动安平仪器省略），读出后视读数$a=1.220$m，并记录。

4）瞄准前视尺，同步骤3），读前视读数$b=1.250$m，并记录。

5）计算高差，$h_{AB}=a-b=1.220-1.250=-0.030$m。

6）改变仪器高度（±10cm）进行第二次高差测量，同步骤3）、4）、5）。

7）测站检验，计算两次高差之差$\Delta h=0.002<\Delta h_{允}=\pm 5$mm。

8）计算高差平均值，$h_{AB}=1/2\ (h_{AB}+h'_{AB})\ =1/2\ (-0.030-0.032)\ =-0.031$m。

表1-4 改仪高观测记录表 m

仪器号码：20080677 天气：晴转多云 观测者：第四组成员

日　期：2017-2-27 呈象： 记录者：第四组成员

安置仪器次数	测点	后视读数	前视读数	高差	高差之差	平均高差	高程
1	A	1.220		−0.030	0.002	−0.031	100.000
	B		1.250				99.969
2	A	1.340		−0.032			100.000
	B		1.372				99.969

（2）双面尺法（见表1-5）：

1）在A、B两点安置水准尺和A、B两点间安置水准仪，高度适中，整平。

2）粗瞄：朝着明亮的背景，旋转目镜对光螺旋，将十字丝调到又黑、又亮、又细的状态。

3）瞄后视尺：三点一线瞄准目标，调节物镜对光螺旋，使目标成像清晰，拧紧制动螺旋，旋转微动螺旋，使成像与十字丝竖丝重合，旋转微倾螺旋，使水准管气泡居中（自动安平仪器省略），读出后视读数$a_{黑}=1.220$m，$a_{红}=5.897$m，并记录。

4）瞄准前视尺，同步骤3），读前视读数，$b_{黑}=1.250$m $b_{红}=5.929$m，并记录。

5）计算高差

$$h_{AB(黑)}=a_{黑}-b_{黑}=1.220-1.250=-0.030(\text{m})$$
$$h_{AB(红)}=a_{红}-b_{红}=5.897-5.929=-0.032(\text{m})$$

6）测站检验，计算两次高差之差 $\Delta h=0.002\text{m}<\Delta h_{允}=\pm 5\text{mm}$。

7）计算高差平均值

$$h_{AB}=1/2(h_{AB}+h'_{AB})=1/2(-0.030-0.032)=-0.031(\text{m})$$

表 1-5　　双面尺观测记录表　　m

测点	后视读数		前视读数		高差		高差之差	平均高差	高程
	黑面	红面	黑面	红面	黑面	红面			
A	1.220	5.897			-0.030	-0.032	0.002	-0.031	100.000
B			1.250	5.929					99.969

注　后尺和前尺尺底高程是 4.687m。

1.2.2　任务二：闭合水准路线水准测量实施

已知国旗底的高程 BM_A $H_A=132.815\text{m}$，试测出公寓楼西南角 *B* 点高程。

任务分析：国旗底到公寓楼西南角距离比较远，并且有教学楼等障碍物。为了提高测量精度，遵循闭合水准路线水准测量方法。

1. 活动 1：水准路线选取

水准测量所经过的路线，称为水准路线。根据测区内已知高程水准点分布情况和实际需要，水准路线一般有以下几种布设形式：闭合水准路线、附合水准路线、支水准路线。

由于没有已知的高级水准点，所以选择闭合水准路线，即从一个假设的高程点出发，经过若干个转点，测出 *B* 点的高程，接着经过若干个转点，回到已知点，如图 1-18 所示。

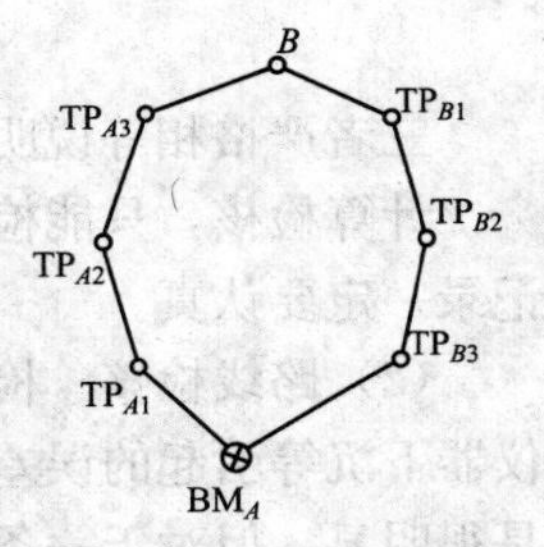

图 1-18　水准路线示意图

2. 活动 2：水准路线测量外业实施

A、*B* 两点距离大、有障碍物、高差大，则需在两点之间分成若干段，逐段安置仪器，依次测出各段的高差。在 *A*、*B* 两点之间临时选择的分段点 TP_1、TP_2 等称为转点，转点只起传递高程的作用，为了保证高程传递的准确性，转点处必须放置尺垫，使转点在相邻测站的观测过程中高程保持不变。

水准路线的观测记录见表 1-6。

在水准测量中，测的得高差总是不可避免地含有误差，为了判断测量成果是否存在错误及是否符合精度要求，必须采取措施进行校核。

表 1-6　　水准测量的观测记录表

自　　点旗杆下　　　　天气：　　　　班级组别：
至　　点旗杆下　　　　呈象：正象　　观测者：
仪器号码：　　　　　　日期：　　　　记录者：

测　点	后视读数	前视读数	高差 (m)	高程 (m)	备注
BM_A	1.089			100	
TP_{A1}	1.684	1.169	-0.080	99.920	

续表

测　点	后视读数	前视读数	高差 (m)	高程 (m)	备注
TP_{A2}	1.649	0.565	1.083	101.003	
TP_{A3}	1.439	0.629	1.020	102.023	
TP_{A4}	1.559	0.856	0.583	102.606	
B	1.349	0.675	0.884	103.490	
TP_{B1}	0.761	1.320	0.029	103.519	
TP_{B2}	0.829	1.480	−0.719	102.800	
TP_{B3}	0.599	1.560	−0.731	102.069	
TP_{B4}	0.581	1.569	−0.970	101.099	
TP_{B5}	1.072	1.615	−1.034	100.065	
BM_A		1.161	−0.089	99.976	
$\sum$	12.575	12.599	−0.024		
校核计算	$\sum a-\sum b=-0.024=\sum h=H_{A(起)}-H_{A(终)}=99.976-100=-0.024$ (m)				

(1) 计算检核。B 点对于 A 点的高差等于各转点之间高差的代数和，等于后视读数的和减去前视读数的和，即等于终点 A 的高程减去起点 A 的高程，即表1-6中。

$$\sum h=-0.024(\mathrm{m})$$

$$\sum a-\sum b=12.575-12.599=-0.024(\mathrm{m})$$

$$H_{A(推算)}-H_{A(已知)}=99.976-100=-0.024(\mathrm{m})$$

三者严格相等说明高程计算正确。

计算检核，只能检查计算是否正确，并不能检核观测和记录时是否产生错误。所以观测记录一定要认真。

(2) 路线检核。检核一个测站上是否存在错误和误差，由于外界环境影响、尺垫下沉、仪器下沉等引起的误差。尺子倾斜和估读的误差及水准仪本身的误差等，在一测站上反应不是很明显，但对于一条水准路线而言，随着测站数的增多会使误差产生积累，有时也会超出规定的界限，因此必须进行整个路线的检核。检核的指标是高差闭合差 Δh，必须小于规范允许值。一般水准测量高差闭合差的允许值为

$$\Delta h_{允}=\pm 40\sqrt{l}$$

$$\Delta h_{允}=\pm 10\sqrt{n}$$

否则，测量数据无效。

$$\Delta h=\sum h_{测}=-0.024\mathrm{m}<\Delta h_{允}=\pm 10\sqrt{11}=\pm 33.1(\mathrm{mm})$$

因此，该任务测量数据有效。

3. 活动3：水准路线内业计算

经过水准路线的检核与计算，如高差闭合差在允许误差范围内，说明测量成果符合要求，这时就可以进行高差闭合差的调整和高程的计算。

(1) 填写观测数据和已知数据。将点号、测站数、观测高差及已知水准点 A 的高程填入闭合水准路线成果计算表1-7中1、2、3、6栏内。

表 1-7　　闭合水准路线成果计算

点号	测站数	实测高差(m)	改正数(mm)	改正后高差(m)	高程(m)	点号	备注
1	2	3	4	5	6	7	8
BM_A					100.000	BM_A	
	5	3.490	11	3.501			
B					103.501	B	
	6	−3.514	13	−3.501			
BM_A					100.000	BM_A	
Σ	11	−0.024	24	0			
辅助计算	$\Delta h=\sum h_{测}=-0.024m=-24mm$　$\Delta h_{允}=\pm 10\sqrt{11}=\pm 33.1mm$ $\Delta h=-24mm<\Delta h_{允}=\pm 33.1mm$						

(2) 高差闭合差 Δh 的计算

$$\Delta h=\sum h_{测}=-0.024m=-24mm$$

$$\Delta h_{允}=\pm 10\sqrt{11}=\pm 33.1mm$$

$$\Delta h=-24mm<\Delta h_{允}=\pm 33.1mm$$

因 $\Delta h<\Delta h_{允}$，说明观测成果精度符合要求，可对高差闭合差进行调整。如果 $\Delta h<\Delta h_{允}$，说明观测成果不符合要求，必须重新测量。将高差闭合差的计算成果填到表 1-7 辅助计算栏。

(3) 高差闭合差的调整。一般认为，高差闭合差的产生与水准路线的长度和测站数成正比。所以，调整高差闭合差的原则是：将闭合差反符号，按各测段测站数的多少或路线的长短成正比例分配到各段高差观测值上，则高差改正数可由下式计算为

$$平地按距离\ v_i=-\frac{\Delta h}{\sum l}\times l_i，山地按测站数\ v_i=-\frac{\Delta h}{\sum n}\times n_i \tag{1-8}$$

式中　$\sum l$——路线总长；

l_i——第 i 测段长度（$i=1，2，\cdots$）；

$\sum n$——测站总数；

n_i——第 i 测段测站数。

该实例中，以测站数成正比进行分配，则 A 点到 B 点的高差改正值为

$$v_1=-(-0.024\div 11)\times 5=0.011(m)$$

同理，可求得第二段 B 点到 A 点的高差改正值为

$$v_2=-(-0.024\div 11)\times 6=0.013(m)$$

计算结果列于表 1-7 中第 4 栏内。

所算得高差改正值的总和应与闭合差的数值相等且符号相反，可用来检核计算是否有误。在计算中，有时因小数取舍而不符合此条件时，可通过适当取舍而令其符合。

计算检核

$$\sum_{i=1}^{n} v_i=-\Delta h=0.024m$$

应当指出，在坡度变化较大的地区，由于每千米安置测站数很不一致，闭合差的调整一般按测站数成正比分配，而在地势平坦的地区，每千米测站数相差不大，则可按路线长度成正比分配。

计算技巧：先计算同类项（0.068÷5.8）=0.0117，后计算与各段距离的乘积，再凑整（四舍六入五凑偶）得出各段高差改正数。

（4）计算各测段改正后高差。各测段改正后高差等于各测段观测高差加上相应的改正数，即

$$h_i'=h_i+v_i \tag{1-9}$$

式中 h_i'——第 i 段的改正后高差（m）。

该例中，各测段改正后高差为

$$h_1'=h_1+v_1=3.490+0.011=3.501(\text{m})$$

$$h_2'=h_2+v_2=-3.514+0.013=-3.501(\text{m})$$

计算检核

$$\sum h_i'=0 \tag{1-10}$$

将各测段改正后高差填入表1-7中第5栏内。

（5）计算待定点高程。根据已知水准点 A 的高程和各测段改正后高差，即可依次推算出各待定点的高程，即

$$H_B=H_A+h_1'=100.000+3.501=103.501(\text{m})$$

计算检核

$$H_{A(\text{推算})}=H_B+h_2'=103.501+(-3.501)=100.000(\text{m})=H_{A(\text{已知})}$$

最后推算出的 B 点高程应与已知的 B 点高程相等，以此作为计算检核。将推算出各待定点的高程填入表1-7中第6栏内。

1.2.3 任务三：附合水准路线水准测量实施

已知 A、B 两点距离5.8km左右，坡度较大，$H_A=65.376\text{m}$，$H_B=68.623\text{m}$，如何测出中间三个待定点的高程？

任务分析：由于起点和终点高程已知，采取附合水准路线的形式进行水准测量。

图1-19是附合水准路线示意图，A、B 为已知高程的水准点，1、2、3为待定高程的水准点，h_1、h_2、h_3 和 h_4 为各测段观测高差，n_1、n_2、n_3 和 n_4 为各测段测站数，l_1、l_2、l_3 和 l_4 为各测段长度。各测段测站数、长度及高差均注于图1-19中。

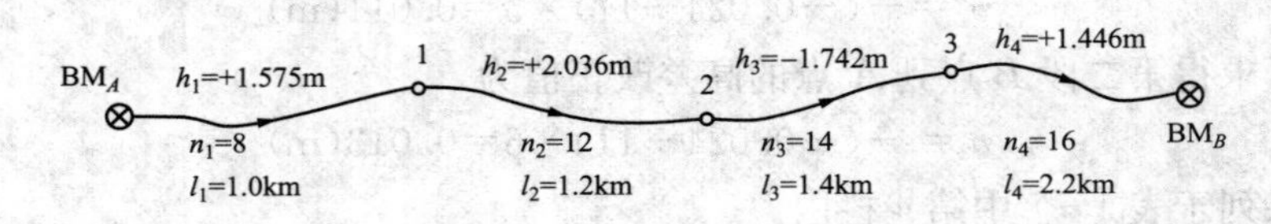

图1-19 附合水准路线示意图

1. 活动1：水准路线测量外业实施

填写观测数据和已知数据。将点号、测段长度、测站数、观测高差及已知水准点 A、B 的高程填入附合水准路线成果计算表1-8中1、2、3、4、7栏内。

表 1-8 **水准测量成果计算表**

点号	距离（km）	测站数	实测高差（m）	改正数（mm）	改正后高差（m）	高程（m）	点号	备注
1	2	3	4	5	6	7	8	9
BM_A						65.376	BM_A	
	1.0	8	+1.575	−12	+1.563			
1						66.939	1	
	1.2	12	+2.036	−14	+2.022			
2						68.961	2	
	1.4	14	−1.742	−16	−1.758			
3						67.203	3	
	2.2	16	+1.446	−26	+1.420			
BM_B						68.623	BM_B	
$\sum$	5.8	50	+3.315	−68	+3.247			
辅助计算	$\Delta h=\sum h_{测}-(H_B-H_A)=3.315-(68.623-65.376)=0.068\text{m}=68\text{mm}$ $\Delta h_{允}=\pm 40\sqrt{l}=\pm 40\sqrt{5.8}=\pm 96\text{mm}$，$\Delta h\leqslant\Delta h_{允}$							

2. 活动 2：水准路线内业计算

（1）计算高差闭合差

$$\Delta h=\sum h_{测}-(H_B-H_A)=3.315-(68.623-65.376)=0.068\text{m}=68\text{mm}$$

根据附合水准路线的测站数及路线长度计算每千米测站数

$$\frac{\sum n}{\sum l}=\frac{50\text{站}}{5.8\text{km}}=8.6\text{站/km}<16\text{站/km}$$

故高差闭合差容许值采用平地公式计算。等外水准测量平地高差闭合差容许值 $\Delta h_{允}$ 的计算公式为

$$\Delta h_{允}=\pm 40\sqrt{l}=\pm 40\sqrt{5.8}=\pm 96(\text{mm})$$

因 $\Delta h<\Delta h_{允}$，说明观测成果精度符合要求，可对高差闭合差进行调整。如果 $\Delta h>\Delta h_{允}$，说明观测成果不符合要求，必须重新测量。

将高差闭合差填入表 1-8 辅助计算栏。

（2）调整高差闭合差。高差闭合差调整的原则和方法，是按与测站数或测段长度成正比例的原则，将高差闭合差反号分配到各相应测段的高差上，得改正后高差，即

$$v_i=-\frac{\Delta h}{\sum l}\times l_i \quad 或 \quad v_i=-\frac{\Delta h}{\sum n}\times n_i \tag{1-11}$$

式中 v_i——第 i 测段的高差改正数（mm）；

$\sum n$、$\sum l$——水准路线总测站数与总长度；

n_i、l_i——第 i 测段的测站数与测段长度。

该例中，各测段改正数为

$$v_i=-\frac{\Delta h}{\sum l}\times l_i=-\frac{68\text{mm}}{5.8\text{km}}\times 1.0\text{km}=-12\text{mm}$$

$$v_i=-\frac{\Delta h}{\sum l}\times l_i=-\frac{68\text{mm}}{5.8\text{km}}\times 1.2\text{km}=-14\text{mm}$$

$$v_i=-\frac{\Delta h}{\sum l}\times l_i=-\frac{68\text{mm}}{5.8\text{km}}\times 1.4\text{km}=-16\text{mm}$$

$$v_i=-\frac{\Delta h}{\sum l}\times l_i=-\frac{68\text{mm}}{5.8\text{km}}\times 2.2\text{km}=-26\text{mm}$$

计算检核

$$\sum v_i = -\Delta h$$

将各测段高差改正数填入表1-8中第5栏内。

(3) 计算各测段改正后高差。各测段改正后高差等于各测段观测高差加上相应的改正数，即

$$h_i' = h_i + v_i \tag{1-12}$$

式中 h_i'——第 i 段的改正后高差（m）。

该例中，各测段改正后高差为

$$h_1' = h_1 + v_1 = 1.575 + (-0.012) = 1.563(\text{m})$$
$$h_2' = h_2 + v_2 = 2.036 + (-0.014) = 2.022(\text{m})$$
$$h_3' = h_3 + v_3 = -1.742 + (-0.016) = -1.758(\text{m})$$
$$h_4' = h_4 + v_4 = 1.446 + (-0.026) = 1.420(\text{m})$$

计算检核

$$\sum h_i' = H_B - H_A$$

将各测段改正后高差填入表1-8中第6栏内。

(4) 计算待定点高程。根据已知水准点 A 的高程和各测段改正后高差，即可依次推算出各待定点的高程，即

$$H_1 = H_A + h_1' = 65.376 + 1.563 = 66.939(\text{m})$$
$$H_2 = H_2 + h_2' = 66.939 + 2.022 = 68.961(\text{m})$$
$$H_3 = H_2 + h_3' = 68.961 + (-1.758) = 67.203(\text{m})$$

计算检核

$$H_{B(推算)} = H_3 + h_4' = 67.203 + 1.420 = 68.623(\text{m}) = H_{B(已知)}$$

最后推算出的 B 点高程应与已知的 B 点高程相等，以此作为计算检核。将推算出各待定点的高程填入表1-8中第7栏内。

1.2.4 任务四：四等水准测量实施

已知：工程要求水准测量高差中误差达到10mm/km。

任务分析：采用等外水准测量，测量精度很难满足高差中误差要求，因此采用四等水准测量。高差中误差可达到10mm/km。

1. *活动1：一个测站上的观测程序和记录*

将每一站的测站、测点、后视尺黑面下丝及上丝、中丝、前视尺黑面下丝及上丝、中丝、前视尺红面中丝、后视尺红面中丝按编号（1）～（8）顺序填入表1-9每一列对应的表格里。

表1-9　三、四等水准测量手簿（双面尺法）

<table>
<tr><td rowspan="4">测站</td><td rowspan="4">测点</td><td rowspan="2">后尺</td><td>下丝</td><td rowspan="2">前尺</td><td>下丝</td><td rowspan="4">方向及尺号</td><td colspan="2" rowspan="2">水准尺读数（m）</td><td rowspan="4">K+黑-红（mm）
$K_1=4.787$
$K_2=4.687$</td><td rowspan="4">高差中数（m）</td></tr>
<tr><td>上丝</td><td>上丝</td></tr>
<tr><td colspan="2">后视距</td><td colspan="2">前视距</td><td rowspan="2">黑面读数</td><td rowspan="2">红面读数</td></tr>
<tr><td colspan="2">视距差</td><td colspan="2">视距累计差</td></tr>
<tr><td>1</td><td>2</td><td colspan="2">3</td><td colspan="2">4</td><td>5</td><td>6</td><td>7</td><td>8</td><td>9</td></tr>
</table>

续表

测站	测点	后尺 下丝 / 上丝 / 后视距 / 视距差	前尺 下丝 / 上丝 / 前视距 / 视距累计差	方向及尺号	水准尺读数(m) 黑面读数	水准尺读数(m) 红面读数	K+黑−红(mm) K_1=4.787 K_2=4.687	高差中数(m)
		(1)	(4)	后视	(3)	(8)	(13)	(18) K_1=4.687 K_2=4.787
		(2)	(5)	前视	(6)	(7)	(14)	
		(9)	(10)	后-前	(15)	(16)	(17)	
		(11)	(12)					
1	BM_A～TP_1	2.121	2.196	后1	1.934	6.621	0	−0.0745
		1.747	1.821	前2	2.008	6.796	−1	
		37.4	37.5	后-前	−0.074	−0.175	+1	
		−0.1	−0.1					
2	TP_1～TP_2	1.914	2.055	后2	1.726	6.513	0	−0.142
		1.539	1.678	前1	1.869	6.554	+2	
		37.5	37.7	后-前	−0.143	−0.041	−2	
		−0.2	−0.3					
3	TP_2～TP_3	1.974	2.142	后1	1.836	6.520	+3	−0.1735
		1.702	1.875	前2	2.007	6.796	−2	
		27.2	26.7	后-前	−0.171	−0.276	+5	
		+0.5	+0.2					
4	TP_3～BM_B	1.589	2.106	后2	1.358	6.144	+1	−0.5155
		1.126	1.640	前1	1.872	6.561	−2	
		46.3	46.6	后-前	−0.514	−0.417	+3	
		−0.3	−0.1					
计算检核	1. 视距计算检核 $\sum(9)-\sum(10)=148.4-148.5=-0.1$(m) 总视距$=\sum(9)+\sum(10)=296.9$(m)				2. 高差计算检核 $\sum[(3)+(4)]-\sum[(7)+(8)]=32.652-34.463=-1.811$(m) $\sum[(15)+(16)]=-0.902-0.909=-1.811$(m) $2\sum(18)=-1.811$(m)			

2. 活动2：测站计算与检核

(1) 每一站的计算检核（第一站 BM_A～TP_1）。

1) 视距部分

后视距离(9)=[(1)−(2)]×100=(2.121−1.747)×100=37.4(m)

前视距离(10)=[(4)−(5)]×100=(2.196−1.821)×100=37.5(m)

计算前、后视距差(11)=(9)−(10)=37.4−37.5=−0.1m<3m

计算前、后视距累积差(12)=上站(12)+本站(11)=0+(−0.1)=−0.1(m)

2) 水准尺读数检核。同一水准尺的红、黑面中丝读数之差，应等于该尺红、黑面的尺常数 K（4.687m 或 4.787m）。红、黑面中丝读数差（13）、（14）按下式计算

后视(13)＝(3)＋$K_{后}$－(8)＝1.934＋4.687－6.621＝0mm＜3mm

前视(14)＝(6)＋$K_{前}$－(7)＝2.008＋4.787－6.796＝－1mm＜3mm

3）高差计算与校核。根据黑、红面读数计算黑、红面高差（15）、(16)，计算平均高差(18)，即

黑面高差(15)＝(3)－(6)＝1.934－2.008＝－0.074(m)

红面高差(16)＝(8)－(7)＝6.621－6.796＝－0.175(m)

黑、红面高差之差(17)＝(15)－[(16)±0.100]＝－0.074－(－0.175＋0.1)＝0.001(m)

＝－(14)－(13)＝－1－0＝－0.001m(校核用)

(17)＝0.001m＜5mm

式中 0.100——两根水准尺的尺常数之差（m）。

黑、红面高差之差（17）的值，三等不得超过3mm，四等不得超过5mm。

平均高差

(18)＝{(15)＋[(16)±0.100]}/2＝[－0.074＋(－0.075＋0.1)]/2＝－0.0745(m)

当$K_{后}$＝4.687m时，式中取＋0.100m；当$K_{后}$＝4.787m时，式中取－0.100m。

(2) 每页计算的校核。

1）视距部分。后视距离总和减前视距离总和应等于末站视距累积差，即

∑(9)－∑(10)＝末站(12)＝(37.4＋37.5＋27.2＋46.3)－(37.5＋37.7＋26.7＋46.6)

＝－0.1(m)

总视距＝∑(9)＋∑(10)＝37.4＋37.5＋27.2＋46.3＋37.5＋37.7＋26.7＋46.6＝296.9(m)

2）高差部分。红、黑面后视读数总和减红、黑面前视读数总和应等于黑、红面高差总和，还应等于平均高差总和的两倍，即

测站数为偶数站，故∑[(3)＋(8)]－∑[(6)＋(7)]＝∑[(15)＋(16)]＝2∑(18)(略)

测站为奇数站，故∑[(3)＋(8)]－∑[(6)＋(7)]＝∑[(15)＋(16)]±0.1＝2∑(18)±0.1(略)

当$K_{后}$＝4.687m时，式中取＋0.100m，当$K_{后}$＝4.787m时，式中取－0.100m。

1.2.5 任务五：水准仪检验与校正

根据水准测量的原理，水准仪必须能提供一条水平的视线，才能正确地测出两点间的高差。为此，水准仪在结构上应满足如图1-20所示的条件。

(1) 圆水准器轴$L'L'$应平行于仪器的竖轴VV。

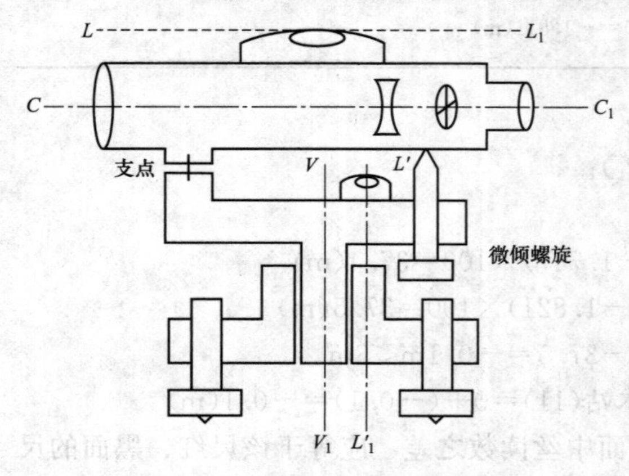

图1-20 水准仪的轴线

(2) 十字丝的中丝应垂直于仪器的竖轴VV。

(3) 水准管轴LL应平行于视准轴CC。

水准仪应满足上述各项条件，在水准测量之前，应对水准仪进行认真的检验与校正。

1. 活动1：圆水准器轴$L'L'$平行于仪器的竖轴VV的检验与校正

(1) 检验方法。旋转脚螺旋使圆水准器气泡居中，然后将仪器绕竖轴旋转180°，如果气泡仍居中，则表示该几何条件满足；如果气泡偏离出分划圈外，则需要校正。

（2）校正方法。校正时，先调整脚螺旋，使气泡向零点方向移动偏离值的一半，此时竖轴处于铅垂位置。然后，稍旋松圆水准器底部的固定螺钉，用校正针拨动三个校正螺钉，使气泡居中，这时圆水准器轴平行于仪器竖轴且处于铅垂位置。

圆水准器校正螺钉的结构如图 1-21 所示。此项校正，需反复进行，直至仪器旋转到任何位置时，圆水准器气泡皆居中为止。最后旋紧固定螺钉。

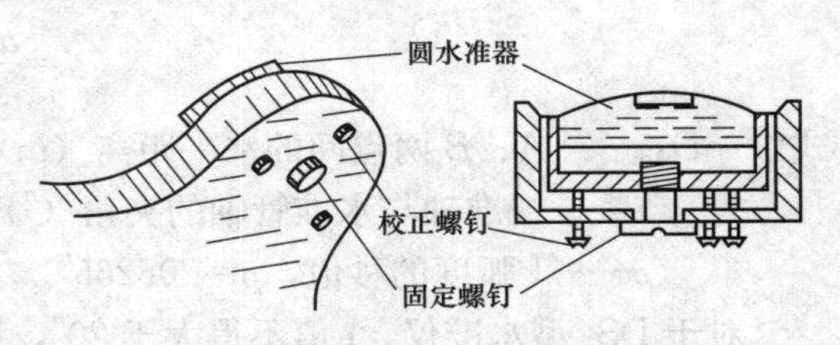

图 1-21 圆水准器校正螺钉的结构

2. 活动 2：十字丝中丝垂直于仪器的竖轴 *VV* 的检验与校正

（1）检验方法。安置水准仪，使圆水准器的气泡严格居中后，先用十字丝交点瞄准某一明显的点状目标 *M*，如图 1-22（a）所示，然后旋紧制动螺旋，转动微动螺旋。如果目标点 *M* 不离开中丝，如图 1-22（b）所示，则表示中丝垂直于仪器的竖轴；如果目标点 *M* 离开中丝，如图 1-22（c）所示，则需要校正。

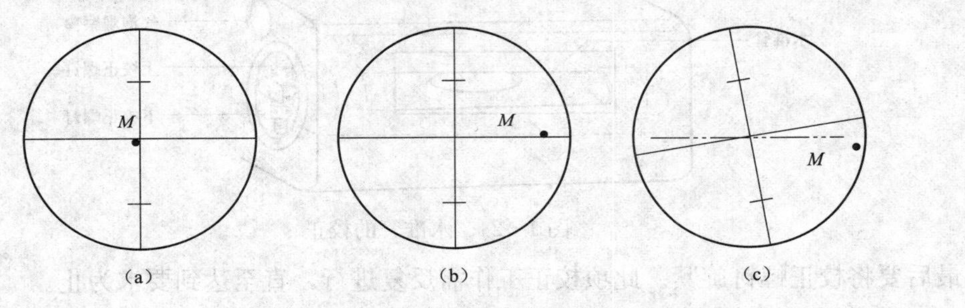

图 1-22 十字丝的检验与校正

（2）校正方法。松开十字丝分划板座的固定螺钉转动十字丝分划板座，使中丝一端对准目标点 *M*，再将固定螺钉拧紧。此项校正也需反复进行。

3. 活动 3：水准管轴 *LL* 平行于视准轴 *CC* 的检验与校正

（1）检验方法。如图 1-23 所示，在较平坦的地面上选择相距约 80m 的 *A*、*B* 两点，打下木桩或放置尺垫。用皮尺丈量，定出 *AB* 的中间点 *C*。

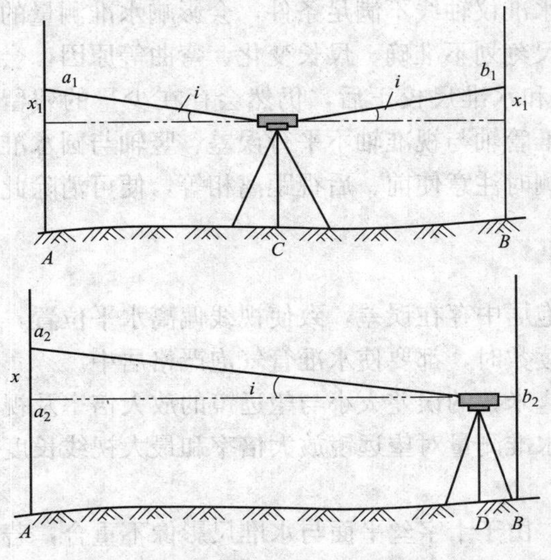

图 1-23 水准管轴平行于视准轴的检验

1）在 *C* 点处安置水准仪，用变动仪器高法，连续两次测出 *A*、*B* 两点的高差，若两次测定的高差之差不超过 3mm，则取两次高差的平均值 h_{AB} 作为最后结果。由于距离相等，视准轴与水准管轴不平行所产生的前、后视读数误差 x_1 相等，故高差 h_{AB} 不受视准轴误差的影响。

2）在离 *B* 点大约 3m 左右的 *D* 点处安置水准仪，精平后读得 *B* 点尺上的读数为 b_2，因水准仪离 *B* 点很近，两轴不平行引起的读数误差 x_2 可忽略不计。根据 b_2 和高差 h_{AB} 算出 *A* 点尺上视线水平时的应读读数为

$$a_2' = b_2 + h_{AB}$$

然后，瞄准 A 点水准尺，读出中丝的读数 a_2，如果 a_2' 与 a_2 相等，表示两轴平行。否则存在 i 角，其角值为

$$i = \frac{a_2' - a_2}{D_{AB}} \rho \qquad (1-13)$$

式中 D_{AB}——A、B 两点间的水平距离（m）；

i——视准轴与水准管轴的夹角（″）；

ρ——1 弧度的秒值，$\rho = 206265''$。

对于 DS_3 型水准仪，i 值不得大于 20″，如果超限，则需要校正。

(2) 校正方法。转动微倾螺旋，使十字丝的中丝对准 A 点尺上应读读数 a_2'，用校正针先拨松水准管一端左、右校正螺钉，如图 1-24 所示，再拨动上、下两个校正螺钉，使偏离的气泡重新居中。

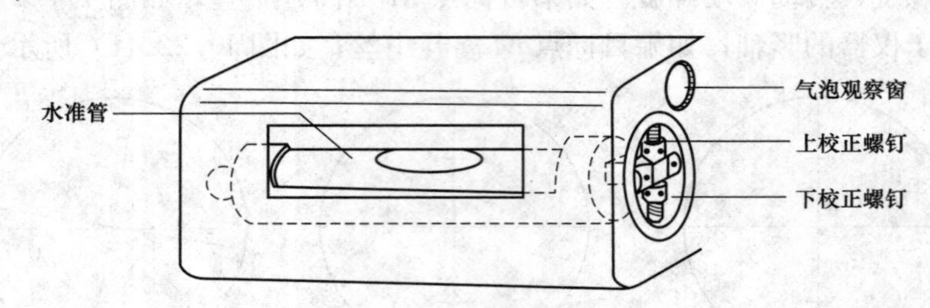

图 1-24 水准管的校正

最后要将校正螺钉旋紧。此项校正工作需反复进行，直至达到要求为止。

1.2.6 任务六：提高水准测量的精度

水准测量的误差来源于外在因素和内在因素，主要包括仪器误差、观测误差、外界环境的影响。所以提高测量精度的办法是减小仪器、工具及观测方面的误差，减小外界环境的影响。

1. *活动 1：减小仪器方面的误差*

首先，要选择检验校正过的水准仪，由于水准仪轴线不满足条件，会影响水准测量的精度。其次，要选择检验过的水准尺，由于水准尺刻划不准确、尺长变化、弯曲等原因，会影响水准测量的精度。最后要注意的是，水准仪和水准尺校正后，仍然会存在少量的残留误差，这种误差的影响与距离成正比。例如，水准管轴与视准轴不平行误差、竖轴与圆水准器轴不平行、十字丝中丝与竖轴不垂直。只要观测时注意使前、后视距离相等，便可消除此项误差对测量结果的影响。

2. *活动 2：减小观测方面的误差*

(1) 减小水准管气泡的居中误差。由于气泡居中存在误差，致使视线偏离水平位置，从而带来读数误差。为减小此误差的影响，每次读数时，都要使水准管气泡严格居中。

(2) 减小估读水准尺的误差。水准尺估读毫米数的误差大小与望远镜的放大倍率及视线长度有关。在测量作业中，应遵循不同等级的水准测量对望远镜放大倍率和最大视线长度的规定，以保证估读精度。

(3) 减小视差的影响误差。当存在视差时，由于十字丝平面与水准尺影像不重合，若眼睛的位置不同，便读出不同的读数，而产生读数误差。因此，观测时要仔细调焦，严格消除

视差。

（4）减小水准尺倾斜的影响误差。水准尺倾斜，将使尺上读数增大，从而带来误差。如水准尺倾斜 $3°30'$，在水准尺上 1m 处读数时，将产生 2mm 的误差。为了减少这种误差的影响，水准尺必须扶直。

3. *活动 3：减小外界环境的影响误差*

（1）减小水准仪下沉误差。由于水准仪下沉，使视线降低，而引起高差误差。如采用“后、前、前、后”的观测程序，可减弱其影响。

（2）减小尺垫下沉误差。如果在转点发生尺垫下沉，将使下一站的后视读数增加，也将引起高差的误差。采用往返观测的方法，取成果的中数，可减弱其影响。

为了防止水准仪和尺垫下沉，测站和转点应选在土质实处，并踩实三脚架和尺垫，使其稳定。

（3）减小地球曲率及大气折光的影响。如图 1-25 所示，A、B 为地面上两点，大地水准面是一个曲面，如果水准仪的视线 $a'b'$ 平行于大地水准面，则 A、B 两点的正确高差为

$$h_{AB}=a'-b'$$

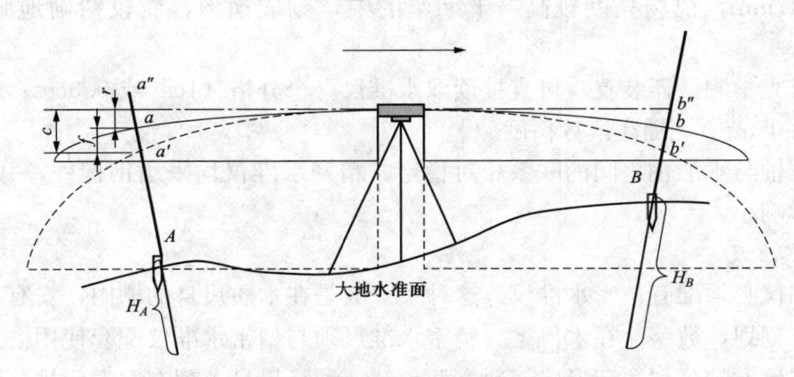

图 1-25　地球曲率及大气折光的影响

但是，水平视线在水准尺上的读数分别为 a''、b''。a'、a''之差与 b'、b''之差，就是地球曲率对读数的影响，用 c 表示。由式（1-12）知

$$c=\frac{D^2}{2R} \tag{1-14}$$

式中 D——水准仪到水准尺的距离（km）；

R——地球的平均半径，$R=6371$km。

由于大气折光的影响，视线是一条曲线，在水准尺上的读数分别为 a、b。a、a''之差与 b、b''之差，就是大气折光对读数的影响，用 r 表示。在稳定的气象条件下，r 约为 c 的 1/7，即

$$r=\frac{1}{7}c=0.07\frac{D^2}{R} \tag{1-15}$$

地球曲率和大气折光的共同影响为

$$f=c-r=0.43\frac{D^2}{R} \tag{1-16}$$

地球曲率和大气折光的影响，可采用使前、后视距离相等的方法来消除。

4. 活动4：减小温度的影响误差

温度的变化不仅会引起大气折光的变化，而且当烈日照射水准管时，由于水准管本身和管内液体温度的升高，气泡向着温度高的方向移动，从而影响了水准管轴的水平，产生了气泡居中误差。所以，测量中应随时注意为仪器打伞遮阳。

1.3 拓 展 知 识

1.3.1 精密水准仪简介

1. 精密水准仪

精密水准仪与一般水准仪比较，其特点是能够精密地整平视线和精确地读取读数。为此，在结构上应满足：

（1）水准器具有较高的灵敏度。如 DS_1 水准仪的管水准器 τ 值为 $10''/2mm$。

（2）望远镜具有良好的光学性能。如 DS_1 水准仪望远镜的放大倍数为38倍，望远镜的有效孔径为47mm，视场亮度较高。十字丝的中丝刻成楔形，能较精确地瞄准水准尺的分划。

（3）具有光学测微器装置。可直接读取水准尺一个分格（1cm或0.5cm）的1/100单位（0.1mm或0.05mm），提高读数精度。

（4）视准轴与水准轴之间的联系相对稳定。精密水准仪均采用钢构件，并且密封起来，受温度变化影响小。

2. 精密水准尺

精密水准仪必须配有精密水准尺。这种尺一般是在木质尺身的槽内，安有一根铟瓦合金带。带上标有刻划，数字注在木尺上。精密水准尺须与精密水准仪配套使用。

精密水准尺上的分划注记形式一般有两种：一种是尺身上刻有左右两排分划，右边为基本分划，左边为辅助分划。基本分划的注记从零开始，辅助分划的注记从某一常数 K 开始，K 称为基辅差。

另一种是尺身上两排均为基本分划，其最小分划为10mm，但彼此错开5mm。尺身一侧注记米数，另一侧注记分米数。尺身标有大、小三角形，小三角形表示半分米处，大三角形表示分米的起始线。这种水准尺上的注记数字比实际长度增大了一倍，即5cm注记为1dm。因此使用这种水准尺进行测量时，要将观测高差除以2才是实际高差。

3. 精密水准仪的操作方法

精密水准仪的操作方法与一般水准仪基本相同，只是读数方法有些差异。在水准仪精平后，十字丝中丝往往不恰好对准水准尺上某一整分划线，这时就要转动测微轮，使视线上、下平行移动，十字丝的楔形丝正好夹住一个整分划线，被夹住的分划线读数为米（m）、分米（dm）、厘米（cm）。此时视线上下平移的距离则由测微器读数窗中读出毫米（mm）。实际读数为全部读数的一半。

1.3.2 自动安平水准仪

自动安平水准仪与微倾式水准仪的区别在于：自动安平水准仪没有水准管和微倾螺旋，而是在望远镜的光学系统中装置了补偿器。

1. 视线自动安平的原理

当圆水准器气泡居中后，视准轴仍存在一个微小倾角 α，在望远镜的光路上安置一补偿器，使通过物镜光心的水平光线经过补偿器后偏转一个 β 角，仍能通过十字丝交点，这样十字丝交点上读出的水准尺读数，即为视线水平时应该读出的水准尺读数。

由于无需精平，这样不仅可以缩短水准测量的观测时间，而且对于施工场地地面的微小震动、松软土地的仪器下沉及大风吹刮等原因，引起的视线微小倾斜，能迅速自动安平仪器，从而提高了水准测量的观测精度。

2. 自动安平水准仪的使用

使用自动安平水准仪时，首先将圆水准器气泡居中，然后瞄准水准尺，等待 2～4s 后，即可进行读数。有的自动安平水准仪配有一个补偿器检查按钮，每次读数前按一下该按钮，确认补偿器能正常作用再读数。

1.3.3 电子水准仪简介

电子水准仪的主要优点是：操作简捷，自动观测和记录，并立即用数字显示测量结果；整个观测过程在几秒钟内即可完成，从而大大减少观测错误和误差；仪器还附有数据处理器及与之配套的软件，从而可将观测结果输入计算机进入后处理，实现测量工作自动化和流水线作业，大大提高功效。

1. 电子水准仪的观测精度

电子水准仪的观测精度高，如瑞士徕卡公司开发的 NA2000 型电子水准仪的分辨力为 0.1mm，每千米往返测得高差中数的偶然中误差为 2.0mm；NA3003 型电子水准仪的分辨力为 0.01mm，每千米往返测得高差中数的偶然中误差为 0.4mm。

2. 电子水准仪测量原理简述

与电子水准仪配套使用的水准尺为条形编码尺，通常由玻璃纤维或铟钢制成。在电子水准仪中装置有行阵传感器，它可识别水准标尺上的条形编码。电子水准仪摄入条形编码后，经处理器转变为相应的数字，再通过信号转换和数据化，在显示屏上直接显示中丝读数和视距。

3. 电子水准仪的使用

NA2000 型电子水准仪用 15 个键的键盘和安装在侧面的测量键来操作，有两行 LCD 显示器显示给使用者，并显示测量结果和系统的状态。

观测时，电子水准仪在人工完成安置与粗平、瞄准目标（条形编码水准尺）后，按下测量键后 3～4s 即显示出测量结果。其测量结果可贮存在电子水准仪内或通过电缆连接存入机内记录器中。

另外，观测中如水准标尺条形编码被局部遮挡小于 30%，仍可进行观测。

习 题

1. 水准仪是根据什么原理来测定两点之间高差的?
2. 何谓视差？发生视差的原因是什么？如何消除视差?
3. 水准仪有哪些轴线？它们之间应满足哪些条件？哪个是主要条件？为什么?
4. 结合水准测量的主要误差来源，说明在观测过程中要注意哪些事项?

5. 后视点 A 的高程为 55.318m，读得其水准尺的读数为 2.212m，在前视点 B 尺上读数为 2.522m，问高差 h_{AB} 是多少？B 点比 A 点高，还是比 A 点低？B 点高程是多少？试绘图说明。

6. 为了测得图根控制点 C、D 的高程，由四等水准点 BM_A（高程为 29.826m）以附合水准路线测量至另一个四等水准点 BM_B（高程为 30.586m），观测数据及部分成果如图 1-26 所示。试列表进行记录，并计算下列问题：

（1）将第一段观测数据填入记录手簿，求出该段高差 h_1。

（2）根据观测成果算出 A、B 点的高程。

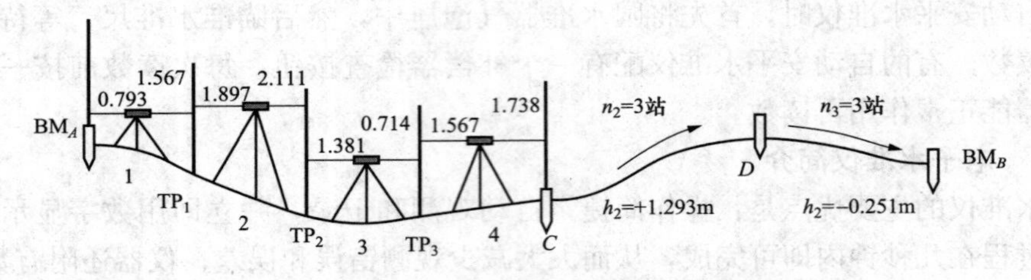

图 1-26 附合水准路线测量示意图

7. 如图 1-27 所示，为一闭合水准路线等外水准测量示意图，水准点 BM_A 的高程为 45.515m，1、2、3、4 点为待定高程点，各测段高差及测站数均标注在图 1-27 中，试计算各待定点的高程。

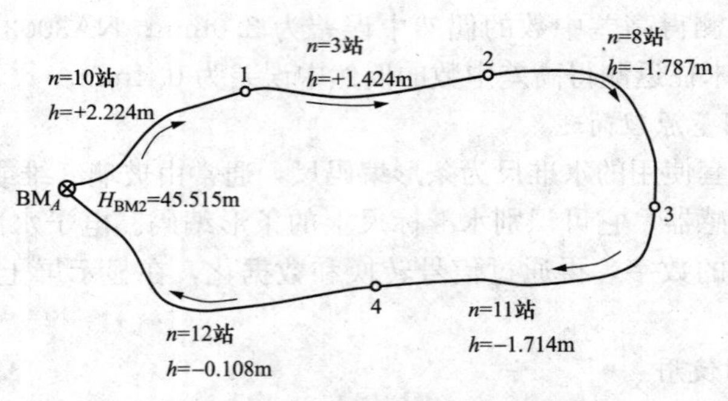

图 1-27 闭合水准路线示意图

8. 已知 C、D 两水准点的高程分别为：$H_C=44.286$m，$H_D=44.175$m。水准仪安置在 C 点附近，测得 C 尺上读数 $a=1.966$m，D 尺上读数 $b=1.845$m。问这架仪器的水准管轴是否平行于视准轴？若不平行，当水准管的气泡居中时，视准轴是向上倾斜，还是向下倾斜？如何校正？

项目2　角　度　测　量

角度测量包含水平角和竖直角，角度的观测是工程测量的基本工作之一，本部分主要讲述光学经纬仪及水平角和竖直角的观测和计算。

能力目标

1. 能够分辨经纬仪的类型。
2. 能够正确操作经纬仪。
3. 能够较熟练地进行“测回法”水平角观测和“方向观测法”水平角观测。
4. 能够准确地进行读数、记录、计算、检核和完成水平角测量手簿。
5. 能够较熟练地进行竖直角观测和计算；能够正确地处理竖盘指标差问题。
6. 能够准确地进行读数、记录、计算、检核和完成竖直角测量手簿。

知识目标

1. 了解经纬仪各组成部件及其作用。
2. 掌握分微尺、读数窗及读数方法。
3. 掌握水平角和竖直角的测量理论依据。
4. 熟练掌握测回法及方向观测法观测步骤和施测方法。
5. 掌握竖盘制式和竖直角计算公式及其运用。
6. 熟练掌握测量数据的记录、计算和检核的方法。
7. 掌握竖直角的施测方法及步骤，知道竖盘指标差的概念和影响。
8. 掌握角度测量误差来源及其减小、消除措施。

2.1　预　备　知　识

角度测量是确定地面点位的三大测量工作之一，包含水平角和竖直角测量，是利用经纬仪或者全站仪对其进行测量。

2.1.1　水平角度测量原理

水平角度测量是利用经纬仪或者全站仪，测出地面测点到两目标之间所夹的水平角度。

1. 水平角的概念

相交于一点的两方向线在水平面上的垂直投影所形成的夹角，称为水平角。水平角一般用β表示，角值范围为0°～360°。

如图2-1所示，A、O、B是地面上任意三个点，OA和OB两条方向线所夹的水平角，即为OA和OB垂直投影在水平面H上的投影O_1A_1和O_1B_1所构成的夹角β。

2. 水平角测角原理

如图2-1所示，可在O点的上方任意高度处，水平安置一个带有刻度的圆盘，并

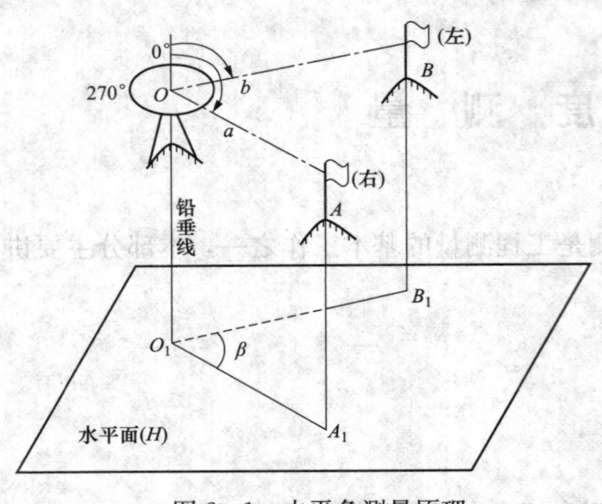

图 2-1 水平角测量原理

使圆盘中心在过 O 点的铅垂线上；通过 OA 和 OB 各作一铅垂面，设这两个铅垂面在刻度盘上截取的读数分别为 a 和 b，则水平角 β 的角值为

$$\beta = b - a \tag{2-1}$$

用于测量水平角的仪器，必须具备一个能置于水平位置的水平度盘，且水平度盘的中心位于水平角顶点的铅垂线上。仪器上的望远镜不仅可以在水平面内转动，而且还能在竖直面内转动。经纬仪就是根据上述基本要求设计制造的测角仪器。

2.1.2 光学经纬仪的构造

光学经纬仪按测角精度，可分为 DJ_{07}、DJ_1、DJ_2、DJ_6 和 DJ_{15} 等不同级别。其中"DJ"分别为"大地测量"和"经纬仪"的汉字拼音第一个字母，下标数字 07、1、2、6、15 表示仪器的精度等级，即一测回方向观测中误差的秒数。

1. DJ_6 型光学经纬仪的构造

DJ_6 型光学经纬仪虽然因生产厂家不同而有差异，但其基本结构是大同小异，主要由照准部（包括望远镜、竖直度盘、水准器、读数设备）、水平度盘和基座三部分组成，其构造如图 2-2 所示。

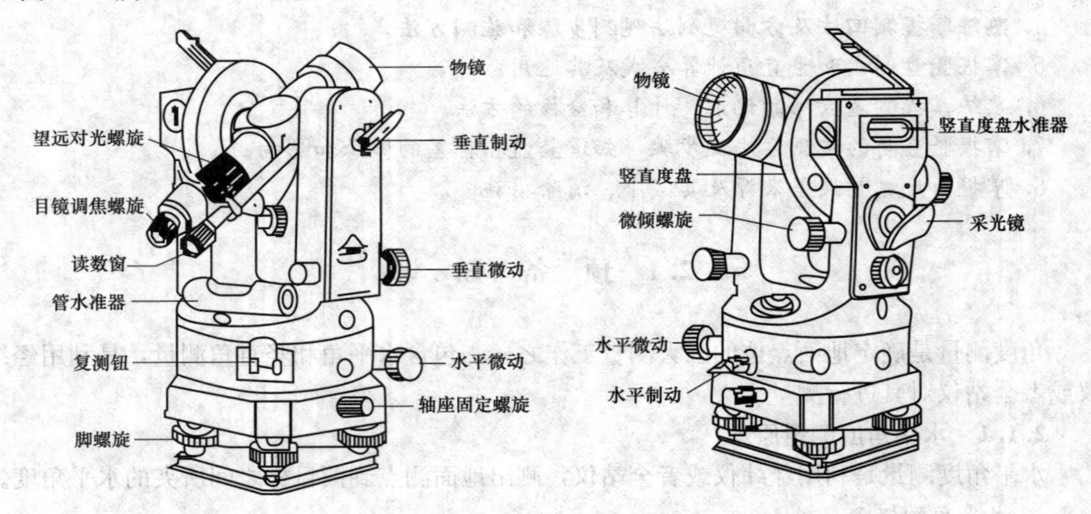

图 2-2 经纬仪的构造

（1）照准部。照准部是指经纬仪水平度盘之上，能绕其旋转轴旋转部分的总称。照准部主要由竖轴、望远镜、竖直度盘、读数设备、照准部水准管和光学对中器等组成。

1）竖轴。照准部的旋转轴称为仪器的竖轴。通过调节照准部制动螺旋和微动螺旋，可以控制照准部在水平方向上的转动。

2）望远镜。望远镜用于瞄准目标。另外，为了便于精确瞄准目标，经纬仪的十字丝分划板与水准仪的稍有不同，如图 2-3 所示。

望远镜的旋转轴称为横轴。通过调节望远镜制动螺旋和微动螺旋，可以控制望远镜的上下转动。

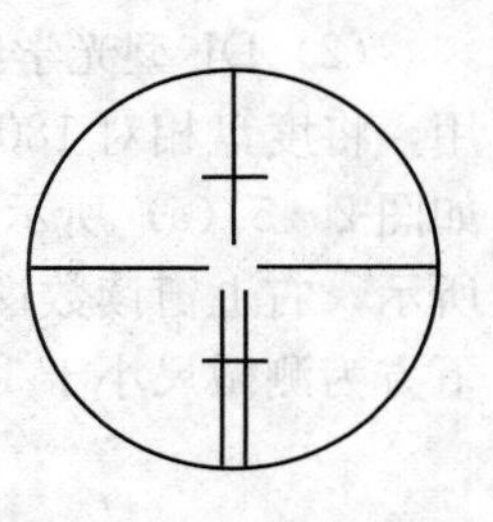

图 2-3 经纬仪的十字丝分划板

望远镜的视准轴垂直于横轴，横轴垂直于仪器竖轴。因此，在仪器竖轴铅直时，望远镜绕横轴转动扫出一个铅垂面。

3）竖直度盘（简称竖盘）。竖直度盘用于测量垂直角，竖直度盘固定在横轴的一端，随望远镜一起转动。

4）读数设备。读数设备用于读取水平度盘和竖直度盘的读数。

5）照准部水准管。照准部水准管用于精确整平仪器。

水准管轴垂直于仪器竖轴，当照准部水准管气泡居中时，经纬仪的竖轴铅直，水平度盘处于水平位置。

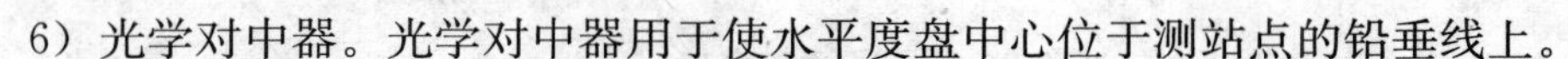

6）光学对中器。光学对中器用于使水平度盘中心位于测站点的铅垂线上。

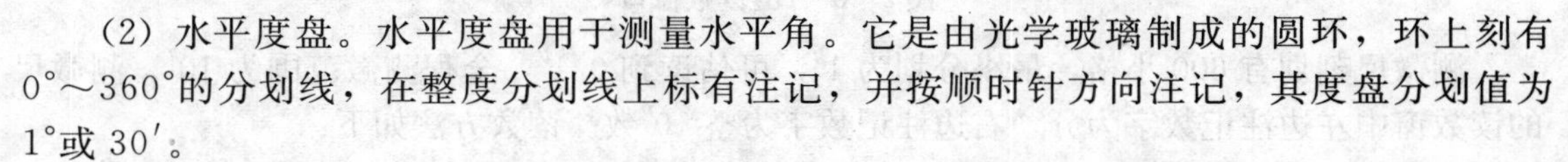

(2) 水平度盘。水平度盘用于测量水平角。它是由光学玻璃制成的圆环，环上刻有 0°～360°的分划线，在整度分划线上标有注记，并按顺时针方向注记，其度盘分划值为 1°或 30′。

水平度盘与照准部是分离的，当照准部转动时，水平度盘并不随之转动。如果需要改变水平度盘的位置，可通过照准部上的水平度盘变换手轮，将度盘变换到所需要的位置。

(3) 基座。基座用于支承整个仪器，并通过中心连接螺旋将经纬仪固定在三脚架上。基座上有三个脚螺旋，用于整平仪器。在基座上还有一个轴座固定螺旋，用于控制照准部和基座之间的衔接。

(4) 读数设备及读数方法。分划值的读数要利用测微器读出，DJ_6型光学经纬仪一般采用分微尺测微器。如图 2-4 所示，在读数显微镜内可以看到两个读数窗：注有“水平”或“H”的是水平度盘读数窗；注有“竖直”或“V”的是竖直读数窗。每个读数窗上有一个分微尺。

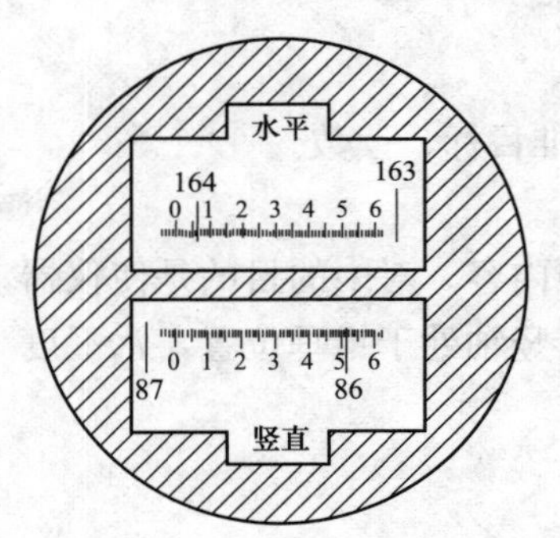

图 2-4 分微尺测微器读数

分微尺的长度等于度盘上 1°影像的宽度，即分微尺全长代表 1°。将分微尺分成 60 小格，每 1 小格代表 1′，可估读到 0.1′，即 6″。每 10 小格注有数字，表示 10′的倍数。

读数时，先调节读数显微镜目镜对光螺旋，使读数窗内度盘影像清晰，然后，读出位于分微尺中的度盘分划线上的注记度数。最后，以度盘分划线为指标，在分微尺上读取不足 1°的分数，并估读秒数。如图 2-4 所示，其水平度盘读数为 164°06′36″，竖直度盘读数为 86°51′36″。

2. DJ_2型光学经纬仪构造

(1) DJ_2型光学经纬仪的特点。与 DJ_6型光学经纬仪相比主要有以下特点：

1）轴系间结构稳定，望远镜的放大倍数较大，照准部水准管的灵敏度较高。

2）在 DJ_2型光学经纬仪读数显微镜中，只能看到水平度盘和竖直度盘中的一种影像，读数时，通过转动换像手轮，使读数显微镜中出现需要读数的度盘影像。

3）DJ_2 型光学经纬仪采用对径符合读数装置，相当于取度盘对径相差 180°处的两个读数的平均值，以消除偏心误差的影响，提高读数精度。

(2) DJ_2型光学经纬仪的读数方法。用对径符合读数装置是通过一系列棱镜和透镜的作用，将度盘相对180°的分划线，同时反映到读数显微镜中，并分别位于一条横线的上下方，如图2-5 (a) 所示。读数时，转动测微手轮使右下窗的对径，分划线重合，如图2-5 (b) 所示，右上窗读数窗中上面的数字为整度值，中间凸出小方框中的数字为整10′的分数，左下方为测微尺小于10′的读数窗。

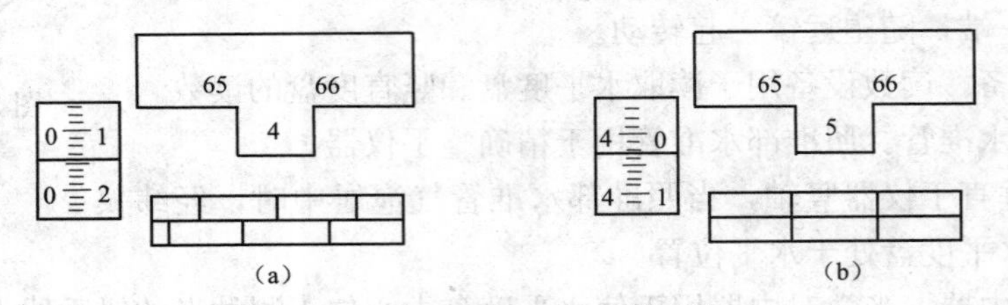

图2-5 DJ_2读数窗口

测微尺刻划有600小格，最小分划为1″，可估读到0.1″，全程测微范围为10′。测微尺的读数窗中左边注记数字为分，右边注记数字为整10″数。读数方法如下：

1) 转动测微轮，使分划线重合，窗中上、下分划线精确重合，如图2-5 (b) 所示。

2) 在读数窗中读出度数。

3) 在中间凸出的小方框中读出整10′的分数。

4) 在测微尺读数窗中，根据单指标线的位置，直接读出不足10′的分数和秒数，并估读到0.1″。

5) 将度数、整10′的分数及测微尺上读数相加，即为度盘读数。在图2-5 (b) 中所示读数为65°+5×10′+4′08.2″=65°54′08.2″。

2.1.3 经纬仪的使用

经纬仪使用包括三个步骤，即安置仪器（对中和整平）、瞄准目标、读数。

1. 安置仪器

安置仪器是将经纬仪安置在测站点上，包括对中和整平两项内容。对中的目的是使仪器中心与测站点标志中心位于同一铅垂线上；整平的目的是使仪器竖轴处于铅垂位置，水平度盘处于水平位置。

(1) 初步对中整平。

1) 用锤球对中，其操作方法如下：

a. 将三脚架调整到合适高度，张开三脚架安置在测站点上方，在脚架的连接螺旋上挂上锤球，如果锤球尖离标志中心太远，可固定一脚移动另外两脚，或将三脚架整体平移，使锤球尖大致对准测站点标志中心，并注意使架头大致水平，然后将三脚架的脚尖踩入土中。

b. 将经纬仪从箱中取出，用连接螺旋将经纬仪安装在三脚架上。调整脚螺旋，使圆水准器气泡居中。

c. 此时，如果锤球尖偏离测站点标志中心，可旋松连接螺旋，在架头上移动经纬仪，使锤球尖精确对中测站点标志中心，然后旋紧连接螺旋。

2) 用光学对中器对中时，其操作方法如下：

a. 使架头大致对中和水平，连接经纬仪；调节光学对中器的目镜和物镜对光螺旋，使光学对中器的分划板小圆圈和测站点标志的影像清晰。

b. 转动脚螺旋，使光学对中器对准测站标志中心，此时圆水准器气泡偏离，伸缩三脚架架腿，使圆水准器气泡居中，注意脚架尖位置不得移动。

（2）精确对中和整平。

1）整平。先转动照准部，使水准管平行于任意一对脚螺旋的连线，如图2-6（a）所示，两手同时向内或向外转动这两个脚螺旋，使气泡居中，注意气泡移动方向始终与左手大拇指移动方向一致；然后将照准部转动90°，如图2-6（b）所示，转动第三个脚螺旋，使水准管气泡居中。再将照准部转回原位置，检查气泡是否居中，若不居中，按上述步骤反复进行，直到水准管在任何位置，气泡偏离零点不超过一格为止。

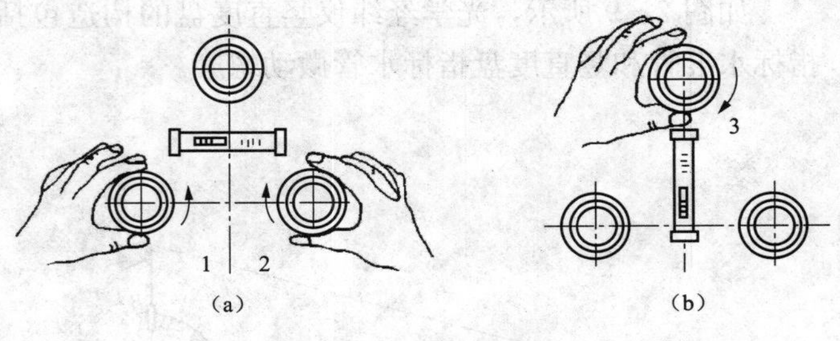

图2-6 经纬仪的整平

2）对中。先旋松连接螺旋，在架头上轻轻移动经纬仪，使锤球尖精确对中测站点标志中心，或使对中器分划板的刻划中心与测站点标志影像重合；然后旋紧连接螺旋。锤球对中误差一般可控制在3mm以内，光学对中器对中误差一般可控制在1mm以内。

对中和整平，一般都需要经过几次“整平—对中—整平”的循环过程，直至整平和对中均符合要求。

2. 瞄准目标

（1）松开望远镜制动螺旋和照准部制动螺旋，将望远镜朝向明亮背景，调节目镜对光螺旋，使十字丝清晰。

（2）利用望远镜上的照门和准星粗略对准目标，拧紧照准部及望远镜制动螺旋；调节物镜对光螺旋，使目标影像清晰，并注意消除视差。

（3）转动照准部和望远镜微动螺旋，精确瞄准目标。测量水平角时，应用十字丝交点附近的竖丝瞄准目标底部，如图2-7所示。

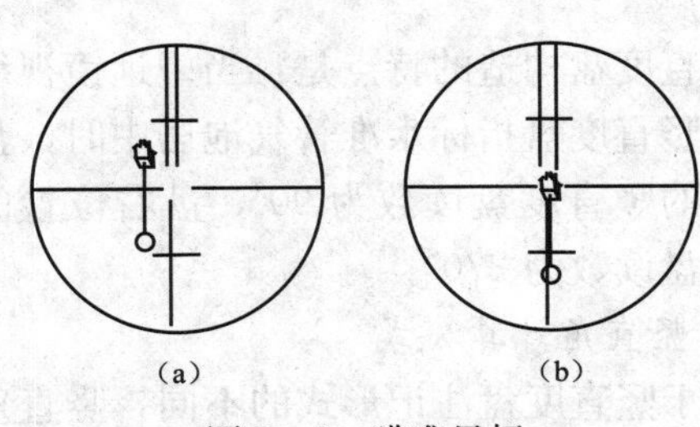

图2-7 瞄准目标

3. 读数

（1）打开反光镜，调节反光镜镜面位置，使读数窗亮度适中。

（2）转动读数显微镜目镜对光螺旋，使度盘、测微尺及指标线的影像清晰。

（3）根据仪器的读数设备，按经纬仪读数方法进行读数。

2.1.4 竖直角测量

竖直角测量是用经纬仪或其他测角仪器获得视线方向的竖直角的观测。

1. 竖直角测量原理

在同一铅垂面内，观测视线与水平线之间的夹角，称为垂直角，又称倾角，用α表示。其角值范围为$-90°\sim90°$，如图2-8所示，视线在水平线的上方，垂直角为仰角，符号为正

($+\alpha$)；视线在水平线的下方，垂直角为俯角，符号为负（$-\alpha$）。

与水平角一样，垂直角的角值也是度盘上两个方向的读数之差。如图 2-8 所示，望远镜瞄准目标的视线与水平线分别在竖直度盘上有对应读数，两读数之差即为垂直角的角值。所不同的是，垂直角的两方向中的一个方向是水平方向。无论对哪一种经纬仪来说，视线水平时的竖直度盘读数都应为 90°的倍数。所以，测量垂直角时，只要瞄准目标读出竖直度盘读数，即可计算出垂直角。

2. 竖直度盘构造

如图 2-9 所示，光学经纬仪竖直度盘的构造包括竖直度盘、竖直度盘指标、竖直度盘指标水准管和竖直度盘指标水管微动螺旋。

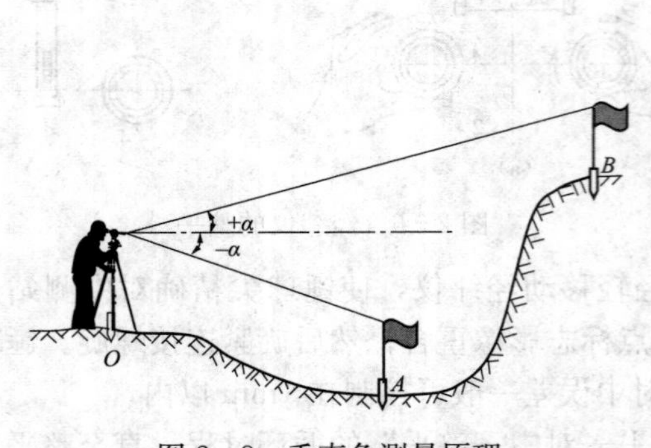

图 2-8 垂直角测量原理

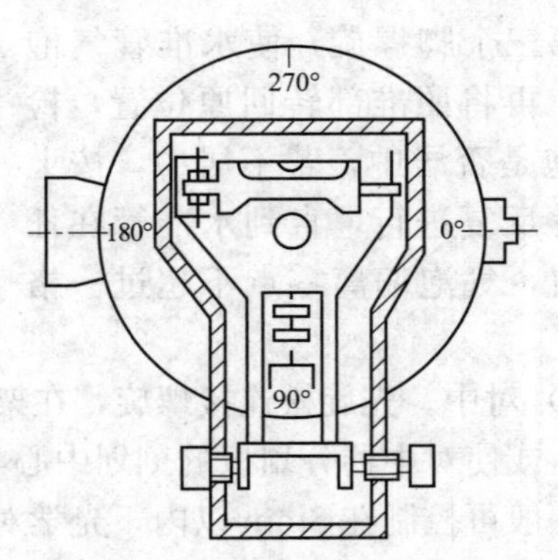

图 2-9 竖直度盘的构造

竖直度盘固定在横轴的一端，当望远镜在竖直面内转动时，竖直度盘也随之转动，而用于读数的竖直度盘指标则不动。

当竖直度盘指标水准管气泡居中时，竖直度盘指标所处的位置称为正确位置。

光学经纬仪的竖直度盘也是一个玻璃圆环，分划与水平度盘相似，度盘刻度 0°～360°的注记有顺时针方向和逆时针方向两种。如图 2-10（a）所示为顺时针方向注记，如图 2-10（b）所示为逆时针方向注记。

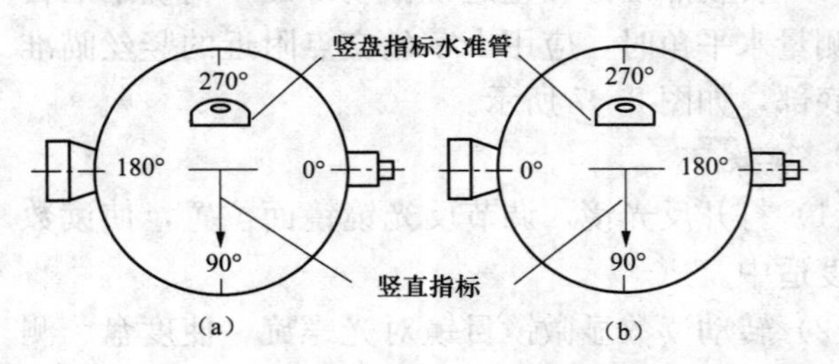

图 2-10 竖直度盘刻度注记（盘左位置）

竖直度盘构造的特点是：当望远镜视线水平，竖直度盘指标水准管气泡居中时，盘左位置的竖直度盘读数为 90°，盘右位置的竖直度盘读数为 270°。

3. 竖直角计算公式

由于竖直度盘注记形式的不同，竖直角计算公式也不一样。下面以顺时针注记的竖直度盘为例，推导竖直角计算公式。

如图 2-11 所示，盘左位置：视线水平时，竖直度盘读数为 90°。当瞄准一目标时，竖直度盘读数为 L，则盘左竖直角 α_L 为

$$\alpha_L = 90° - L \tag{2-2}$$

如图 2-11 所示，盘右位置：视线水平时，竖直度盘读数为 270°。当瞄准原目标时，竖直度盘读数为 R，则盘右竖直角 α_R 为

$$\alpha_R = R - 270° \quad (2-3)$$

将盘左、盘右位置的两个竖直角取平均值，即得竖直角 α 计算公式为

$$\alpha = \frac{1}{2}(\alpha_L + \alpha_R) \quad (2-4)$$

对于逆时针注记的竖直度盘，用类似的方法推得竖直角的计算公式为

$$\left.\begin{aligned}\alpha_L &= L - 90° \\ \alpha_R &= 270° - R\end{aligned}\right\} \quad (2-5)$$

在观测竖直角之前，将望远镜大致放置水平，观察竖直度盘读数，首先确定视线水平时的读数；然后上仰望远镜，观测竖直度盘读数是增加还是减小：

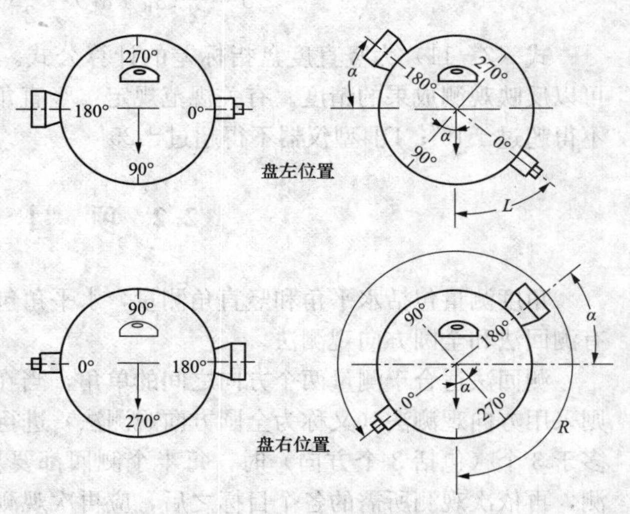

图 2-11 DJ₆型光学经纬仪竖直角计算示意图

若读数增加，则竖直角的计算公式为

$$\alpha = \text{瞄准目标时竖直度盘读数} - \text{视线水平时竖直度盘读数} \quad (2-6)$$

若读数减小，则竖直角的计算公式为

$$\alpha = \text{视线水平时竖直度盘读数} - \text{瞄准目标时竖直度盘读数} \quad (2-7)$$

以上规定，适合任何竖直度盘注记形式和盘左、盘右观测。

4. 竖直度盘指标差

在竖直角计算公式中，认为当视准轴水平、竖直度盘指标水准管气泡居中时，竖直度盘读数应是 90°的整数倍。但是实际上这个条件往往不能满足，竖直度盘指标常常偏离正确位置，这个偏离的差值 x 角，称为竖直度盘指标差。竖直度盘指标差 x 本身有正负号，一般规定当竖直度盘指标偏移方向与竖直度盘注记方向一致时，x 取正号；反之，x 取负号。

如图 2-12 所示盘左位置，由于存在指标差，其正确的竖直角计算公式为

$$\alpha = 90° - L + x = \alpha_L + x \quad (2-8)$$

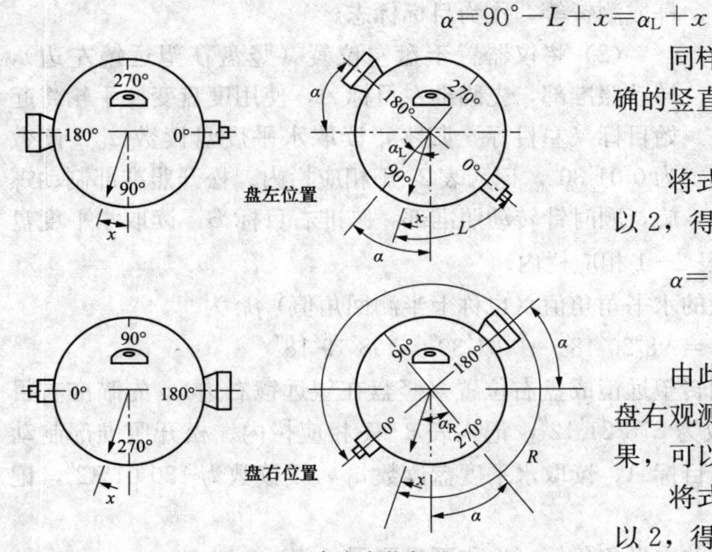

图 2-12 竖直度盘指标差

同样如图 2-12 所示盘右位置，其正确的竖直角计算公式为

$$\alpha = R - 270° - x = \alpha_R - x \quad (2-9)$$

将式（2-8）和式（2-9）相加并除以 2，得

$$\alpha = \frac{1}{2}(\alpha_L + \alpha_R) = \frac{1}{2}(R - L - 180°) \quad (2-10)$$

由此可知，在竖直角测量时，用盘左、盘右观测，取平均值作为竖直角的观测结果，可以消除竖直度盘指标差的影响。

将式（2-8）和式（2-9）相减并除以 2，得

$$x=\frac{1}{2}(\alpha_R+\alpha_L)=\frac{1}{2}(L+R-360°) \tag{2-11}$$

式（2－11）为竖直度盘指标差的计算公式。指标差互差（即所求指标差之间的差值）可以反映观测成果的精度。有关规范规定：竖直角观测时，指标差互差的限差，DJ_2型仪器不得超过±15″；DJ_6型仪器不得超过±25″。

2.2 项 目 实 施

角度测量包括水平角和竖直角测量，水平角包含单个水平角和多个水平角测量。其方法有测回法和全圆方向观测法。

测回法适合于测量两个方向之间的单角，当在一个测站上需要观测两个以上的方向时，则采用方向观测法（又称为全圆方向观测法）进行观测。所谓的全圆方向观测法就是当方向多于3个（包括3个方向）时，每半个测回都要从一个选定的起始方向（零方向）开始观测，再依次观测所需的各个目标之后，应再次观测起始方向（称为归零）。

2.2.1 任务一：单个水平角的测量——测回法测水平角

已知：地面某O点，测出O点到两目标方向A、B两点之间所夹的水平角。

任务分析：由于角度是单个角，所以选用测回法。

1. 活动1：将盘左位置的起始目标归零

先转动照准部瞄准起始目标；然后，按下度盘变换手轮下的保险手柄，将手轮推压进去，并转动度盘变换手轮，直至从读数窗看到所需读数；最后，将手松开，手轮退出，把保险手柄倒回。

2. 活动2：测回法实施过程

如图2－13所示，设O为测站点，安置经纬仪，A、B为观测目标，用测回法观测OA与OB两方向之间的水平角β，具体施测步骤如下：

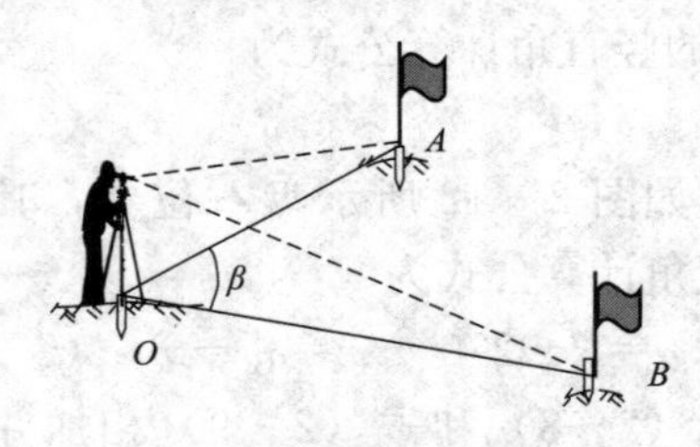

图2－13 测角度示意图

（1）在测站点O安置经纬仪，在A、B两点竖立测杆或测钎等，作为目标标志。

（2）将仪器置于盘左位置（竖盘在望远镜左边），转动照准部，先瞄准左目标A，使用度盘变换手轮将起始目标（左目标）归零，读取水平度盘读数a_L，读数为0°01′30″，记入表2－1相应栏内。松开照准部制动螺旋，顺时针转动照准部，瞄准右目标B，读取水平度盘读数b_L，读数为98°20′48″，记入表2－1相应栏内。

以上称为上半测回，盘左位置的水平角角值（也称上半测回角值）β_L为

$$\beta_L=b_L-a_L=98°20'48''-0°01'30''=98°19'18''$$

（3）松开照准部制动螺旋，倒转望远镜成盘右位置（竖盘在望远镜右边），先瞄准右目标B，读取水平度盘读数b_R，读数为278°21′12″，记入表2－1相应栏内。松开照准部制动螺旋，逆时针转动照准部，瞄准左目标A，读取水平度盘读数a_R，设读数为180°01′42″，记入表2－1相应栏内。

以上称为下半测回，盘右位置的水平角角值（也称下半测回角值）β_R为

$$\beta_R = b_R - a_R = 278°21'12'' - 180°01'42'' = 98°19'30''$$

上半测回和下半测回构成一测回.

同理，进行第二测回。注意，各测回之间起始目标（左目标）读数要改变 $180°/n$，目的是减小度盘刻划的误差。

(4) 对于 DJ_6 型光学经纬仪，如果上、下两半测回角值之差不大于 $\pm 40''$，认为观测合格。此时，可取上、下两半测回角值的平均值作为一测回角值 β。

表 2-1 **测回法观测手簿**

测回	测站	竖盘位置	目标	水平度盘读数 (° ′ ″)	半测回角值 (° ′ ″)	一测回角值 (° ′ ″)	各测回平均值 (° ′ ″)	备注
1	O	左	A	0 01 30	98 19 18	98 19 24	98 19 30	
			B	98 20 48				
		右	A	180 01 42	98 19 30			
			B	278 21 12				
2	O	左	A	90 01 06	98 19 30	98 19 36		
			B	188 20 36				
		右	A	270 00 54	98 19 42			
			B	8 20 36				

在该例中，上、下两半测回角值之差为

$$\Delta\beta = \beta_L - \beta_R = 98°19'18'' - 98°19'30'' = -12''$$

一测回角值为

$$\beta = 1/2(\beta_L + \beta_R) = 1/2(98°19'18'' + 98°19'30'') = 98°19'24''$$

将结果记入表 2-1 相应栏内。

注意：由于水平度盘是顺时针刻划和注记的，所以在计算水平角时，总是用右目标的读数减去左目标的读数，如果不够减，则应在右目标的读数上加上 360°，再减去左目标的读数，决不可以倒过来减。

当测角精度要求较高时，需对一个角度观测多个测回，应根据测回数 n，以 $180°/n$ 的差值，安置水平度盘读数。例如，当测回数 $n=2$ 时，第一测回的起始方向读数可安置在略大于 0°处；第二测回的起始方向读数可安置在略大于（180°/2）＝90°处。各测回角值互差如果不超过 $\pm 40''$（对于 DJ_6 型光学经纬仪），取各测回角值的平均值作为最后角值，记入表 2-1 相应栏内。

2.2.2 任务二：一个测站多个水平角测量——全圆方向观测法的实施

已知：地面某 O 点，测出它到周围四个目标，两两之间所夹的水平角。

任务分析：如图 2-14 所示，O 点到 A、B、C、D 各目标两两之间所夹的水平角采用方向观测法进行。

1. *活动 1：方向观测法观测程序*

方向观测法适合于观测一个测站对多个方向之间所夹的水平角。先盘左位置（见图 2-15），从起始目标开始顺时针依次观测 A、B、C、D、A，再盘右位置，从 A 目标开始逆时针依次观测 A、D、C、B、A。

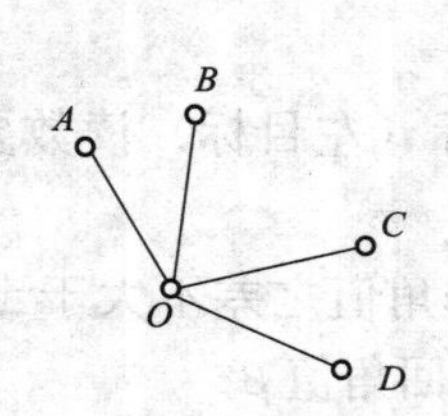

图 2-14 测量示意图

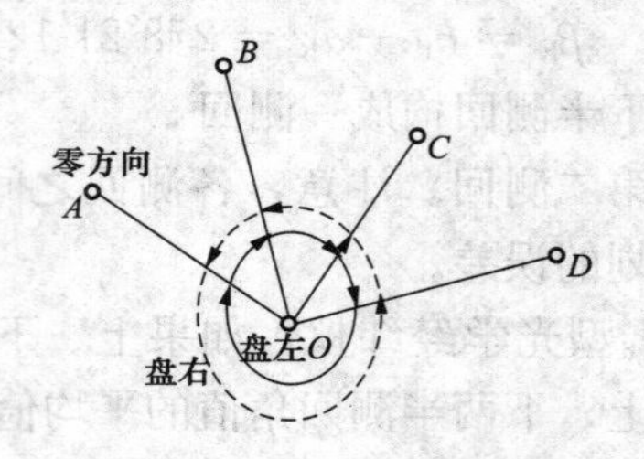

图 2-15 测量程序

分别将每个方向的水平度盘读数记到对应的格里。

2. 活动 2：方向观测法具体实施

如图 2-15 所示，设 O 为测站点，A、B、C、D 为观测目标，用方向观测法观测各方向间的水平角，具体施测步骤如下：

(1) 在测站点 O 安置经纬仪，在 A、B、C、D 观测目标处竖立观测标志。

(2) 盘左位置。选择一个明显目标 A 作为起始方向，瞄准零方向 A，将水平度盘读数安置在稍大于 0°处，读取水平度盘读数，记入表 2-2 中第 4 栏。

松开照准部制动螺旋，顺时针方向旋转照准部，依次瞄准 B、C、D 各目标，分别读取水平度盘读数，记入表 2-2 中第 4 栏，为了校核，再次瞄准零方向 A，称为上半测回归零，读取水平度盘读数，记入表 2-2 中第 4 栏。

零方向 A 的两次读数之差的绝对值，称为半测回归零差，归零差不应超过表 2-3 中的规定，如果归零差超限，应重新观测。以上称为上半测回。

(3) 盘右位置。逆时针方向依次照准目标 A、D、C、B、A，并将水平度盘读数由下向上记入表 2-2 中第 5 栏，此为下半测回。

上、下两个半测回合称一测回。为了提高精度，有时需要观测 n 个测回，则各测回起始方向仍按 $180°/n$ 的差值，安置水平度盘读数。

表 2-2 方向观测法观测手簿

测站	测回数	目标	水平度盘读数（° ′ ″）		2c（″）	平均读数（° ′ ″）	归零后方向值（° ′ ″）	各测回归零后方向平均值（° ′ ″）	略图及角值
			盘左	盘右					
1	2	3	4	5	6	7	8	9	10
O	1	A	0 02 10	180 02 10		(0 02 10)	0 00 00	0 00 00	A B 37°42′01″ 72°44′51″ O C 39°45′41″ D
		B	37 44 15	217 44 05	+10	37 44 10	37 42 00	37 42 01	
		C	110 29 04	290 28 52	+12	110 28 58	110 26 48	110 26 52	
		D	150 14 51	330 14 43	+8	150 14 47	150 12 37	150 12 33	
		A	0 02 18	180 02 08	+10	0 02 13			
	2	A	90 03 30	270 03 22	+8	(90 03 24)	0 00 00		
		B	127 45 34	307 45 28	+6	127 45 31	37 42 07		
		C	200 30 24	20 30 18	+6	200 30 21	110 26 57		
		D	240 15 57	60 15 49	+8	240 15 53	150 12 29		
		A	90 03 25	270 03 18	+7	90 03 22			

3. 方向观测法的计算方法

(1) 计算两倍视准轴误差 $2c$ 值

$$2c=\text{盘左读数}-(\text{盘右读数}\pm180°)$$

式中，盘右读数大于 180°时取“－”号，盘右读数小于 180°时取“＋”号。计算各方向的 $2c$ 值，填入表 2－2 中第 6 栏。一测回内各方向 $2c$ 值互差不应超过表 2－3 中的规定。如果超限，应在原度盘位置重测。

(2) 计算各方向的平均读数。平均读数又称为各方向的方向值，即

$$\text{平均读数}=\frac{1}{2}[\text{盘左读数}+(\text{盘右读数}\pm180°)]$$

计算时，以盘左读数为准，将盘右读数加或减 180°后，与盘左读数取平均值。计算各方向的平均读数，填入表 2－2 中第 7 栏。起始方向有两个平均读数，故应再取其平均值，填入表 2－2 中第 7 栏上方小括号内。

(3) 计算归零后的方向值。将各方向的平均读数减去起始方向的平均读数（括号内数值），即得各方向的“归零后方向值”，填入表 2－2 中第 8 栏。起始方向归零后的方向值为零。

(4) 计算各测回归零后方向值的平均值。多测回观测时，同一方向值各测回互差，符合表 2－3 中的规定，则取各测回归零后方向值的平均值，作为该方向的最后结果，填入表 2－2 中第 9 栏。

(5) 计算各目标间水平角角值。将表 2－2 中第 9 栏相邻两方向值相减即可求得，注于第 10 栏略图的相应位置上。

当需要观测的方向为三个时，除不做归零观测外，其他均与三个以上方向的观测方法相同。

4. 方向观测法的技术要求

方向观测法的技术要求见表 2－3。

表 2－3　　方向观测法的技术要求

经纬仪型号	半测回归零差	一测回内 $2c$ 互差	同一方向值各测回互差
DJ_2	12″	18″	12″
DJ_6	18″	—	24″

2.2.3 任务三：竖直角测量

任务分析：测量旗杆高度，可以通过测量竖直角和测站到旗杆底的水平距离，进而算出旗杆高度。

1. 活动 1：旗杆高度测量的方案制定

通过测量旗杆顶部和旗杆底部的竖直角、测量测站点 O 到旗杆底部的水平距离，算出旗杆的高度，如图 2－16 所示

$$H=H_1+H_2=D\tan\alpha+D\tan(-\alpha)$$

2. 活动 2：旗杆高度测量的实施

(1) 在测站点 O 安置经纬仪，在目标点 A 竖立观测标志，按前述方法确定该仪器竖直角计算公式，为方便应用，可将公式记录于表 2－4 中备注栏。

（2）盘左位置。瞄准目标 A，使十字丝横丝精确地切于目标顶端，如图 2－17 所示。转动竖直度盘指标水准管微动螺旋，使水准管气泡严格居中，然后读取竖直度盘读数 L，设为 95°22′00″，记入表 2－4 中相应栏内。

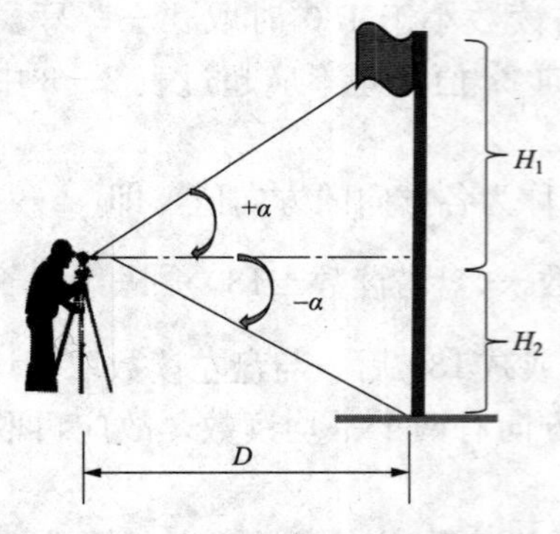

图 2－16　测量旗杆高度示意图

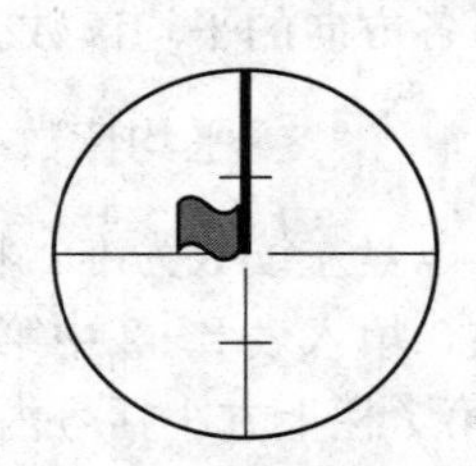

图 2－17　瞄准旗杆顶部

（3）盘右位置。重复步骤（2），设其读数 R 为 264°36′48″，记入表 2－4 中相应栏内。

表 2－4　竖直角观测手簿

测站	目标	竖直度盘位置	竖直度盘读数（° ′ ″）	半测回竖直角（° ′ ″）	指标差（″）	一测回竖直角（° ′ ″）	备注
1	2	3	4	5	6	7	8
O	A	左	95 22 00	−5 22 00	−36	−5 22 36	
		右	264 36 48	−5 23 12			
O	B	左	81 12 36	+8 47 24	−45	+8 46 39	
		右	278 45 54	+8 45 54			

（4）根据竖直角计算公式计算，得

$$\alpha_L = 90° - L = 90° - 95°22'00'' = -5°22'00''$$

$$\alpha_R = R - 270° = 264°36'48'' - 270 = -5°23'12''$$

那么一测回竖直角为

$$\alpha = \frac{1}{2}(\alpha_L + \alpha_R) = \frac{1}{2}(-5°22'00'' - 5°23'12'') = -5°22'36''$$

竖直度盘指标差为

$$x = \frac{1}{2}(\alpha_R - \alpha_L) = \frac{1}{2}(-5°23'12'' + 5°22'00'') = -36''$$

将计算结果分别填入表 2－4 中相应栏内。

（5）旗杆高度计算（略）。

2.2.4　任务四：经纬仪的检验与校正

如图 2－18 所示，经纬仪的主要轴线有竖轴 VV、横轴 HH、视准轴 CC 和水准管轴 LL。经纬仪各轴线之间应满足以下几何条件：

（1）水准管轴 LL 应垂直于竖轴 VV。

（2）十字丝竖丝应垂直于横轴 HH。

(3) 视准轴 CC 应垂直于横轴 HH。

(4) 横轴 HH 应垂直于竖轴 VV。

(5) 竖直度盘指标差为零。

经纬仪应满足上述几何条件，经纬仪在使用前或使用一段时间后，应进行检验，如发现上述几何条件不满足，则需要进行校正。

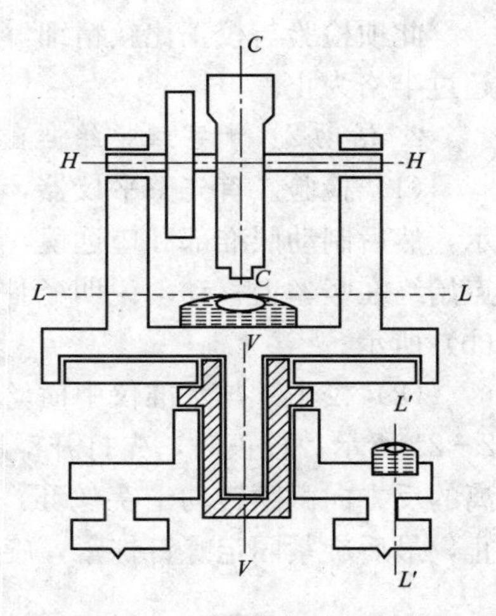

图 2-18 经纬仪满足条件

1. 活动 1：水准管轴 LL 垂直于竖轴 VV 的检验与校正

(1) 检验。首先利用圆水准器粗略整平仪器，然后转动照准部使水准管平行于任意两个脚螺旋的连线方向，调节这两个脚螺旋使水准管气泡居中，再将仪器旋转 180°，如水准管气泡仍居中，说明水准管轴与竖轴垂直；若气泡不再居中，则说明水准管轴与竖轴不垂直，需要校正。

(2) 校正。如图 2-19 (a) 所示，设水准管轴与竖轴不垂直，倾斜了 α 角，当水准管气泡居中时，竖轴与铅垂线的夹角为 α。将仪器绕竖轴旋转 180°后，竖轴位置不变，而水准管轴与水平线的夹角为 2α，如图 2-19 (b) 所示。

校正时，先相对旋转这两个脚螺旋，使气泡向中心移动偏离值的一半，如图 2-19 (c) 所示，此时竖轴处于竖直位置。然后用校正针拨动水准管一端的校正螺钉，使气泡居中，如图 2-19 (d) 所示，此时水准管轴处于水平位置。

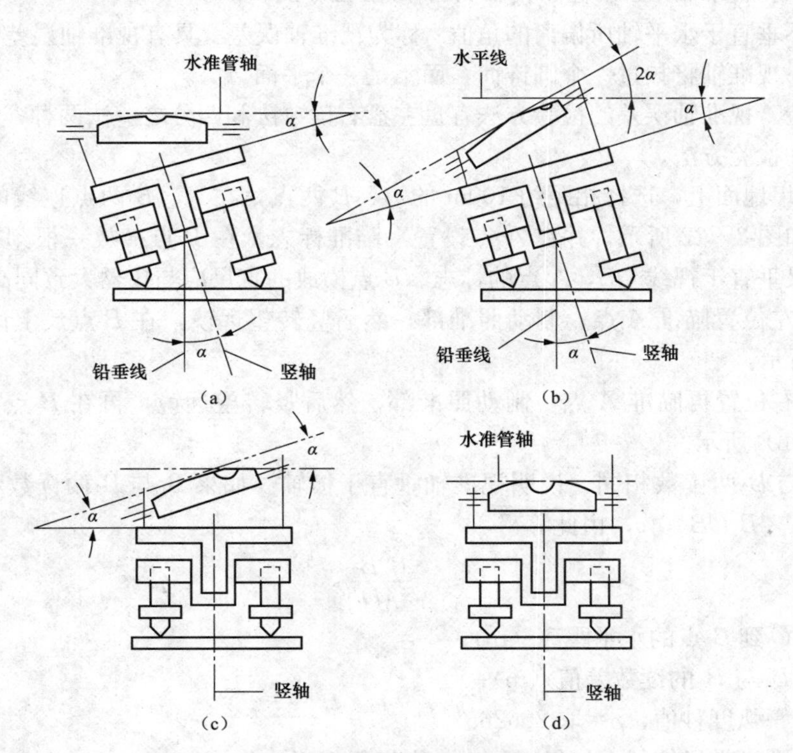

图 2-19 水准管轴垂直于竖轴的检验与校正

此项检验与校正比较精细，应反复进行，直至照准部旋转到任何位置，气泡偏离零点不超过半格为止。

2. *活动2：十字丝竖丝垂直于横轴 HH 的检验与校正*

(1) 检验。首先整平仪器，用十字丝交点精确瞄准一明显的点状目标，如图2-20所示，然后制动照准部和望远镜，转动望远镜微动螺旋使望远镜绕横轴做微小俯仰，如果目标点始终在竖丝上移动，说明条件满足，如图2-20 (a) 所示；否则需要校正，如图2-20 (b) 所示。

(2) 校正。与水准仪中横丝应垂直于竖轴的校正方法相同，此处只是使竖丝竖直。如图2-21所示，校正时，先打开望远镜目镜端护盖，松开十字丝环的四个固定螺钉，按竖丝偏离的反方向微微转动十字丝环，使目标点在望远镜上下俯仰时始终在十字丝竖丝上移动为止，最后旋紧固定螺钉拧紧，旋上护盖。

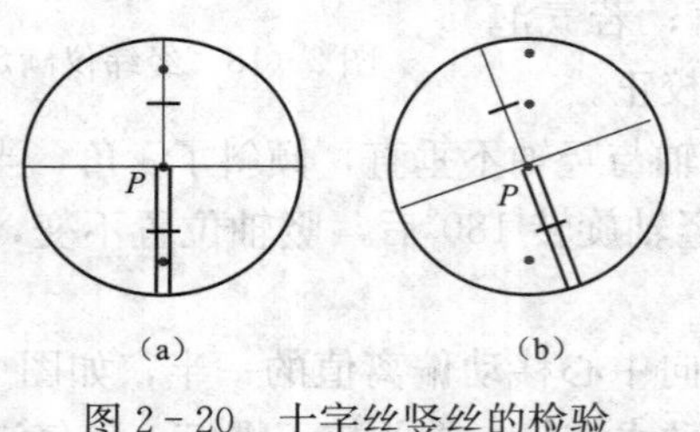

图2-20 十字丝竖丝的检验

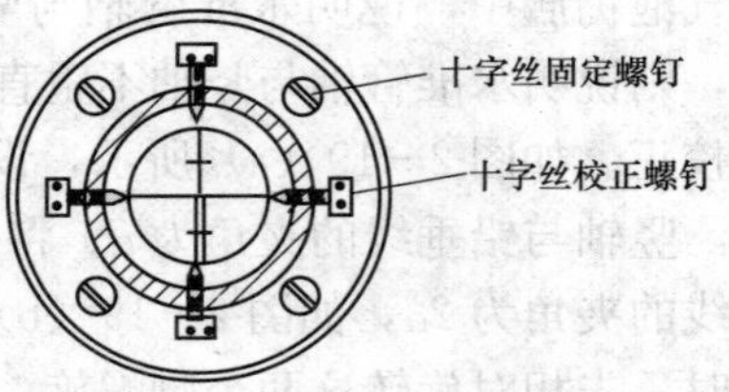

十字丝固定螺钉
十字丝校正螺钉

图2-21 十字丝竖丝的校正

3. *活动3：视准轴 CC 垂直于横轴 HH 的检验与校正*

视准轴不垂直于水平轴所偏离的角值 c 称为视准轴误差。具有视准轴误差的望远镜绕水平轴旋转时，视准轴将扫过一个圆锥面，而不是一个平面。

(1) 检验。视准轴误差的检验方法有盘左盘右读数法和四分之一法两种，下面具体介绍四分之一法的检验方法。

1) 在平坦地面上，选择相距约100m的 A、B 两点，在 A、B 两点连线的中点 O 处安置经纬仪，如图2-22所示，并在 A 点设置一瞄准标志，在 B 点横放一根刻有毫米分划的直尺，使直尺垂直于视线 OB，A 点的标志、B 点横放的直尺应与仪器大致同高。

2) 用盘左位置瞄准 A 点，制动照准部，然后竖转望远镜，在 B 点尺上读得 B_1，如图2-22 (a) 所示。

3) 用盘右位置再瞄准 A 点，制动照准部，然后竖转望远镜，再在 B 点尺上读得 B_2，如图2-22 (b) 所示。

如果 B_1 与 B_2 两读数相同，说明视准轴垂直于横轴。如果 B_1 与 B_2 两读数不相同，由图2-22可知，$\angle B_1OB=4c$，由此算得

$$c=\frac{B_1B_2}{4D}\rho$$

式中 D——O 到 B 点的水平距离 (m)；

B_1B_2——B_1 与 B_2 的读数差值 (m)；

ρ——一弧度秒值，ρ=取206265″。

对于 DJ_6 型光学经纬仪，如果 $c>60''$，则需要校正。

(2) 校正。校正时，在直尺上定出一点 B_3，使 $B_2B_3=B_1B_2/4$，OB_3 便与横轴垂直。打

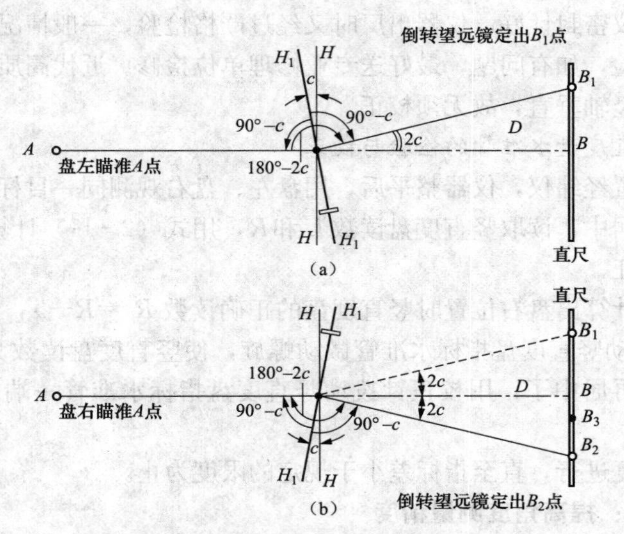

图 2-22 视准轴误差的检验（四分之一法）

开望远镜目镜端护盖，如图 2-22 所示，用校正针先松十字丝上、下的十字丝校正螺钉，再拨动左右两个十字丝校正螺钉，一松一紧，左右移动十字丝分划板，直至十字丝交点对准 B_3。此项检验与校正也需反复进行。

4. 活动 4：横轴 HH 垂直于竖轴 VV 的检验与校正

若横轴不垂直于竖轴，则仪器整平后竖轴虽已竖直，横轴并不水平，因而视准轴绕倾斜的横轴旋转所形成的轨迹是一个倾斜面。这样，当瞄准同一铅垂面内高度不同的目标点时，水平度盘的读数并不相同，从而产生测角误差，影响测角精度，因此必须进行检验与校正。

(1) 检验。

1) 在距一垂直墙面 20～30m 处，安置经纬仪，整平仪器，如图 2-23 所示。

2) 盘左位置，瞄准墙面上高处一明显目标点 P，仰角宜在 30°左右。

3) 固定照准部，将望远镜置于水平位置，根据十字丝交点在墙上定出一点 A。

4) 倒转望远镜成盘右位置，瞄准 P 点，固定照准部，再将望远镜置于水平位置，定出点 B。

如果 A、B 两点重合，说明横轴是水平的，横轴垂直于竖轴；否则，需要校正。

(2) 校正。

1) 在墙上定出 A、B 两点连线的中点 M，仍以盘右位置转动水平微动螺旋，照准 M 点，转动望远镜，仰视 P 点，这时十字丝交点必然偏离 P 点，设为 P' 点。

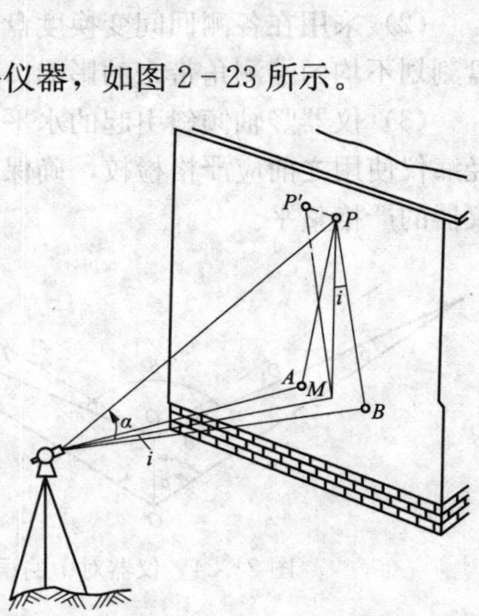

图 2-23 横轴垂直于竖轴的检验与校正

2) 打开仪器支架的护盖，松开望远镜横轴的校正螺钉，转动偏心轴承，升高或降低横轴的一端，使十字丝交点准确照准 P 点，最后拧紧校正螺钉。

此项检验与校正也需反复进行。

由于光学经纬仪密封性好，仪器出厂时又经过严格检验，一般情况下横轴不易变动。但测量前仍应加以检验，如有问题，最好送专业修理单位检修。近代高质量的经纬仪，设计制造时保证了横轴与竖轴垂直，故无须校正。

5. 活动 5：竖直度盘水准管的检验与校正

（1）检验。安置经纬仪，仪器整平后，用盘左、盘右观测同一目标点 A，分别使竖直度盘指标水准管气泡居中，读取竖直度盘读数 L 和 R，用式（2-11）计算竖盘指标差 x，若 x 值超过 $1'$，需要校正。

（2）校正。先计算出盘右位置时竖直度盘的正确读数 $R_0=R-x$，原盘右位置瞄准目标点 A 不动，然后转动竖直度盘指标水准管微动螺旋，使竖直度盘读数为 R_0，此时竖直度盘指标水准管气泡不再居中了，用校正针拨动竖直度盘指标水准管一端的校正螺钉，使气泡居中。

此项检校需反复进行，直至指标差小于规定的限度为止。

2.2.5 任务五：提高角度测量精度

提高角度测量精度，可以从减小仪器、观测及外界环境方面的误差进行。

1. 活动 1：减小仪器方面的误差

仪器误差是指仪器不能满足设计理论要求而产生的误差。

（1）由于仪器制造和加工不完善而引起的误差。

（2）由于仪器检校不完善而引起的误差。

消除或减弱上述误差的具体方法如下：

（1）采用盘左、盘右观测取平均值的方法，可以消除视准轴不垂直于水平轴、水平轴不垂直于竖轴和水平度盘偏心差的影响。

（2）采用在各测回间变换度盘位置观测，取各测回平均值的方法，可以减弱由于水平度盘刻划不均匀给测角带来的影响。

（3）仪器竖轴倾斜引起的水平角测量误差，无法采用一定的观测方法来消除。因此，在经纬仪使用之前应严格检校，确保水准管轴垂直于竖轴；同时，在观测过程中，应特别注意仪器的严格整平。

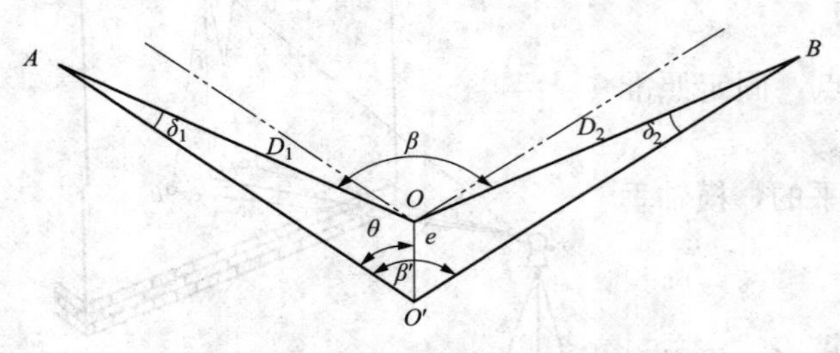

图 2-24 仪器对中的误差

2. 活动 2：减小观测方面的误差

（1）仪器对中误差。安置仪器时，由于对中不准确，使仪器中心与测站点不在同一铅垂线上，称为对中误差。如图 2-24 所示，A、B 为两目标点，O 为测站点，O' 为仪器中心，OO' 的长度称为测站偏心距，用 e 表示，其方向与 OA 之间的夹角 θ 称为偏心角。β 为正确角值，β' 为观测角值，由对中误差引起的角度误差 $\Delta\beta$ 为

$$\Delta\beta=\beta-\beta'=\delta_1+\delta_2$$

因 δ_1 和 δ_2 很小，故

$$\delta_1\approx\frac{e\sin\theta}{D_1}\rho$$

$$\delta_2 \approx \frac{e\sin(\beta'-\theta)}{D_2}\rho$$

$$\Delta\beta = \delta_1 + \delta_2 = e\rho\left[\frac{\sin\theta}{D_1} + \frac{\sin(\beta'-\theta)}{D_2}\right] \quad (2-12)$$

分析上式可知，对中误差对水平角的影响有以下特点：

1）$\Delta\beta$ 与偏心距 e 成正比，e 越大，$\Delta\beta$ 越大；

2）$\Delta\beta$ 与测站点到目标的距离成反比，距离越短，误差越大；

3）$\Delta\beta$ 与水平角 β' 和偏心角 θ 的大小有关，当 $\beta'=180°$，$\theta=90°$时，$\Delta\beta$ 最大。

$$\Delta\beta = e\rho\left(\frac{1}{D_1} + \frac{1}{D_2}\right)$$

例如，当 $\beta' = 180°, \theta = 90°, e = 0.003\text{m}, D_1 = D_2 = 100\text{m}$ 时

$$\Delta\beta = 0.003\text{m} \times 206265''\left(\frac{1}{100\text{m}} + \frac{1}{100\text{m}}\right) = 12.4''$$

A 点对中误差引起的角度误差不能通过观测方法消除，所以观测水平角时应仔细对中，当边长较短或两目标与仪器接近在一条直线上时，要特别注意仪器的对中，避免引起较大的误差。一般规定对中误差不超过 3mm。

（2）目标偏心误差。水平角观测时，常用测钎、测杆或觇牌等立于目标点上作为观测标志，当观测标志倾斜或没有立在目标点的中心时，将产生目标偏心误差。如图 2-25 所示，O 为测站，A 为地面目标点，AA 为测杆，测杆长度为 L，倾斜角度为 α，则目标偏心距 e 为

$$e = L\sin\alpha \quad (2-13)$$

目标偏心对观测方向影响为

$$\delta = \frac{e}{D}\rho = \frac{L\sin\alpha}{D}\rho \quad (2-14)$$

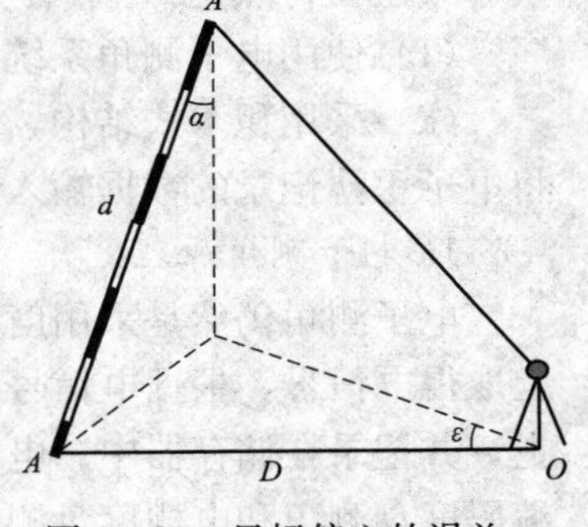

图 2-25 目标偏心的误差

目标偏心误差对水平角观测的影响与偏心距 e 成正比，与距离成反比。为了减小目标偏心差，瞄准测杆时，测杆应立直，并尽可能瞄准测杆的底部。当目标较近，又不能瞄准目标的底部时，可采用悬吊垂线或选用专用觇牌作为目标。

（3）整平误差。整平误差是指安置仪器时竖轴不竖直的误差。倾角越大，影响也越大。一般规定在观测过程中，水准管偏离零点不得超过一格。

（4）瞄准误差。瞄准误差主要与人眼的分辨能力和望远镜的放大倍率有关，人眼分辨两点的最小视角一般为 60″。设经纬仪望远镜的放大倍率为 V，则用该仪器观测时，其瞄准误差为

$$m_V = \pm\frac{60''}{V} \quad (2-15)$$

一般 DJ_6 型光学经纬仪望远镜的放大倍率 V 为 25～30 倍，因此瞄准误差 m_V 一般为 2.0″～2.4″。

另外，瞄准误差与目标的大小、形状、颜色和大气的透明度等也有关。因此，在观测中应尽量消除视差，选择适宜的照准标志，熟练操作仪器，掌握瞄准方法，并仔细瞄准以减小误差。

（5）读数误差。读数误差主要取决于仪器的读数设备，同时也与照明情况和观测者的经验有关。对于DJ_6型光学经纬仪，用分微尺测微器读数，一般估读误差不超过分微尺最小分划的1/10，即不超过±6″，对于DJ_2型光学经纬仪一般不超过±1″。如果反光镜进光情况不佳，读数显微镜调焦不好，以及观测者的操作不熟练，则估读的误差可能会超过上述数值。因此，读数时必须仔细调节读数显微镜，使度盘与测微尺影像清晰，也要仔细调整反光镜，使影像亮度适中，然后再仔细读数。使用测微轮时，一定要使度盘分划线位于双指标线正中央。

3. *活动3：减小外界环境的误差*

外界环境的影响因素很多，如大风、松软的土质会影响仪器的稳定，地面的辐射热会引起物像的跳动，观测时大气透明度和光线的不足会影响瞄准精度，温度变化影响仪器的正常状态等，这些因素都直接影响测角的精度。因此，要选择有利的观测时间和避开不利的观测条件，使这些外界条件的影响降低到较小的程度。

2.3 拓 展 知 识

电子经纬仪与光学经纬仪的根本区别在于它用微机控制的电子测角系统代替光学读数系统。其主要特点是：

（1）使用电子测角系统，能将测量结果自动显示出来，实现了读数的自动化和数字化。

（2）采用积木式结构，可与光电测距仪组合成全站型电子速测仪，配合适当的接口，可将电子手簿记录的数据输入计算机，实现数据处理和绘图自动化。

1. *电子测角原理*

电子测角仍然是采用度盘来进行。与光学测角不同的是，电子测角是从特殊格式的度盘上取得电信号，根据电信号再转换成角度，并且自动地以数字形式输出，显示在电子显示屏上，并记录在储存器中。电子测角度盘根据取得电信号的方式不同，可分为光栅度盘测角、编码度盘测角和电栅度盘测角等。

2. *电子经纬仪的性能*

电子经纬仪采用光栅度盘测角，水平、竖直角度显示读数分辨率为1″，测角精度达2″。

DJ_2装有倾斜传感器，当仪器竖轴倾斜时，仪器会自动测出并显示其数值，同时显示对水平角和垂直角的自动校正。仪器的自动补偿范围为±3′。

3. *电子经纬仪的使用*

DJ_2电子经纬仪使用时，首先要在测站点上安置仪器，在目标点上安置反射棱镜，然后瞄准目标，最后在操作键盘上按测角键，显示屏上即显示角度值。对中、整平及瞄准目标的操作方法与光学经纬仪一样，键盘操作方法见使用说明书即可，在此不再详述。

习 题

1. 何谓水平角？若某测站点与两个不同高度的目标点位于同一铅垂面内，那么其构成的水平角是多少？

2. 观测水平角时，对中、整平的目的是什么？

3. 观测水平角时，若测三个测回，各测回盘左起始方向水平度盘读数应安置为多少？

4. 试述具有度盘变换手轮装置的经纬仪，将水平度盘安置为0°00′00″的操作方法。

5. 整理表2-5测回法观测记录。

表2-5 **测回法观测手簿**

测站	竖直度盘位置	目标	水平度盘读数（° ′ ″）	半测回角值（° ′ ″）	一测回角值（° ′ ″）	各测回平均值（° ′ ″）	备注
第一测回 O	左	A	0 01 00				
		B	88 20 48				
	右	A	180 01 30				
		B	268 21 12				
第二测回 O	左	A	90 00 06				
		B	178 19 36				
	右	A	270 00 36				
		B	358 20 00				

6. 整理表2-6全圆方向观测法观测记录。

表2-6 **方向观测法观测手簿**

测站	测回数	目标	水平度盘读数（° ′ ″）		2c（″）	平均读数（° ′ ″）	归零后方向值（° ′ ″）	各测回归零后方向平均值（° ′ ″）	略图及角值
			盘左	盘右					
O	1	A	0 02 30	180 02 36					
		B	60 23 36	240 23 42					
		C	225 19 06	45 19 18					
		D	290 14 54	110 14 48					
		A	0 02 36	180 02 42					
	2	A	90 03 30	270 03 24					
		B	150 23 48	330 23 30					
		C	315 19 42	135 19 30					
		D	20 15 06	200 15 00					
		A	90 03 24	270 03 18					

7. 完成表2-7的计算（盘左视线水平时指标读数为90°，仰起望远镜读数减小）。

表2-7 **竖直角观测手簿**

测站	目标	竖直度盘位置	竖直度盘读数（° ′ ″）	半测回竖直角（° ′ ″）	指标差（″）	一测回竖直角（° ′ ″）	备注
O	A	左	78 18 24				
		右	281 42 00				
	B	左	91 32 42				
		右	268 27 30				

8. 何谓竖直度盘指标差？观测竖直角时如何消除竖直度盘指标差的影响？

9. 经纬仪有那几条主要轴线？各轴线间应满足怎样的几何关系？

10. 测量水平角时，采用盘左盘右可消除哪些误差？能否消除仪器竖轴倾斜引起的误差？

11. 测量水平角时，当测站点与目标点较近时，更要注意仪器的对中误差和瞄准误差对吗？为什么？

项目3 距 离 测 量

地面点位的确定是测量的基本问题。为了确定地面点的平面位置，必须先求得两地面点间的距离和连线的方向。因而距离测量是测量工作的基本内容之一。

能力目标

1. 能够使用钢尺、皮尺、光电测距仪测距。
2. 能够熟练地进行平坦地面和倾斜地面的一般钢尺量距、视距测量。
3. 能够较熟练地运用检定钢尺进行精密量距和运用光电测距仪测距。
4. 能够准确地进行读数、记录、计算、检核和完成距离记录计算手簿。

知识目标

1. 掌握钢尺量距的一般方法和精密方法。
2. 掌握视距测量的原理及方法。
3. 掌握钢尺的三项改正计算。
4. 掌握视距测量的平距与高程改算。
5. 了解光电测距仪的基本原理。
6. 了解光电测距仪的距离计算。

距离是指地面两点间的水平直线长度。按照所用仪器、工具和测量方法的不同，距离可分为钢尺量距、视距测量和光电测距。距离测量是测量工作的基本内容之一。

3.1 预 备 知 识

3.1.1 钢尺量距

钢尺量距是指利用经检定合格的钢尺直接量测地面两点之间的距离，又称距离丈量。它使用的工具简单，又能满足工程建设的精度，是工程量测中最常用的距离测量方法；根据精度不同，又分为一般量距和精密量距。其基本步骤有定线、尺段丈量和成果计算。

1. 量距工具

量距工具为钢尺。辅助工具有标杆、测钎、锤球等。

钢尺也称钢卷尺，有架装和盒装两种，普通钢尺是钢制尺，尺宽 10～15mm，长度有 20、30m 和 50m 等多种。钢尺的零分划位置有两种：一种是在钢尺前端有一条刻线作为尺长的零分划线，称为刻线尺；另一种是零点位于尺端，即拉环外沿，这种尺称为端点尺（见图 3－1）。端点尺的缺点是拉环易磨损。钢尺上在分米（dm）和米（m）处都刻有注记，便于量距时读数。

测钎由直径为 5mm 左右的粗铁丝制成，长约 30cm。它的一端磨尖，便于插入土中，用来标记所量尺段的起、止点。另一端做成环状，便于携带。6 根或 11 根测钎为一组，它用

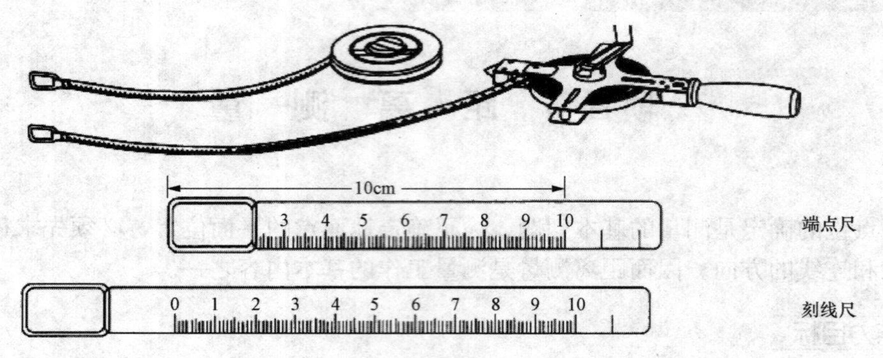

图3-1 钢尺

于计算已量过的整尺段数。标杆长3m，杆上涂以20cm间隔的红、白漆，以便远处清晰可见，用于标定直线。弹簧秤和温度计用以控制拉力和测定温度（见图3-2）。

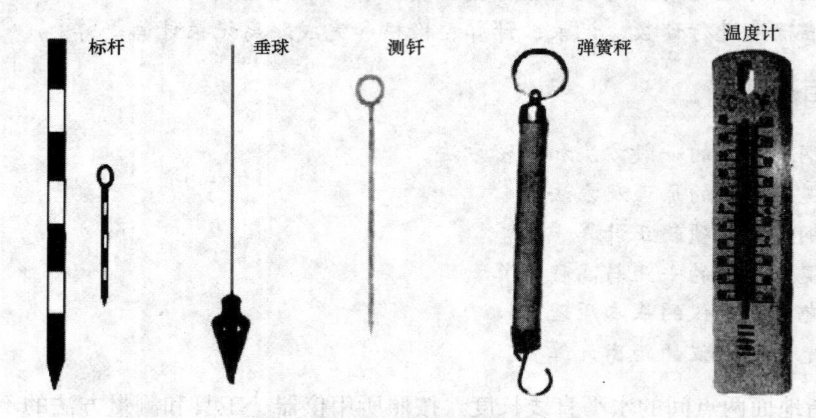

图3-2 钢尺量距的辅助工具

2. 直线定线

两个地面点之间的距离较长或地势起伏较大时，为能沿着直线方向进行距离丈量工作，需在直线方向上标定若干个点，作为分段丈量的依据。在直线方向上做一些标记，表明直线走向的工作称为直线定线。直线定线可以采用目测法，也可以采用经纬仪法来进行。

（1）目测定线。如图3-3所示，当要测定A、B两点间的距离时，可先在A、B两点分别竖立标杆，一人站在A点标杆后1～2m处，由A点瞄向B点，同时指挥另一持标杆的人左、右移动，使所持标杆与A、B标杆完全重合，此时立标杆的点就在A、B两点间的直线上，在此位置上竖立标杆或插上测钎，作为定点标志。同法可定出直线上的其他点。

定线时相邻点之间要小于或等于一个整尺段，定点一般按由远而近进行。

图3-3 目测定线

（2）经纬仪定线。经纬仪定线是在直线的一个端点安置经纬仪后，对中、整平，用望远镜十字丝竖丝瞄准另一个端点目标，固定照准部。观测员指挥另一测量员将测钎由远及近按十字丝竖丝位置垂直插入地下，即得到各分段点，如图 3－4 所示。

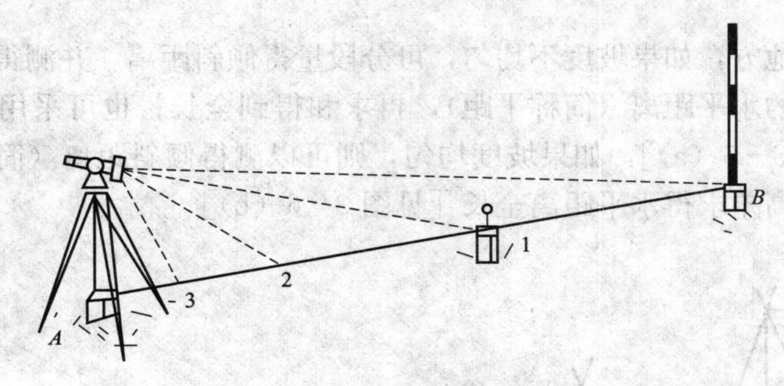

图 3－4　经纬仪定线

3．一般量距原理

在坡度均匀而且比较平缓的地方，可以先进行定线，然后直接量平距。具体步骤如下：

（1）准备工作。

1）主要工具：钢尺、垂球、测钎、标杆等。使用前应该检查钢尺是否完好，刻划是否清楚，并注意其零点位置。

2）工作人员组成：拉尺人、读数人、记录人，共 2～3 人。

3）场地：一般比较平坦，各分段点已定线在直线上，并插有测钎，如图 3－5 所示。

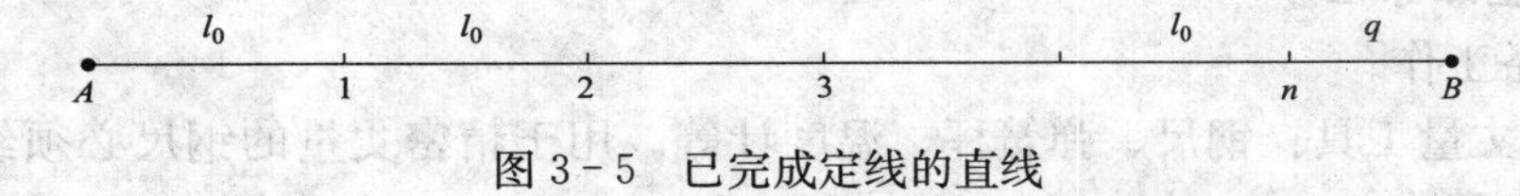

图 3－5　已完成定线的直线

（2）丈量工作。

1）逐段丈量整尺段，尺段长为 l_0，最后丈量零尺段长 q。

2）返测全长。按步骤（1）的丈量工作从 A 点丈量至 B 点，称为往测，往测长度记为 $D_{往}$；在此基础上再按步骤（1）的丈量工作从 B 点丈量至 A 点，称为返测，返测长度记为 $D_{返}$。

（3）计算与检核。

1）计算往测、返测全长，即

$$D_{往}=nl_0=q_{往} \tag{3-1}$$

$$D_{返}=nl_0=q_{返} \tag{3-2}$$

2）检核。为了避免出现错误和提高丈量精度，把往返丈量所得距离的差除以往返测距离平均值，并化为分子为1的分数 K，该分数称为相对误差。一般丈量要求相对误差 K 不大于 $\frac{1}{2000}$，即

$$\left.\begin{aligned}\Delta D&=D_{往}-D_{返}\\ K&=\frac{D_{往}-D_{返}}{D_{平均}}=\frac{\Delta D}{D_{平均}}=\frac{1}{\dfrac{D_{平均}}{|AD|}}\end{aligned}\right\} \tag{3-3}$$

3）计算往返平均值。在往返相对误差 K 满足要求时，按下式计算往返平均值作为 AB 全长的观测值

$$K=\frac{D_{往}+D_{返}}{2} \tag{3-4}$$

在比较陡峭的地方，如果坡度不均匀，可分段量得倾斜距离，并测得各分段两端点间的高差，求出各分段的水平距离（简称平距），再求和得到全长；也可采用垂球投点分段直接量水平距离［见图3-6（a）］，如果坡度均匀，则可以测得倾斜距离（简称斜距）全长，再根据两端点之间的高差求得水平距离全长［见图3-6（b）］。

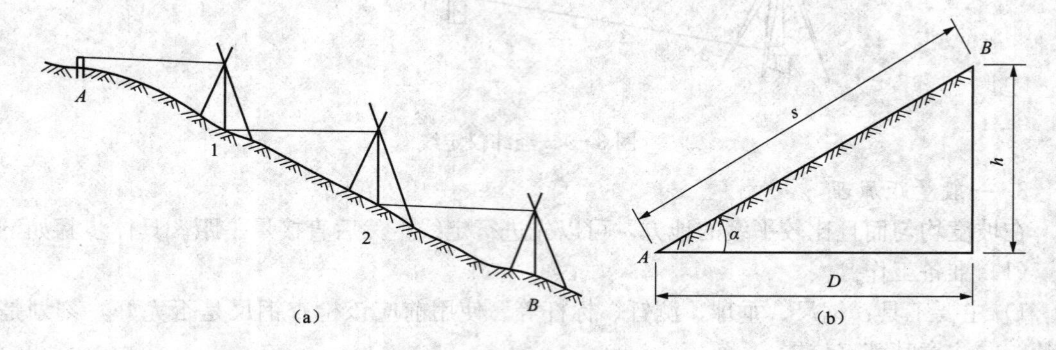

图3-6　求平距的方法

（a）垂球投点分段直接量水平距离；（b）测得倾斜距离全长后根据高差求水平距离

4．精密量距原理

（1）准备工作。

1）主要丈量工具：钢尺、弹簧秤、温度计等。用于精密丈量的钢尺必须经过检定，而且有其尺长方程式。

2）工作人员组成：通常主要工作人员有5人，其中拉尺员2人、读数员2人、记录员1人，他们的分工安排如图3-7所示。

3）场地：经整理便于丈量；定线后的分段点设有精确的标志，如图3-8所示，分段点设在木桩顶面的定线方向有十字标志（或小钉），测量各分段点顶面尺段高差 h_i。

图3-7　钢尺量距精密方法的人员组成与分工　　图3-8　精确的丈量标志

（2）精密量距。丈量必须有统一的口令来协调全体人员的工作步调。下面以一尺段丈量为例，介绍其丈量方法。

1）拉尺。拉尺员在尺段两个分段点上拉着弹簧秤摆好钢尺，其中钢尺零端在后分段点，整尺端在前分段点。前方拉尺员发出“预备”，同时进行拉尺准备，后方拉尺员在拉尺准备就绪后回声“好”的口令，两拉尺员同时用力拉弹簧秤，使弹簧秤拉力指示为检定时拉力（如100N），钢尺面刻划与分段点标志纵线对齐。

2）读数。两位读数员两手轻扶钢尺，在钢尺刻划与分段点标志相对稳定时，前方读数员使钢尺厘米刻划与分段点标志横线对齐，同时发出“预备”口令。后方读数员预备就绪后(即看准钢尺刻划面与分段点标志横线对齐的读数）发出“好”的口令。就在口令之后的瞬间，两值读数员依次读取分段点标志横线所对的钢尺刻划值。前端读数员读前端读数为$l_{前}$，后端读数员读后端读数为$l_{后}$。

3）记录。记录$l_{前}$、$l_{后}$，计算尺段丈量值$l'=l_{前}-l_{后}$。

4）重复丈量。按步骤（1）、(2)、(3）重复丈量和记录计算获得l''、l'''。

5）检核。比较l'、l''、l'''，观察各尺段丈量值之差Δl，如果$\Delta l \leqslant \Delta l_{容}$，则检验合格。

计算尺段丈量平均值l_i，即

$$l_i=\frac{l'+l''+l'''}{3} \tag{3-5}$$

把计算的尺段丈量平均值l_i填写到表格中。

6）记录温度t_i，抄录尺段高差h_i。

3.1.2 视距测量

视距测量是一种根据几何光学原理简便而迅速地测出两点间距离的方法。

一般在经纬仪、水准仪等仪器的望远镜上增加视距装置（最简单的是在十字丝分划板上加视距丝)，配以视距尺或水准尺来进行视距测量，测定立尺点与仪器中心之间的水平距离和高差。

1. 基本原理

如图3-9所示，B点位于山坡顶、A点位于山坡低，则A、B两点水平距离计算公式为

$$D=Kl\cos^2\alpha \tag{3-6}$$

式中 K——参数；

l——视距；

α——竖直角。

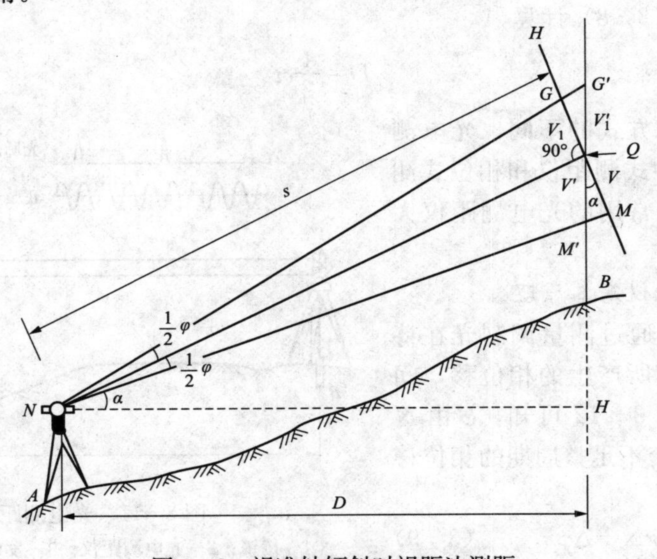

图3-9 视准轴倾斜时视距法测距

视距测量水平距离的精度较低，从试验资料的分析来看，在比较良好的外界条件下普通视距的精度为距离的1/300～1/200，当外界条件较差或尺子竖立不直时，甚至只有1/100或更低。但是，视距测量可以在测水平角的同时进行水平距离和高差的测量，快捷方便，所以广泛应用于碎部测量。

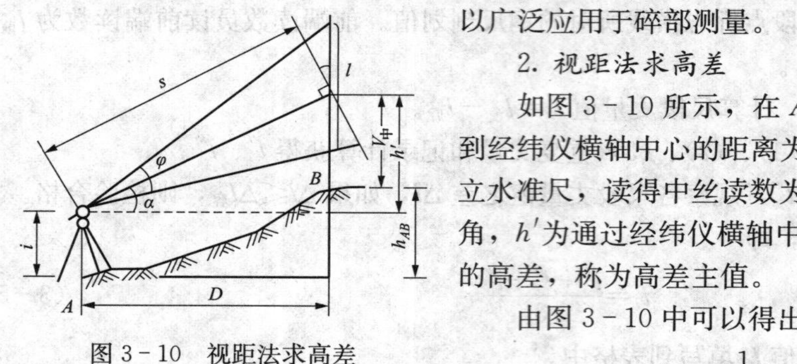

图3-10 视距法求高差

2. 视距法求高差

如图3-10所示，在A点安置经纬仪，量得A点到经纬仪横轴中心的距离为i，称为仪器高；在B点竖立水准尺，读得中丝读数为$V_中$，l为尺间隔，α为竖直角，h'为通过经纬仪横轴中心的水准面与中丝读数之间的高差，称为高差主值。

由图3-10中可以得出

$$h_{AB}=\frac{1}{2}kl\sin 2\alpha+i-V_中 \tag{3-7}$$

3.1.3 光电测距

电磁波测距（Electro—magnetic Distance Measuring，EDM）是利用电磁波作为载波传输测距信号，以测定两点间距离的一种方法。

电磁波测距仪按照测程可分为远程测距仪、中程测距仪和短程测距仪。测程在15km以上的为远程测距仪，其测距精度可达$\pm(5\text{mm}+1\times10^{-6}D)$，其中$D$为所测距离，能满足国家一、二等控制网的边长测量；中程测距仪的测程为3～15km，其测距精度可达$\pm(10\text{mm}+1\times10^{-6}D)$，适用于三、四等控制网的边长测量；短程测距仪的测程在3km以下，其测距精度在1cm左右。目前所用的中、短程测距仪大多为红外测距仪。

1. 基本原理

光电测距的基本原理是利用已知光速c，测定载波在两点间的传播时间t，以计算两点间的距离。如图3-11所示，欲测定A、B两点间的距离，将一台发射光波和接收光波的测距仪主机安置于A点，B点安置反光棱镜，经光的发射、反射、接收和时间测定，两点间的距离D可按式（3-8）计算

$$D=\frac{1}{2}ct \tag{3-8}$$

根据测定时间方式的不同，光电测距仪又可分为脉冲式测距仪和相位式测距仪。工程测量中常用的光电测距仪大多是相位式测距仪。

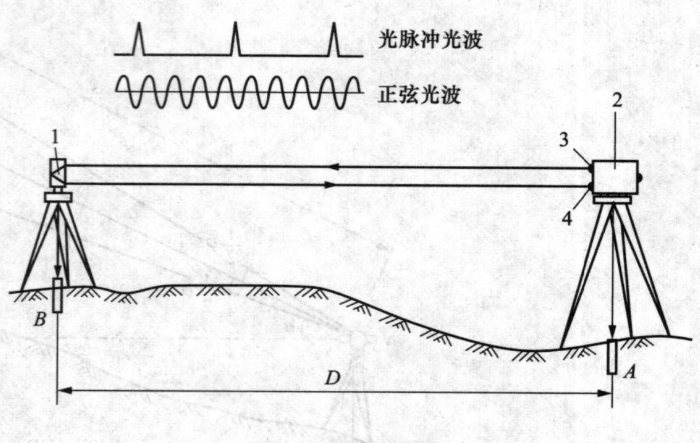

图3-11 光电测距原理

1—棱镜；2—光电测距仪；3—发射镜；4—接收镜

2. 相位式测距仪基本原理

相位式测距仪通过测量调制光在待测距离上往返传播所产生的相位移，间接测定距离。由图3-12可知，φ由N个2π整周期和一个不足整周期的相位移$\Delta\varphi$共同组成，即

$$\varphi=2\pi N+\Delta\varphi \tag{3-9}$$

光在待测距离上往返传播所产生的相位变化φ，可以用下式表示

$$\varphi=2\pi f t_{2D} \quad (3-10)$$

式中　f——光波频率；

t_{2D}——光在侧线上往返传播的时间。

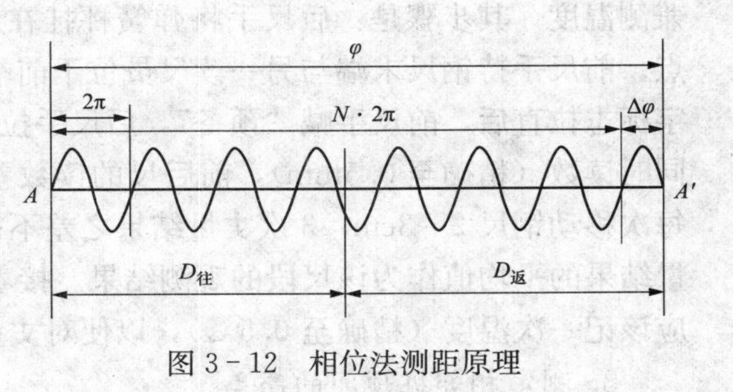

图 3-12　相位法测距原理

将式（3-10）代入式（3-9），并移项得

$$t_{2D}=\frac{2\pi N+\Delta\varphi}{2\pi f}=\frac{1}{f}\left(N+\frac{\Delta\varphi}{2\pi}\right)=\frac{1}{f}(N+\Delta N) \quad (3-11)$$

$$\Delta N=\frac{\Delta\varphi}{2\pi}$$

将式（3-11）代入式（3-8），得

$$D=\frac{c}{2f}(N+\Delta N)=\frac{\lambda}{2}(N+\Delta N) \quad (3-12)$$

$$\lambda=\frac{c}{f}$$

式中　λ——正弦波波长。

令$L=\frac{\lambda}{2}$，称其为测距仪的测尺长度，则式（3-12）可写为

$$D=L(N+\Delta N) \quad (3-13)$$

需要指出的是，测距仪的测相装置只能测出不足整周期2π的尾数相位值$\Delta\varphi$，而不能测定其整周数N，因此将会使待测距离产生多值性问题。

由式（3-13）可知，当测尺长度大于待测距离D时，$N=0$，此时即可求得待测距离$D=L\Delta N$。由此可见，为了增大测程，必须采用较长的测尺，也就是采用较低调制频率的测尺。

为了解决增大测程和提高测距精度之间的矛盾，可采用多个测尺共同测距，以短测尺（精测尺）提高精度，以长测尺（粗测尺）增大测程，从而解决“多值性”问题。

3.2　项　目　实　施

3.2.1　任务一：精密测量基坑几何尺寸

1. 定线

如图 3-13 所示，欲精密丈量直线A、B两点之间的距离，首先要清除直线上的障碍物，然后安置经纬仪于A点上，瞄准B点，用经纬仪进行定线。用钢尺进行概量，在视线上依次定出比钢尺一整尺略短的$A1$、12、12 等尺段。在各尺段端点下打下大木桩，桩顶钉一白铁皮。A点的经纬仪进行定线时，AB方向线在各白铁皮上刻一条线，另刻一条线垂直AB方向，形成十字，作为丈量的标志。

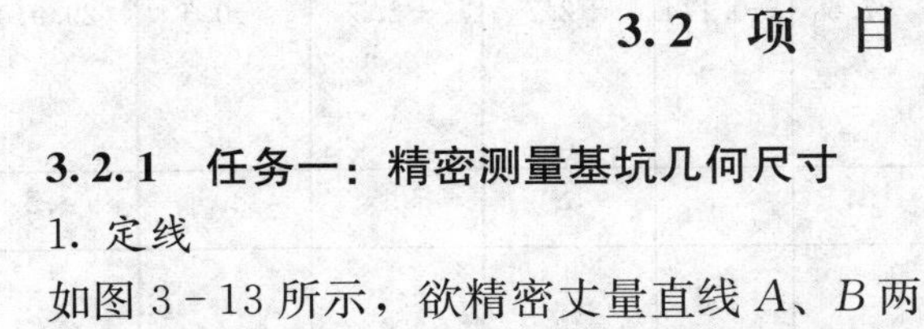

图 3-13　精密量距打桩示意图

2. 量距

丈量相邻桩顶间的倾斜距离。丈量时需 5 人，2 人拉尺，2 人读数，1 人记录

兼测温度。其步骤是：后尺手将弹簧秤挂在钢尺零端的尺环上，与读尺员位于测线的后端点。前尺手持钢尺末端与另一读尺员位于前端点。记录员位于尺段中间。钢尺沿桩项上的十字标志拉直后，前尺手喊“预备”，后尺手拉弹簧秤达到标准拉力时喊“好”，此时两读尺员同时读数（精确至0.5mm），前后尺的读数差即为该尺段的长度。每尺段要连续丈量3次，每次移动钢尺2～3cm，3次丈量结果之差不得大于2mm，否则要重新丈量，最后取3次丈量结果的平均值作为该尺段的观测结果。接着再丈量下一尺段，直至终点。每尺段丈量时均应该记一次温度（精确至0.5℃），以便对丈量结果作温度改正。往测结束后还应进行返测。

3. 测定相邻桩顶间的高差

为了将量得的倾斜距离改算为水平距离，用水准仪往返观测相邻桩顶间的高差，往返高差之差一般不得超过10mm，在限差以内，取其平均值作为最后的成果。

4. 尺段长度计算

精密量距中，每一尺段丈量结果需进行尺长改正、温度改正和倾斜改正，最后求得改正后的尺段长度。各项计算列于表3-1中。

表3-1 精密量距记录计算表

钢尺编号：No.11　钢尺线膨胀系数：1.20×10^{-5}　钢尺检定时的温度 t_0：20℃计算者：
钢尺名义长度 l_0：30m　钢尺检定长度 l：30.0025m　钢尺检定时拉力：100N　日期：

尺段编号	实测次数(m)	前尺读数(m)	后尺读数(m)	尺段长度(m)	温差(℃)	高差(m)	温度改正(mm)	尺长改正(mm)	倾斜改正(mm)	改正后尺段长(m)
A1	1	29.9360	0.0700	29.8660	25.8	−0.152	+2.1	+2.5	−0.4	29.8694
	2	29.9400	0.0755	29.8645						
	3	29.9500	0.0850	29.8650						
	平均			29.8652						
12	1	29.9230	0.0175	29.9055	27.6	−0.174	+2.7	+2.5	−0.5	29.9104
	2	29.9300	0.0250	29.9050						
	3	29.9380	0.0315	29.9065						
	平均			29.9057						
…	…	…	…	…	…	…	…	…	…	…
6B	1	18.9750	0.0750	18.9000	27.5	−0.065	+1.7	+1.6	−0.1	18.9027
	2	18.9540	0.0545	18.8995						
	3	18.9800	0.0810	18.8990						
	平均									
总和										198.2838

（1）计算尺长改正。钢尺在标准拉力、标准温度下的实际长度 l，与钢尺的名义长度 l_0 往往不一致，其差数 $\Delta l=l-l_0$，即为整尺段的尺长改正。每1m的尺长改正为 $\Delta l_d=\frac{l-l_0}{l_0}$，

则任一尺段长度 L 的尺长改正数，Δl_d 为

$$\Delta l_d=\frac{l-l_0}{l_0}L \tag{3-14}$$

（2）计算温度改正。设钢尺检定时的温度为 t_0，丈量时的温度为 t：钢尺的线膨胀系数为 α，则某尺段的温度改正 Δl_t 为

$$\Delta l_t=\alpha(t-t_0)L \tag{3-15}$$

（3）计算倾斜改正。如图 3-14 所示，量得斜距为 L，尺段两端间的高差为 h，现将倾斜距离 L 改为水平距离 D，加倾斜改正 Δl_h，由图 3-14 可知

$$\Delta l_h=D-L=\sqrt{L^2-h^2}-L=\cdots\Rightarrow\Delta l_h=-\frac{h^2}{2L} \tag{3-16}$$

倾斜改正 Δl_h 恒为负。

图 3-14　斜距与平距离

综上所述，每一尺段改正后的水平距离 d 为

$$d=L+\Delta l_d+\Delta l_t+\Delta l_h \tag{3-17}$$

（4）计算全长。将改正后的各个尺段长和余长加起来，便得到 A、B 两点之间距离的全长 D，即

$$D=\sum d \tag{3-18}$$

表 3-1 中往测的结果，$D_{往}=198.2838\text{m}$。同样方法算出返测全长，$D_{返}=198.2896\text{m}$，平均值 $D_{平均}=198.2867\text{m}$，其相对误差 K 为

$$K=\frac{|D_{往}-D_{返}|}{D_{平均}}=\frac{|198.2838-198.2896|}{198.2867}\approx\frac{1}{34000}$$

相对误差如果符合限差要求，则取平均距离为最后结果。如果相对误差超限，则应重测。

3.2.2　任务二：测定土丘尺寸

在施工场地区域有一土丘（如图 3-15 所示），现要确定其高度和平面尺寸作为土方量估算数据。

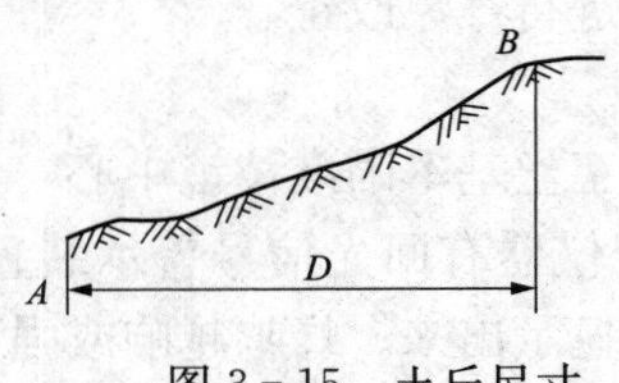

图 3-15　土丘尺寸

分析：确定土丘的高度和平面尺寸，可以用视距测量方法将其转化为 A、B 两点的高差和水平距离测定，将 A 点作为测站点、B 点作为观测点，利用经纬仪和水准尺及式（3-6）、式（3-7），快速计算出结果。

1. 量仪器高 i

如图 3-15 所示，在测站点 A 上安置经纬仪，对中、整平。用卷尺量出仪器高 i，并计入视距测量手簿（见表 3-2）。

表 3-2　视距测量记录表

测站仪器高高程 (m)	测站	竖直度盘位置	标尺读数 (m)			尺间隔 l	竖直度盘读数 (° ′ ″)	指标差 x	竖直角 α (° ′ ″)	水平距离 D (m)	高差 h (m)	高程 H (m)
			上丝 M	下丝 N	中丝 V							
A 1.40 50.00	B	盘左	1.010	1.791	1.400	0.782	88　30　18	+16	+1　29　20	78.15	+2.03	52.03
		盘右	1.010	1.792	1.400		271　29　00					

2. 读三丝读数

以盘左（或盘右）位置，瞄准测点 B 上竖立的标尺，读出下、上、中丝的读数 N、M、V，计入手簿。计算出尺间隔 $l=N-M$。

3. 求竖直角 α

转动竖直度盘指标水准管微动螺旋，调节竖直度盘指标水准管，使其气泡居中，读取竖直度盘读数 L（或 R），记入手簿，并计算竖直角 α。

4. 视距测量的计算

为了在野外能快速计算出距离和高差，应用具有编程功能的计算器，根据式（3-6）和式（3-7）编制简单程序，每测量一个点，只需输入变量 L 或 R、v 和 l（每一测站 l 为定值，可事先存入存储器），则可迅速得到水平距离 D 和高差 h。视距测量计算应在表 3-2 中完成。

结论：土丘水平距离 $D=78.15\text{m}$，高度 $H=52.03\text{m}$。

3.2.3 任务三：光电测距测定道路

施工现场有一便道，现大型设备要进场作业，需将便道扩建为机动车道，试测定出便道的长度作为设计数据。

分析：对于长线路的距离测量采用光电测距方法，可快速准确得出数据。

1. 测距仪安置

将经纬仪安置于现场测站上，对中、整平。将电池组插入主机的电池槽，主机通过连接座与经纬仪连接，并锁紧固定。在目标点安置反光棱镜三脚架并对中、整平，镜面朝向测站。按一下测距仪上的电源开关键开机，仪器自检，显示屏在数秒内依次显示全屏符号、加常数、乘常数、电量、回光信号等，自检合格发出蜂鸣或显示相应符号信息，表示仪器正常，可以进行量测。

2. 参数设置

如棱镜常数、加常数、乘常数等若经检测发生变化，需用键盘输入到测距仪内，便于仪器自动改正其影响。如气压、气温测定后输入测距仪内，可自动进行气象改正。

3. 瞄准

用经纬仪望远镜十字丝瞄准反光镜板中心，此时测距仪的十字丝基本瞄准棱镜中心，调节测距仪水平与竖直微动螺旋，使十字丝交点对准棱镜中心。若仪器有回光信号警示装置，蜂鸣器发出响亮蜂鸣，若为光强信号设置，则回光信号强度符号显示出来。蜂鸣越响或强度符号显示格数越多，说明瞄准越准确。若无信号显示，则应重新瞄准。这种以光强信号来表示瞄准准确度，称为电瞄准。

4. 距离测量

按测距键，在数秒内，显示屏显示所测定的距离（倾斜距离）。同时，读取竖直度盘盘左、盘右读数；记录员从气压计和温度计上读取即时气压 p、温度 t，并将倾斜距离、竖直度盘读数、气压和温度计入手簿（见表 3-3）；再次按测距键，进行第二次测距和第二次读数。一般进行 4 次，称为一个测回。各次距离读数最大、最小相差不超过 5mm 时取平均值，作为一测回的观测值。如需进行第二测回，则重复前 4 步操作。在各次测距过程中，若显示窗中光强信号消失或显示“SIGNAL OUT”，并发出急促鸣声，表示红外光被遮盖，应查明原因予以消除，重新观测。

表 3-3　　光电测距记录计算手簿

仪器型号：ND3000 仪器　　编号：9700243　　天气：晴、微风
记录：________　　计算：________　　日期：________

测站	镜站	倾斜距离（m）		竖直度盘读数（° ′ ″）	竖直角（° ′ ″）	温度（℃）	气象改正数（mm）	改正后倾斜距离（m）	水平距离（m）	备注
仪器高（m）	镜高（m）	观测值	平均值			气压（mmHg）				
A 1.426	B 1.625	475.073 475.071 475.074 475.074		475.073	88 17 24	+1 42 36	26 740	+8	475.081	474.869

5. 关机收测

测站观测结束后，按电源开关关闭电源，撤掉连接电缆，收机装箱迁站。

结论：该便道长度为 474.869m。

3.3 拓 展 知 识

红外测距仪采用的是砷化镓（CaAs）发光二极管作为光源。由于 CaAs 发光二极管具有结构简单、体积小、耗电省、效率高、寿命长、抗震性能好、能连续发光并能直接调制等优点，在中、短程测距仪中得到了广泛采用，也是工程建设采用的主要机型。下面以 D3030E 型红外测距仪为例说明。

1. 仪器主要技术指标

图 3-16 是我国常州大地测距仪厂生产的红外测距仪，型号为 D3030E，它以砷化镓（CaAs）半导体发光二极管为光源。单棱镜测程为 1800m，三棱镜测程可达 3200m。

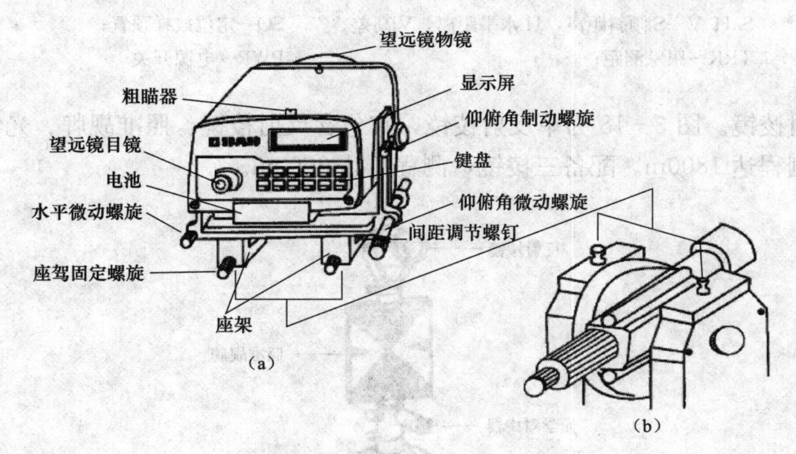

图 3-16　D3030E 型红外测距仪

测距精度：±（$5mm+3\times10^{-6}D$）。

分辨率：1mm。

最大显示：9999.999m。

测量方式：单次方式、连续方式、跟踪方式、预置方式、平均方式、坐标方式、水平高差方式。

测量时间：连续 3s，跟踪 0.8s。

功率：约 3.6W，使用 6V 可充电电池。

工作温度：－20～＋50℃。

2. 仪器结构与性能

D3030E 型红外测距仪包括主机、电池及反射棱镜。主机可安装在光学经纬仪或电子经纬仪上，组成组合式的电子速测仪，或称半站仪，既可测距，又能测角，还可直接测定地面点位的坐标，还可进行定线放样。

(1) 主机。如图 3-16 所示，其主机包括发射、接收望远镜，它是发射、接收、瞄准三共轴系统，还有显示器与键盘，键盘如图 3-17 所示。

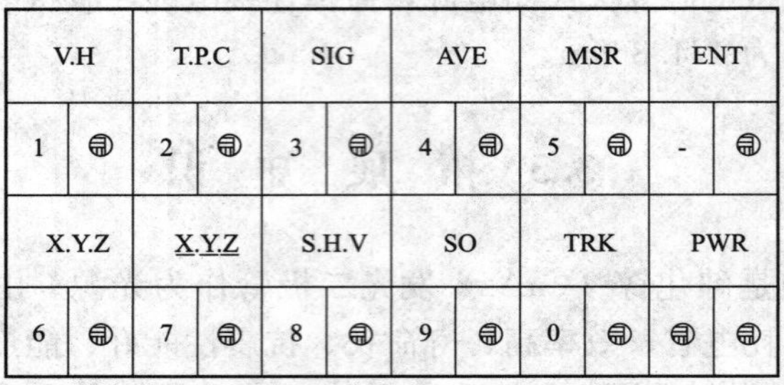

V.H		T.P.C		SIG		AVE		MSR		ENT	
1	⊜	2	⊜	3	⊜	4	⊜	5	⊜	-	⊜
X.Y.Z		X.Y.Z		S.H.V		SO		TRK		PWR	
6	⊜	7	⊜	8	⊜	9	⊜	0	⊜	⊜	⊜

图 3-17 D3030E 型红外测距仪键盘

V. H—天顶距、水平角输入键；
T. P. C—温度、气压、棱镜常数输入键；
SIG—电池电压、光强显示器；
AVE—单次测量、平均测距仪；
MSR—连续测距键；
ENT—输入、清除、复位键；
X. Y. Z—测站三维坐标输入；
X. Y. Z—显示目标三维坐标；
S. H. V—S 倾斜距离，H 水平距离，V 高差；
SO—定位放样顶置；
TRK—跟踪测距；
PWR—电源开关

(2) 反射棱镜。图 3-18 为单反射棱镜，它包含反射棱镜、照准觇牌、光学对中器和基座。单棱镜测程达 1800m。配备三棱镜，测程可达 3200m。

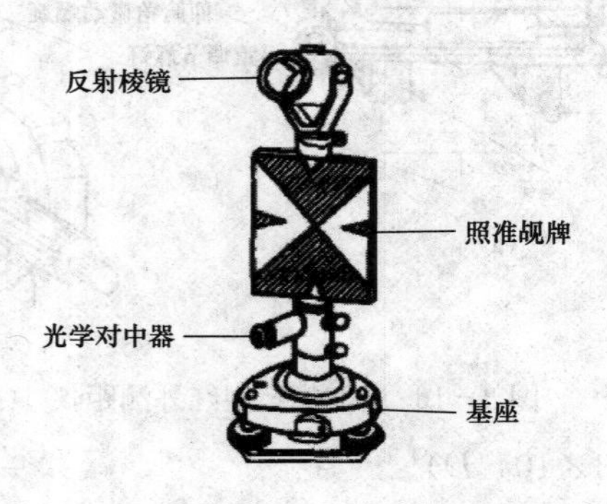

图 3-18 单反射棱镜

习 题

1. 钢尺刻划零端与皮尺刻划零端有何不同？如何正确使用钢尺与皮尺？

2. 简述钢尺一般量距和精密量距的主要不同点。

3. 视距测量有何特点？它适用于什么情况下测距？

4. 光电测距有何优点？相位式光电测距的基本原理是什么？

5. 当钢尺的实际长度小于钢尺的名义长度时，使用这样尺量距会将距离量长了，尺长改正应为负号；反之，尺长改正为正号，为什么？

项目4 测 量 误 差

测量误差是客观存在的。在测量观测中，由于仪器本身不尽完善，观测者感官上的局限性及外界自然条件瞬间变化的影响，使得观测值不可避免地带有测量误差。

能力目标

1. 能够运用真差、似真差计算中误差评定观测值的精度。
2. 能够分析偶然误差和系统误差对观测成果的影响。
3. 能够根据误差特性分析水准测量误差中哪些属于偶然误差，哪些属于系统误差。
4. 能够对误差进行处理，对粗差进行防止。
5. 能够用线性函数观测值的中误差求函数值的中误差。

知识目标

1. 了解误差的来源、种类、分布、性质、传播规律等理论。
2. 了解系统误差、偶然误差的特性和相应的处理方法。
3. 识记真值、真差、似真值、似真差、粗差、中误差、极限误差、相对误差等概念。
4. 掌握处理误差的原则和方法。
5. 掌握算数平均值、带权平均值的原理和计算方法。
6. 掌握运用真值和观测值计算中误差的基本公式。

4.1 预 备 知 识

4.1.1 测量误差概念

1. 误差定义

设观测值真值为 X（某量固有的值称为真值，如一个平角、两个互补角之和、三角形内角之和的真值均为180°，有时一个量的精密值也可视为真值），在相同的条件下，对真值进行了 n 次观测，其观测值为 l，则观测值的真误差 Δ 可定义为

$$\Delta = l - X \tag{4-1}$$

一般来说，观测值中都含有误差。例如，同一人用一台经纬仪对某一固定角度重复观测多次，各测回的观测值往往互不相等；同一组人，用同样的测距工具，对某一段距离重复观测多次，各次的测量值也往往互不相等。这些现象在测量实践中普遍存在，究其原因，是由于观测值中不可避免地含有观测误差的缘故。

2. 测量误差产生原因

对某一客观存在的量进行多次观测，例如往返丈量某段距离或重复观测某一水平角等，其多次测量结果总是存在着差异，这说明观测值中含有测量误差。产生测量误差的原因很多，概括起来有下列三个方面：

(1) 仪器的原因。测量工作是需要用经纬仪、水准仪等测量仪器进行的，而测量仪器的构造不可能十分完善，从而使测量角度产生误差；水准仪的水准管轴不平行于视准轴的残余误差会对高差产生影响。

(2) 观测者的原因。由于观测者的感觉器官的鉴别能力存在局限性，所以对仪器的各项操作，如经纬仪对中、整平、瞄准、读数等方面都会产生误差。此外，观测者的技术熟练程度也会对观测成果带来不同程度的影响。

(3) 外界环境的影响。测量时所处的外界环境（包括温度、风力、日光、大气折光等）时刻在变化，使测量结果产生误差。例如，温度变化会使钢尺产生伸缩，风吹和日光照射会使仪器的安置不稳定，大气折光使瞄准产生偏差等。

人、仪器和外界环境是测量工作的观测条件，由于受到这些条件的影响，测量中的误差是不可避免的。观测条件相同的各次观测称为等精度观测；观测条件不相同的各次观测称为不等精度观测。

4.1.2 测量误差的分类

测量误差按其对观测结果影响性质的不同可以分为系统误差、偶然误差和粗差三大类。

1. 系统误差

在相同的观测条件下对某一量进行一系列的观测，若误差的出现在符号和数值上均相同，或按一定的规律变化，这种误差称为系统误差。例如用名义长度为 30.000m，而实际长度为 30.006m 的钢尺量距，每量一尺段就有 0.006m 的误差，其量距误差的影响符号不变，且与所量距离的长度成正比，因此系统误差具有积累性，对测量结果影响较大。

2. 偶然误差

在相同的观测条件下对某量进行一系列的观测，若误差出现的符号和数值大小均不一致，表面上没有任何律，这种误差称为仍然误差。偶然误差是由人力所不能控制的因素（如人眼的分辨能力、气象因素等）共同引起的测量误差，其数值的正负、大小纯属偶然。例如在厘米分划的水准尺上读数，估读毫米数时，有时估读过大，有时过小，大气折光使望远镜中成像不稳定，引起目标瞄准有时偏左，有时偏右。

3. 粗差

粗差是一种大量级的观测误差，如超限的观测值中往往含有粗差。粗差也包括测量过程中各种失误引起的误差。粗差产生的原因很多，有由于测量员疏忽大意、失职而引起，如读数错误、记录错误、照准目标错误等；有由于测量仪器自身或受外界干扰发生故障而引起；还有是允许误差取值过小造成的。粗差对测量结果的影响巨大，必须引起足够的重视，在观测过程中要尽力避免。

4.1.3 误差的特性

1. 偶然误差

(1) 在一定观测条件下的有限次观测中，绝对值超过一定限值的误差出现的频率为零。

(2) 绝对值较小的误差出现的频率大，绝对值较大的误差出现的频率小。

(3) 绝对值相等的正、负误差出现的频率大致相等。

(4) 当观测次数无限增大时，偶然误差的算术平均值趋近于零，即偶然误差具有抵偿性。用公式表示

$$\lim_{n\to\infty}\frac{[\Delta]}{n}=0 \tag{4-2}$$

式中 $[\Delta]$——取括号中数值的代数和，即$[\Delta]=\Delta_1+\Delta_2+\cdots+\Delta_n$；

n——Δ的个数。

2. 系统误差

具有积累性，在误差随丈量次数或段数不断增多的情况下，数值将会越来越大。如一钢尺具有0.005m尺长误差（系统误差的一种），其量距误差的影响符号不变，且与所量距离的长度成正比，因此系统误差具有积累性。

4.1.4 评定精度的标准

精度是指对某个量进行多次等精度观测中，其偶然误差分布的离散程度。

在测量工作中，观测对象的真值只有一个，而观测值有无数个，其真误差也有相同的个数，有正有负，有大有小。以真误差的平均值作为衡量精度的标准非常不实用，因为真误差的平均值都趋近于零。以真误差的绝对值的大小来衡量精度也不能反映这一组观测值的整体优劣。因而，测量中引用了数理统计中均方差的概念，并以此作为衡量精度的标准。具体到测量工作中，以中误差和容许误差作为衡量精度的标准。中误差越大，精度越低；反之，中误差越小，精度越高。

1. 中误差

在一定观测条件下观测结果的精度，取标准差σ是比较合适的。但是在实际测量工作中，不可能对某一量作无穷多次观测，因此定义按有限次观测的偶然误差（真误差）求得的标准差为中误差m，即

$$m=\pm\sqrt{\frac{\Delta_1^2+\Delta_2^2+\Delta_3^2+\cdots+\Delta_n^2}{n}}=\pm\sqrt{\frac{[\Delta\Delta]}{n}} \tag{4-3}$$

2. 相对误差

在某些测量工作中，用中误差这个标准还不能反映出观测的质量，例如，用钢尺丈量200m及80m两段距离，观测值的中误差都是±20mm，但不能认为两者的精度一样；因为量距误差与其长度有关，为此，用观测值的中误差绝对值与观测值之比化为分子为1的分数的形式，称为相对中误差。上例中，前者的相对中误差为$K_1=\frac{0.02}{200}=\frac{1}{10000}$；后者的相对中误差则为$K_2=\frac{0.02}{80}=\frac{1}{4000}$。前者精度高于后者。

3. 容许误差

由偶然误差第一个特性可知，在一定的观测条件下，偶然误差的绝对值不会超过一定的限度。根据误差理论和大量的实践证明，在一系列等精度的观测中，绝对值大于2倍中误差的偶然误差出现的可能性约为5%；绝对值大于3倍中误差的偶然误差出现的可能性约为0.3%。因此，在观测次数不多的情况下，可以认为大于3倍中误差的偶然误差是不可能出现的。故通常以3倍中误差作为偶然误差的极限误差，即

$$\Delta_{极}=3m \tag{4-4}$$

在实际工作中，测量规范要求观测值中，不容许存在较大的误差，常以2倍中误差作为偶然误差的容许误差，即

$$\Delta_{极}=2m \tag{4-5}$$

在观测数据检查和处理中，常用容许误差作为精度的衡量标准。当观测值误差大于容许

误差时，即可认为观测值中包含粗差，应给予舍去不用或重测。

4.1.5　误差传播定律

1. 误差传播定律概念

当对某一未知量进行多次观测后，就可以根据观测值计算出观测值的中误差，作为衡量观测结果的精度标准。但是在实际工作中，有些未知量往往不是直接观测得到的，而是通过观测其他未知量间接求得的。例如，水准测量中，在测站上测得后视、前视读数分别为 a、b，则高差 $h=a-b$。这里高差 h 是直接观测量 a、b 的函数。显然，当 a、b 存在误差时，h 也受其影响而产生误差。这种关系称为误差传播，阐述这种直接观测值与函数误差关系的定律称为误差传播定律。

2. 误差传播定律的分类及表达式

误差传播定律按照函数表达形式可分为一般函数、线性函数、和差函数和倍数函数，其表达式见表 4-1。

表 4-1　　常用函数误差传播定律如

函数名称		函数关系式	中误差关系式
一般函数		$z=f(x_1,x_2,\cdots x_n)$	$m_z^2=\left(\frac{\partial f}{\partial x_1}\right)^2 m_1^2+\left(\frac{\partial f}{\partial x_2}\right)^2 m_2^2+\cdots\left(\frac{\partial f}{\partial x_n}\right)^2 m_n^2$
线性函数		$z=k_1x_1\pm k_2x_2\pm\cdots\pm k_nx_n$	$m_z^2=k_1^2m_1^2+k_2^2m_2^2+\cdots+k_n^2m_n^2$
和差函数	一般形式	$z=x_1\pm x_2$ $z=x_1\pm x_2\pm\cdots\pm x_n$	$m_z^2=m_1^2+m_2^2$ $m_z=\pm\sqrt{2}m$（当 $m_1=m_2=\cdots m_n=m$ 时） $m_z^2=m_1^2+m_2^2+\cdots m_z^2$ $m_z=\pm\sqrt{n}m$（当 $m_1=m_2=\cdots m_n=m$ 时）
	平均形式	$z=\frac{1}{2}(x_1+x_2)$ $z=\frac{1}{n}(x_1+x_2+\cdots+x_n)$	$m_z=\frac{1}{2}\sqrt{m_1^2+m_2^2}$，$m_z=\frac{m}{\sqrt{2}}$（当 $\mathrm{m}_1=m_2$ 时） $m_z=\frac{1}{2}\sqrt{m_1^2+m_2^2+\cdots m_n^2}$ $m_z=\frac{m}{\sqrt{n}}$（当 $m_1=m_2=\cdots m_n$ 时）
倍数函数		$z=cx$	$m_z=cm$

应用误差传播定律求观测值函数的中误差步骤如下：

（1）根据问题的性质列出函数关系式，并代入观测值，求函数值。

（2）针对关系式中各变量求偏导，并代入观测值，使之成为常数（如果关系式为线性函数，则此步略去直接写出）。

（3）代入表 4-1 中相应的误差传播公式，求函数的中误差。应用误差传播定律时，关系式中各自变量应相互独立，不包含共同的误差，否则应作并项或移项处理。

4.1.6　等精度直接观测量的最可靠值及其中误差

1. 算数平均值原理

对某量进行了 n 次等精度观测，观测值为 l_1，l_2，…，l_n，其算数平均值 L 为

$$L=\frac{l_1+l_2+\cdots+l_n}{n}=\frac{[l]}{n} \tag{4-6}$$

由于

$$[l]=[X+\Delta]=nX+[\Delta]$$

则
$$\lim_{n\to\infty} L = \lim_{n\to\infty}\frac{[l]}{n} = \lim_{n\to\infty}\frac{[l]}{n} + X = X \tag{4-7}$$

由式（4-7）可知，当观测次数 n 趋向于无穷大时，算术平均值就趋向于未知量的真值。在实际测量工作中，n 是有限的，算数平均值通常作为未知量的最可靠值。

2. 算数平均值的中误差

将式（4-6）取微分得

$$\mathrm{d}L = \frac{1}{n}\mathrm{d}l_1 + \frac{1}{n}\mathrm{d}l_2 + \cdots + \frac{1}{n}\mathrm{d}l_n$$

根据误差传播定律可求得算数平均值中误差 M 如下

$$M^2 = \frac{1}{n^2}m_1^2 + \frac{1}{n^2}m_2^2 + \cdots + \frac{1}{n^2}m_n^2 = \frac{m^2}{n}$$

则
$$M = \frac{m}{\sqrt{n}} \tag{4-8}$$

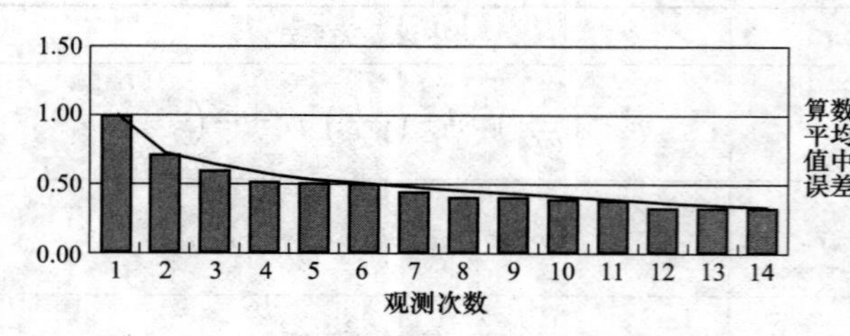

图 4-1 算数平均值中误差与观测次数的关系

式（4-8）表明，算术平均值的中误差仅为一次观测值中误差的 $\frac{1}{\sqrt{n}}$，因此，当观测次数增加时，可提高观测结果的精度。

由图 4-1 可知，当观测次数达到 9 次左右时，再增加观测次数，算数平均值的精度提高也很微小，因此不能单纯依靠增加观测次数来提高测量精度，还必须从测量方法和测量仪器方面来提高测量精度。

4.1.7 用改正数计算观测值的中误差

用中误差的定义式计算中误差时，需要知道观测值的中误差 Δ，但一般情况下真值 x 是不知道的，因此也就无法求得观测值的中误差。在实际工作中，通常是用观测值的改正数计算中误差。

用 L 代表真值，l_i 代表观测值

$$v_i = L - l_i$$

式中 v_i——观测值改正数。

用改正数 v_i 计算中误差，则
$$m = \pm\sqrt{\frac{[vv]}{n-1}} \tag{4-9}$$

算数平均值中误差，则
$$M = \pm\sqrt{\frac{[vv]}{n(n-1)}} \tag{4-10}$$

式（4-9）、式（4-10）中［vv］为观测值改正数平方累计之和，按照（4-11）式计算，即

$$\left.\begin{array}{l}[vv] = v_1^2 + v_2^2 + \cdots + v_n^2 \\ v_1 = L - l_1 \\ v_2 = L - l_2 \\ \cdots \\ v_n = L - l_n\end{array}\right\} \tag{4-11}$$

式中 v_1、v_2——第一个观测值改正数、第二个观测值改正数；

l_1、l_2——第一个观测值、第二个观测值。

4.2 项 目 实 施

误差传播定律在水准测量、角度测量和距离测量中应用广泛，下面以水准测量高差精度、水平角测量精度、距离丈量精度为例，分别说明误差传播定律在确定测量数据精度方面的应用。

4.2.1 任务一：利用误差传播定律求算水准测量的精度

1. *确定水准路线高差中误差* m_{Σ}

设两个水准点间观测了 n 站，每站的高差中误差为 $m_{站}$，则 n 站高差之和及其中误差应为

$$\sum h = h_1 + h_2 + \cdots + h_n$$

依据和差函数误差传播定律，则

$$m_{\Sigma} = \pm m_{站}\sqrt{n} \tag{4-12}$$

即水准测量路线的高差中误差与测站数的平方根成正比。

设每站的距离 s 大致相等，水准路线全长 $L=ns$。将 $n=\frac{L}{s}$代入式（4-12），得

$$m_{\Sigma} = \pm m_{站}\sqrt{\frac{1}{s}}\sqrt{L}$$

式中 $1/s$——每千米的测站数；

$m_{站}\sqrt{\frac{1}{s}}$——每千米水准测量中误差，即单位观测值中误差，以 u 表示，则上式可写为

$$m_{\Sigma} = \pm u\sqrt{L}\ (L以\ \text{km}为单位) \tag{4-13}$$

即水准路线测量高差中误差与水准路线距离的平方根成正比。

2. *确定平坦地面四等水准测量往返高差较差中误差及其较差的容许值*

已知平坦地面四等水准测量每千米往返高差的平均值中误差 $u=\pm 5\text{mm}$，则 L 单程高差的中误差应为

$$m_{\Sigma} = \pm 5\times\sqrt{2}\sqrt{L}$$

往返高差较差的中误差为

$$m_{\Delta h} = \pm m_{\Sigma}\sqrt{2} = \pm 10\sqrt{L}$$

取 2 倍中误差作为极限误差，则较差的容许值为

$$f_{h容} = 2m_{\Delta h} = \pm 20\sqrt{L} \tag{4-14}$$

在工程测量中，技术规范规定，四等水准测量往返较差，附合或闭合路线闭合差不应大于$\pm 20\sqrt{L}$，由此得以证明。

3. *确定山地四等水准测量往返高差较差中误差及其较差的容许值*

在山区，水准测量常用测站数计算误差。为此，由式（4-12）解 $m_{站}$，得

$$m_{站} = \pm 5\times\sqrt{2}\sqrt{\frac{L}{n}} \tag{4-15}$$

式中：$\frac{L}{n}=s$，四等水准测量最大仪尺距不超过100m，以$s=0.2$km代入上式，得

$$m_{站}=\pm 3.16\text{mm}$$

在每一测站上，一般采用双面尺和两次仪器高法进行校核，并取平均值作为最后成果。故高差平均值的中误差为

$$M_{站}=\frac{m}{\sqrt{2}}=\pm 2.23\ (\text{mm})$$

考虑其他因素的影响，一般取$M=\pm 3$mm。以2倍中误差为极限误差，则路线闭合差容许值为

$$f_{h容}=2M\sqrt{n}=\pm 6\sqrt{n}\ (\text{mm}) \tag{4-16}$$

这就是以测站数n计算限差的公式。

4.2.2 任务二：利用误差传播定律求算角度测量的精度

用DJ_6型光学经纬仪测角，按原设计标准，野外一测回的方向中误差$m=\pm 6''$。一测回角值β为两方向值之差，则一测回角值的中误差应为

$$m_{\beta}=m\sqrt{2}=\pm 8.5''$$

考虑仪器使用期间轴系的磨损，取$m_{\beta}=\pm 10''$。如以2倍中误差为极限误差，则一测回值的极限误差为

$$m_{极}=2m_{\beta}=\pm 20''$$

测角时考虑其他不利因素的影响，一般取$m=\pm 40''$。

由于一测回角值为盘左、盘右两个半测回角值的平均值，故半测回角值的中误差为

$$m_{半}=m_{\beta}\sqrt{2}=\pm 8.5\sqrt{2}''$$

两个半测回值较差的中误差

$$m_{\Delta}=m\sqrt{2}=\pm 17''$$

考虑其他因素的影响，取$m_{\Delta}=\pm 20''$，则极限误差应为

$$m_{\Delta极}=2m_{\Delta}=\pm 40'' \tag{4-17}$$

所以，用测回法测角时，要求两半测回角值之差不超过$\pm 40''$。

4.2.3 任务三：利用误差传播定律求算距离测量的精度

设钢尺的长度为l，一尺段的中误差为m，丈量n尺段，全长$D=nl$的中误差为

$$m_D=m\sqrt{n}=m\sqrt{\frac{D}{l}}=\frac{m}{\sqrt{l}}\sqrt{D}$$

式中：$\frac{m}{\sqrt{l}}$称为单位长度的中误差，常用u表示，则

$$m_D=\pm u\sqrt{D} \tag{4-18}$$

即距离丈量的中误差与距离长度D的平方根成正比。

在实际工作中，通常采用两次丈量结果的较差与长度之比来评定丈量精度，所以较差ΔD的中误差$m_{\Delta D}$为

$$m_{\Delta D}=m_D\sqrt{2}=\pm u\sqrt{2}\sqrt{D}$$

以2倍中误差作为ΔD的容许误差$\Delta D_{容}$，则

$$\Delta D_{容}=2m_{\Delta D}=\pm u2\sqrt{2}\sqrt{D}$$

试验证明，在良好地区，$2u=\pm0.005$m，则

$$\Delta D_{容}=\pm0.005\sqrt{2}\sqrt{D}=\pm0.007\sqrt{D}$$

容许相对误差为

$$\frac{\Delta D_{容}}{D}=\frac{0.007}{\sqrt{D}}$$

以常用长度 $D=200$m 代入上式，得

$$\frac{\Delta D}{D}=\frac{1}{2000}$$

因此，用一般的距离丈量方法，在良好地区，200m 长的距离，其相对误差不得大于 1/2000。

4.3 拓 展 知 识

4.3.1 权的概念

对某一未知量进行非等精度观测，其各次观测值的中误差也不相同，各次观测的结果便具有不同的可靠性。因此，在求未知量的最可靠值时，就不能像等精度观测那样简单地取算术平均值，因为较可靠的观测值应对最后测量结果产生较大的影响。

最可靠值显然不是算术平均值，应该怎么求得呢？显然，较可靠的观测值或精度高的观测值，应对结果产生较大的影响，它所占的“权重”应大一些。在测量工作中引入“权”的概念。观测值的精度越高，即中误差越小，其权就大；反之，观测值的精度越低，即中误差越大，其权就小。因此，权与中误差具有密切关系。

4.3.2 权与中误差的关系

依据权的概念，权 P 与中误差 m 的函数关系为

$$P_i=\frac{u^2}{m_i^2}(i=1,2,\cdots,n) \tag{4-19}$$

式中 u——不为 0 的任意常数，当 $P=1$ 时，其权为单位权，其中误差称为单位权中误差，一般用 m_0（或 u）表示。

4.3.3 定权的方法

假定对某一未知量进行两组非等精度观测，但每组内各观测值精度相等，设第一组观测 4 次，其观测值为 l_1、l_2、l_3、l_4；第二组观测 2 次，观测值为 l'_1、l'_2，则每组的算数平均值为

$$L_1=\frac{l_1+l_2+l_3+l_4}{4},\ L_2=\frac{l'_1+l'_2}{2}$$

对观测值 L_1、L_2 来说，彼此是非等精度的观测值，而对于第一组、第二组这个整体而言，它们内部的每一次观测却是等精度观测，中误差都为 m，因而，其最后结果应为

$$L_1=\frac{l_1+l_2+l_3+l_4+l'_1+l'_2}{6}$$

该式的计算实际上是

$$L=\frac{4L_1+2L_2}{4+2} \tag{4-20}$$

从非等精度观测的观点来看，观测值 L_1 是 4 次观测值的平均值，观测值 L_2 是两次观测值的平均值，L_1 和 L_2 的精度不一样，可取 4、2 为其相应的权，以表示 L_1 和 L_2 的精度差别。分析式（4-20），分子、分母乘以同一常数，最后结果不变。因此，权只有相对意义，所起的作用不是它们的绝对值，而是它们之间的比值。

另 $u=m$，则观测值 L_1、L_2 的中误差分别为 M_1、M_2。按式（4-19）得它们的权为

$$P_1=\frac{u^2}{M_1^2}=\frac{m^2}{\dfrac{m^2}{4}}=4$$

$$P_2=\frac{u^2}{M_2^2}=\frac{m^2}{\dfrac{m^2}{2}}=2$$

按式（4-19）的定权方法，求得观测值 L_1、L_2 的权 P_1、P_2 与预期结果一致。

在水准测量工作中，当每千米水准测量精度相同时，水准路线观测高差的权与路线长度成反比；当每测站观测高差的精度相同时，水准路线观测高差的权与测站数成反比。至于何时用距离定权，何时用测站数定权，在测量规范中是有规定的。一般说来，在起伏不大的地区，每千米测站数相近，即每千米水准测量精度相同，可按距离来定权；而在起伏较大的地区。每千米测站数相差较大，则按测站数来定权。

水准测量定权方法：

按长度定权 $P_i=\dfrac{c}{s_i}$

按测站数定权 $P_i=\dfrac{c}{n_i}$

式中 s_i——水准路线分段长度；

n_i——水准路线分段测站数；

c——任意不为零的常数。

对同一角度进行观测，可以用测回数的多少来定权。测回数越多，精度越高，权越大。例如，对同一角度进行 n 次观测，每次观测 c_1，c_2，…，c_n 测回数，则可用下式来定权

$$P_i=kc_i(i=1,2,\cdots,n)$$

式中 k——常数，可取使权便于计算的数值。

习 题

1. 简述测量误差的含义、来源和分类。
2. 偶然误差有哪些特性？能否消除偶然误差？
3. 衡量误差精度的指标有哪些？权的定义和作用是什么？
4. 设用钢尺丈量一段距离，6 次丈量结果分别为 216.345、216.324、216.335、216.378、216.364、216.319m，试计算其算术平均值、观测值中误差、算术平均值中误差及其相对中误差。
5. 用 DJ_6 经纬仪观测某水平角，每测回的观值中误差为±6″，若要求测角精度达到±3″，需要观测多少测回？

6. 如图 4-2 所示，在三角形 ABC 中，测得 $a=(110.50\pm0.05)\mathrm{m}$，$A=47°23'42''\pm20''$，$B=53°58'34''\pm12''$，试计算边长 c 和 b 及其中误差、相对中误差。

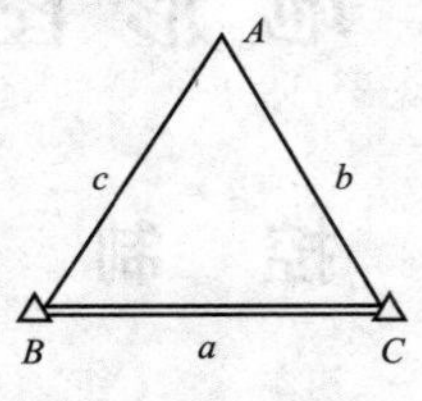

图 4-2 习题 6 图

模块2 地形图测绘

项目5 控制测量

控制测量是指在测区内，按测量任务所要求的精度，测定一系列控制点的平面位置和高程，建立起测量控制网，作为各种测量的基础。

控制网具有控制全局，限制测量误差累积的作用，是各项测量工作的依据。对于地形测图，等级控制是扩展图根控制的基础，以保证所测地形图能互相拼接成为一个整体。对于工程测量，常需布设专用控制网，作为施工放样和变形观测的依据。

能力目标

1. 能够描述测量工作的基本过程。
2. 知道控制网是做什么用，怎样布设的。
3. 根据已知的测量数据会进行坐标正算或反算。
4. 能够说出三角测量、导线测量、角度交会的区别及其应用特点。
5. 能准确进行观测角的检验、改正和方位角的推算，并知道检验计算错误。
6. 能准确进行坐标增量计算和改正，并知道检验计算错误。
7. 能利用起算点坐标和改正后坐标增量推算各导线点的坐标。
8. 能区分闭合导线和附合导线的坐标计算的不同点。

知识目标

1. 知道什么是控制测量，什么是碎部测量及为什么先进行控制测量。
2. 知道什么是控制网，有哪些控制网。
3. 知道地面点坐标的求算方法及其应用。
4. 知道什么是三角测量、导线测量、角度交会，各用于什么场合。
5. 知道外业测量工作步骤、工作方法及数据的检验和整理办法。
6. 知道闭合导线、附合导线的计算原理方法和调整方法。
7. 了解三角高程测量方法。
8. 掌握四等水准测量方法。

5.1 预 备 知 识

控制测量是遵循一定的控制网进行测量，控制网包括国家控制网、城市控制网、小地区控制网。

5.1.1 控制测量概念

测定控制点位置的工作，称为控制测量。

测定控制点平面位置（x、y）的工作，称为平面控制测量。测定控制点高程（H）的工作，称为高程控制测量。

在测区范围内选择若干有控制意义的点（称为控制点），按一定的规律和要求构成网状几何图形，称为控制网。

控制网可分为平面控制网和高程控制网。

控制网包括国家控制网、城市控制网和小地区控制网等。

1. 国家控制网

在全国范围内建立的控制网，称为国家控制网。它是全国各种比例尺测图的基本控制，并为确定地球形状和大小提供研究资料。国家控制网是用精密测量仪器和方法，依照施测精度按一、二、三、四等四个等级建立的，它的低级点受高级点逐级控制。

国家平面控制网，主要布设成三角网，采用三角测量的方法。如图5-1所示，一等三角锁是国家平面控制网的骨干；二等三角网布设于一等三角锁环内，是国家平面控制网的基础；三、四等三角网为二等三角网的进一步加密。

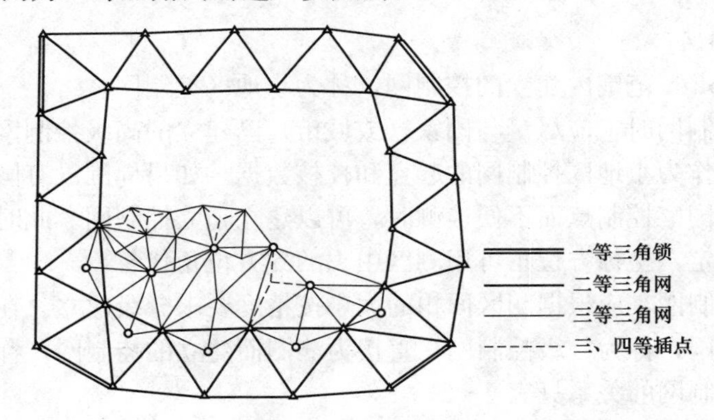

图5-1 国家三角网

国家高程控制网，布设成水准网，采用精密水准测量的方法。如图5-2所示，一等水准网是国家高程控制网的骨干；二等水准网布设于一等水准环内，是国家高程控制网的基础；三、四等水准网为国家高程控制网的进一步加密。

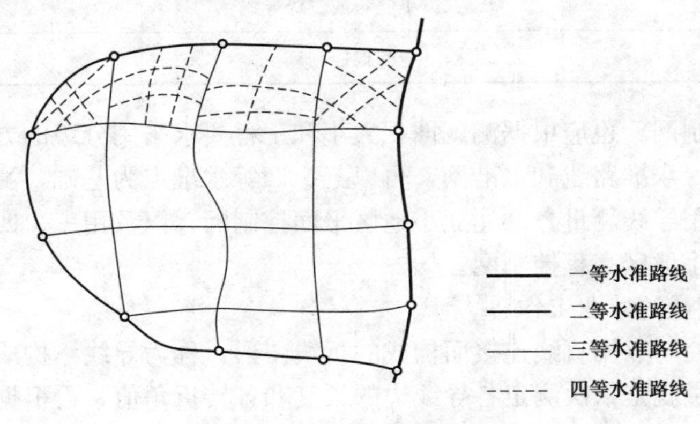

图5-2 国家水准网

2. 城市控制网

在城市地区，为测绘大比例尺地形图、进行市政工程和建筑工程放样，在国家控制网的控制下而建立的控制网，称为城市控制网。

城市平面控制网可分为二、三、四等和一、二级小三角网，或一、二、三级导线网。最后，再布设直接为测绘大比例尺地形图所用的图根小三角和图根导线。

城市高程控制网可分为二、三、四等，在四等以下再布设直接为测绘大比例尺地形图用的图根水准测量。

直接供地形测图使用的控制点，称为图根控制点，简称图根点。测定图根点位置的工作，称为图根控制测量。图根控制点的密度（包括高级控制点），取决于测图比例尺和地形的复杂程度。平坦开阔地区图根点的密度一般不低于表5-1的规定；地形复杂地区、城市建筑密集区和山区，可适当加大图根点的密度。

表5-1 图根点的密度

测图比例尺	1∶500	1∶1000	1∶2000	1∶5000
图根点密度（点/km^2）	150	50	15	5

3. 小地区控制网

在面积小于15km^2范围内建立的控制网，称为小地区控制网。

建立小地区控制网时，应尽量与国家（或城市）已建立的高级控制网连测，将高级控制点的坐标和高程，作为小地区控制网的起算和校核数据。如果周围没有国家（或城市）控制点，或附近有这种国家控制点而不便连测时，可以建立独立控制网。此时，控制网的起算坐标和高程可自行假定，坐标方位角可用测区中央的磁方位角代替。

小地区平面控制网，应根据测区面积的大小按精度要求分级建立。在全测区范围内建立的精度最高的控制网，称为首级控制网；直接为测图而建立的控制网，称为图根控制网。首级控制网和图根控制网的关系见表5-2。

表5-2 首级控制网和图根控制网

测区面积（km）	首级控制网	图根控制网
1～10	一级小三角或一级导线	两级图根
0.5～2	二级小三角或二级导线	两级图根
0.5以下	图根控制	

小地区高程控制网，也应根据测区面积大小和工程要求采用分级的方法建立。在全测区范围内建立三、四等水准路线和水准网，再以三、四等水准点为基础，测定图根点的高程。

本章主要介绍用导线测量方法建立小地区平面控制网，以及用三、四等水准测量及图根水准测量方法建立小地区高程控制网。

5.1.2 导线测量的外业工作

将测区内相邻控制点用直线连接而构成的折线图形，称为导线。构成导线的控制点，称为导线点。导线测量就是依次测定各导线边的长度和各转折角值，再根据起算数据，推算出各边的坐标方位角，从而求出各导线点的坐标。

导线测量是建立小地区平面控制网常用的一种方法，特别是在地物分布复杂的建筑区、视线障碍较多的隐蔽区和带状地区，多采用导线测量的方法。

用经纬仪测量转折角，用钢尺测定导线边长的导线，称为经纬仪导线；若用光电测距仪测定导线边长，则称为光电测距导线。

1. 导线的布设形式

(1) 闭合导线。如图5-3所示，导线从已知控制点B和已知方向BA出发，经过1、2、3、4最后仍回到起点B，形成一个闭合多边形，这样的导线称为闭合导线。闭合导线本身存在着严密的几何条件，具有检核作用。

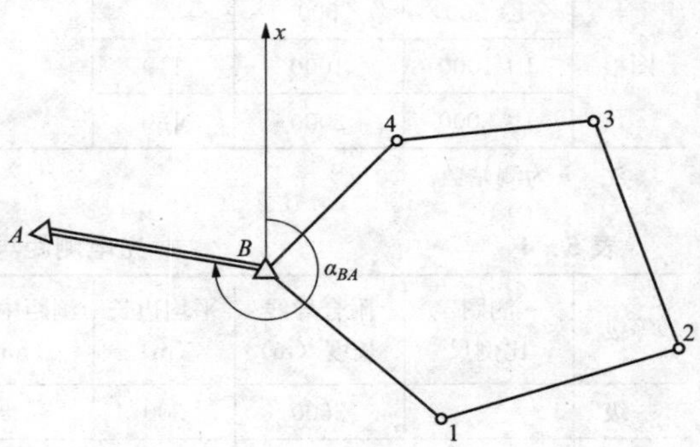

图5-3 闭合导线

(2) 附合导线。如图5-4所示，导线从已知控制点B和已知方向AB出发，经过1、2、3点，最后附合到另一已知点C和已知方向CD上，这样的导线称为附合导线。这种布设形式，具有检核观测成果的作用。

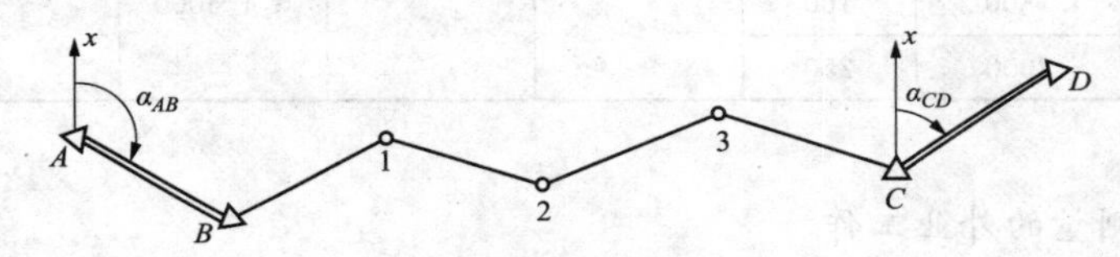

图5-4 附合导线

(3) 支导线。支导线是由一已知点和已知方向出发，既不附合到另一已知点，又不回到原起始点的导线，称为支导线。如图5-5所示，B为已知控制点，BA为已知方向，1、2为支导线点。

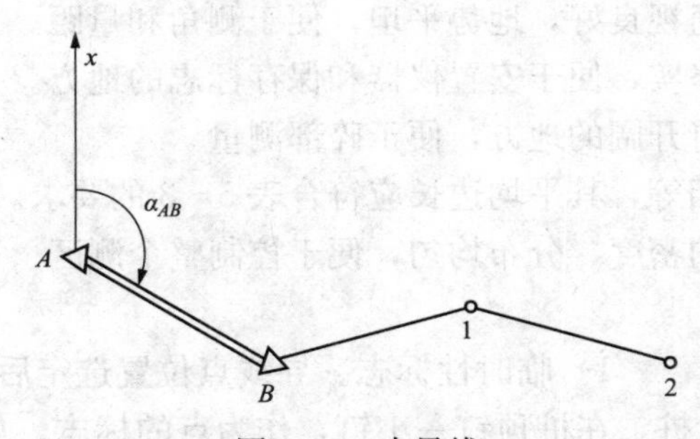

图5-5 支导线

2. 导线测量的等级与技术要求（见表5-3、表5-4）

表5-3 经纬仪导线的主要技术要求

等级	测图比例尺	附合导线长度（m）	平均边长（m）	往返丈量差相对误差	测角中误差（″）	导线全长相对闭合差	测回数		方位角闭合差（″）
							DJ_2	DJ_6	
一级		2500	250	≤1/20000	≤±5	≤1/10000	2	4	$\leqslant\pm10\sqrt{n}$
二级		1800	180	≤1/15000	≤±8	≤1/7000	1	3	$\leqslant\pm16\sqrt{n}$
三级		1200	120	≤1/10000	≤±12	≤1/5000	1	2	$\leqslant\pm24\sqrt{n}$

续表

等级	测图比例尺	附合导线长度（m）	平均边长（m）	往返丈量差相对误差	测角中误差（″）	导线全长相对闭合差	测回数		方位角闭合差（″）
							DJ_2	DJ_6	
图根	1∶500	500	75			≤1/2000		1	$\leqslant \pm 60\sqrt{n}$
	1∶1000	1000	110						
	1∶2000	2000	180						

注 *n* 为测站数。

表 5-4 光电测距导线的主要技术要求

等级	测图比例尺	附合导线长度（m）	平均边长（m）	测距中误差（mm）	测角中误差（″）	导线全长相对闭合差	测回数		方位角闭合差（″）
							DJ_2	DJ_6	
一级		3600	300	≤±15	≤±5	≤1/14000	2	4	$\leqslant \pm 10\sqrt{n}$
二级		2400	200	≤±15	≤±8	≤1/10000	1	3	$\leqslant \pm 16\sqrt{n}$
三级		1500	120	≤±15	≤±12	≤1/6000	1	2	$\leqslant \pm 24\sqrt{n}$
图根	1∶500	900	80			≤1/4000		1	$\leqslant \pm 40\sqrt{n}$
	1∶1000	1800	150						
	1∶2000	3000	250						

注 *n* 为测站数。

3. 图根导线测量的外业工作

（1）踏勘选点。在选点前，应先收集测区已有地形图和已有高级控制点的成果资料，将控制点展绘在原有地形图上，然后在地形图上拟定导线布设方案，最后到野外踏勘，核对、修改、落实导线点的位置，并建立标志。

选点时应注意下列事项：

1）相邻点间应相互通视良好，地势平坦，便于测角和量距。

2）点位应选在土质坚实，便于安置仪器和保存标志的地方。

3）导线点应选在视野开阔的地方，便于碎部测量。

4）导线边长应大致相等，其平均边长应符合表 5-3 的要求。

5）导线点应有足够的密度，分布均匀，便于控制整个测区。

（2）建立标志。

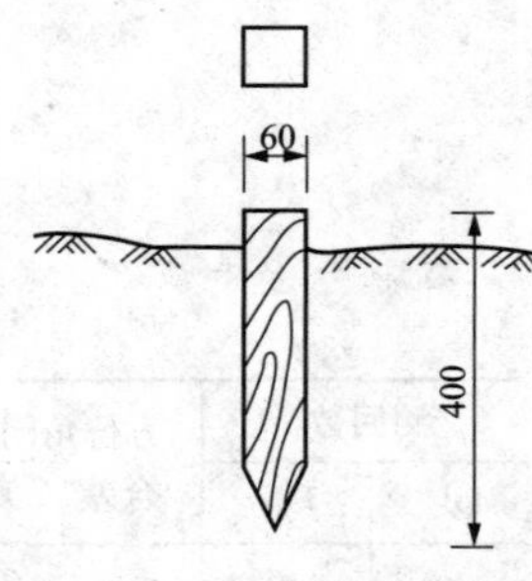

图 5-6 临时标志

1）临时性标志。导线点位置选定后，要在每一点位上打个木桩，在桩顶钉一小钉，作为点的标志，如图 5-6 所示；也可在水泥地面上用红漆画一圆，圆内点一小点，作为临时标志。

2）永久性标志。需要长期保存的导线点应埋设混凝土桩，如图 5-7 所示。桩顶嵌入带“十”字的金属标志，作为永久性标志。

导线点应统一编号。为了便于寻找，应量出导线点与附近明显地物的距离，绘出草图，注明尺寸，该图称为“点之记”，如图 5-8 所示。

（3）导线边长测量。导线边长可用钢尺直接丈量，或用光电测距仪直接测定。

用钢尺丈量时，选用检定过的长 30m 或 50m 的钢尺，导线边长应往返丈量各一次，往返丈量相对误差应满足表 5-3 的要求。

用光电测距仪测量时，要同时观测竖直角，供倾斜改正之用。

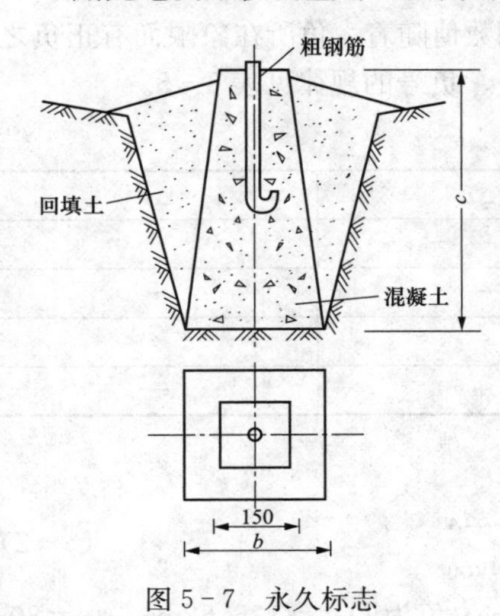

图 5-7 永久标志

(4) 转折角测量。导线转折角的测量一般采用测回法观测。在附合导线中一般测左角；在闭合导线中，一般测内角；对于支导线，应分别观测左、右角。不同等级导线的测角技术要求详见表 5-3。图根导线，一般用 DJ_6 型光学经纬仪测一测回，当盘左、盘右两半测回角值的较差不超过 ±40″时，取其平均值。

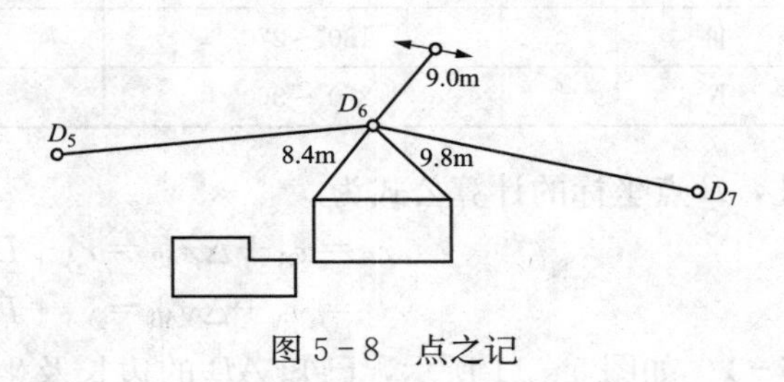

图 5-8 点之记

(5) 连接测量。导线与高级控制点进行连接，以取得坐标和坐标方位角的起算数据，称为连接测量。

如图 5-9 所示，A、B 为已知点，1～5 为新布设的导线点，连接测量就是观测连接角 β_B、β_1 和连接边 D_{B1}。

如果附近无高级控制点，则应用罗盘仪测定导线起始边的磁方位角，并假定起始点的坐标作为起算数据。

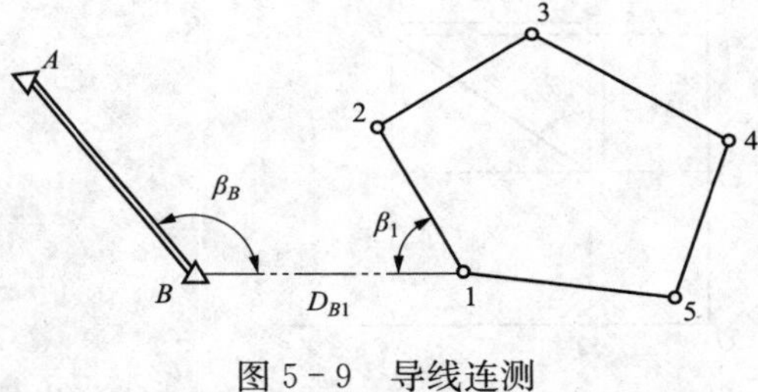

图 5-9 导线连测

5.1.3 导线测量的内业计算

导线测量内业计算的目的就是计算各导线点的平面坐标 x、y。

计算之前，应先全面检查导线测量外业记录、数据是否齐全，有无记错、算错，成果是否符合精度要求，起算数据是否准确。然后绘制计算略图，将各项数据注在图上的相应位置，如图 5-10 所示。

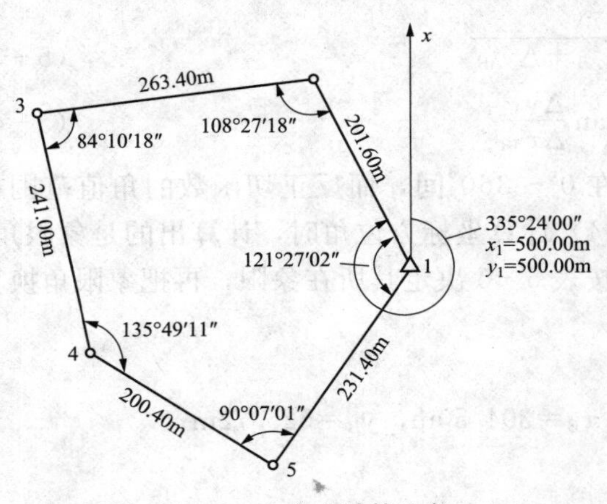

图 5-10 内业计算准备

(1) 坐标正算。根据直线起点的坐标、直线长度及其坐标方位角计算直线终点的坐标，称为坐标正算。如图 5-10 所示，已知直线 AB 起点 A 的坐标为 (x_A, y_A)，AB 的边长及坐标方位角分别为 D_{AB} 和 α_{AB}，需计算直线终点 B 的坐标。

直线两端点 A、B 的坐标值之差，称为坐标增量，用 Δx_{AB}、Δy_{AB} 表示。由图 5-10 可

知，坐标增量的计算公式为

$$\begin{aligned}\Delta x_{AB}=x_B-x_A=D_{AB}\cos\alpha_{AB}\\ \Delta y_{AB}=y_B-y_A=D_{AB}\sin\alpha_{AB}\end{aligned} \tag{5-1}$$

根据式（5-1）计算坐标增量时，正弦函数和余弦函数值随着 α 角所在象限而有正负之分，因此算得的坐标增量同样具有正、负号。坐标增量正、负号的规律见表 5-5。

表 5-5　坐标增量正、负号的规律

象限	坐标方位角 α	Δx	Δy
Ⅰ	0°～90°	+	+
Ⅱ	90°～180°	−	+
Ⅲ	180°～270°	−	−
Ⅳ	270°～360°	+	−

因此，B 点坐标的计算公式为

$$\begin{aligned}x_B=x_A+\Delta x_{AB}=x_A+D_{AB}\cos\alpha_{AB}\\ y_B=y_A+\Delta y_{AB}=y_A+D_{AB}\sin\alpha_{AB}\end{aligned} \tag{5-2}$$

例 5-1　如图 5-11 所示，已知 AB 的边长及坐标方位角为 $D_{AB}=135.62$m，$\alpha_{AB}=80°36'54''$，若 A 点的坐标为，$x_A=435.56$m，$y_A=658.82$m 试计算终点 B 的坐标。

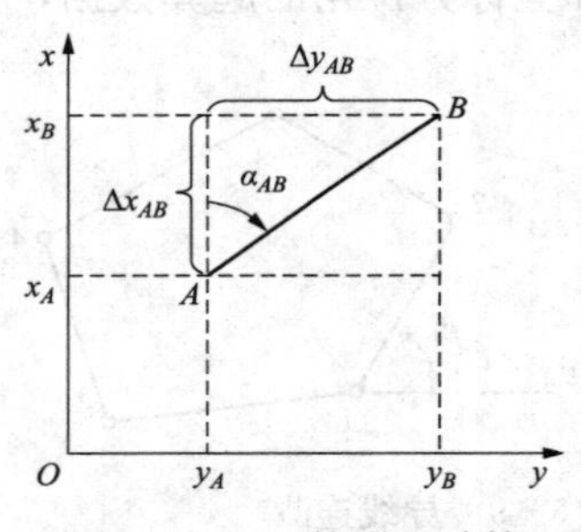

图 5-11　坐标增量计算

解　根据式（5-2）得

$$\begin{aligned}x_B&=x_A+\Delta x_{AB}=x_A+D_{AB}\cos\alpha_{AB}\\&=435.56+135.62\times\cos80°36'54''\\&=457.68(\text{m})\\ y_B&=y_A+\Delta y_{AB}=y_A+D_{AB}\sin\alpha_{AB}\\&=658.82+135.62\times\sin80°36'54''\\&=792.62(\text{m})\end{aligned}$$

（2）坐标反算。根据直线起点和终点的坐标，计算直线的边长和坐标方位角，称为坐标反算。如图 5-11 所示，已知直线 AB 两端点的坐标分别为（x_A，y_A）和（x_B，y_B），则直线边长 D_{AB} 和坐标方位角 α_{AB} 的计算公式为

$$D_{AB}=\sqrt{\Delta x_{AB}^2+\Delta y_{AB}^2} \tag{5-3}$$

$$\alpha_{AB}=\arctan\frac{\Delta y_{AB}}{\Delta x_{AB}} \tag{5-4}$$

应该注意的是，坐标方位角的角值范围在 0°～360°间，而反正切函数的角值范围在 −90°～+90°间，两者是不一致的。按式（5-4）计算坐标方位角时，计算出的是象限角，因此，应根据坐标增量 Δx、Δy 的正、负号，按表 5-5 决定其所在象限，再把象限角换算成相应的坐标方位角。

例 5-2　已知 A、B 两点的坐标分别为

$$x_A=342.99\text{m}，y_A=814.29\text{m}，x_B=304.50\text{m}，y_B=525.72\text{m}$$

试计算 AB 的边长及坐标方位角。

解　计算 A、B 两点的坐标增量

$$\Delta x_{AB}=x_B-x_A=304.50-342.99=-38.49(\text{m})$$

$$\Delta y_{AB}=y_B-y_A=525.72-814.29=-288.57(\text{m})$$

根据式（5－3）和式（5－4）得

$$D_{AB}=\sqrt{\Delta x_{AB}^2+\Delta y_{AB}^2}=\sqrt{(-38.49)^2+(-288.57)^2}=291.13(\text{m})$$

$$\alpha_{AB}=\arctan\frac{\Delta y_{AB}}{\Delta x_{AB}}=\arctan\frac{-288.57}{-38.49}=262°24'09''$$

5.1.4 交会测量

当测区内已有控制点的密度不能满足工程施工或测图要求，而且需要加密的控制点数量又不多时，可以采用交会法加密控制点，称为交会定点。交会定点的方法有角度前方交会、侧方交会、单三角形、后方交会和距离交会。本节仅介绍角度前方交会和距离交会的计算方法。

1. 角度前方交会

如图5－12所示，A、B为坐标已知的控制点，P为待定点。在A、B点上安置经纬仪，观测水平角α、β，根据A、B两点的已知坐标和α、β角，通过计算可得出P点的坐标，这就是角度前方交会。

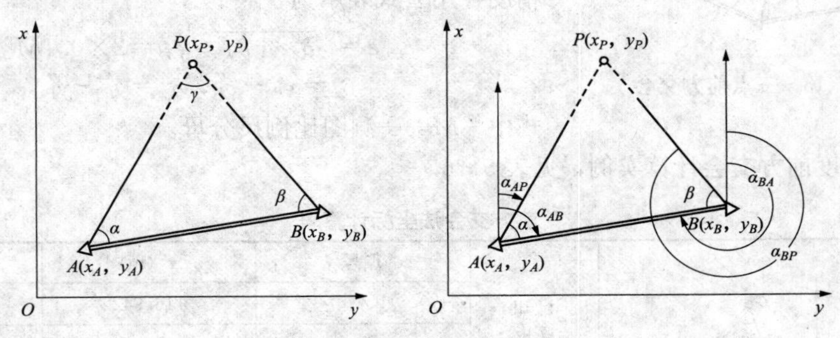

图5－12 角度前方交会

（1）角度前方交会的计算方法。

1）计算已知边AB的边长和方位角。根据A、B两点坐标（x_A，y_A）、（x_B，y_B），按坐标反算公式计算两点间边长D_{AB}和坐标方位角α_{AB}。

2）计算待定边AP、BP的边长。按三角形正弦定律，得

$$D_{AP}=\frac{D_{AB}\sin\beta}{\sin\gamma}=\frac{D_{AB}\sin\beta}{\sin(\alpha+\beta)}$$
$$D_{BP}=\frac{D_{AB}\sin\alpha}{\sin(\alpha+\beta)} \tag{5-5}$$

3）计算待定边AP、BP的坐标方位角，即

$$\alpha_{AP}=\alpha_{AB}-\alpha$$
$$\alpha_{BP}=\alpha_{BA}+\beta=\alpha_{AB}\pm180°+\beta \tag{5-6}$$

4）计算待定点P的坐标，即

$$x_P=x_A+\Delta x_{AP}=x_A+D_{AP}\cos\alpha_{AP}$$
$$y_P=y_A+\Delta y_{AP}=y_A+D_{AP}\sin\alpha_{AP} \tag{5-7}$$

$$x_P=x_B+\Delta x_{BP}=x_B+D_{BP}\cos\alpha_{BP}$$
$$y_P=y_B+\Delta y_{BP}=y_B+D_{BP}\sin\alpha_{BP} \tag{5-8}$$

适用于计算器计算的公式

$$x_P=\frac{x_A\cot\beta+x_B\cot\alpha+(y_B-y_A)}{\cot\alpha+\cot\beta}$$
$$y_P=\frac{y_A\cot\beta+y_B\cot\alpha+(x_B-y_A)}{\cot\alpha+\cot\beta} \tag{5-9}$$

在应用式（5-9）时，要注意已知点和待定点必须按 A、B、P 逆时针方向编号，在 A 点观测角编号为 α，在 B 点观测角编号为 β。

（2）角度前方交会的观测检核。在实际工作中，为了保证定点的精度，避免测角错误的发生，一般要求从三个已知点 A、B、C 分别向 P 点观测水平角 α_1、β_1、α_2、β_2，作两组前方交会。如图 5-13 所示，按式（5-9），分别在△ABP 和△BCP 中计算出 P 点的两组坐标 P'（x'_P，y'_P）和 P''（x''_P，y''_P）。当两组坐标较差符合规定要求时，取其平均值作为 P 点的最后坐标。

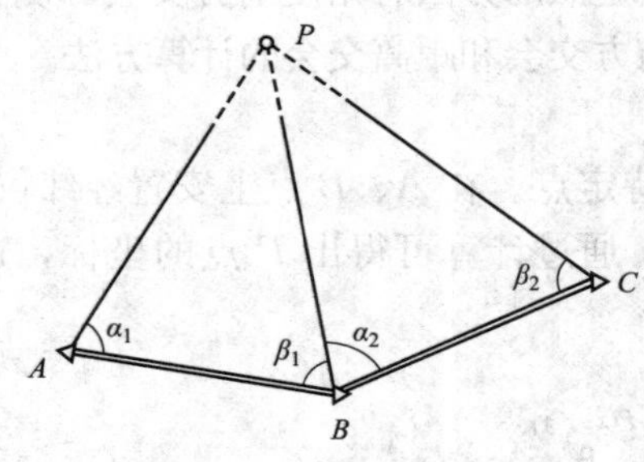

图 5-13 三点前方交会

一般规范规定，两组坐标较差 e 不大于两倍比例尺精度，用公式表示为

$$e=\sqrt{\delta_x{}^2+\delta_y{}^2}\leqslant e_{容}=2\times0.1M \tag{5-10}$$
$$\delta_x=x'_P-x''_P,\ \delta_y=y'_P-y''_P$$

式中 M——测图比例尺分母。

（3）角度前方交会计算实例，见表 5-6。

表 5-6 **前方交会法坐标计算表**

略图		点号	x（m）	y（m）
略图	已知数据	A	116.942	683.295
		B	522.909	794.647
		C	781.305	435.018
	观测数据	α_1	59°10′42″	
		β_1	56°32′54″	
		α_2	53°48′45″	
		β_2	57°33′33″	
计算结果	（1）由Ⅰ计算得：$x'_P=398.151$m，$y'_P=413.249$m （2）由Ⅱ计算得：$x''_P=398.127$m，$y''_P=413.215$m （3）两组坐标较差：$e=\sqrt{\delta_x{}^2+\delta_y{}^2}0.042m\leqslant e_{容}=2\times0.1\times1000=0.2$m （4）$P$ 点最后坐标为：$x_P=398.139$m，$y_P=413.215$m			

注 测图比例尺分母 $M=1000$。

2. 距离交会

如图 5-14 所示，A、B 为已知控制点，P 为待定点，测量了边长 D_{AP} 和 D_{BP}，根据 A、B 点的已知坐标及边长 D_{AP} 和 D_{BP}，通过计算求出 P 点坐标，这就是距离交会。随着电磁波测距仪的普及应用，距离交会也成为加密控制点的一种常用方法。

（1）距离交会的计算方法。

1）计算已知边 AB 的边长和坐标方位角。与角度前方交会相同，根据已知点 A、B 的

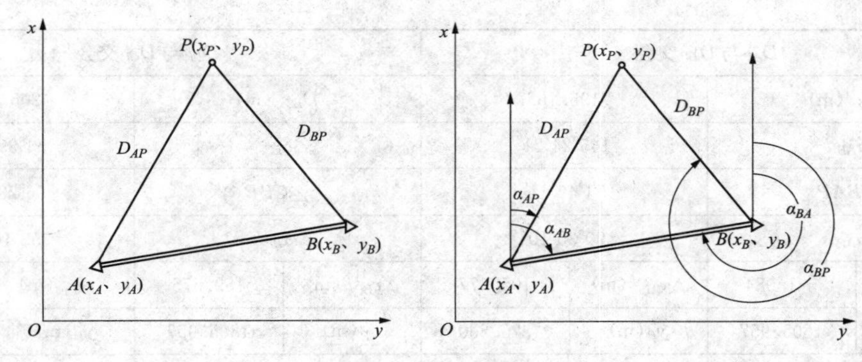

图 5-14 距离交会

坐标，按坐标反算公式计算边长 D_{AB} 和坐标方位角 α_{AB}。

2）计算 $\angle BAP$ 和 ABP。按三角形余弦定理，得

$$\angle BAP = \arccos\frac{D_{AB}^2 + D_{AP}^2 - D_{BP}^2}{2D_{AB}D_{AP}}$$
$$\angle ABP = \arccos\frac{D_{AB}^2 + D_{BP}^2 - D_{AP}^2}{2D_{AB}D_{BP}} \quad (5-11)$$

3）计算待定边 AP、BP 的坐标方位角，即

$$\alpha_{AP} = \alpha_{AB} - \angle BAP$$
$$\alpha_{BP} = \alpha_{BA} + \angle ABP \quad (5-12)$$

4）计算待定点 P 的坐标，即

$$x_P = x_A + \Delta x_{AP} = x_A + D_{AP}\cos\alpha_{AP}$$
$$y_P = y_A + \Delta y_{AP} = y_A + D_{AP}\sin\alpha_{AP} \quad (5-13)$$
$$x_P = x_B + \Delta x_{BP} = x_B + D_{BP}\cos\alpha_{BP}$$
$$y_P = y_B + \Delta y_{BP} = y_B + D_{BP}\sin\alpha_{BP} \quad (5-14)$$

以上两组坐标分别由 A、B 点推算，所得结果应相同，可作为计算的检核。

（2）距离交会的观测检核。在实际工作中，为了保证定点的精度，避免边长测量错误的发生，一般要求从三个已知点 A、B、C 分别向 P 点测量三段水平距离 D_{AP}、D_{BP}、D_{CP}，作两组距离交会。计算出 P 点的两组坐标，当两组坐标较差满足式（5-10）的要求时，取其平均值作为 P 点的最后坐标。

（3）距离交会计算实例，见表 5-7。

表 5-7　　距离交会坐标计算表

略图						
略图	P, A, B, C, D_{AP}, D_{BP}, D_{CP}	已知数据（m）	x_A	1807.041	y_A	719.853
			x_B	1646.382	y_B	830.660
			x_C	1765.500	y_C	998.650
		观测值（m）	D_{AP}	105.983	D_{BP}	159.648
			D_{CP}	177.491		

续表

D_{AP}与D_{BP}交会				D_{BP}与D_{CP}交会			
D_{AB}（m）		195.165		D_{BC}（m）		205.936	
α_{AB}		145°24′21″		α_{BC}		54°39′37″	
$\angle BAP$		54°49′11″		$\angle CBP$		56°23′37″	
α_{AP}		90°35′10″		α_{BP}		358°16′00″	
Δx_{AP}（m）	−1.084	Δy_{AP}（m）	105.977	Δx_{BP}（m）	159.575	Δy_{BP}（m）	−4.829
x'_P(m)	1805.957	y'_P(m)	825.830	x''_P(m)	1805.957	y''_P(m)	825.831
x_P（m）		1805.957		y_P（m）		825.830	
辅助计算	$\delta_x=0,\delta_y=-1,e=\sqrt{\delta_x^2+\delta_y^2}=1\leqslant e_{容}=2\times0.1\times1000=200\text{mm}$						

注 测图比例尺分母 $M=1000$。

5.1.5 高程控制测量

小地区高程控制测量常用的方法有水准测量及三角高程测量。

1. 水准测量

小地区高程控制的水准测量，主要有三、四等水准测量及图根水准测量，其主要技术要求和实测方法见本书项目2水准测量。

2. 三角高程测量

当地形高低起伏较大而不便于实施水准测量时，可采用三角高程测量的方法测定两点间的高差，从而推算各点的高程。

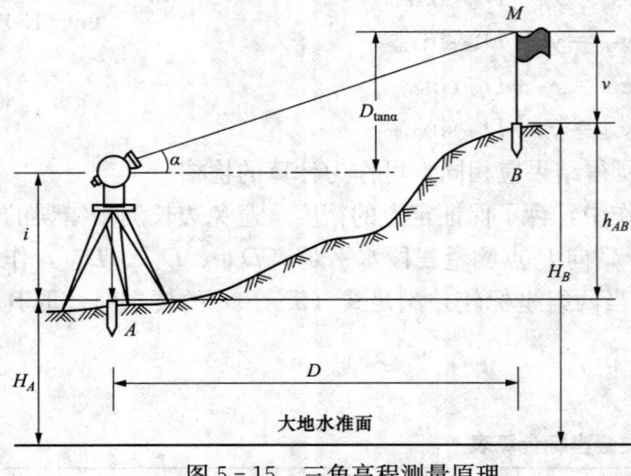

图5-15 三角高程测量原理

（1）三角高程测量原理。三角高程测量是根据两点间的水平距离和竖直角，计算两点间的高差。如图5-15所示，已知A点的高程H_A，欲测定B的高程H_B，可在A点上安置经纬仪，量取仪器高i（即仪器水平轴至测点的高度），并在B点设置观测标志（称为觇标）。用望远镜中丝瞄准觇标的顶部M点，测出竖直角α，量取觇标高v（即觇标顶部M至目标点的高度），再根据A、B两点间的水平距离D_{AB}，则A、B两点间的高差h_{AB}为

$$h_{AB}=D_{AB}\tan\alpha+i-v \tag{5-15}$$

B点的高程H_B为

$$H_B=H_A+h_{AB}=H_A+D_{AB}\tan\alpha+i-v \tag{5-16}$$

（2）三角高程测量的对向观测。为了消除或减弱地球曲率和大气折光的影响，三角高程测量一般应进行对向观测，也称直、反觇观测。三角高程测量对向观测，所求得的高差较差不应大于$0.4D$，其中D为水平距离，以km为单位。若符合要求，取两次高差的平均值作

为最终高差。

（3）三角高程测量的施测。

1）将经纬仪安置在测站 A 上，用钢尺量仪器高 i 和觇标高 v，分别量两次，精确至0.5cm，两次的结果之差不大于1cm，取其平均值记入表5-8中。

2）用十字丝的中丝瞄准 B 点觇标顶端，盘左、盘右观测，读取竖直度盘的盘左、盘右读数，计算出竖直角 α 记入表5-8中。

3）将经纬仪搬至 B 点，同法对 A 点进行观测。

4）三角高程测量的计算。外业观测结束后，按式（5-15）和式（5-16）计算高差和所求点高程，计算实例见表5-8。

表5-8　三角高程测量计算

所求点	B	
起算点	A	
觇法	直	反
水平距离 D（m）	286.36	286.36
竖直角 α	$+10°32'26''$	$-9°58'41''$
$D\tan\alpha$（m）	+53.28	−50.38
仪器高 i（m）	+1.52	+1.48
觇标高 v（m）	−2.76	−3.20
高差 h（m）	+52.04	−52.10
对向观测的高差较差（m）	−0.06	
高差较差容许值（m）	0.11	
平均高差（m）	+50.07	
起算点高程（m）	105.72	
所求点高程（m）	157.79	

5）三角高程测量的精度等级。

a. 在三角高程测量中，如果 A、B 两点间的水平距离（或倾斜距离）是用测距仪或全站仪测定的，称为光电测距三角高程，采取一定措施后，其精度可达到四等水准测量的精度要求。

b. 在三角高程测量中，如果 A、B 两点间的水平距离是用钢尺测定的，称为经纬仪三角高程，其精度一般只能满足图根高程的精度要求。

6）三角高程控制测量。当用三角高程测量方法测定平面控制点的高程时，应组成闭合或附合的三角高程路线。每条边均要进行对向观测。用对向观测所得高差平均值，计算闭合或附合路线的高差闭合差的容许值为

$$f_{h容}=\pm 0.05\sqrt{[D^2]} \tag{5-17}$$

式中　D——各边的水平距离（km）。

当 f_h 不超过 $f_{h容}$ 时，按与边长成正比原则，将 f_h 反符号分配到个高差之中，然后用改正后的高差，从起算点推算各点高程。

5.2 项目实施

测某地区的平面图，包括小地区控制测量外业工作和内业计算两部分。在测量工作中，为了防止测量误差的积累，提高测量精度，采取“从整体到局部、先控制后碎部”的原则。首先在全测区范围内选择控制点，建立控制网，选择控制点的过程就是踏勘选点，按选点原则进行控制点选取。

5.2.1 任务一：小地区控制测量外业工作

对所选测量点进行控制测量，控制测量分为平面控制测量和高程控制测量。

1. 活动1：踏勘选点

在踏勘选点前应尽量搜集测区的有关资料，如地形图、已有控制点的坐标和高程及控制点的点之记。在图上规划导线布设方案，然后到现场选点，埋设标志。选点注意事项：

（1）相邻点间应通视良好，方便测角、量距离。

（2）点位选土质坚硬地、能长期保存和便于安置测量仪器的地方，如道路。

（3）导线点视野开阔，方便测绘周围的地物、地貌和方便控制点加密。

（4）导线点应有足够的密度，均匀分布，以便控制整个测区，即导线边长应大致相等，避免过长、过短，相邻边长之比不应超过3倍。

导线点选定后，应在地面上建立标志，并沿导线走向顺序编号，绘制导线略图。对等级导线点应按规范埋设混凝土桩，如图5-16所示，并在导线点附近的明显地物（房角、电杆）上用油漆注明导线点编号和距离，并绘制草图，注明尺寸。

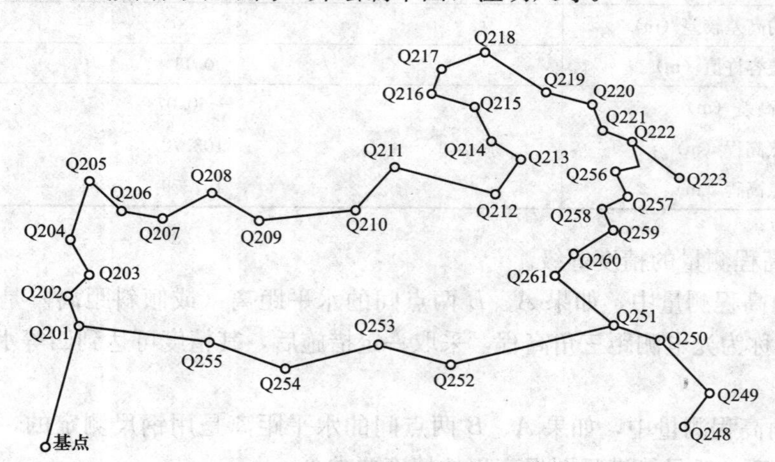

图5-16 外业选点示意图

2. 活动2：对控制点进行平面控制测量

（1）水平角测量。导线角度测量有转折角测量和连接角测量，在各待定点上测的角叫转折角，如图5-16所示，这些角有左角和右角之分。

1）观测方法。水平角的观测采用测回法进行，即在控制点上对各水平角用盘左测一次，再用盘右观测一次。观测时，要统一测导线的左角或者右角，不能一会测左角，一会测右角。

2）观测要求。每个水平角至少应测一个测回，且每测回当上、下半测回之差小于40″，取其平均值作为该水平角的一个测回的观测值，否则应重测。

3）连接角的观测。连接角是测量导线控制网与高级控制网的连接点，它是推算测量导线控制网起始方向的依据，观测精度直接影响到地形图的质量，因此对其采用两个测回进行观测，各测回上、下半测回之差小于40″，两测回之间的差也应小于40″，则可取其平均值作为连接角观测结果，否则应重测。

（2）水平距离的丈量。

1）丈量方法。一般采用光电测距仪或全站仪测定。图根导线也可采用钢尺量距。

2）精度要求。一般地区当往返丈量距离的相对误差小于1/3000时，则取其平均值，否则应重测；地形复杂、丈量较困难的地区，其往返丈量的相对误差小于1/1000即可，否则应重测。

水平角的测量与水平距离的测量应同时进行，测角时应特别注意区分角度值接近180°的内外（左右）角。丈量距离时应注意，通过交通要道时，可采用多分几段、抓紧时间进行，以免车辆碾压钢尺、影响交通等。

3. 活动3：对控制点进行高程控制测量

（1）观测方法。采用四等水准测量的方法，即在两控制点之间采用双面尺法（往返）测量高差。

（2）精度要求。当两控制点之间两次观测的高差互差小于5mm时，则取其平均值作为两点间的高差；否则应重测。

平面控制测量和高程控制测量结果样例见表5-9、表5-10。

表5-9　平面控制测量（水平角测量）

	测站	盘位	目标	水平度盘读数（° ′ ″）	半测回角值（° ′ ″）	一测回角值（° ′ ″）	各测回平均值（° ′ ″）
水平角观测	A	盘左	B	0 00 30	125 07 46	125 07 47	125 07 46
			C	125 08 16			
		盘右	C	305 08 24	125 07 48		
			B	180 00 36			
	A	盘左	B	90 00 30	125 07 48	125 07 45	
			C	215 08 18			
		盘右	C	35 08 24	125 07 42		
			B	270 00 42			

表5-10　高程控制测量（h测量——二等水准测量）　m

测站编号	后距	前距	方向及尺号	标尺读数		两次读数之差	备注
	视距差	累积视距差		第一次读数	第二次读数		
1	31.5	31.6	后 B_1	15396	15395	+1	
			前	13926	13926	0	
	−0.1	−0.1	后-前	+1470	+1469	+1	
			h	+0.14690			

续表

测站编号	前距		方向及尺号	标尺读数		两次读数之差	备注
	视距差	累积视距差		第一次读数	第二次读数		
2	36.9	37.2	后	13740	13740	0	
			前	11441	11441	0	
	−0.3	−0.4	后-前	+2299	+2299	0	
			h	+0.22990			

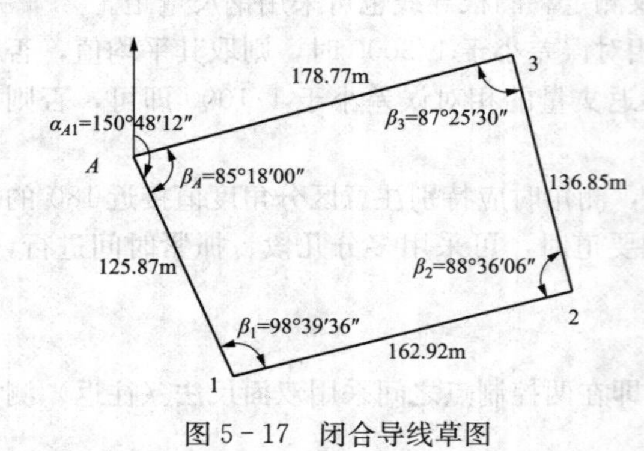

图 5-17 闭合导线草图

5.2.2 任务二：导线内业计算

导线内业计算是指根据外业实测结果，计算出外业测量误差，如果测量误差小于误差容许值，可以进行平差计算，最后求得每一个点的位置。

1. *活动 1：闭合导线内业计算*

由四个控制点构成闭合导线。A 点为起点，其坐标是（500.00m，500.00m），外业测量数据见导线草图 5-17，计算见表 5-11。

表 5-11 **闭合导线坐标计算表**

点号	观测角（° ′ ″）	坐标方位角（° ′ ″）	边长（m）	坐标增量（m） Δx	坐标增量（m） Δy	改正后坐标增量（m） $\Delta x'$	改正后坐标增量（m） $\Delta y'$	导线点坐标（m） x	导线点坐标（m） y
A								500.00	500.00
		150 48 12	125.87	(−2) −109.88	(−4) +61.40	−109.90	+61.36		
1	(+12) 98 39 36							390.10	561.36
		69 28 00	162.92	(−2) +57.14	(−5) +152.57	+57.12	+152.52		
2	(+12) 88 36 06							447.22	713.88
		338 04 18	136.85	(−2) +126.95	(−4) −51.11	+126.93	−51.15		
3	(+12) 87 25 30							574.15	662.73
		245 30 00	178.77	(−2) −74.13	(−6) −162.67	−74.15	−162.73		
A	(+12) 85 18 00							500.00	500.00
		150 48 12							
1									
Σ	359 59 12		604.41	+0.08	+0.19	0	0		

$\sum\beta_{理}=(n-2)\times180°$
$=(4-2)\times180°=360°$
$f_\beta=\sum\beta_{测}-\sum\beta_{理}=-48''$
$f_{\beta容}=\pm60\sqrt{n}=\pm60\sqrt{4}$
$=\pm120''$
$v_\beta=-(f_\beta/n)=-(-48''/4)=+12''$

$f_x=+0.08\ f_y=+0.19$
$f_D=\sqrt{f_x^2+f_y^2}=\sqrt{0.08^2+0.19^2}=0.21$
$k=f_D/\sum D=0.21/604.41=1/2880<k_{容}=1/2000$
$f_x/\sum D=0.08/604.41=1.32\times10^{-4}$
$f_y/\sum D=0.19/604.41=3.14\times10^{-4}$

（1）角度闭合差和平差计算。

1）角度闭合差

$$f_\beta=\sum\beta_{测}-\sum\beta_{理}=\sum\beta_{测}-(n-2)\times180°$$
$$=359°59'12''-360°=-48''$$

2）检验角闭合差

$$f_{\beta容}=\pm60''\sqrt{n}=\pm60''\times\sqrt{4}=\pm120''$$

因为$|f_\beta|\leqslant|f_{\beta容}|$，所以精度满足要求，可以进行平差计算。

3）观测角的调整（平差）。

将角闭合差反符号平均分配到各观测角中，得角度改正数，即

$$v_\beta=-\frac{f_\beta}{n}=-\frac{-48''}{4}=+12''$$
$$\sum v_\beta=4\times12''=48''$$

改正后的观测角 $$\beta_{改}=\beta_{测}+v_\beta$$

$$\beta_1=98°39'36''+12''=98°39'48''$$
$$\beta_2=88°36'06''+12''=88°36'18''$$
$$\beta_3=87°25'30''+12''=87°25'42''$$
$$\beta_A=85°18'00''+12''=85°18'12''$$
$$\sum\beta=360°00'00''$$

计算检核
$$\sum v_\beta=48''=-f_\beta=-(-48'')$$
$$\sum\beta_{改}=\sum\beta_{理}=(n-2)\times180°=(4-2)\times180°=360°$$

（2）导线边坐标方位角的计算

左角法公式 $$\alpha_{前}=\alpha_{后}+\beta_{左}\mp180°$$

右角法公式 $$\alpha_{前}=\alpha_{后}-\beta_{右}\pm180°$$

起算方位角 $\alpha_{A1}=150°48'12''$，逆时针推算，左角法

$$\alpha_{A1}=245°30'00''+85°18'12''-180°=15°48'12''$$
$$\alpha_{12}=150°48'12''+98°39'48''-180°=69°28'00''$$
$$\alpha_{23}=69°28'00''+88°36'18''+180°=338°04'18''$$
$$\alpha_{3A}=338°04'18''+87°25'42''-180°=245°30'00''$$

（3）坐标正算公式

对于任意相邻导线点的坐标，存在关系（见图5-18）

$$x_{i+1}=x_i+\Delta x_{i,i+1}$$
$$y_{i+1}=y_i+\Delta y_{i,i+1}$$

Δx，Δy 称为坐标增量，即

$$\Delta x_{i,i+1}=x_{i+1}-x_i=D_{i,i+1}\cos\alpha_{i,i+1}$$
$$\Delta y_{i,i+1}=y_{i+1}-y_i=D_{i,i+1}\sin\alpha_{i,i+1}$$

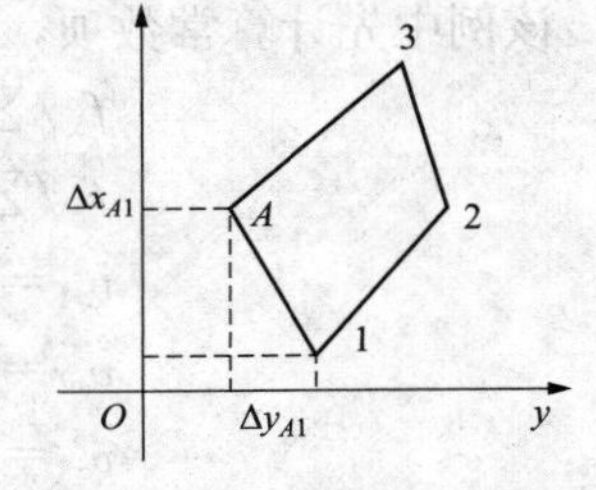

图5-18 坐标计算示意图

坐标增量有正有负。可见，要想推算导线点的坐标，首先计算坐标增量。

（4）坐标增量的计算

$$\Delta x_{A1}=125.87\times\cos(150°48'12'')=-109.88\text{m}$$

同理算出

$$\Delta x_{12}=162.92\times\cos(69°28'00'')=+57.14\text{m}$$

$$\Delta x_{3A} = -74.13\text{m}$$

$$\Delta x_{23} = 126.95\text{m}$$

$$\Delta y_{A1} = 125.87 \times \sin(150°48'12'') = +61.40\text{m}$$

$$\Delta y_{12} = 162.92 \times \sin(69°28'00'') = +152.57\text{m}$$

$$\Delta y_{23} = -51.11\text{m}, \Delta y_{3A} = -162.67\text{m}$$

（5）坐标增量闭合差和平差计算。因为闭合导线的坐标增量的总和理论上应等于零，所以：

1）纵、横坐标增量闭合差

$$f_x = \sum \Delta x_{测} - \sum \Delta x_{理} = \sum \Delta x_{测}$$

$$f_y = \sum \Delta y_{测} - \sum \Delta y_{理} = \sum \Delta y_{测}$$

2）导线全长闭合差

$$f_D = \sqrt{f_x^2 + f_y^2}$$

3）导线全长相对闭合差

$$K = \frac{f_D}{\sum D} = \frac{1}{\sum D / f_D}$$

该例中，$f_x = +0.08\text{m}$，$f_y = +0.19\text{m}$，$f_D = 0.21\text{m}$，$K = \frac{1}{604.41/0.21} = \frac{1}{2880}$。

4）闭合差检验　因 $K_{容} = 1/2000$，$K < K_{容}$，所以可以进入平差计算。

5）坐标增量的调整（平差）。

a. 调整原则。将坐标增量闭合差反符号与边长成正比例分配到各坐标增量中。

b. 增量改正数的计算

改正数

$$v_{xi} = -\frac{f_x}{\sum D} \times D_i$$

$$v_{yi} = -\frac{f_y}{\sum D} \times D_i$$

检验

$$\sum v_{xi} = -f_x$$

$$\sum v_{yi} = -f_y$$

该例中先计算常数项，后计算改正数，再进行“四舍六入五凑偶”，则

$$f_x / \sum D = +0.08/604.41 = 1.32 \times 10^{-4}$$

$$f_y / \sum D = +0.19/604.41 = 3.14 \times 10^{-4}$$

$$v_{x1} = -1.32 \times 10^{-4} \times 125.87 = -0.016\text{m} \Rightarrow -0.02\text{m}$$

$$v_{x2} = -1.32 \times 10^{-4} \times 162.92 = -0.022\text{m} \Rightarrow -0.02\text{m}$$

$$v_{x3} = -1.32 \times 10^{-4} \times 136.85 = -0.018\text{m} \Rightarrow -0.02\text{m}$$

$$v_{x4} = -1.32 \times 10^{-4} \times 178.77 = -0.024\text{m} \Rightarrow -0.02\text{m}$$

$$\sum v_{xi} = -0.08\text{m} = -f_x$$

$$v_{y1} = -3.14 \times 10^{-4} \times 125.87 = -0.040\text{m} \Rightarrow -0.04\text{m}$$

$$v_{y2} = -3.14 \times 10^{-4} \times 162.92 = -0.051\text{m} \Rightarrow -0.05\text{m}$$

$$v_{y3} = -3.14 \times 10^{-4} \times 136.85 = -0.043\text{m} \Rightarrow -0.04\text{m}$$

$$v_{y4} = -3.14 \times 10^{-4} \times 178.77 = -0.056\text{m} \Rightarrow -0.06\text{m}$$

$$\sum v_{yi}=-0.19=-f_y$$

c 改正后的坐标增量：

计算公式
$$\Delta x_{i改}=\Delta x_i+v_{xi}$$
$$\Delta y_{i改}=\Delta y_i+v_{yi}$$

检验
$$\sum\Delta x_i=0,\ \sum\Delta y_i=0$$

$$\Delta x_{A1改}=-109.88+(-0.02)=-109.90\text{m}$$
$$\Delta x_{12改}=+57.14+(-0.02)=+57.12\text{m}$$
$$\Delta x_{23改}=+126.95+(-0.02)=+126.93\text{m}$$
$$\Delta x_{3A改}=-74.13+(-0.02)=-74.15\text{m}$$
$$\sum\Delta x_{i改}=0$$
$$\Delta y_{A1改}=+61.40+(-0.04)=+61.36\text{m}$$
$$\Delta y_{12改}=+152.57+(-0.05)=+152.52\text{m}$$
$$\Delta y_{23改}=-51.11+(-0.04)=+51.15\text{m}$$
$$\Delta y_{3A改}=-162.67+(-0.06)=-162.73\text{m}$$
$$\sum\Delta y_{i改}=0$$

（6）导线点坐标的计算。先给出起算点 A 点坐标，$(x_A,\ y_A)=(500.00,\ 500.00)$，再推算其他坐标。

坐标推算公式
$$x_{i+1}=x_i+\Delta x_{i,i+1,改}$$
$$y_{i+1}=y_i+\Delta y_{i,j+1,改}$$

$$x_1=x_A+\Delta x_{A1改}=500.00+(-109.90)=390.10\text{m}$$
$$x_2=x_1+\Delta x_{12改}=390.10+(+57.12)=447.22\text{m}$$
$$x_3=x_2+\Delta x_{23改}=447.22+(+126.93)=574.15\text{m}$$
$$x_A=x_3+\Delta x_{3A改}=574.15+(-74.15)=500.00\text{m}$$
$$y_1=y_A+\Delta y_{A1改}=500.00+(+61.36)=561.36\text{m}$$
$$y_2=y_1+\Delta y_{12改}=561.36+(+152.52)=713.88\text{m}$$
$$y_3=y_2+\Delta y_{23改}=713.88+(-51.15)=662.73\text{m}$$
$$y_A=y_3+\Delta y_{3A}=662.73+(-162.73)=500.00\text{m}$$

注意：在实际工作中，采用导线计算表，列表进行以上所有计算。

2. 活动 2：附合导线内业计算

由 6 个控制点构成附合导线。C、D、A、B 为已知控制点，1、2 为待测点。其中 C、B 点为引测点，D 点为起点，A 点为终点，如图 5-19 所示。

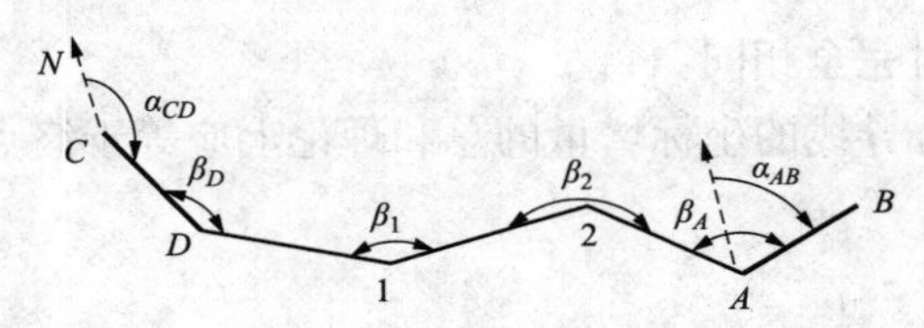

图 5-19 附合导线示意图

已知：坐标 D(2453.84m，3709.65m)，A(2123.44m，4147.75m)；坐标方位角 $\alpha_D=149°40'00''$，$\alpha_{AB}=8°52'55''$。测量数据见表 5-12。

（1）角度闭合差和平差计算。

1）角度闭合差。附合导线的角度闭合差是由观测角推算的终边方位角和已知的终边方位角相比较，按其附合程度来确定的。

因此
$$f_\beta=\alpha_{终测}-\alpha_{终知}=\alpha'_{AB}-\alpha_{AB}$$
$$\alpha'_{AB}=\alpha_{CD}\pm\sum\beta_{测}\pm n\times180°$$
$$f_\beta=\alpha_{CD}\pm\sum\beta_{测}\pm n\times180°-\alpha_{AB}$$

当β为左角时　$$f_\beta=\alpha_{CD}\pm\sum\beta_{左}-n\times180°-\alpha_{AB}$$

当β为右角时　$$f_\beta=\alpha_{CD}-\sum\beta_{右}+n\times180°-\alpha_{AB}$$

2）角度闭合差的检验
$$f_{\beta容}=\pm60''\sqrt{n}$$

当$|f_\beta|\leqslant|f_{\beta容}|$满足时，可以进行平差计算。

表 5-12　　附合导线坐标计算表

点号	观测角（° ′ ″）	坐标方位角（° ′ ″）	边长（m）	坐标增量（m）		改正后坐标增量（m）		导线点坐标（m）	
				Δx	Δy	$\Delta x'$	$\Delta y'$	x	y
C									
		149 40 00							
D	(−10) 168 03 24							2453.84	3709.65
		137 43 14	236.02	(−9) −174.62	(−4) +158.78	−174.71	+158.74		
1	(−10) 145 20 48							2279.13	3868.39
		103 03 52	189.11	(−7) −42.75	(−4) +184.22	−42.82	+184.18		
2	(−10) 216 46 36							2236.31	4052.57
		139 50 18	147.62	(−5) −112.82	(−3) +95.21	−112.87	+95.18		
A	(−11) 49 02 48							2123.44	4147.75
		8 52 55							
B									
Σ	579 13 36		572.75	−330.19	+438.21	−330.40	+438.10		

$\alpha_{AB测}=\alpha_{CD}+\sum\beta_{测}-n\times180°=28°53'36''$

$f_\beta=\alpha_{AB测}-\alpha_{AB}=+41''$

$f_{\beta容}=\pm60\sqrt{n}=\pm120''$

$v_\beta=-(f_\beta/n)=-(41/4)=10''$，余$(-1'')$

$f_x=\sum\Delta x-(x_A-x_D)=+0.21\text{m}$

$f_y=\sum\Delta y-(y_A-y_D)=+0.11\text{m}$

$f_D=\sqrt{f_x{}^2+f_y{}^2}=0.24\text{mm}$

$k=f_D/\sum D=1/2390<k_{容}=1/2000$

$f_x/\sum D=+0.21/572.75=3.67\times10^{-4}$

$f_y/\sum D=+0.11/572.75=1.92\times10^{-4}$

3）观测角的调整（平差）。调整方法与闭合导线时完全相同。

（2）坐标方位角的计算

左角法公式　$$\alpha_{前}=\alpha_{后}+\beta_{左}-180°$$

右角法公式　$$\alpha_{前}=\alpha_{后}-\beta_{右}+180°$$

（3）坐标增量的计算。计算方法与闭合导线时完全相同。

（4）坐标增量闭合差的计算和平差。因为附合导线的坐标增量的总和理论上应等于终点已知坐标减去始点已知坐标，即
$$\sum\Delta x_{理}=x_A-x_D$$
$$\sum\Delta y_{理}=y_A-y_D$$

1）纵、横坐标增量闭合差
$$f_x=\sum\Delta x_{测}-(x_A-x_D)$$

$$f_y = \sum \Delta y_{测} - (y_A - y_D)$$

2）导线全长闭合差

$$f_D = \sqrt{f_x^2 + f_y^2}$$

3）导线全长相对闭合差

$$K = \frac{f_D}{\sum D} = \frac{1}{\sum D / f_D}$$

4）闭合差检验　因 $K_{容} = 1/2000$，$K < K_{容}$，所以可以进入平差计算。

5）坐标增量的调整（平差）。调整方法与闭合导线时完全相同。

（5）导线点坐标的计算。计算方法与闭合导线时完全相同。

5.3 拓 展 知 识

常规控制测量是在全测区范围内选定一些控制点，构成一定的几何图形，用精密的测量仪器和精确的测算方法，在统一的坐标系统中，确定它们的平面位置和高程，再以这些控制点为基础，测算其他碎部点的位置，这就将控制测量工作分为平面控制测量和高程控制测量两种。具体控制测量的过程是首先在实地选点埋石、外业观测、平差计算中获得数据。

GPS 控制测量已免除了测角、边角同测和测边网等的传统要求，它不需要点间通视，也不需要考虑布设什么样的图形，更不需要考虑图形强度，不需要设置在制高点上，所以，GPS 网的设计是非常灵活的，只要在测区内的适当位置上安置 GPS，就可以进行同步观测。但也应该注意：①GPS 基线长度不要过长；②应构成封闭式闭合环和子环路；③应尽量消除多路径影响，防止 GPS 信号通过其他物体。

1. 导线选点时，应注意哪些事项？

2. 简述导线测量外业步骤。

3. 如图 5-20 所示，已知：B 点（266.40m，1083.80m），$\alpha_{AB} = 139°07'30''$，$\beta_B = 170°25'00''$，$\beta_1 = 201°15'36''$；$D_{B1} = 102.567$m，$D_{12} = 132.256$m。试求 1 点和 2 点坐标。

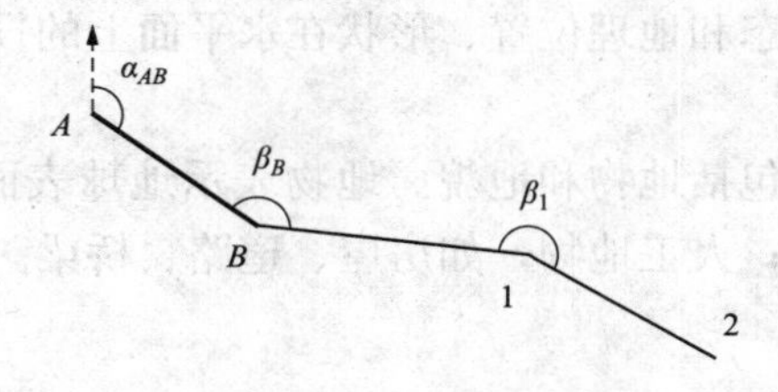

图 5-20　习题 3 图

项目6 大比例尺地形图测绘

大比例尺地形图测绘工作遵循“从整体到局部、先控制后碎部”的原则，在控制测量结束后，就可根据控制点测定地物、地貌特征点的平面位置和高程，并按规定的比例尺和符号缩绘成地形图。本部分主要讲述地形图测绘、全站仪及数字化测图的基本知识。

能力目标

1. 能描述比例尺概念、地物、地貌的表示方法。
2. 能进行视距测量，描述平板仪的构造并能熟练操作测图。
3. 能应用三种方法测图。
4. 会整理和应用地形图解决实际问题的能力。

知识目标

1. 理解地形图、比例尺精度、分幅与编号、图名、坐标格网的概念。
2. 掌握地物与地貌（地物符号、地貌等高线、注记）的表示方法。
3. 掌握利用地形图确定图上点的坐标和高程、距离、方位、坡度、绘制断面图、面积计算和土石方计算等应用。
4. 理解视距测量原理。
5. 掌握测图前的准备工作、特征点的选择、碎部测量的方法（经纬仪测绘法为主）。
6. 掌握地物描绘、等高线勾绘、地形图的拼接、整饰和检查方面知识。
7. 了解数字化测图的基本原理和方法。

6.1 预 备 知 识

6.1.1 地形图的基本概念

地形图是指地表起伏形态和地理位置、形状在水平面上的投影图。

1. 地形

地球表面的形状，地形包括地物和地貌。地物表示地球表面所有固定性物体与建筑物。自然的地物，如河流、森林；人工地物，如房屋、道路、桥梁。地貌表示地面高低起伏的形态，如山地、丘陵、平原等。

2. 地形图

在小区域内，不考虑地球曲率的影响，按一定的比例尺表示地物、地貌的平面位置和高程标注的正射投影图。

3. 地形图测绘

通过野外实地测绘，以一定的比例尺和正投影方式，将地球表面某一区域内的地物和地貌用规定的图式符号表示，在相应的介质上绘制地物平面位置和地貌高程的图。其中，仅表示地物平面位置的图（没有高程，只有轮廓）称为平面图。

6.1.2　地形图的比例尺

地形图的比例尺包括数字比例尺、图示比例尺、坡度比例尺，比例尺精度根据工程实际需要选择。

1. 比例尺概念

图上长度 d 与地面上相应实际长度 D 的比例关系。

2. 比例尺的种类

（1）数字比例尺：以 1∶M 的形式表示。$M=D/d$，称为比例尺分母。

一般将数字比例尺化为分子为1，分母为一个比较大的整数 M 表示，M 越大，比例尺值越小；M 越小，比例尺值越大，如数字比例尺 1∶500>1∶5000。

通常称比例尺为1∶500、1∶1000∶1∶2000、1∶5000的地形图为大比例尺地形图；称比例尺为1∶1万、1∶2.5万、1∶5万、1∶10万的地形图为中比例尺地形图，称比例尺为1∶25万、1∶50万、1∶100万的地形图为小比例尺地形图。我国规定1∶1万、1∶2.5万、1∶5万、1∶10万、1∶25万、1∶50万、1∶100万7种比例尺地形图为国家基本比例尺地形图，地形图的数字比例尺记在南面图廓外的正中央，如图6-1所示。

中比例尺地形图是国家的基本地形图，由国家专业测绘部门负责测绘，目前均用航空摄影测量方法成图，小比例尺地形图一般由中比例尺地形图缩小编绘而成。

城市和工程建设一般均需要大比例尺地形图，其中1∶500和1∶1000的地形图一般用平板仪、经纬仪、全站仪等测绘，比例尺为1∶2000和1∶5000的地形图一般由1∶500或1∶1000的地形图缩小编绘而成，大比例尺1∶500～1∶5000的地形图也可采用航空摄影方法成图。

（2）图示比例尺。在线段上按基本单位等间距分划，并标注“基本单位×M”的分划值，就形成直线比例尺。基本单位可以取“1cm或2cm”。如取2cm，1∶10000图式比例尺如图6-2所示。

（3）坡度比例尺。一种在图上量测坡度的图式比例尺，用以度量相邻2～6条等高线上两点之间的直线坡度。依据“$i=h/D\times M$”关系式，表示在两相邻等高线之间坡度 i（或坡角 α）与等高线水平距离 D 的对应关系的图。其中，h 为相邻等高线间的高差。

（4）比例尺的选择。在城市和工程建设规划、设计、施工中，需要用到比例尺是不同的，具体见表6-1。

表6-1　地形图比例尺的选择

比例尺	用　　途
1∶10000	城市总体规划、厂址选择、区域布置、方案比较
1∶5000	
1∶2000	城市详细规划及工程建设初步设计
1∶1000	建筑设计、城市详细规划、工程施工设计、竣工图
1∶500	

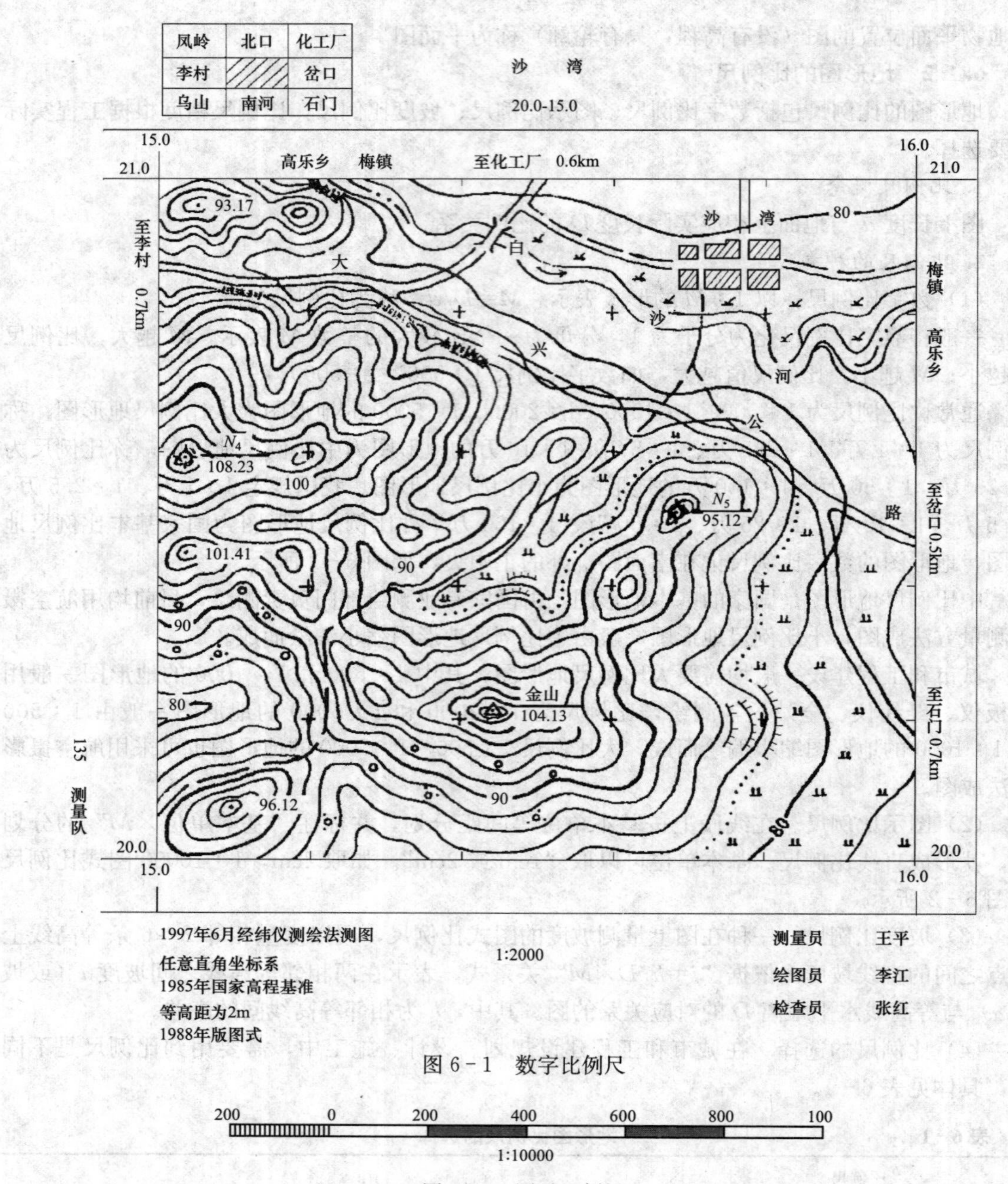

图 6-1 数字比例尺

图 6-2 图示比例尺

3. 比例尺精度

（1）人的肉眼能分辨图上的最小距离为 0.1mm，如果地形图比例尺为 1∶M，那么将图上 0.1mm 所代表的实地水平距离 0.1M（mm）称为比例尺的精度。

表 6-2 为不同比例尺的精度，其规律是，比例尺越大，表示地物和地貌的情况越详细，精度也越高。对同一测区，采用较大的比例尺测图往往比采用较小的比例尺测图的工作量和经费支出都要多。

不同比例尺的地形图如图 6-3～图 6-6 所示。

表6-2　不同比例尺的精度

比例尺	1∶500	1∶1000	1∶2000	1∶5000	1∶10000
比例尺精度（m）	0.05	0.1	0.2	0.5	1.0

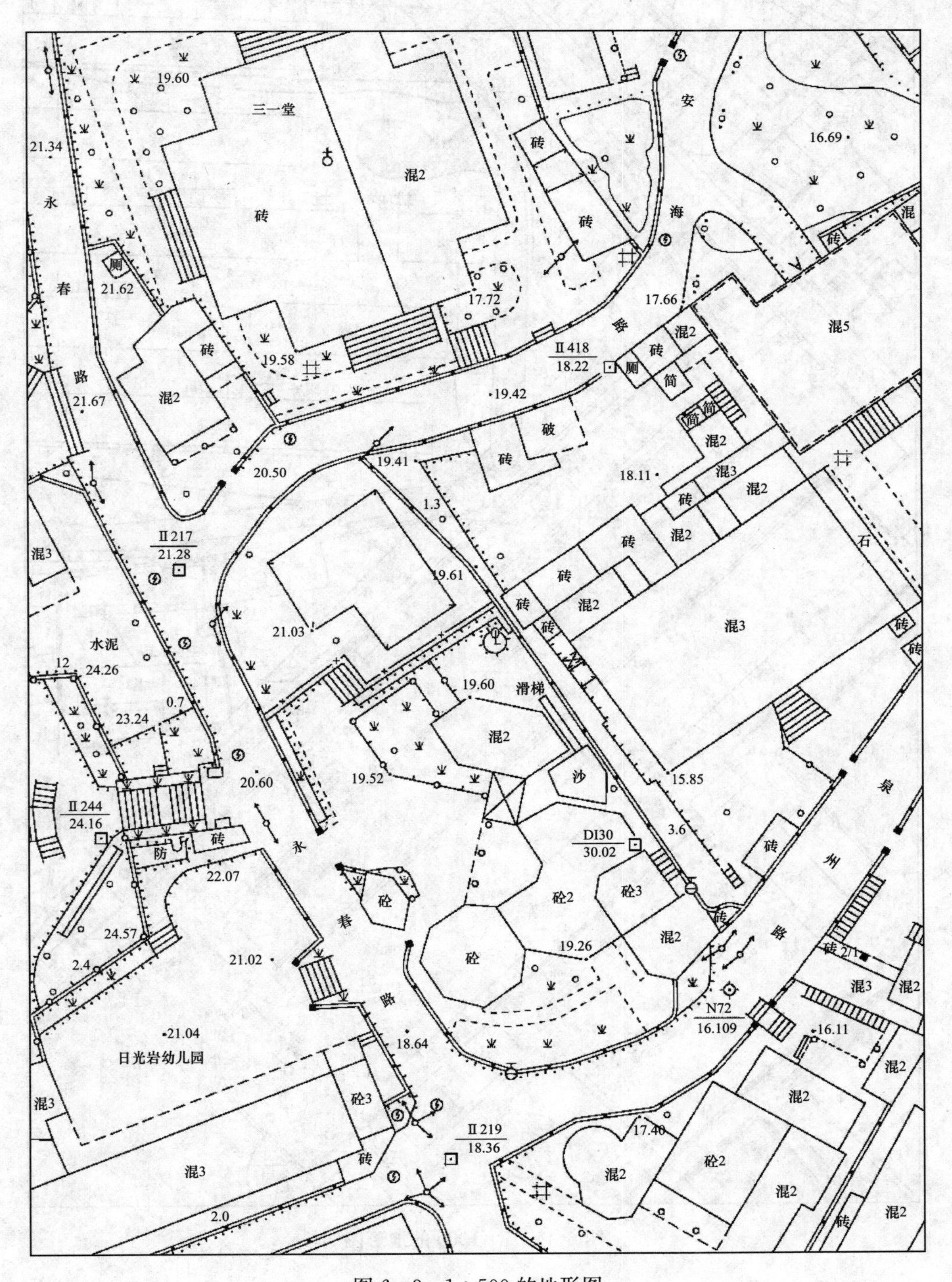

图6-3　1∶500的地形图

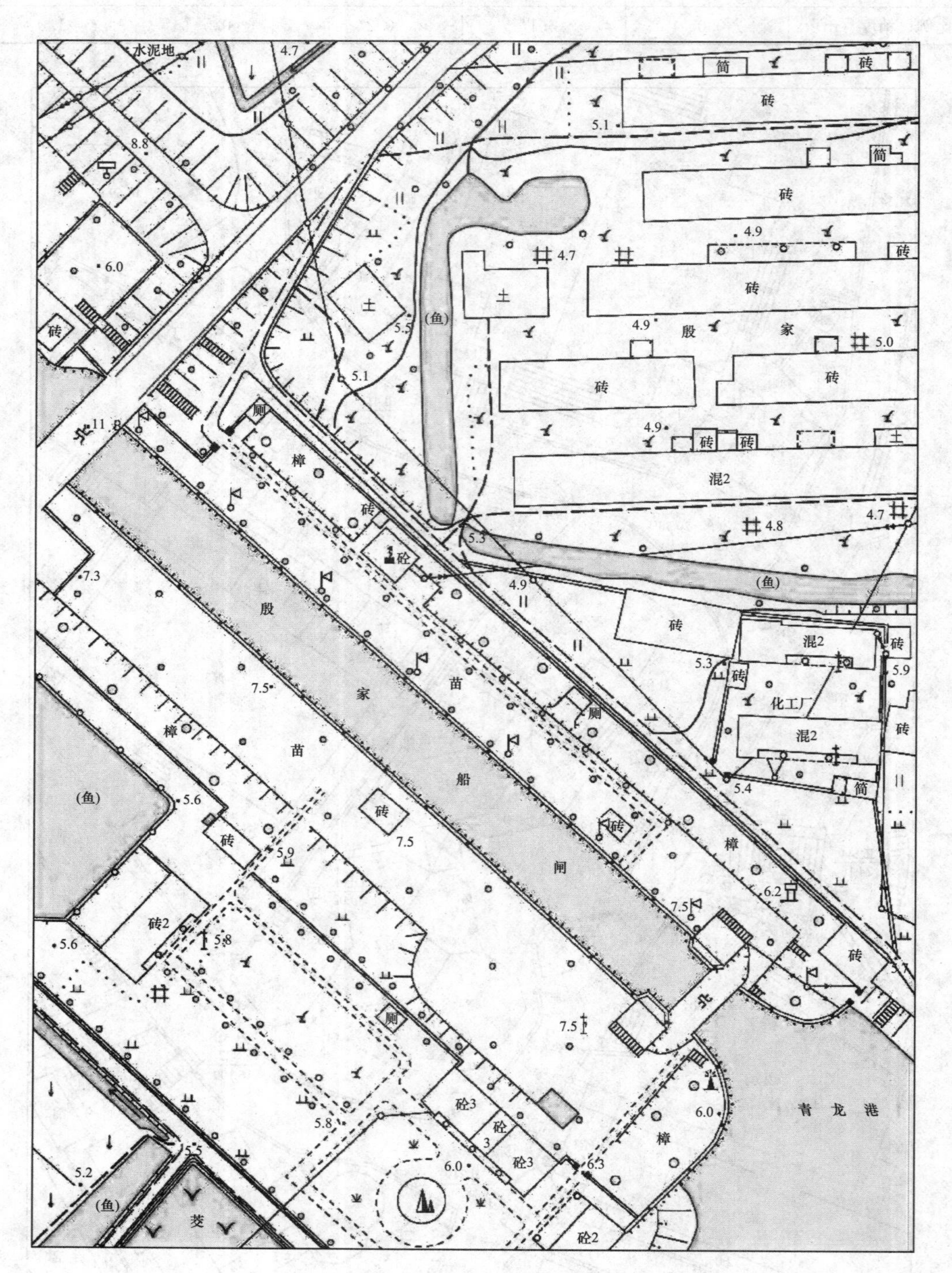

图6-4 1:1000的地形图

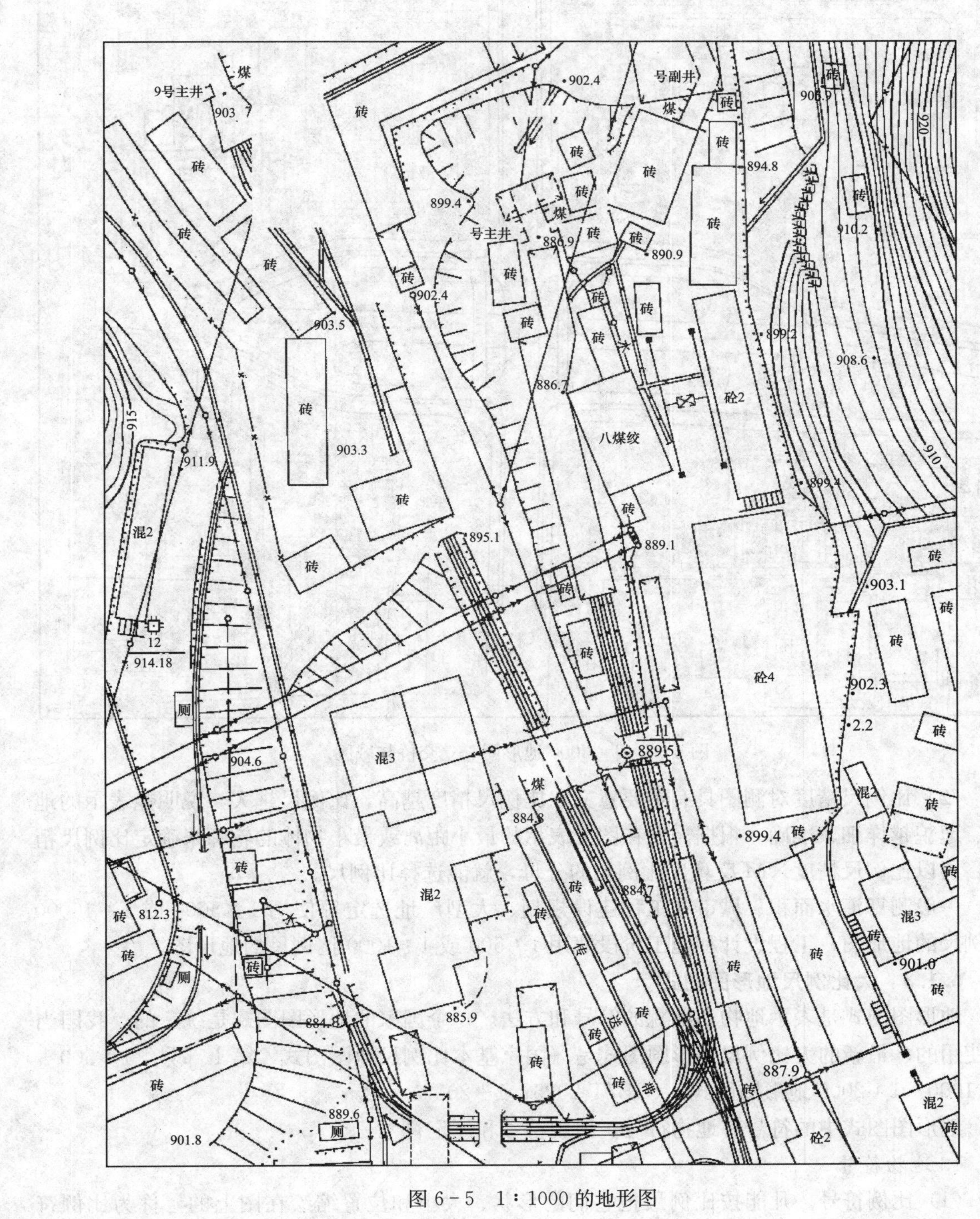

图6-5　1∶1000的地形图

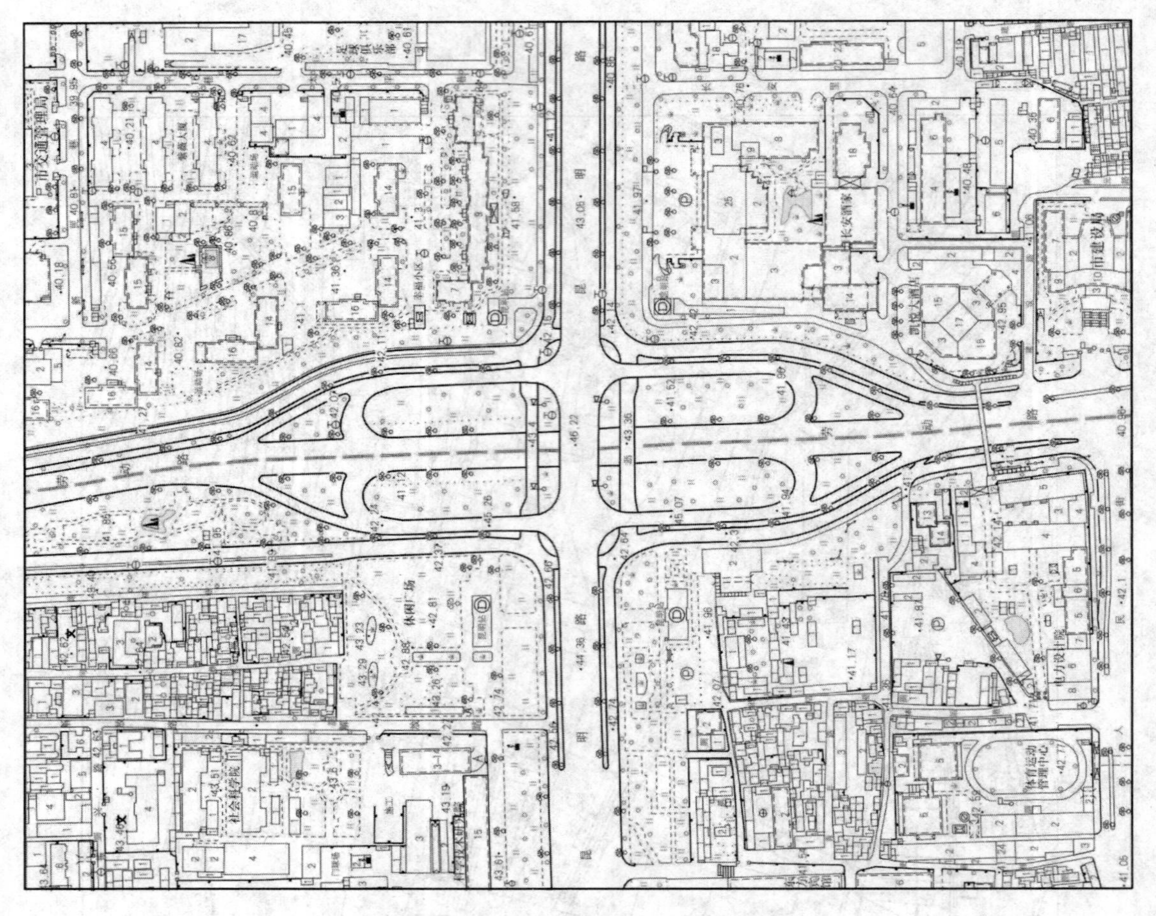

图 6-6 1∶2000 地形图—立交桥与城区

(2) 比例尺精度对测图具有重要意义。比例尺精度越高，比例尺越大，说明能表示的地物、地貌越详细、准确。根据需要在图上表示的最小距离或最小物体的轮廓来确定比例尺精度，再以比例尺精度×M 反算出比例尺的分母，就能选择比例尺。

一般测算汇水面积、城市和工程建设规划、大型厂址选定等使用 1∶5000 或 1∶10000 比例尺的地形图；工程设计和施工阶段使用 1∶500 或 1∶1000 比例尺的地形图。

6.1.3 大比例尺地形图图式

地形图图式是表示地物和地貌的符号和方法。一个国家的地形图图式是统一的。我国当前使用的、最新的大比例尺地形图图式是《国家基本比例尺地图图式 第 1 部分：1∶500 1∶1000 1∶2000 地形图图式》(GB/T 20257.1—2017)。

地形图图式中的符号有地物符号、地貌符号和注记符号三类。

1. 地物符号

(1) 比例符号。凡能按比例尺把它们的形状、大小和位置缩绘在图上的，称为比例符号，如房屋、农田、草地、花圃等。

(2) 半比例符号。窄长的地物，长有比例，宽无比例，如铁路、输电线、管线、围墙等。只能按统一规定的符号地粗细描绘，这类地物称为半比例符号。这种符号一般只表示地物的中心线位置，但是城墙和垣栅等，其准确位置在其符号的底线上。

（3）非比例符号。有些地物，如导线点、水准点、路灯、水龙头、岗亭等，其轮廓较小，无法将其形状和大小按照地形图比例尺绘到图纸上，则不考虑其实际大小，而是采用规定的符号表示。这类符号称为非比例符号。

2. 地貌符号

地形图上表示地貌的方法一般是等高线。等高线又分为首曲线、计曲线、间曲线和助曲线，在计曲线上注记等高线的高程；在谷地、鞍部、山头及斜坡方向不易判断的地方和凹地的最高、最低一条等高线上，绘制与等高线垂直的短线，称为示坡线，用以指示斜坡降落方向；当梯田坎比较缓和且范围较大时，可以用等高线表示。

3. 注记符号

有些地物，除了用相应的符号表示外，对于地物的性质、名称等，在图上还需要用文字和数字加以注记，如房屋的结构、层数、地名、路名、单位名、计曲线的高程、碎部点的高程、独立性地物的高程，以及河流的水深、流速等。

6.1.4 地貌符号

地貌是指地球表面高低起伏的状态，地貌的形态是多种多样的，在大比例尺地形图中，通常用等高线、特殊地貌符号和高程注记点相互配合起来表示地貌，用等高线表示地貌不仅能表示地貌起伏的状态，同时也能准确表示出地面的坡度和高程。

地貌形态多种多样，一般按起伏变化分为四种类型，见表6-3。

表6-3 地貌的起伏变化

地貌	地势起伏	倾斜角（°）	比高（m）
平坦地	较小	＜3	＜20
丘陵地	大	3～10	＜150
山地	较大	10～25	＞150
高山地	很大	＞25	

1. 等高线

（1）等高线的概念。指地面上由高程相等的相邻点连续连接而成的闭合曲线。如图6-7所示，设想有一座高出水面的小岛，与某一静止水面相交形成的水涯线为一闭合曲线。曲线的形状由小岛和水面相交的位置确定，曲线上各点的高程相等。例如，当水面高程为70m时，曲线上任意一点的高程为70m，将高程不同的水涯线垂直投影到水面H上，按一定的比例尺缩绘在图纸上，就可将小岛用等高线表示在地形图上。这些等高线的形状和高程，客观地显示了小岛的空间形态。

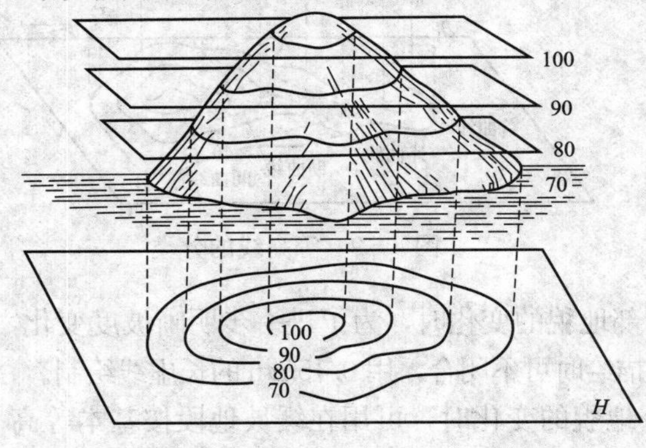

图6-7 等高线原理

（2）等高距与等高线水平距离。地形图上相邻两条等高线之间的高差，称为等高距，用h表示。如图6-7所示，h=10m，同一幅图的等高距应相同，因此，地形图的等高距也称为基本等高距，大比例尺地形图常用的基本等高距为0.5、1、2、5m等。等高距越小，表示的地貌细部越详尽；等高距越大，地貌细部越粗略。但等高距太小会使图上的等高线过于密集，从而影响图面的清晰度，因此，在绘制地形图时，应根据测图比例尺、测区地面的坡度情况，按照国家规范要求选择合适的等高距，见表6-4。

表6-4 地形图的基本等高距

比例尺地形类别	1∶500	1∶1000	1∶2000	1∶5000
平坦地	0.5	0.5	1	2
丘陵	0.5	2	2	5
山地	1	1	2	5
高山地	1	2	2	5

相邻两条等高线之间的水平距离称为等高线平距，用d表示，它随地面的起伏情况而改变。相邻等高线之间的地面坡度为

$$i=\frac{h}{dM} \tag{6-1}$$

式中：M为地形图比例尺的分母，在同一幅地形图中，等高线平距越大，表示地貌的坡度越缓；反之，坡度越大。如图6-8所示，可以根据图上等高线的疏密程度判断地面坡度的陡缓。

(3) 等高线的分类。等高线分为首曲线、计曲线、助曲线和间曲线，如图6-9所示。

1) 首曲线。按照基本等高距描绘的等高线，最初绘制。如图6-9中每一条等高线，用0.15mm的细实线绘出。

2) 计曲线。对首曲线逢五、逢十加粗和注记高程的等高线。如图6-9中高程为10、20m的等高线，用0.3mm的粗实线绘出。

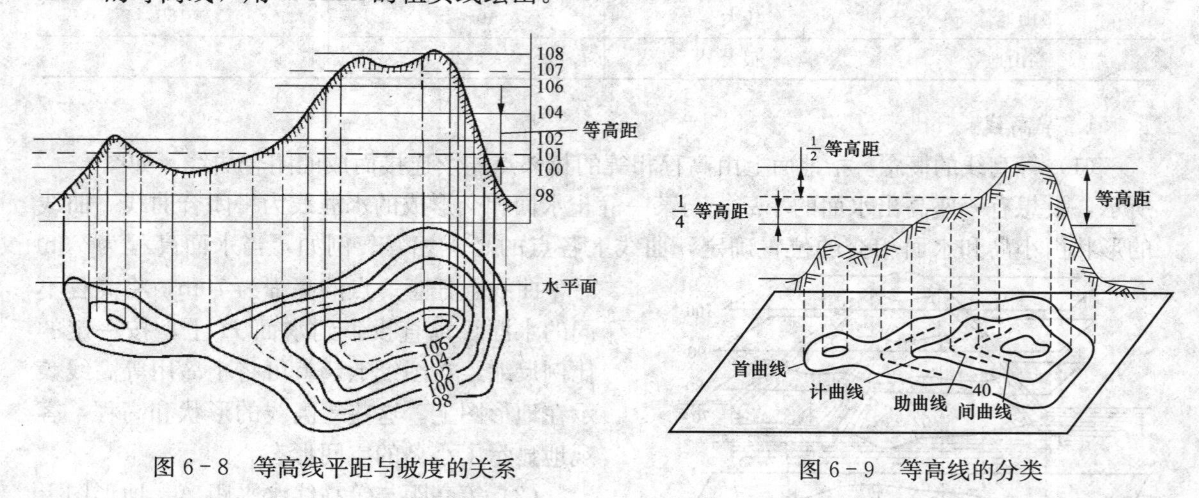

图6-8 等高线平距与坡度的关系

图6-9 等高线的分类

3) 间曲线。在基本等高线不能反映出地面局部地貌的变化时，为了进一步明晰坡度变化，可用1/2基本等高距加密的等高线，称为间曲线，描绘时可不闭合，用0.15mm的长虚线绘制。

4) 助曲线。当间曲线仍不能反映出地面局部地貌的变化时，可用在缓坡地段按基本等高距的1/4描绘的等高线，称为助曲线，一般用0.15mm的短虚线描绘，描绘时也可不闭合。

2. 典型地貌的等高线

地貌形态繁多，但主要由一些典型地貌组合而成。要用等高线表示地貌，关键在于掌握等高线表达地貌的关键特征。图 6－10 所示为几种典型地貌等高线。

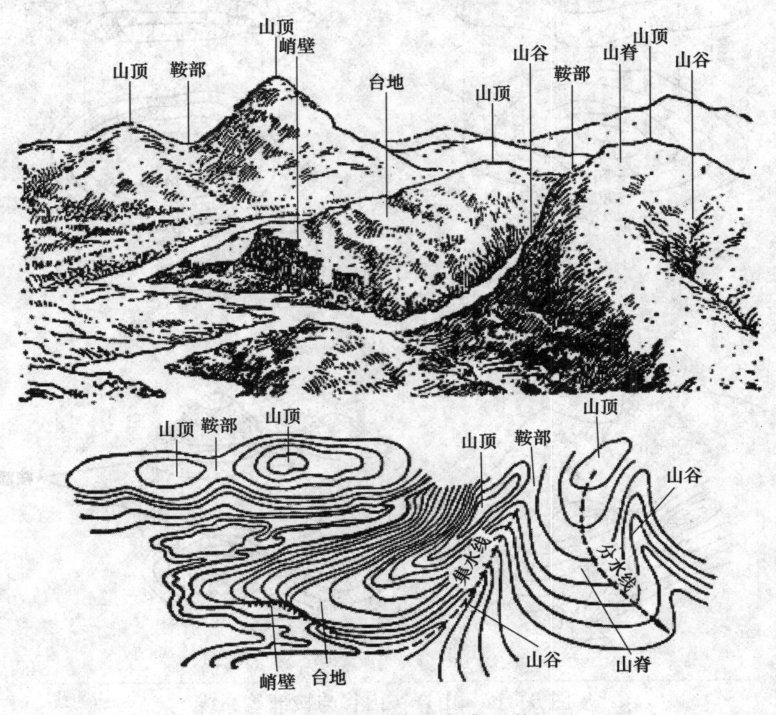

图 6－10　地貌的基本形状

（1）山头和洼地。如图 6－11 所示，表示山头和洼地的等高线，它们都是一组闭合曲线。其区别在于：山头的等高线高程由外圈向内圈逐渐增加，洼地的等高线高程由外圈向内圈逐渐减小；也可以用示坡线指示斜坡向下的方向。示坡线是指从等高线起向下坡方向垂直于等高线的短线。示坡线从内圈指向外圈，说明中间较高，四周低。由内向外为下坡，故为山头或山丘；示坡线从外圈指向内圈，说明中间低，四周高，由外向内为下坡，故为洼地或盆地。如图 6－11（a）示出山丘的等高线，山丘的顶部称为山顶，由若干圈闭合的曲线组成，高程自外向里逐渐升高。如图 6－11（b）示出盆地的等高线，也是由若干圈闭合的曲线组成，高程自外向里逐渐降低。为了明显区别山顶和盆地，可用示坡线标明地面降低的方向，示坡线未跟等高线连接的一端朝向低处。

（2）山脊和山谷。山坡的坡度和走向发生变化时，在转折处就会出现山脊或山谷的地貌，如图 6－12（a）所示。山脊的等高线均向下坡方向突出，两侧基本对称。山脊线是山体延伸的最高棱线，也称分水线，山谷的等高线均凸向高处，两侧也基本对称。山谷线是谷底点的连线，也称集水线，在土木工程规划和设计中，应考虑地面的水流方向、分水线、集水线等问题。因此，山脊线和山谷线在地形图测绘和应用中有重要的意义。

（3）鞍部。鞍部是相邻两山头之间低凹部位呈马鞍形的地貌，鞍部俗称垭口，是两个山脊与两个山谷的会合处，鞍部是山区道路选线的重要位置，如图 6－12（b）所示。等高线由一对山脊和一对山谷的等高线组成。图 6－12 示出鞍部的等高线，其特征是四组等高线共

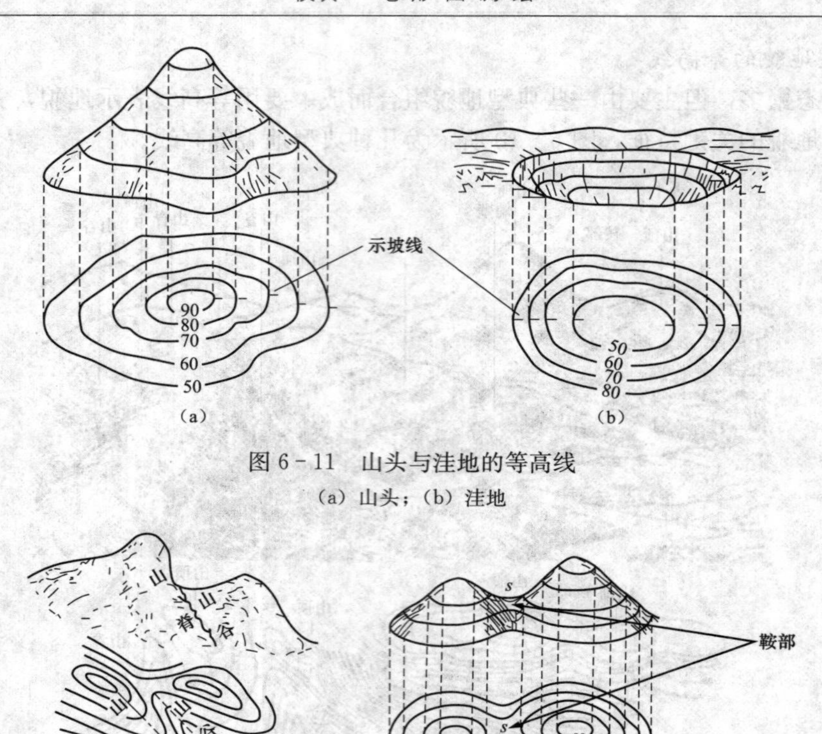

图 6-11 山头与洼地的等高线

(a) 山头；(b) 洼地

图 6-12 山脊、山谷与鞍部等高线

(a) 山脊、山谷的等高线；(b) 鞍部等高线

同凸向一处。

(4) 陡峭、悬崖与冲沟。

1) 陡峭与悬崖。悬崖是坡度在 70°以上的陡峭崖壁，有石质和土质之分。如图 6-13 (a)、(b) 所示为峭壁等高线，几条等高线几乎重叠。如图 6-13 (c) 所示，如果几条等高线完全重叠，那么该处为绝壁。

悬崖等高线，如图 6-13 (c) 所示，等高线两两相交，高程高的等高线覆盖高程低的等高线，覆盖的部分用虚线表示。

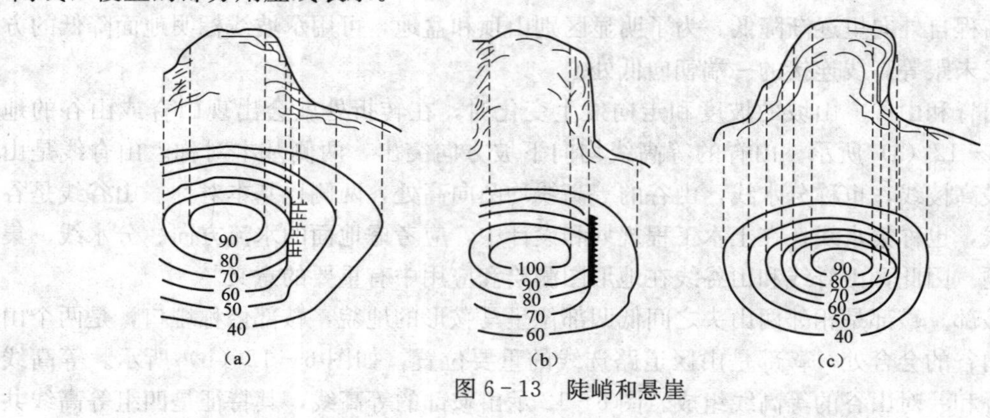

图 6-13 陡峭和悬崖

2）冲沟。冲沟又称雨裂，它是具有陡峭边坡的深沟，由于边坡陡峭而不规则，所以用锯齿形符号来表示。

3. 等高线的特性

（1）同一条等高线上的点高程相等，但高程相等的点不一定在同一条线上。

（2）等高线是连续的封闭曲线，只在地物边、图框边上可以过渡性断开。

（3）除了悬崖、峭壁等特殊地貌，相邻等高线不会相交或重合。

（4）等高线与山脊线、山谷线等地形线正交。

（5）在等高距一定时坡度与等高线平距成反比。

（6）用等高线表示典型地貌等高线。

6.1.5 大比例尺地形图的分幅与编号

受图纸尺寸的限制，不可能将测区内的所有地形都绘制在一幅图内，因此需要分幅测绘地形图。GB/T 20257.1—2017 规定：1∶500～1∶2000 比例尺地形图一般采用 50cm×50cm 正方形分幅或 50cm×40cm 矩形分幅；根据需要，也可采用其他规格分幅，1∶2000 的地形图也可采用经纬度统一分幅，地形图编号一般采用图廓西南角坐标千米数编号法，也可选用流水编号法或行列编号法。地形图分幅方法有矩形分幅和梯形分幅。

1. 矩形分幅

为了适应各种工程设计和施工的需要，对于大比例尺地形图，大多按照纵横坐标格网线进行等间距分幅，即矩形分幅或正方形分幅。图幅大小见表 6-5。

表 6-5　正方形分幅的图幅规格与面积大小

比例尺	图幅大小（cm×cm）	实地面积（km^2）	1∶5000 图幅内的分幅数	每平方千米图幅数
1∶5000	40×40	4	1	0.25
1∶2000	50×50	1	4	1
1∶1000	50×50	0.25	16	4
1∶500	50×50	0.0625	64	16

（1）原点坐标编号法。采用图廓西南角坐标千米数编号法时，x 坐标在前，y 坐标在后。如图 6-14 所示。1∶5000 地形图的原点坐标取至 1km（如 20-10），1∶2000 地形图取至 0.1km（如 21.0-10.0）。1∶1000 地形图取至 0.1km（如 21.5-11.5）。1∶500 地形图取至 0.01km（如 20.50-10.75）。

（2）流水编号法。带状测区或小面积测区，可按测区统一顺序进行编号，一般从左到右，从上到下用数字 1，2，3…编定，如图 6-15（a）的“荷塘-7”，荷塘为测区地名。

（3）行列编号法。行列编号一般以代号（如 A，B，C，D…）为横行，由上到下排列，以数字 1，2，3…为代号的纵列，从左到右排列来编定，先行后列，如图 6-15（b）的 A-4。

（4）按 1∶5000 的图号进行编号。1∶5000 的图号采用本幅图的西南角坐标“20-10”，以下各级比例尺的编号用罗马数字逐级添加，每级下分四幅图。例如，1∶5000 的图号：20-10；1∶2000 的图号：20-10-Ⅰ；1∶1000 的图号：20-10-Ⅱ-Ⅱ；1∶500 的图号：20-10-Ⅲ-Ⅱ-Ⅳ。

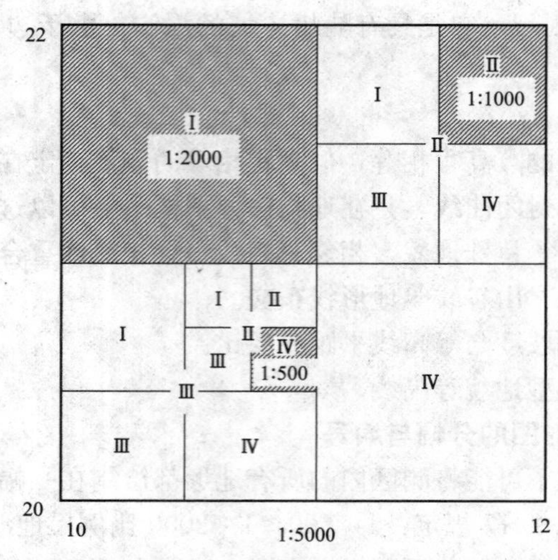

图 6-14 正方形分幅—原点坐标编号法

	荷塘-1	荷塘-2	荷塘-3	荷塘-4	
荷塘-5	荷塘-6	荷塘-7	荷塘-8	荷塘-9	荷塘-10
荷塘-11	荷塘-12	荷塘-13	荷塘-14	荷塘-15	

(a)

A-1	A-2	A-3	A-4	
B-1	B-2	B-3	B-4	B-5
C-1	C-2	C-3	C-4	

(b)

图 6-15 流水编号

采用国家统一坐标系时，图廓间的千米数应根据需要加注带号和百千米数，如 x：43278，y：37457.0。

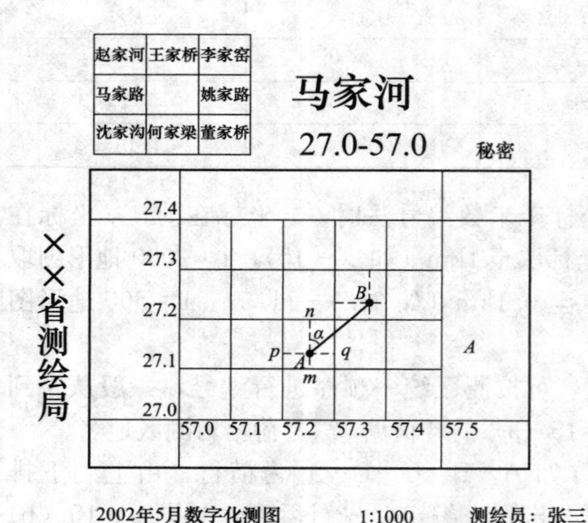

图 6-16 地形图图廓外注记

2. 梯形分幅

梯形分幅略。

6.1.6 地形图的图廓外注记

地形图的图廓外注记内容包括图名、图号、接图表、比例尺、坐标系、使用图式、等高距、测图日期、测绘单位、图廓线、坐标格网、三北方向线、坡度尺、投影方式、坐标系统、高程系统、成图方法等，分布在东南西北四面图廓线外，如图 6-16 所示。

1. 图名、图号

标注在地形图北图廓上方的正中央，图名在上，图号在下。例如，图名：马家河，图号：27.0-57.0。

2. 邻接图表

为了说明本幅图与相邻图幅之间的关系，便于索取相邻图幅，在图幅左上角列出相邻图幅的图名或图号，画有斜线的一格代表本图幅，标注在图幅的左上角。

3. 图廓与坐标格网线

有内、外图廓线，内图廓是坐标格网线，也是地形图的边界线，用0.1mm细线绘出，一般为50cm×50cm的正方形。在内图廓内侧，每隔10cm，绘制5mm短划线，表示坐标格网线的位置，外图廓线为图幅的最外围边线，是装饰线，用0.5mm粗线绘出。内、外图廓线的间距为12mm，用来注记坐标值。

4. 比例尺与坡度尺

数字比例尺和图式比例尺标注在南图廓线下方的正中央，数字比例尺在上，图示比例尺在下。在梯形图幅的左下方还标注坡度比例尺。坡度尺是一种在地形图上测量地面坡度和倾角的图解工具，它按下式关系制成

$$i=\tan\alpha=\frac{h}{dM} \tag{6-2}$$

式中　i——地面坡度；

α——地面倾角；

h——等高距；

d——相邻等高线平距；

M——比例尺分母。

使用坡度比例尺，用分规卡出地形图上相邻等高线平距后，在坡度比例尺上用分规的一个针尖对准底线，另一个针尖对准曲线，即可在尺上读出地面坡度i及地面倾角α。

5. 投影方式、坐标系统、高程系统

每一幅地形图测绘完成后，都要在地形图外图廓的左下方标注本图的投影方式、坐标系统和高程系统，以备日后使用时参考。

地形图都是采用正投影的方式完成。坐标系统是指该图幅是采用独立平面直角坐标系统完成的，如1980年国家大地坐标系、城市坐标系或独立平面直角坐标系。高程系统是指本图所采用的高程基准，如1985年国家高程基准系统或相对高程系统等。

6. 成图方法

地形图成图方法主要有三种，即野外数字测量成图、平板仪测量成图或航空摄影成图，成图方法应该标注在外图廓左下方。此外，还应该标注测绘单位、成图日期、作业点、检查员、制图员，以供日后用图参考。

7. 测图说明

在南图廓线的左下方依次标注坐标系统、高程系统及成图方法、测图日期。

坐标系统：1984年国家大地坐标系、城市坐标系、独立平面直角坐标系等。

高程系统：指采用的高程基准，有1985年国家高程基准系统、相对高程系统等。

成图方法：野外经纬仪测图、野外数字测量成图、航空摄影成图等。

8. 测图单位

在图幅的左侧标注竖排文字测图单位名称。

9. 测图人员

在图幅的右侧或右下方列表注记测量员、绘图员、检查员等信息。

6.1.7　大比例尺地形图的解析测绘方法

大比例尺地形图测绘方法有解析测图法和数字测图法。解析测图法又分为量角器配合经

纬仪测图法、经纬仪联合光电测距仪测图法、大平板仪测图法和小平板仪与经纬仪联合测图法。

1. 量角器配合经纬仪测图法

量角器配合经纬仪测图法的原理如图 6-17 (a) 所示，图中 A、B、C 为已知点，测量并展绘碎部点 1 的操作步骤：

(1) 测站准备。如图 6-17 (a) 所示，在 A 点安置经纬仪，量取仪器高 i_A，用望远镜照准 B 点的标志，将水平度盘读数配置为 0；在经纬仪旁架好小平板，用透明胶带纸将聚酯薄膜图纸固定在图板上，在绘制了坐标方格网的图纸上展绘 A、B、C 点，用直尺和铅笔在图纸上绘出直线 AB 作为量角器的 0 方向线，用一颗大头针准确地钉入图纸上的 A 点，如图 6-17 (b) 所示。

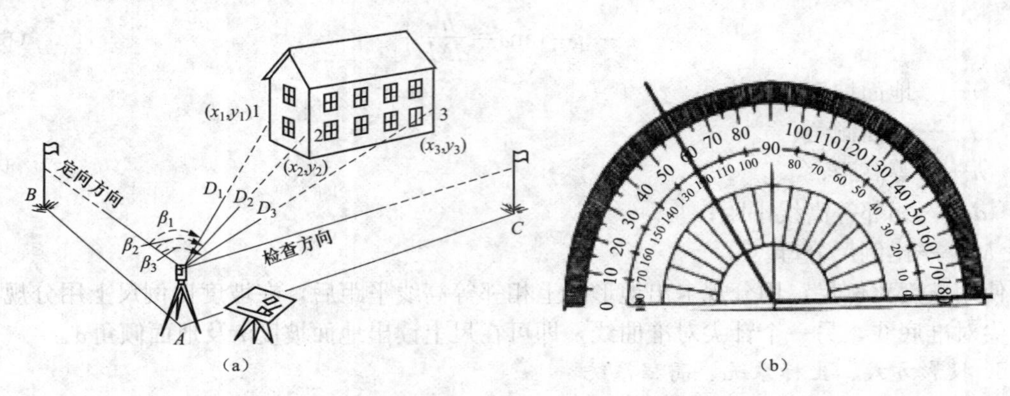

图 6-17 经纬仪测绘法

(a) 量角器配合经纬仪测图法原理；(b) 使用量角器展绘碎部点

(2) 经纬仪观测与计算。在碎部点 1 竖立标尺，使经纬仪望远镜瞄准标尺，读出视线方向的水平度盘读数 β、竖盘读数 L、上丝读数 l''_1、下丝读数 l'_1，则测站到碎部点 1 的水平距离 D_1 及碎部点 1 的高程 H_1 的计算公式为

$$D_1 = K(l''_1 - l'_1)\cos^2(90° - L_1 + x) \tag{6-3}$$

$$H_1 = H_A + D_1\tan(90° - L_1 + x) + i_A - (l''_1 - l'_1)/2 \tag{6-4}$$

式中 x——经纬仪的竖盘指标差；

K——望远镜的视距乘常数，取为 100。

(3) 展绘碎部点。以图纸上 A、B 两点的连线为 0 方向线，转动量角器，使量角器上的 0°角位置对准 0 方向线，在 β 角的方向上量取距离 D_1/M (M 为比例尺分母)，用铅笔点一个小圆点做标记，在小圆点旁注记上其高程值 H_1，即得到碎部点 1 在图纸上的位置。

量角器配合经纬仪测图法一般需要 4 个人操作，其分工是：一人观测，一人记录计算，一人绘图，一人立尺。

2. 经纬仪联合光电测距仪测图法

经纬仪联合光电测距仪测图法与量角器配合经纬仪测图法基本相同，两者区别在于该法用光电测距仪测距代替经纬仪视距测量，碎部点竖立的是棱镜不是标尺，由于光电测距仪精度远高于视距测量的精度，因此，规范规定的地物点、地形点测距最大长度相应地要长于视距测量，具体见表6-6。

表6-6　地物点、地形点视距和测距最大长度

测图比例尺	视距最大长度		测距最大长度（m）	
	地物点	地形点	地物点	地形点
1∶500	—	70	80	150
1∶1000	80	120	160	250
1∶2000	150	200	300	400

注　1∶500比例尺测图，在建成区和平坦地区及丘陵地，地物点距离应采用皮尺量距或光电测距，皮尺丈量最大长度为50m。山地、高山地地物点最大视距可按地形点要求，当采用数字化测图或按坐标展点测图时，其测距最大长度可按表中地形点放大一倍。

将棱镜装在对中杆上，设置好棱镜的高度v，将棱镜面朝向测距仪，立于碎部点1上，用光电测距仪望远镜照准棱镜标志中心，测出斜距s，读数视线方向的水平度盘读数β_1、竖盘读数L_1，即测站至碎部点1的水平距离D_1及碎部点1的高程H_1的计算公式为

$$D_1=S_1\cos(90°-L_1+x) \tag{6-5}$$

$$H_1=H_A+D_1\tan(90°-L_1+x)+i_A-v \tag{6-6}$$

其后展绘碎部点的方法与量角器配合经纬仪测图法相同。

6.1.8　地形图的绘制

在外业工作中，当碎部点展绘在图纸上后，就可以对照实地随时描绘地物和等高线。

1. 地物描绘

地物应按地形图图式规定的符号表示，房屋轮廓需要用直线连接起来，而道路、河流的弯曲部分应逐点连成光滑曲线，不能依比例描绘地物，应按规定的非比例符号表示。

2. 等高线勾绘

勾绘等高线时，首先用铅笔轻轻描绘出山脊线、山谷线等地形线，再根据碎部点的高程勾绘等高线。不能用等高级表示的地貌，如悬崖、陡崖、土堆、冲沟、雨裂等，应按图式规定的符号表示。

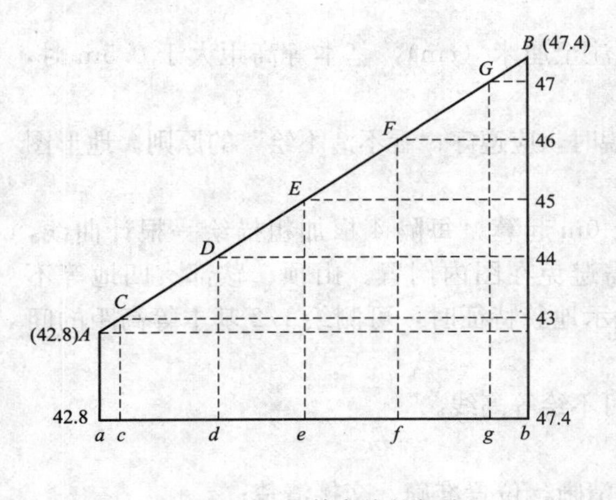

图6-18　等高线的勾绘

由于碎部点是选在坡度变化处，因此相邻点之间可视为均匀坡度，这样可在两相邻碎部点的连线上，按平距与高差成比例的关系，内插出两点间各条等高线通过的位置。如图6-18所示，地面上两碎部点B和A的高程分别为47.4m及42.8m，若取等高距为1m，则其间高程为43、44、45、46m及47m 5条等高线通过。根据平距和高差成正比的原理，采用二分法先目估定出43m的c点和47m的g点，然后根据等分法将cg的距离四等分，定出其他高程点。同法定出其他相邻碎部点之间的等高线通过的位置，将高程相等的相邻点连成光滑

的曲线，即为等高线。

6.1.9 地形图的测绘基本要求

地形图的测绘对仪器设置、测站检查、地物点、地形点视距和测距长度都做了要求。

1. 仪器设置和测站检查

《城市测量规范》（CJJ/T 8—2011）对地形测图时仪器的设置及测站上的检查要求如下：

（1）仪器对中偏差，不应大于图上0.05mm。

（2）以较远一点定向，用其他点进行校核，图6-17是选择B点定向，C点检核。采用经纬仪测绘时，其角度检测值与原角值之差不应大于2″；每站测图过程中，应随时检查定向点方向，归零差不应大于4″。

（3）检查另一测站高程，其较差不应大于1/5基本等高距。

（4）采用量角器配合经纬仪测图，当定向边长在图上短于10cm时，应以正北或正南方向作起始方向。

2. 地物点、地形点视距和测距长度

（1）地物点、地形点视距和测距长度要求应符合表6-6的要求。

（2）高程注记点分布。

1）地形图上高程注记点应分布均匀，丘陵地区高程注记点间距宜符合表6-7的要求。

表6-7 丘陵地区高程注记点间距

比例尺	1∶500	1∶1000	1∶2000
高程注记点间距（m）	15	30	50

注 平坦及地形简单地区可放宽至1.5倍，地貌变化较大的丘陵地、山地与高山地应适当加密。

2）山地、鞍部、山脊、山脚、谷地、谷口、沟底、沟口、凹地、台地、河川湖地岸旁、水涯线上及其他地面倾斜变换处，均应测高程注记点。

3）城市建筑区高程注记点应测设在街道中心线、街道交叉中心、建筑物墙基脚和相应的地面、管道检查井井口、桥面、广场、较大的庭院内或空地上及其他地面倾斜变换处。

4）基本等高距为0.5m时，高程注记点应注至厘米（cm），基本等高距大于0.5m时，可注至分米（dm）。

（3）地物、地貌的绘制。在测绘地物、地貌时，应遵守“看不清不绘”的原则。地形图上的线划、符号和注记应在现场完成。

按基本等高距测绘的等高线为首曲线。从0m起算，每隔4根加粗描绘一根计曲线，并在计曲线上注明高程、字头朝向高处，但需避免在图内倒置。山顶、鞍部、凹地等不明显处等高线应加绘示坡线。当首曲线不能显示地貌特征时，可测绘1/2基本等高距的间曲线。

城市建筑区和不便于绘制等高线的地方，可不绘等高线。

地形原图铅笔整饰应符合下列规定：

1）地物、地貌各要素，应主次分明，线条清晰、位置准确、交接清楚；

2）高程注记的数字字头朝北，书写应清楚整齐；

3）各项地物、地貌应按规定的符号绘制；

4）各项地理名称注记位置应适当，并检查有无遗漏或不明之处；

5）等高线需合理、光滑、无遗漏，并与高程注记点相适应；

6）图幅号、方格网坐标、测图者姓名及测图时间应书写正确齐全。

6.1.10　地形图的拼接、检查和提交的资料

地形图绘制完，后续工作地形图的拼接、检查和提交的资料也至关重要。

1. 地形图的拼接

测区面积较大时，将整个测区划分为若干幅图进行施测，这样，在相邻图幅的连接处，由于测量误差和绘图误差的影响，无论地物轮廓线，还是等高线往往都不能完全吻合。图6－19表示相邻两张图的拼接情况。由图6－19可知，将两幅图的同名坐标格网线重叠时，图中的房屋、河流、等高线、陡坎都存在接边误差，若接边误差小于表6－8规定的平面、高程中误差的$2\sqrt{2}$倍，可平均配赋，并据此改正相邻图幅的地物、地貌位置，但应注意保持地物、地貌相互位置和走向的正确性。超过限差时则应到实地检查纠正。

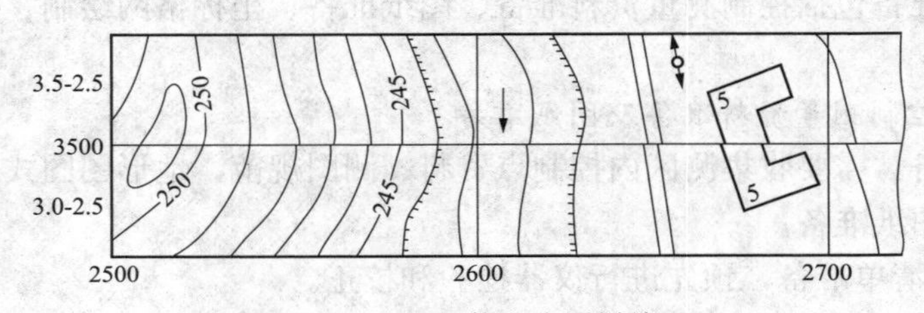

图6－19　相邻两张图拼接

表6－8　地物点、地形点平面和高程中误差

地区分类	点位中误差（mm）	邻近地物点间距中误差（mm）	等高线高程中误差			
			平地	丘陵地	山地	高山地
城建筑区和平地、丘陵地	≤0.5	≤±0.4	≤1/3	≤1/2	≤2/3	≤1
山地、高山地和设站施测困难的旧街坊的内部	≤0.75	≤±0.6				

2. 地形图的检查

为了保证地形图的质量，除施测过程中加强检查外，在地形图测绘完成后，作业人员和作业小组应对完成的成果、成图资料进行严格的自检和互检，确认无误后方可上交。地形图检查内容包括内业检查和外业检查。

（1）内业检查。

1）图根控制点的密度应符合要求，位置恰当；各项较差、闭合差应在规定范围内；原始记录和计算成果应正确，项目填写齐全。

2）地形图图廓、方格网、控制点展绘精度应符合要求；测站点的密度和精度应符合规定；地物、地貌各要素测绘应正确、齐全，取舍恰当，图式符号运用正确；接边精度应符合要求；图历表填写应完整清楚，各项资料齐全。

（2）外业检查。根据内业检查情况，有计划地确定巡查路线，进行实地对照查看，检

查地物、地貌有无遗漏；等高线是否逼真合理，符号、注记是否准确等。再根据内业检查和巡视检查发现的问题，到野外设站检查，除对发现的问题进行修正和补测外，还应对本测站所测地形进行检查，看原测地形图是否符合要求。仪器检查量为每幅图内容的10%左右。

3. 地形测图全部工作结束后应提交的资料

（1）图根点展点图、水准路线图、埋石点点之记、测有坐标的地物点位置图、观测与计算手簿、成果表。

（2）地形原图、图历簿、接合表、按版测图的接边纸。

（3）技术设计书、质量检查验收报告及精度统计表、技术总结等。

6.2 项目实施

6.2.1 任务一：地形图测绘前的准备工作

地形图测绘准备包括控制测量资料准备、图纸准备、坐标格网绘制、控制点展绘、地形图的分幅。

1. 活动1：控制测量资料准备及图纸准备

（1）资料准备。需要收集测区内控制点资料、测图规范、地形图图式、测区编号等。

（2）仪器和图纸准备。

1）仪器。列清单准备，预先进行仪器检验和校正。

2）图纸。250g以上白图纸或聚酯薄膜，对50cm×50cm的地形图准备80cm×100cm的图纸。

2. 活动2：绘制坐标格网

为了准确地将控制点展绘在图纸上，首先要在图纸上绘制10cm×10cm的直角坐标格网，绘制方法有对角线法、坐标网格尺法、AutoCAD法等，也可以购买现成的坐标格网纸（聚酯薄膜）。

可以在CASS中执行下拉菜单“绘图处理/标准图幅50cm×50cm”或“标准图幅50cm×40cm”的命令，直接生成坐标格网图形。

为了保证坐标格网的精度，无论是印有坐标方格网的图纸还是自己绘制的坐标方格网图纸，都应该进行以下检查：

（1）将直尺沿方格的对角线方向放置，同一条对角线方向的方格角点应位于同一直线上，偏离不应大于0.2mm。

（2）检查各个方格的对角线长度，其长度与理论值141.4mm之差不应超过0.2mm。

（3）图廓对角线长度与理论值之差不应超过0.3mm。如果超过限差要求，应重新绘制，对于印有坐标方格网的图纸，则应予以作废。

例6-1 对角线法绘制方格网，如图6-20所示。

（1）在图纸上画两条对角线，得中心点O；

（2）从O点向四个对角方向量取等长（留边约10cm），得A、B、C、D四点，并用虚线相连接得一矩形$ABCD$；

（3）从A、D点起沿AB、CD方向作10cm等分点5个；

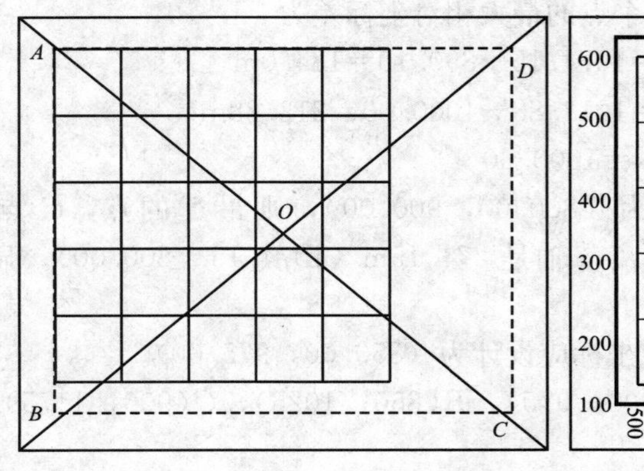

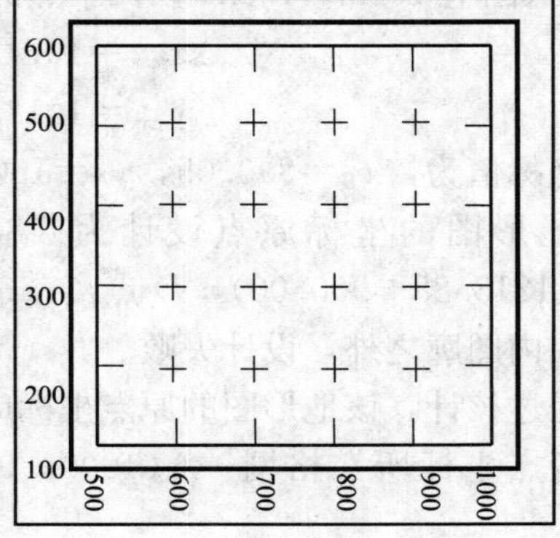

图 6-20　方格网的绘制

(4) 再从 A、B 点起沿 AD、BC 方向作 10cm 等分点 5 个；

(5) 纵横连接各对应等分点，并擦去多余部分，如图 6-20 所示。

检查：格网线粗小于或等于 0.1mm；方格边长误差小于或等于 0.2mm；方格对角线长误差小于或等于 0.3mm（方格对角线长为 14.14cm）。

3. *活动 3：展绘控制点*

根据图根平面控制点的坐标值，将其点位在图纸上标出，称为展绘控制点。展点前，应根据地形图的分幅位置，将坐标格网线的坐标值注记在图廓外相应的位置，如图 6-21 所示。

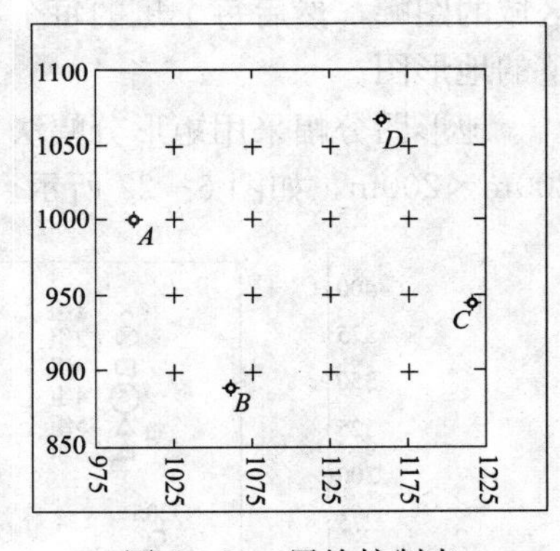

图 6-21　展绘控制点

(1) 设计地形图的原点坐标。根据各控制点的 x、y 坐标，选择合适的原点坐标，使测区控制点全部落到内图廓内且使导线居于图廓正中位置上。

(2) 确定控制点所在方格，把握该方格的原点坐标（$x_{格}$、$y_{格}$）。

(3) 计算 x、y 坐标余量

$$\begin{cases} x_{余}=\dfrac{x_{测}-x_{格}}{M} \\ y_{余}=\dfrac{y_{测}-y_{格}}{M} \end{cases}$$

(4) 从控制点所在方格的原点起，分别向 x 轴和 y 轴方向量取 $x_{余}$、$y_{余}$，确定点位并描点。

(5) 检查。量取相邻控制点之间图上距离，与已知距离相比较，最大误差不应超过图上 ±0.3mm。否则，重新核对点的坐标，进行改正。

例 6-2　已知坐标 A（1000.00，1000.00），B（890.10，1061.36），C（947.22，1213.88），D（1074.15，1162.73）。若测图比例尺是 1∶500，试绘制坐标格网并展绘该四个控制点。

解　(1) 用对角线法绘制坐标格网。

(2) 设计原点坐标。1∶500 的内图廓实际边长是 250m×250m，小格网的实际边长是

50m×50m（图上10cm×10cm）。四个点的最大相对坐标差为

$$\Delta x_{max}=1074.15-890.10=184.0\text{m}$$

$$\Delta y_{max}=1213.88-1000.00=213.88\text{m}$$

最小坐标值为，$x_B=890.05$，$y_A=1000.00$。

若该地形图的坐标原点设计为（800.00，900.00），则最远的点，C点离x轴是313.88m（1213.88−900.00），D点离y轴是274.15m（1074.15−800.00）。显然，C、D两点已经在内图廓之外，设计失败。

同理经过核计，该地形图的原点坐标应设计为（850.00，975.00）。

（3）各点坐标所在格网：A(1000，975)，B(850，1025)，C(900，1175)，D(1050，1125)。

（4）各点坐标余量：A(0，25.00)，B(40.10，36.36)，C(47.22，38.88)，D(24.15，37.73)。

（5）从所在格网西南角点起，量取坐标余量，并描点。

4. *活动4：地形图分幅*

为了便于测绘、使用和科学管理，将大面积的地形图按照不同的比例尺划分成若干幅小区域的图幅，然后每个班的每个小组去完成，最后所有小组的地形图拼接在一起就是一幅完整的地形图。

地形图分幅采用矩形分幅法，图幅大小为40cm×50cm或40cm×40cm，每幅图大小为200m×200m，如图6-22所示。

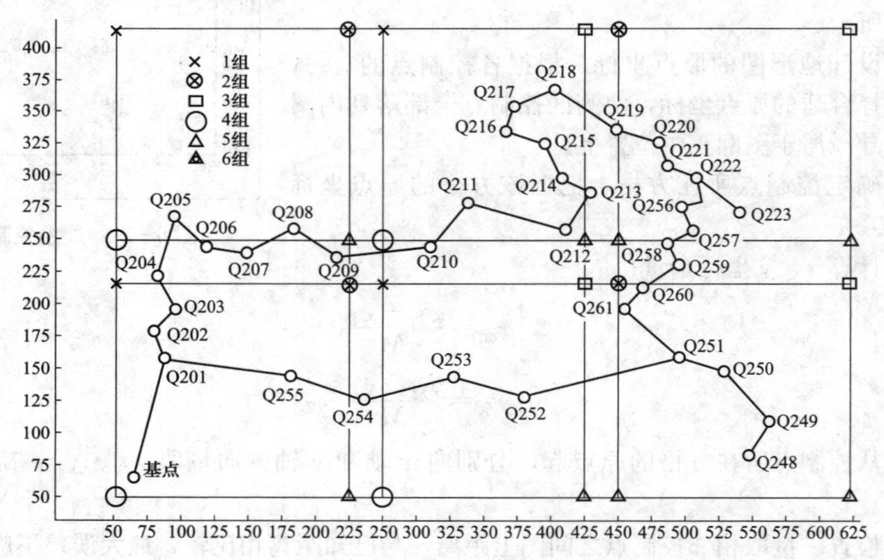

图6-22　地形图分幅

6.2.2　任务二：地形图测绘及碎部点测量

地形图的测绘又称碎部测量，它是依据已知点的平面位置和高程，使用测量仪器和方法来测定点的平面位置和高程并按测图比例尺缩绘在图纸上的工作。大比例尺地形图的测绘方法有解析测图法和数字测图法。解析测图法又分为经纬仪测绘法、经纬仪联合光电测距仪测绘法、大平板仪测绘法和小平板仪与经纬仪联合测绘法。下面主要介绍经纬

仪测绘法。

1. 活动1：碎部点的选择

地物、地貌特征点，统称为地形特征点，即碎部点。碎部点选择和跑尺顺序对提高测图的准确性和测图效率影响很大，它是地形图测绘的基础。

碎部点应选在地物、地貌特征点上，并且设法用最少的特征点，方便、准确地反映地物位置、轮廓和地面坡度的变化，同时碎部点的密度符合表6-6的要求。

地物特征点是指决定地物形状的地物轮廓线上的转折点、交叉点、弯曲点及独立地物的中心等，如房屋角点、道路转折点或交叉点、河岸水涯线或水渠的转弯点等，如图6-23（a）所示。连接这些特征点，就能得到地物的相似形状。对于形状不规则的地物，通常要进行取舍。一般规定，主要地物凸凹部分在地形图上大于0.4mm均应测定出来；小于0.4mm时可用直线连接。一些非比例表示的地物，如独立树、纪念碑和电线杆等独立地物，则应选在中心点位置。

地貌是表示地球表面高低起伏的状态，地貌特征点通常选在最能反映地貌特征的山脊线、山谷等地形线上，如山顶、鞍部、山脊、山谷、山坡、山脚等坡度或方向的变化点，如图6-23（b）所示的立尺点。利用这些特征点勾绘等高线，才能在地形图上真实地反映出地貌。碎部点的密度应该适当，过稀不能详细反映地形的细小变化，过密则增加野外工作量，造成浪费。碎部点在地形图上的间距为2～3cm，各种比例尺的碎部点间距可参考表，在地面平坦或坡度无显著变化的地区，地貌特征点的间距可以采用最大值。

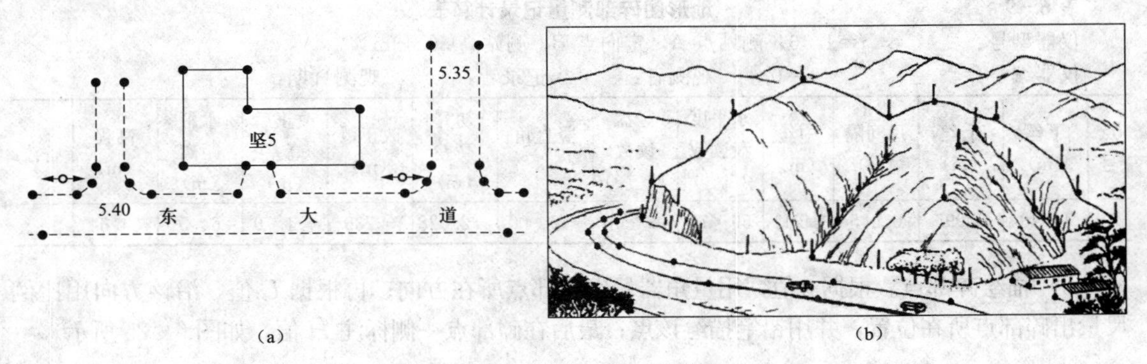

图6-23　碎部点选取示意图

2. 活动2：经纬仪测图

（1）经纬仪测图方法。采用极坐标法：一控制点（测站）安置经纬仪，利用另一控制点确定基准方向（后视定向点），碎部点上竖立视距尺。先测水平角，再用视距法测量水平距离和高差，依据β、D、h用量角器和比例尺在图上描点，并在控制点一侧标注点号和高程。

（2）经纬仪测图步骤。

1）安置仪器。在测站（控制点A）上安置经纬仪，对中、整平，量仪高，如图6-24所示。

2）后视定向。瞄准相邻控制点B，将水平度盘读数置零，如图6-24（a）所示。

3）立尺。在碎部点上竖立视距尺，如图6-24（b）所示；跑尺方法：应与观测员、绘图员事先商量，拟定跑尺方案。

a. 区域法。将测站周围分成几块，一个一个分块测绘。

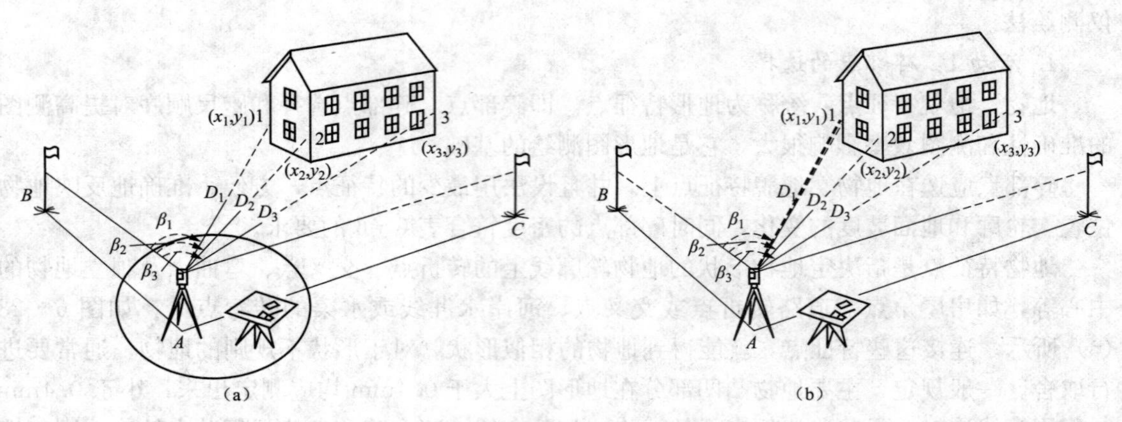

图 6-24 经纬仪测绘地形图

b. 方向顺序法。从基准方向起，顺时针，水平角由小到大，将碎部点依次编号，按号跑尺。

c. 螺旋跑尺法。以测站为中心，由里向外发散或由外向里收缩，一圈一圈地跑尺。

d. 等高线法。沿着同一高度按之字形路线跑尺。

e. 地形线法。沿山脊线、山谷线、山脚线跑尺。

4）瞄准、读数。瞄准视距尺，消除视差，读取竖盘读数及上、中、下三丝，如图 6-24 所示。

5）记录与计算。将 β、L 或 R、M、N、v、i 填入碎部测量手簿，并依次计算 i、α、D、h、H，见表 6-9。

表 6-9　　　　地形图碎部测量记录计算表

仪器型号：　　　　i=1.46，测站点 A，定向点 B，测站高 36.43m

仪器编号：　　　　x=0　　观测者：　　记录者：　　观测日期：

点号	下丝 (m)	上丝 (m)	尺间隔 (m)	中丝 (m)	水平度盘读数 (° ′)	竖盘读数 (° ′)	竖直角 (° ′)	初算高差 (m)	改正数 (m)	改正后高差 (m)	水平距离 (m)	高程 (m)	备注
1	1.640	0.995	0.645	1.211	59 15	92 00	−2 00	−2.028	0.239	−1.79	64.5	34.64	

6）描绘碎部点。根据 β 值，用量角器量出碎部点所在方向；再根据 D 值，沿该方向用比例尺量出碎部点所在位置，并用铅笔描绘该点；最后在碎部点一侧标注 H 值，如图 6-25 所示。

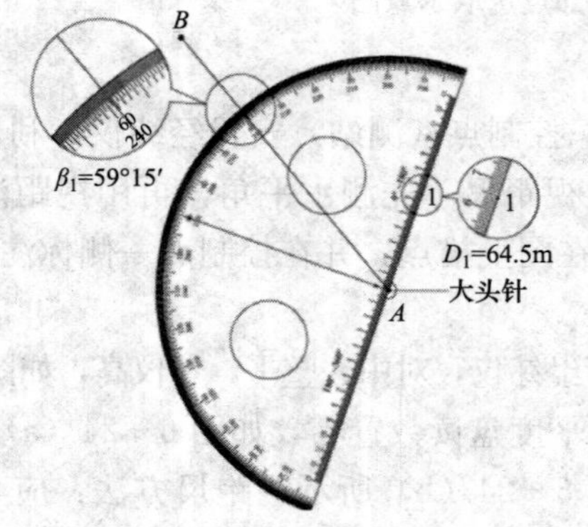

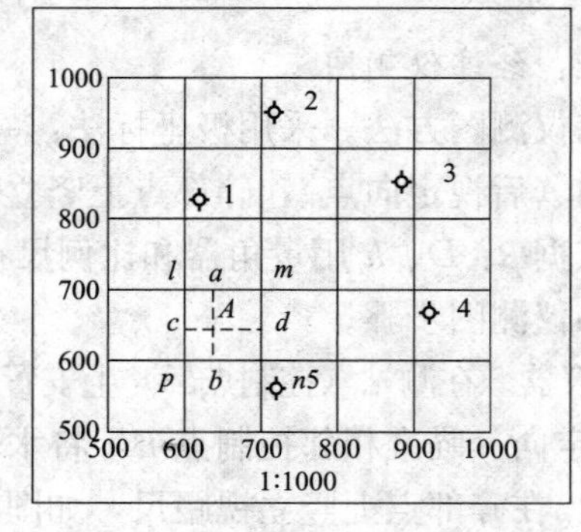

图 6-25 描绘碎布点

7）描绘地物轮廓线。待地物相关特征点出来后，在现场将关联线连接。

8）描绘地形线。用实线连接山脊线上的碎部点，用虚线连接山谷线上的碎部点，如图6-26所示。

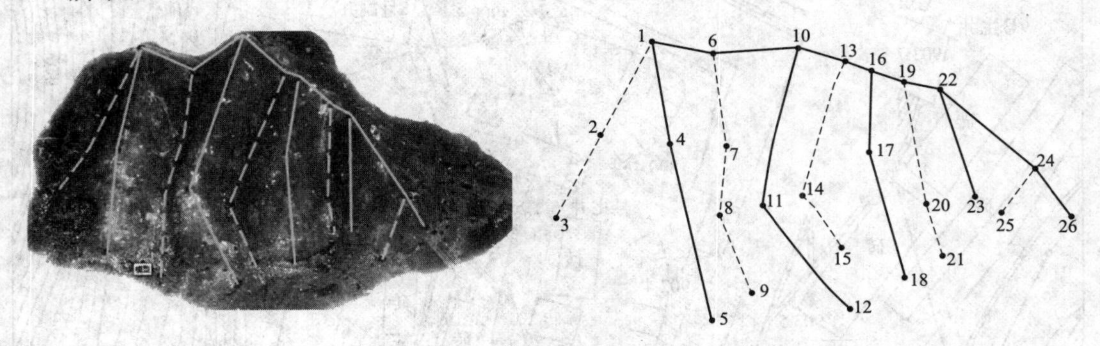

图6-26　地形线描绘

3. 活动3：地物、地貌勾绘

（1）地物描绘。按地形图图式符号，依次连接同一地物的特征点，描绘地物轮廓线。非比例符号直接在其点位上绘出符号。这一过程应采用“边测边绘”的方式。

（2）地貌勾绘。地貌勾绘即等高线的勾绘。在地形线上已测定的两特征点之间，按照基本等高距，采用“取头定尾等分中间”的方法，插入整数高程点。将同一高程点用光滑的曲线连接就形成首曲线。再描绘计曲线并标注高程。缓坡地段视需要再插入助曲线或间曲线，如图6-27所示。

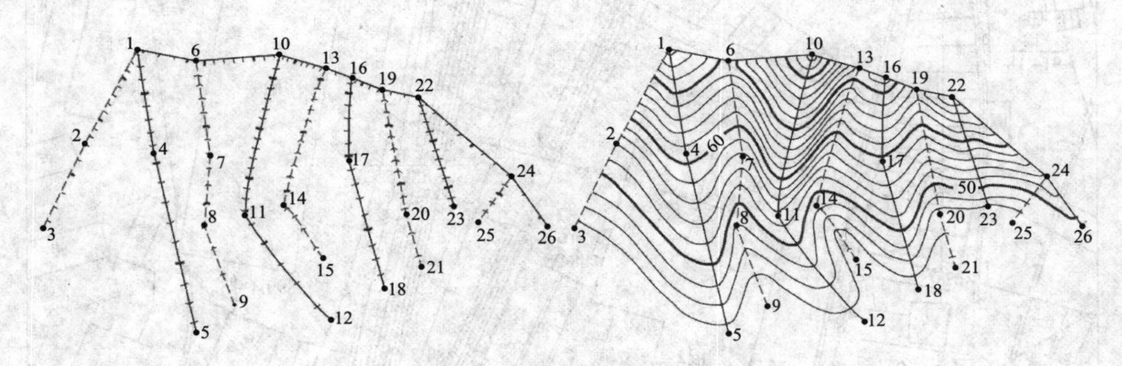

图6-27　地貌勾绘

4. 活动4：地形图的拼接、检查与整饰

（1）地形图的拼接。采用5mm宽的图边重叠（两图格网对齐）检查，当接边误差满足时取平均的方法来改正。

（2）地形图的检查与整饰。

1）内业检查。检查地形图上的地物、地貌的符号及注记有无不符之处。

2）外业检查。将地形图上地物、地貌和实地察看时的地物、地貌对照检查。

3）地形图的整饰。先图内，后图外，用光滑线条清绘地物及等高线，擦去不必要的线条、符号和数字，用工整的字体进行注记。最后再进行图廓外标注，如图6-28所示。

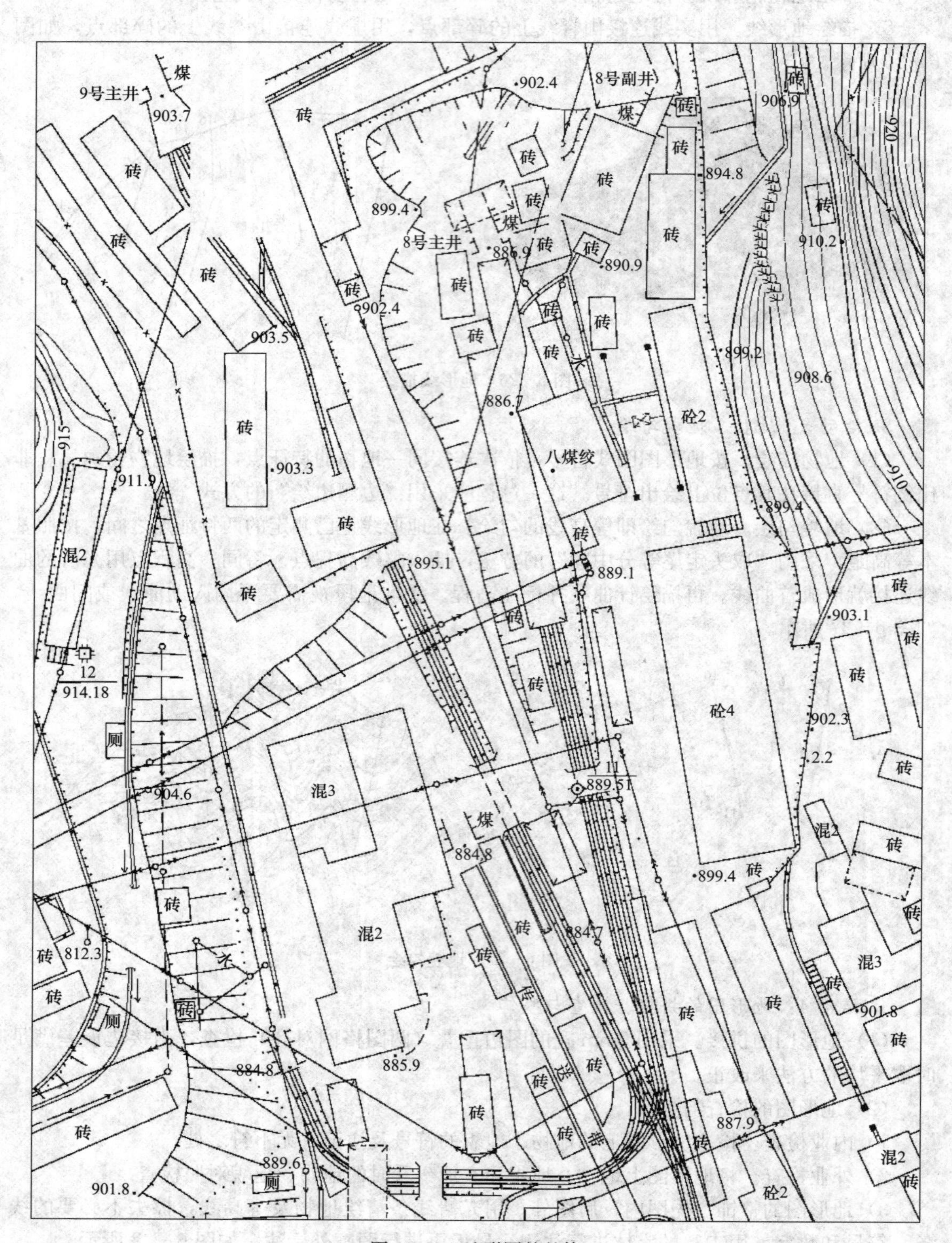
9号主井
903.7
902.4
8号副井
906.9
920
894.8
899.4
8号主井
886.9
890.9
910.2
902.4
903.5
899.2
908.6
886.7
915
八煤绞
903.3
911.9
910
899.4
895.1
889.1
混2
903.1
12
914.18
902.3
2.2
11
889.51
混3
904.6
884.8
899.4
884.7
混2
812.3
混3
901.8
884.8
885.9
887.9
889.6
901.8
砼2
砼4
混2

图6-28 地形图的整饰

6.3　拓　展　知　识

6.3.1　地形图测绘在工程建设中的作用

1. 地形图在城市规划设计中的应用

所有的城市规划建设也需要利用地形图，首先在确定某个城市的整体规划布局时，需要用到各种大小不同的比例尺地形图。

在城市规划中若少了地形图，设计人员就无法确定各种道路工程及相对应建筑物所在的相应位置。例如，可以用比例尺大小为1∶2000或1∶500的地形图作为选择工程地址的根据及有关总图设计的地形图，设计人员需要在图上选择位置、放置各种施工设施、量取距离及高程，同时确定方向及坡度及工程定位，从中计算出工程费用及工程量等。城市规划设计人员若要做出合理准确的设计，必须全面掌握自然地理资源及精确的经济情况才行。

2. 地形图在铁路工程中的应用

在铁路工程建设中，还包括桥梁和隧道工程。大规模的桥梁隧道工程往往是铁路工程上造价高昂的关键性工程，首先应综合考虑地貌地质及水文来确定工程的位置，再来决定与工程连接路线的走向与位置。

对于大型桥梁建设施工而言，首先需要在1∶10000～1∶50000比例尺地形图上研究设计，然后需要实地踏勘，详细了解这个地区的地形、地貌及水文情况，若是有多个桥址提出，需要进行商讨研究，在经过详细谨慎研究及审批后，先大致确定其中少数的几个方案，再进一步进行比较选择，这是桥梁的初步规划设计阶段。

同时，还需要进行施测河流的流速流向、水下地形、大范围比例尺大小为1∶2000～1∶10000的桥位方案平面图，以及小范围（通常情况下，在测量河流的宽度时，应该到河两岸的最高洪水位高程2m以上，在测量河流平水位时期的宽度应该在上游位置，大约1.5～2倍）比例尺大小为1∶500～1∶5000的桥址地形图。平面图是用来确定桥位和桥头的引线，以便来选择施工场地及导流建筑物的位置，地形图主要是用来设计主体工程及附属工程，用来估算工程的数量和费用问题。

除了大型桥梁工程之外，对于中小型的桥梁和隧道工程而言，通常会因为工程造价不高，因此一般情况下是先确定路线的位置及其走向，然后考虑地形与地貌及土石方的数量和桥头、隧道口、线路坡度与曲线的半径等因素，最后确定隧道和桥梁的位置。

6.3.2　全站仪在地形图测绘中的应用

1. 建立平面控制坐标系

对每一个站在测前都应先确立使用何种平面控制坐标系，有条件的站应建立大地坐标系，无条件的站可建立测站独立的平面直角坐标系（起始方位角以磁北为0°），以下介绍采用独立平面直角坐标系的测站测绘地形图：

（1）地形变化不太复杂的站。首先需在测绘地形图的范围内选择一个仪器站点并打上木桩，桩头钉上平头钢钉，对这一仪器站点的要求是：视线开阔，能看到测图范围内的大多数碎部测点。建立后视站点，其方法是在仪器站点上架好全站仪，将罗盘仪或指北针放在全站仪上，使全站仪视线与指北针的正北方向一致，将全站仪水平方向止动，在其视线前方一定距离的点位上打上木桩，桩头钉上平头钢钉。用四等水准测量上述两点的高程。

(2) 确定两站点的坐标。首先假定仪器站点的坐标，一般假定为：北向 N(x)＝10000.000，东向 E(y)＝10000.000，其高程 z 等于测定值。测定后视站点坐标，其方法是先用全站仪测定两点间的水平距离，后视站点的坐标为：北向 N(x)＝10000.000＋两点间的水平距距，东向 E(y)＝10000.000，其高程 z 等于测定值。

(3) 在全站仪的内存中建立存储测量坐标的文件夹。将两站点的坐标编点号并输入至全站仪的文件中（这里仪器站点编为 1 号，后视站点编为 2 号）。建立存储文件夹与输入坐标的方法参照全站仪的使用手册。

2. 野外测绘工作

一般采用草图测记法，需先绘出测区草图，将各碎部测量点上的点号记录在草图的相应位置上，并注记地物地貌。

(1) 建立测区图根点。如果测区较大的一个仪器站看不完全碎部，这时还应该建立多个图根控制点（支导点），在选定的点位上打上木桩，桩头钉上平头钢钉，并编号命名，如 ZD1、ZD2 等。

(2) 建站。因仪器型号不同，其操作也不相同，下面以 NTS352 型全站仪为例进行介绍。首先将全站仪架在 1 号点上并对中整平，量出钉头至全站仪横轴中心的高度，测量温度、气压、棱镜高，一并输入到全站仪中。全站仪建站过程如下：按 MENU 键→F1→输入→“文件名”→回车→F1→输入→“1”回车（标识符可空）→▼→输入→“仪高”→回车→OK？是→记录？是。F2→输入“2”（此时应将全站仪对准后视点上的棱镜）回车→后视→回车→OK？是→测量→坐标→记录？否，建站完成。

(3) 测量。首先应测各支导点的坐标，其方法是将棱镜架在支导点“1”上并对中整平，将全站仪瞄准棱镜，并作以下操作。输入“点号”3→回车→输入“编码”ZD1→回车→测量→坐标。全站仪自动记录点号和坐标。此时支导点 1 在全站仪中存储的点号为 3，其后每对准一个测量点时只需按“同前”键即可。如果长时间不操作全站仪退出测量菜单，只需按以下操作即可，按 MENU 键→F1→回车→F3，即可重新进入测量菜单。

(4) 外业测量注意事项。

1) 全站仪不能在强光下长期工作，应架太阳伞保护全站仪。

2) 为了方便测量，如果用多个棱镜同时测碎部点，各棱镜高一定要一致，当某一测点需变棱镜高时，一定要重新输入该点的棱镜高，其方法是在测量菜单下用▼键将光标调到“镜高”，按输入键、“输入镜高”回车即可，测完这点后一定要将镜高改回原值。

3) 司仪人员要及时与草图记录人员沟通，校对仪器记录的点号是否与草图上记录的点号一致。

4) 每建一仪器站时一定要弄清该站的点号、后视的点号，一旦出错所有在该站测的碎部点将全部报废，所以测站建好后要先测一个已知点的坐标，进行对比，如误差不大再继续进行测量。

3. 数据传输

测量完一站后，必须把全站仪内存中的数据文件传到计算机中，才能进行地形图的绘制。传输方法有两种：一种是用专用传输软件 NTS；另一种是用 CASS6.1 绘画软件传输。不管用何种方法都必须先在全站仪和软件上设置通信参数，两方的通信参数必须一致。

习 题

1. 地形图比例尺的表示方法有哪些？何为大、中、小比例尺？

2. 测绘地形图前，如何选择地形图的比例尺？

3. 何为比例尺的精度？比例尺的精度与碎部测量的距离精度有何关系？

4. 地物符号分为哪些类型？

5. 地形图上表示地貌的主要方法是等高线，等高线、等高距、等高线平距是如何定义的？等高线可分为哪些类型？

6. 典型的地貌有哪些？它们的等高线有什么特点？

7. 测图前，应对聚酯薄膜图纸的坐标格网进行哪些检查项目？有何要求？

8. 大比例尺地形图的解析测绘方法有哪些？各有何特点？

9. 试述量角器配合经纬仪测图法在一个测站测绘地形图的工作步骤。

项目7 地 形 图 的 使 用

地形图是精确、全面、详细地反映制图区域客观环境信息的图形——数学模型，它既是研究的手段又是研究的对象，利用地形图既可表达区域环境又可认识区域环境，在研究区域地理环境和人地关系过程中为人们认识、利用和改造客观环境提供可靠的地理依据。因此地形图的应用十分广泛，无论经济建设、国防军事、科学研究都须臾不可离。

能力目标

1. 能在地形图上进行建筑用地地形分析，提出建筑场地的布置方案。
2. 能根据区域规划图计算各类场地的占地面积。
3. 能依据地形图绘制该区地形轴测图且会估算矿藏储量。
4. 会根据地形形态选择最短线路。
5. 可利用填挖平衡原理进行土方量的估算。

知识目标

1. 了解大地形和小地形分析、土地面积量算、地形轴测图的绘制、矿藏储量计算的基本概念。
2. 掌握地形图应用的基本内容、图形面积的量算方法。

7.1 预 备 知 识

地形测量的任务是测绘地形图。地形图的测绘是以测量的控制点为依据，按照测量的程序和方法将地物和地貌测定在图纸上，并用规定的符号绘制成图。

7.1.1 地形图应用的基本内容

1. 测量图上点的坐标值

要确定地形图上某点的平面坐标，可根据格网坐标用图解法求得。如图7-1所示，先绘制平行线 gh、ef，再量取 ae 和 ag 的长度，则可获得 A 点的平面坐标

$$x_A = x_a + ag \times M \quad (7-1)$$
$$y_A = y_a + ae \times M$$

如果考虑图纸受温度影响而产生的伸缩变形，还应该量取 ab 和 ad 的长度，按下式计算 A 点的坐标

$$x_A = x_a + \frac{10}{ab} \times ag \times M \quad (7-2)$$
$$y_A = y_a + \frac{10}{ab} \times ae \times M$$

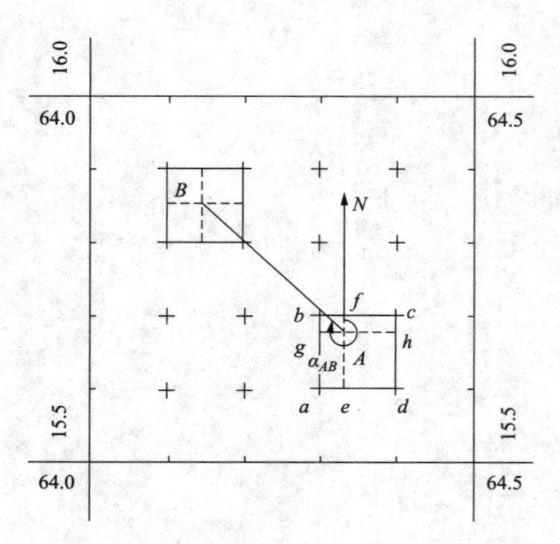

图7-1 确定图上点的平面坐标

式中 M——地形图比例尺分母；x_A、y_A为a点坐标；ab、ad、ag、ae为图上量取的长度。

2. 测量图上点的高程

若待测点正好在等高线上，则该点的高程即为等高线的高程，若待测点不在等高线上，则应根据比例内插法确定待测点的高程，如图7-2所示，$H_A=26\text{m}$，$H_B=27.7\text{m}$。

3. 测量直线的长度及其坐标方位角

先量取直线两端点的坐标值，然后按公式计算直线的长度和坐标方位角。若量测精度要求不高，可直接用比例尺和量角器量取直线的长度和坐标方位角。

4. 测量两点间的坡度

如图7-2所示，欲确定直线AB的坡度，先量取直线AB的长度和A、B两点的高程，则直线AB的平均坡度为

$$i=\frac{h}{D}=\frac{H_B-H_A}{dM} \tag{7-3}$$

式中 h——A、B两点间的高差；

D——A、B两点间的实地水平距离；

d——A、B两点在图上的距离；

M——地形图比例尺分母。

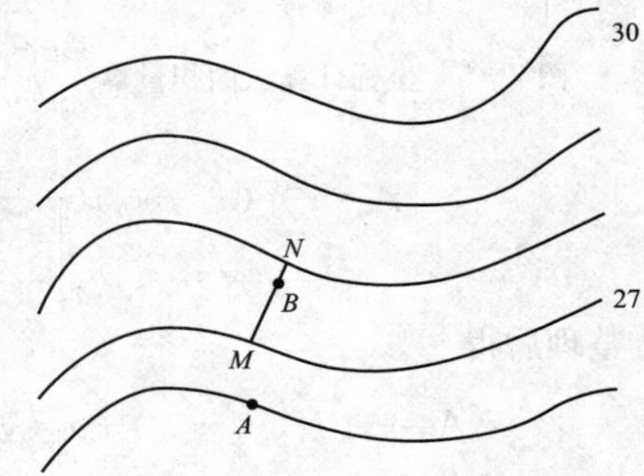

图7-2 确定图上点的高程

7.1.2 图形面积的量算

在规划设计中，常常要量算一定范围内图形的面积，常用的方法有透明方格纸法、平行线法和坐标解析法。

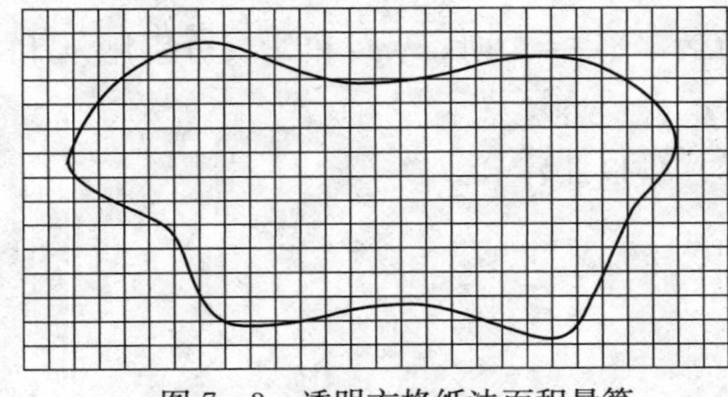

图7-3 透明方格纸法面积量算

1. 透明方格纸法

如图7-3所示，要量算曲线内的面积，先将毫米透明方格纸覆盖在图形上，数出图形内完整的方格数n_1和不完整的方格数n_2，则曲线围成的图形的实地面积为

$$A=\left(n_1+\frac{1}{2}n_2\right)\frac{M^2}{10^6} \tag{7-4}$$

式中 M——地形图比例尺分母。

2. 平行线法

如图7-4所示，将绘有等距平行线的透明纸覆盖在图形上，并使两条平行线与图形的边缘相切，每相邻两平行线之间的图形近似为梯形。用尺量出各平行线在曲线内的长度l_1、l_2、…、l_n，则各梯形面积分别为

$$A_1=\frac{1}{2}h(0+l_1)$$

$$A_2=\frac{1}{2}h(l_1+l_2)$$

$$\cdots$$

$$A_{n+1}=\frac{1}{2}h(l_n+0) \tag{7-5}$$

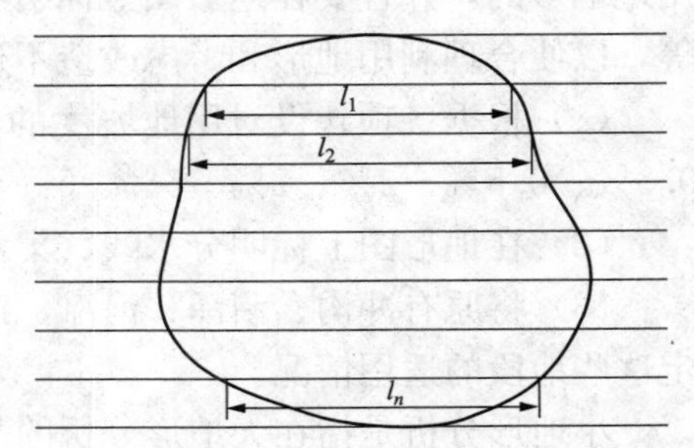

图7-4 平行线法面积量算

则总面积为式（7-5）

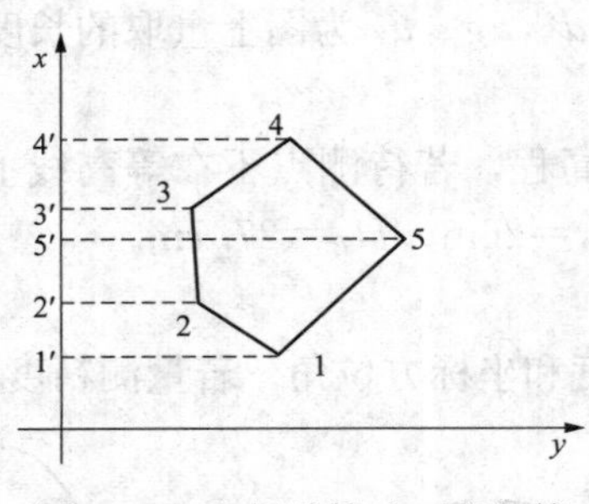

图7-5 坐标计算法面积量算

$$A = A_1 + A_2 + \cdots + A_n + A_{n+1} = h\sum_{i=1}^{n} l_i$$

3. 坐标解析法

如果图形边界为任意多边形，可以在地形图上求出各顶点的坐标（或全站仪测得），直接用坐标计算面积。

如图7-5所示，将任意多边形各顶点按顺时针方向编号为1、2、3、4、5，其坐标分别为（x_1，y_1）、（x_2，y_2）、（x_3，y_3）、（x_4，y_4）、（x_5，y_5）。

五边形12345的面积。用坐标表示为

$$A=\frac{1}{2}[(x_4-x_5)(y_4-y_5)+(x_5-x_1)(y_5+y_1)-(x_4-x_3)(y_4+y_3)$$
$$-(x_3-x_2)(y_3+y_2)-(x_2-x_1)(y_2+y_1)]$$

整理后得

$$A=\frac{1}{2}[x_1(y_2-y_5)+x_2(y_3-y_1)+x_3(y_4-y_2)+x_4(y_5-y_3)+x_5(y_1-y_4)]$$

若图形有n个顶点，则一般形式为

$$A=\frac{1}{2}\sum_{i=1}^{n} x_i(y_{i+1}-y_{i-1}) \tag{7-6}$$

式（7-6）是将各顶点投影于x轴算得的，若将各顶点投影于y轴，则一般形式为

$$A=\frac{1}{2}\sum_{i=1}^{n} y_i(x_{i-1}-x_{i+1}) \tag{7-7}$$

式（7-6）和式（7-7）中，n为多边形的边数，当$i=1$时，y_{i-1}和x_{i-1}分别用y_n和x_n代入。此两公式计算的结果可以相互检核。

为了提高计算速度和计算精度，可采用如下公式进行计算

$$A=\frac{1}{2}\sum_{i=1}^{n}(x_i-x_0)(y_{i+1}-y_{i-1}) \tag{7-8}$$

式中 x_0——任意实数，一般取$x_0=x_1$。

7.1.3 大地形和小地形分析

在地形图上进行建筑用地地形分析，根据分析范围的大小，可分为大地形分析和小地形分析两种。大地形分析是指对整个建筑规划区域大面积地形进行分析，如一新筹建城镇占地的地形分析。在这种地形分析中，是按建筑、交通、给排水诸方面对地形的综合需求来分析用地地形的，并且要在地形图上标明不同坡度的地段范围、地面水流方向、分水线、集水线等，以便合理利用地形和考虑改造不适宜的地形。其具体内容有下列三点：

（1）根据各项建设对用地坡度的要求，在地形图上划分不同坡度区段的范围，如0～0.5%、0.5%～2%、2%～5%、5%～8%、8%～12%和12%以上。

（2）在地形图上标明分水线、集水线和地面水流方向。

（3）将原有冲沟、沼泽、河滩、滑坡等地段划出，以便结合地质、水文等条件进一步确定这些地段的适用情况。

小地形分析是指在大地形分析的基础上和范围内对局部小片地形的分析，其用图的比例尺也相应增大，否则难以表达出地形的细微变化，这种分析对建筑物个体的布置和用地组织

影响较大。

7.2 项 目 实 施

地形图在工程建设中应用非常广泛，主要有按既定坡度在地形图上选线、平整场地土方量计算、建筑用地地形分析、开发与规划土地面积量算等。

7.2.1 任务一：按既定坡度在地形图上选线

如图 7-6（a）所示，从 A 点到 B 点选择一条公路线，要求其坡度不大于限制坡度 5%。设计用的地形图比例尺为 1∶2000，等高距为 2m。

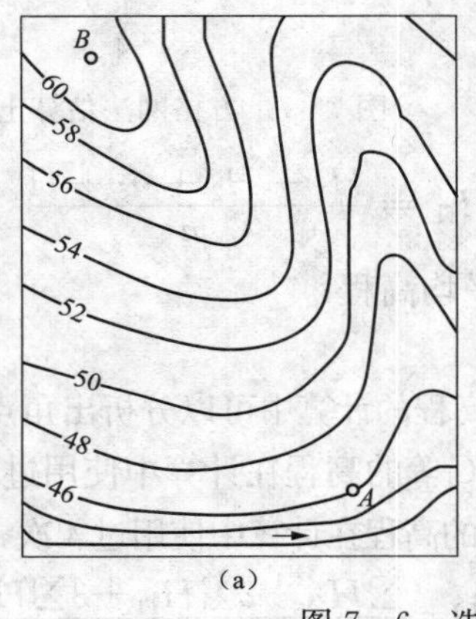

(a)

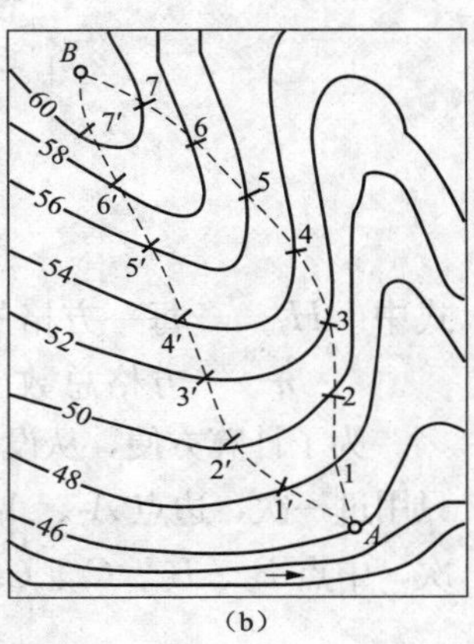

(b)

图 7-6　选定等坡路线

分析：利用公式 $d=\dfrac{h}{i\times M}$计算出相邻等高线的最小等高线平距 d，利用分规截取 d 在相邻等高线之间满足限制坡度 5%的线路走向，从而选择最佳线路。通过上式计算得出 $d=20$mm。

选线时，在图 7-6（a）上用分规以 A 点为圆心，脚尖设置成 20mm 为半径，作弧与上一根等高线交于 1 点；再以 1 点为圆心，仍以 20mm 为半径作弧，交另一等高线于 2 点。依此类推，直至 B 点为止。将各点连接即得限制坡度的最短路线 1，2，…，B。还有一条路线，即在交出点 2 后，以 2 为圆心时，交上一根等高线于 3 和 3′点，得到另外一条路线 1，2，3′，…，B。由此可选出多条路线。在比较方案进行决策时，主要根据线形、地质条件、占用耕地、拆迁量、施土方便、工程费用等因素综合考虑，最终确定路线的最佳方案，如图 7-6（b）所示。

如遇到等高线之间的平距大于计算值时，以 d 为半径的圆弧不会与等高线相交。这说明地面实际坡度小于限制坡度，在这种情况下，路线可按最短距离绘出。

7.2.2 任务二：平整场地土方量计算

图 7-7 所示为一块待平整的场地，其比例尺为 1∶1000，等高距为 1m，要求在划定的范围内将其平整为某一设计高程的平地，以满足填、挖平衡的要求，计算其土方量。

场地土方量计算步骤如下：

1. 绘方格网并求方格角点高程

在拟平整的范围打上方格，方格大小可根据地形复杂程度、比例尺的大小和土方估算精度要求而定，边长一般为 10m 或 20m，然后根据等高线内插方格角点的地面高程，并注记在方格角点右上方。该任务是取边长为 20m 的格网。

2. 计算设计高程

把每一个方格 4 个顶点的高程加起来除以 4，得到每一个方格的平均高程。再把每一个方格的平均高程加起来除以方格数，即得到设计高程

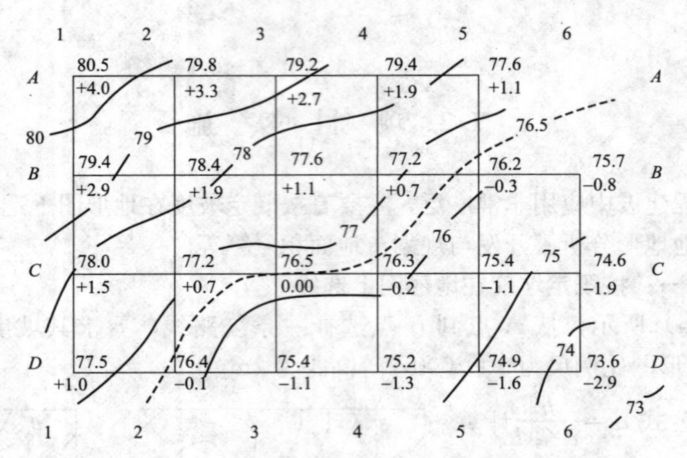

图7-7 方格网法估算土石方量

$$H_{设}=\frac{H_1+H_2+\cdots+H_n}{n}=\frac{1}{n}\sum_{i=1}^{n}H_i \tag{7-9}$$

式中 H_i——每一方格的平均高程；

n——方格总数。

为了计算方便，从设计高程的计算中可以分析出角点 A_1、A_5、B_6、D_1、D_6 的高程在计算中只用过一次，边点 A_2、A_3、C_1 等的高程在计算中使用过两次，拐点 B_5 的高程在计算中使用过3次，中点 B_2、B_3、C_2、C_3 等的高程在计算中使用过4次，这样设计高程的计算公式可以表示为

$$H=\frac{\sum H_{角}+2\sum H_{边}+3\sum H_{拐}+4\sum H_{中}}{4n} \tag{7-10}$$

式中 n——方格总数。

用式（7-10）计算出的平均高程为76.97m，考虑土层上的利用情况，综合设定76.5m作为设计高程。取在图7-7中用虚线描出76.5m的等高线，称为填挖分界线或零线。

3. 计算方格顶点的填、挖高度

根据设计高程和方格顶点的地面高程，计算各方格顶点的挖、填高度。

$$h=H_{地}-H_{设} \tag{7-11}$$

式中 h——填、挖高度（施工厚度），正数为挖，负数为填；

$H_{地}$——地面高程；

$H_{设}$——设计高程。

4. 计算填、挖方量

各点对应的土方量计算公式分别为

$$\left.\begin{aligned}V_{角}&=h\times\frac{A}{4}\\V_{边}&=h\times\frac{A}{2}\\V_{拐}&=h\times\frac{3A}{4}\\V_{中}&=h\times A\end{aligned}\right\} \tag{7-12}$$

式中 A——方格的实际面积。

填、挖方量的计算一般在表格中进行，可以使用 Excel 计算图 7－7 中的填、挖方量。该例 Excel 计算得，挖方总量为 4830m³，填方总量为 2180m³。

7.2.3　任务三：建筑用地地形分析

图 7－8（a）是待分析大地形的地形图，由图 7－8 可知，这个地区的地形特点是：

（1）光明村以西有一座不太高的小山，山的东边有一片坎地，山的南面有几条冲沟。

（2）光明村西南有一条河流，名为青河，河的南岸有一片沼泽地。

（3）向阳公路以北有一个高出地面约 30m 的小丘，小丘东西向的地势比南北向平缓。

（4）光明村地区的地形是，75m 等高线以上较陡，55～75m 等高线这一段渐趋平缓，55m 等高线以下更为平坦。总的来说，该地区的地形除了小丘和小山外，是比较平缓的。

了解了上述地形特点之后，再作进一步分析：

（1）用不同符号表示各种坡度地段，从而可以计算出各种坡度地段的面积，作为分区规划设计的依据，见图 7－8（b）。

（2）根据地形起伏情况，从小山山顶向东北到小丘可找出分水线Ⅰ；从小山山顶向东到向阳公路可找出分水线Ⅱ，它有一段和向阳公路东段相吻合。在分水线Ⅰ和Ⅱ之间可找到集

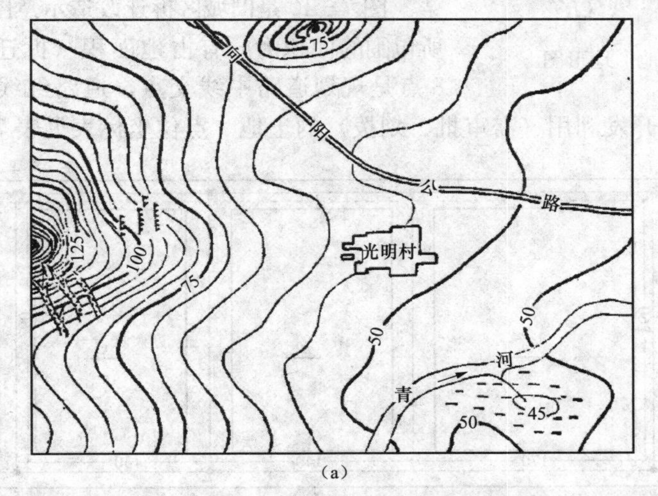

（a）

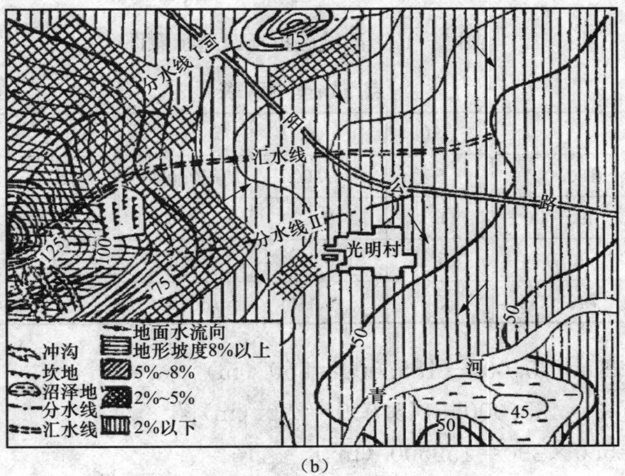

（b）

图 7－8　大地形地形图

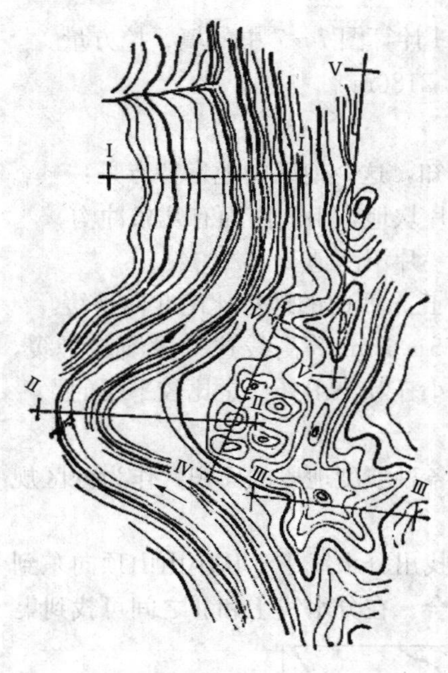

图 7-9　小地形地形图

水线。根据地势情况，还可以定出地面水流方向（量大坡度方向），如图 7-8（b）中箭头所示。分水线Ⅰ以北的地面水流向小丘和小丘以北；分水线Ⅱ以南的地面水流向青河汇集。

（3）小山南面的冲沟地段和青河南面的沼泽地区，待进行工程地质和水文勘测等分析后，才能确定它们的用途。

图 7-9 是待分析小地形的地形图。

该地形过于破碎，或高差、坡度变化较大时，建筑个体好布置，道路不好规划，工程费用相应增加。在有条件的情况下，应尽量避免选用破碎的小地形作为建筑用地，而宜将其作为绿化休憩地。

7.2.4　任务四：开发与规划土地面积量算

1. 规则图形计算法

图 7-10 是旧城区拆迁改造示意图，图中由 *abcd* 虚线所包围的面积为原有占地面积（拆迁范围），1，2，…，8 点是规划道路中线交点，道路红线宽均为 40m，组实线范围内为企业可开发利用（需审批、划拨）的土地。点位坐标表见表 7-1。

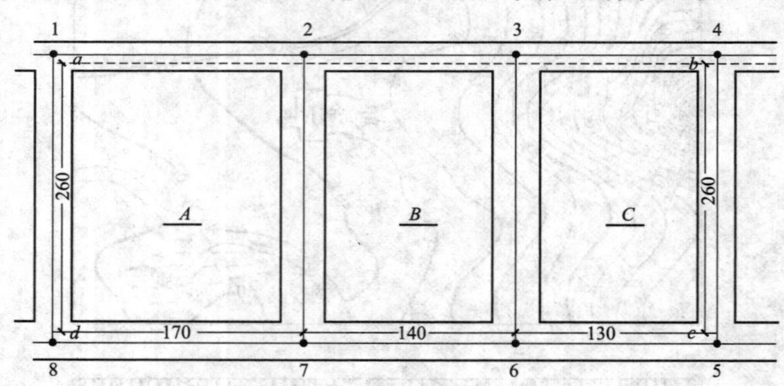

图 7-10　旧城区拆迁改造示意图

表 7-1　　点 位 坐 标 表

点位	x	y	点位	x	y	点位	x	y
1	440.000	180.000	5	140.000	740.000	a	435.000	185.000
2	440.000	390.000	6	140.000	570.000	b	435.000	735.000
3	440.000	570.000	7	140.000	390.000	c	145.000	735.000
4	440.000	740.000	8	140.000	180.000	d	145.000	185.000

a 点至 b 点的距离＝735.000－185.000＝550（m）

a 点至 d 点的距离＝435.000－145.000＝290（m）

拆迁土地面积＝550×290＝159500（m^2）

A 区面积＝260×170＝44200（m^2）

B区面积＝260×140＝36400（m^2）

C区面积＝260×130＝33800（m^2）

土地划拨面积＝44200＋36400＋33800＝114400（m^2）

拆迁土地面积与土地划拨面积差＝159500－114400＝45100（m^2）

$$利用率=\frac{土地划拨面积}{拆迁土地面积}=\frac{114400}{159500}\approx 72\%$$

2. 坐标解析法

图7-11所示是某规划区平面图，采用导线法测得1，2，…，6各点坐标，求规划区占地面积。

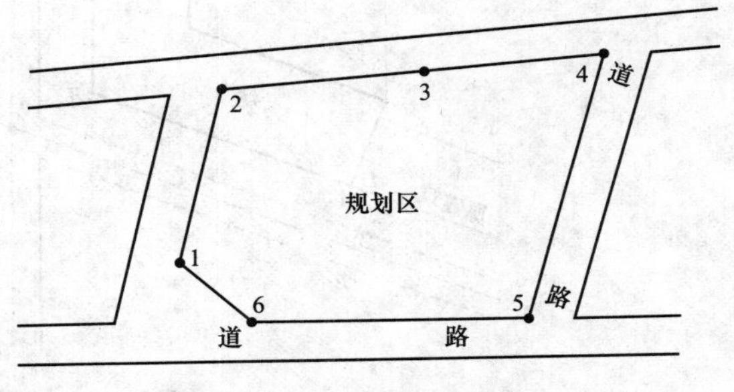

图7-11　规划区面积

采用列表法进行计算，各点坐标值列入表7-2内。先计算坐标差，按面积计算公式，当$i=1$时，坐标栏内的x_i为x_1，y_i为x_1，坐标差栏内的x_{i-1}指顶点1的前一点（图7-11中第6点）的纵坐标值，x_{i+1}指顶点1的后一点（图7-11中第2点）的纵坐标值。纵坐标差$x_{i-1}-x_{i+1}=x_6-x_2$，同理横坐标差$y_{i+1}-y_{i-1}=y_2-y_6$。面积栏内的$x_i(y_{i+1}-y_{i-1})=x_1(y_2-y_6)$，$y_i(x_{i-1}-x_{i+1})=y_1(x_6-x_2)$，以此类推。坐标差栏内的总和应等于零。面积栏内的总和是按梯形面积计算的，因此实际面积应为乘积面积的$\frac{1}{2}$。

表7-2　某规划区占地面积计算表

点号	坐标值（m）		坐标差（m）		面积（m^2）	
	x_i	y_i	$x_{i-1}-x_{i+1}$	$y_{i+1}-y_{i-1}$	$x_i(y_{i+1}-y_{i-1})$	$y_i(x_{i-1}-x_{i+1})$
1	52.60	34.50	－167.73	－4.48	－235.65	－5786.69
2	183.45	57.32	－155.02	＋166.60	＋30562.77	－8885.75
3	207.62	201.10	－43.76	＋285.89	＋59356.48	－8800.14
4	227.21	343.21	＋191.90	＋79.23	＋17956.41	＋65862.00
5	15.72	280.13	＋211.49	－281.41	－4423.76	＋59244.69
6	15.72	61.80	－36.88	－245.63	－3861.30	－2279.18
校核			0	0	$2F$＝99354.95 F＝49677.47	$2F$＝99354.93 F＝49677.47

利用纵坐标计算的面积和利用横坐标计算的面积，两者应相等，以资校核。

3. 根据道路测面积

图7-12中，拟将平房拆除，新建楼房。要求测出AB、BC长度及占地面积，为建筑设计和申报土地提供数据。已知中央大街道路中线M、N点，红线距道路中线15m。规划道路与中央大街夹角为111°40′，原建筑距道路中线13.80m，新建筑与原建筑在同一红线上（待拆平房直至路边）。

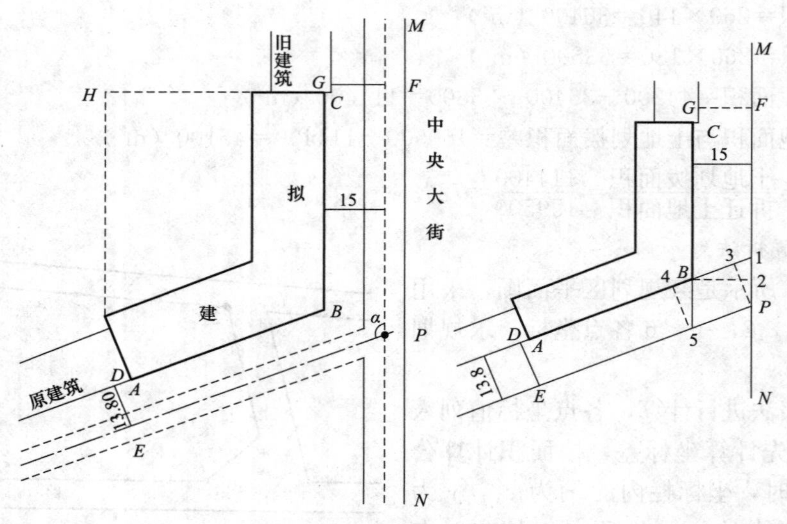

图7-12　根据道路测面积

测量方法：

（1）置经纬仪于M点，前视N点，在视线方向相对旧建筑房角位置定F点，目测规划道路中线位置，定出道路中线交点P，并丈量PF距离为98.73m。

（2）移仪器于F点，后视N点，顺时针测角90°，投点于旧建筑物上得G点，量取G点至房角的距离为0.85m。

（3）移仪器于P点，后视M点，逆时针测角111°40′，得规划道路中线平行线，在相对原建筑房角位置定出E点，并丈量PE距离为89.45m。

（4）移仪器于E点，后视P后，逆时针测角90°，投点于原建筑上得D点，量取D点至房角距离为0.42m，量E点至建筑物外皮为13.80m。

计算AB、BC长度

$\sin 21°40' = 0.36921$，$\cos 21°40' = 0.92935$，$\tan 21°40' = 0.39727$

$P1$距离$= \frac{13.80}{0.92935} = 14.849$（m）

21距离$= 15.00 \times 0.39727 = 5.959$（m）

$BC = FP - P1 + 21 - GC = 98.73 - 14.849 + 5.959 - 0.85 = 88.99$（m）

$B1 = 5P = \frac{15.00}{0.92935} = 16.140$（m）

$B4 = 13.8 \times 0.39727 = 5.482$（m）

$AB = EP - 5P + B4 - DA = 89.45 - 16.14 + 5.482 - 0.42 = 78.372$（m）

计算占地面积（见图7-13）

$A8 = \frac{18.00}{0.39727} = 45.309$（m）

67距离$= 18.00 \times 0.36921 = 6.646$（m）

68长度$= \frac{18.00}{0.36921} = 48753$（m）

$WB = 78.372 \times 0.92935 + 6.646 = 79.481$（m）

89 长度＝33.063×0.36921＝12.207（m）

三角形面积＝45.309×18.00×$\frac{1}{2}$＝407.78（m^2）

梯形面积＝（48.753＋79.481）×12.207×$\frac{1}{2}$＝782.68（m^2）

矩形面积＝79.481×88.99＝7073.01（m^2）

总面积＝407.78＋782.68＋7073.01＝8263.47（m^2）

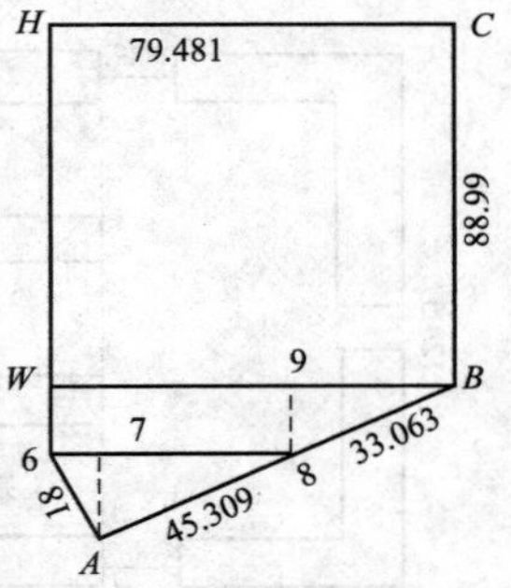

图 7－13 图形法算面积

4. 根据原建筑测面积

图 7－14 中计划将旧平房区拆除，新建楼房。条件是新建工程距原建筑垂直距离为 15m。距道路中线 12.80m，长度与 1 号楼外皮对齐，要求测出新建工程外廓尺寸，为设计提供依据，约束新建工程平面位置的关键部位是 A 点，但 A 点与原建筑之间既不通视，又无法量距。

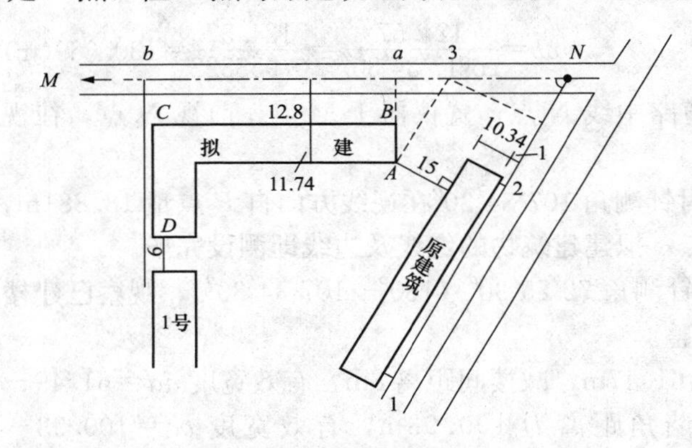

图 7－14 根据建筑物测面积

测量方法：

（1）由原建筑外皮向外量 1m 得 1、2 两点，置仪器于 1 点，前视 2 点作楼房平行线，并延伸至道路中心，再量出道路中线，使道路中线与平行线相交于 N 点。

（2）量出道路中线 M 点，置仪器于 N 点，后视 1 点，顺时针测角照准 M 点，测平行线与道路中线夹角为 61°30′（应注意根据道路中线定位时，要与城市规划部门联系，因为现有道路中线不一定是规划道路中线，要找出规划道路的中心桩）。

（3）计算 a 点至 N 点的距离

$$\sin 61°30'=0.87882, \tan 61°30'=1.84177$$

$$3N=\frac{26.34}{0.87882}=29.972(\mathrm{m})$$

$$a3=\frac{24.54}{1.84177}=13.324(\mathrm{m})$$

$$aN=29.972+13.324=43.296(\mathrm{m})$$

（4）置仪器于 N 点，前视 M 点，在视线方向自 N 点量取 43.296m 定出 a 点。在相对 1 号楼外皮位置定出 b 点，并丈量 ab 间距离为 67.86m。

（5）移仪器于 b 点，后视 N 点，顺时针测角 90°，在视线方向量得视线距 1 号楼外皮为 0.76m。从 b 点量到 1 号楼墙角为 52.40m。

（6）计算新建工程外廓长度

$$BC=67.86-0.76=67.10(\mathrm{m})$$

$$CD=52.40-12.80-6.00=33.60(\mathrm{m})$$

5. 根据红线测面积

图 7－15 是某开发区的一部分街区，欲测出规划场地的外廓尺寸、占地面积，并测设红

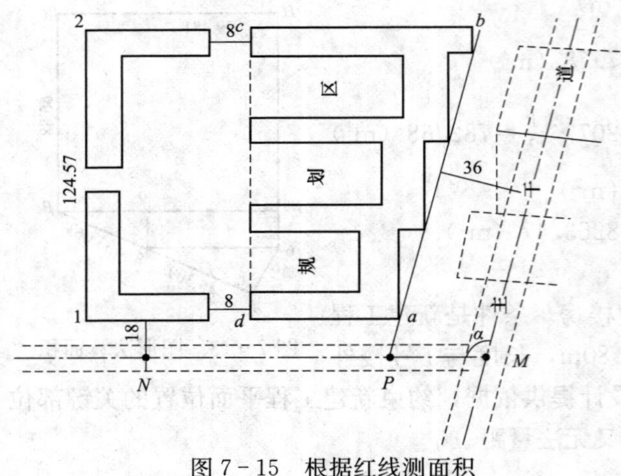

图 7-15 根据红线测面积

线位置，以便进行个体设计和施工测量。已知道路中线交点 M、道路夹角 107°34′30″，红线距主干道中线 36m、距规划道路中线 18m，并量得已建楼房 1、2 点距离为 124.57m。

测量方法：

(1) 计算各点间距离

$$\cos 17°34'30''=0.953322$$

$$PM=\frac{36.00}{\cos 17°34'30''}=\frac{36.00}{0.953322}=37.763(\text{m})$$

$$Pa=\frac{18.00}{\cos 17°34'30''}=\frac{18.00}{0.953322}=18.881(\text{m})$$

$$ab=\frac{124.57}{\cos 17°34'30''}=\frac{124.57}{0.953322}=130.669(\text{m})$$

(2) 从已建楼房外皮量 18m 得规划道路中线 N 点，置仪器于 M 点，前视 N 点，在视线方向自 M 点量 37.763m，定出 P 点。

(3) 移仪器于 P 点，后视 N 点，顺时针测角 107°34′30″在视线方向自 P 点量 18.881m，定出 a 点。再继续量 130.669m，定出 b 点，拟建建筑物的红线及边线即测设完毕。

(4) 置仪器于 b 点，后视 a 点，顺时针测角 72°25′30″（180°−107°34′30″），观察已建楼房外墙角，以资校核。如有误差需进行调整。

(5) 实量 a 点至已建楼房墙角距离为 61.47m，减楼间距离 8m，有效宽度 ad＝61.47－8.00＝53.47m。实量 b 点至已建楼房墙角距离为 100.93m，有效宽度 bc＝100.93－8.00＝92.93m。

(6) 计算面积

$$\text{面积}=(92.93+53.47)\times 124.57\times\frac{1}{2}=9118.52(\text{m}^2)$$

7.3 拓展知识

7.3.1 地形轴测图的绘制

轴测图多见于建筑、机械制图中，以等高线地形图改绘成轴测图所见不多。但有时为了较形象地表达地势起伏或人工改造后地貌的变化，也可将地形图改绘成轴测图。

等高线地形图改绘成地形轴测图，其原理和一般建筑、机械轴测图的绘制相同。轴测投影有两个特性：①互相平行的线段，投影后仍平行；②平行于某一坐标轴的所有线段，其变形系数相同。

所谓变形系数，是指线段沿某一投影轴的投影长与该线段沿相应空间坐标轴的实长之比。如图 7-16 所示，已知空间一点 A'：其坐标为 x'_A、y'_A、z'_A，将该点投影于投影面 K 后，其坐标将发生变化，投影后的坐标为 x_A、y_A、z_A。若以 p、q、r 分别表示沿 x、y、z 三个坐标轴的变形系数，则

$$p=\frac{x_A}{x'_A}q=\frac{y_A}{y'_A}r=\frac{z_A}{z'_A} \tag{7-13}$$

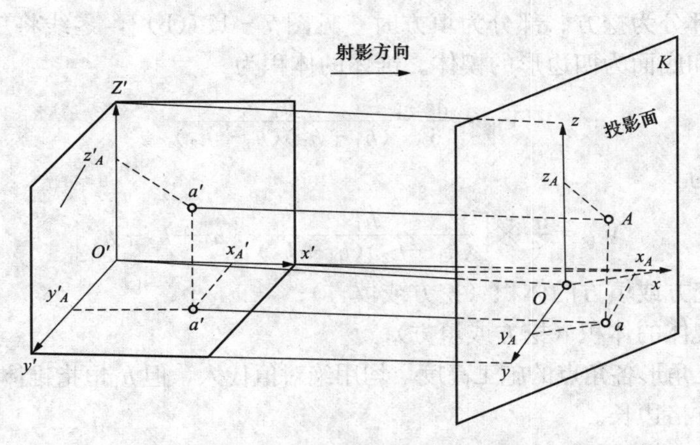

图 7-16　地形图轴测投影示意图

为了使图形既富于立体感，画起来又方便，可根据需要采用不同类型的轴测投影，但工程上最常采用的是正等测投影、斜二测投影和斜三测投影。

对于地形轴测图，考虑地形在高度上的变化远小于其面积的伸展，为了能突出地势的起伏，最好放大其在高度上的比例，因此以采用斜二测投影较佳。

地形轴测图的绘制，一般采用坐标法，可按照图形表现的需要任意选定 θ、p、q、r 值，这种方法也是画各类轴测图的基本方法。

7.3.2　体积问题

利用地形图确定局部地形所构成的体积或所围成空间的容积，是地形图的一项重要应用。在各种场地平整工程规划设计中，常需要在地形图上估算区域土石方的填挖量。

大面积的体积计算，最常用的方法是格网法，即先在地形图上把欲求体积的区域打出计算方格网（为使计算数字清晰和保护图纸，也可用预先打好方格网的透明纸蒙上计算），再利用地形图上的等高线求出方格各角点的标高，并与基准高度（不挖不填处的高度）相比较得出施工高度（挖方以“+”表示，填方以“-”表示），最后以施工界限为范围计算地形图填挖的体积。

方格的实地边长，可根据地形图比例尺的不同，分别在 10～100m 之间选定，但以图示边长为 2cm 的方格计算较便利。一般地说，边长取得越小，计算结果越精确，但计算工作量要大大增加，所以方格边长要定得合理。

利用三棱柱计算每个方格体积：将每个方格划分为两个三角形，每个三角形之下的土方构成一个三棱柱体，计算各个三棱柱体的体积，就得出整个区域的土方量。根据各角点施工高度符号的不同，零线（即方格边上施工高度为零的各不填、不挖点的连线）可能将三角形分为两种情况：一种全部为挖方或全部为填方；另一种既有挖方，又有填方。

当三角形内全部为挖方或全部为填方时，是截棱柱体［见图 7-17（a）］，其体积为

$$V=\frac{a^2}{6}(h_1+h_2+h_3) \tag{7-14}$$

式中　V——挖方或填方的体积；

h_1、h_2、h_3——三角形各角点的施工高度，均用绝对值代入；

a——方格边长。

当三角形内部分为挖方、部分为填方时［见图 7-17（b）］，零线将三角形划分成顶面为三角形的锥体和底面为四边形的楔体。锥体的体积为

$$V_{锥}=\frac{a^2}{6}\times\frac{h_1^3}{(h_1+h_2)(h_1+h_3)} \tag{7-15}$$

楔体的体积为

$$V_{楔}=\frac{a^2}{6}\times\left[\frac{h_1^3}{(h_1+h_2)(h_1+h_3)}-h_1+h_2+h_3\right] \tag{7-16}$$

式中 $V_{锥}$——挖方或填方的体积（挖方或填方）；

$V_{楔}$——楔体的体积（挖方或填方）；

h_1、h_2、h_3——三角形各角点的施工高度，均用绝对值代入，但 h_1 恒指锥体顶点的施工高度；

a——方格边长。

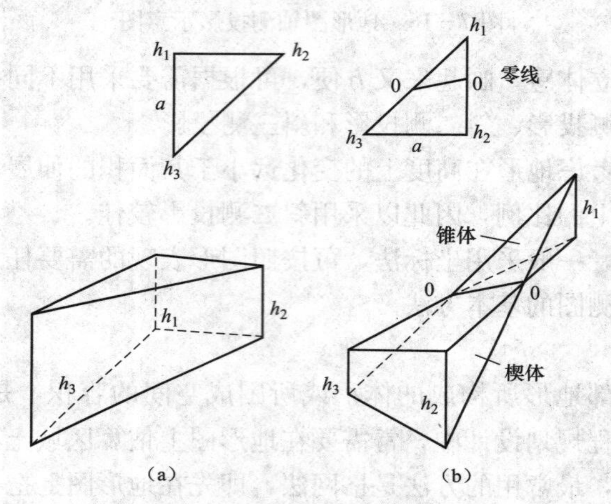

图 7-17 三棱柱体积计算示意图

习 题

1. 建筑用地地形分析中，什么是大地形分析？什么是小地形分析？地形轴测图如何绘制？

2. 地形图上如何确定点位的坐标、两点之间的坡度、图形的面积？

3. 如何在地形图上选择满足限制坡度的最短线路？

4. 如何在地形图上利用填挖平衡原理计算场地的土方量？

5. 房地产企业在规划土地进行面积量算时，可以使用的方法有哪些？请说明坐标解析法计算公式的含义。

6. 请简要说明规划土地面积量算时三种情况（根据道路测面积、根据原建筑测面积、根据红线测面积）的适用范围和计算步骤。

7. 轴测地形图的绘制方法是什么？

模块3 施 工 测 量

项目8 建筑工程施工测量

在建筑施工阶段进行的一系列测量工作，称为建筑工程施工测量。其主要内容包括：建筑施工前的施工控制网的建立；建筑物的定位测量，测设主轴线；基础放线，包括标定基坑、基础开挖线和测设桩位等；建筑工程施工中各道工序的细部测设等。

能力目标

1. 能够把图纸上规划设计的建（构）筑物的平面位置和高程，放样（测设）到实地上，为施工提供测绘保障。

2. 能够在施工过程中进行一系列的测量工作，指导、检查和衔接各个施工阶段，以及不同工种间的施工，确保按图施工。

知识目标

民用建筑（包括一般民用建筑、高层民用建筑）施工测量，主要内容有建筑工程施工控制测量，建筑物的定位、放线，主轴线测设，基础施工测量，墙体施工测量。

8.1 预 备 知 识

建筑工程测量是建筑工程在设计、施工阶段和竣工使用期间所进行的工作。施工测量也叫测设。施工阶段主要包括控制网的布设、控制测量、碎部测量，本章主要讲述一般民用建筑和高层民用建筑的施工放样工作。

8.1.1 测设的基本工作

测设就是根据已有的控制点或地物点，按工程设计要求，将待建的建筑物、构筑物的特征点在实地标定出来。因此，首先要算出这些特征点与控制点或原有建筑物之间的角度、距离和高差等测设数据，然后利用测量仪器和工具，根据测设数据将特征点测设到实地。

施工测量的基本工作包括已知距离测设、已知角度测设、已知高程测设、已知坡度测设。

1. 已知距离测设

已知水平距离的测设，是从地面上一个已知点出发，沿给定的方向，量出已知（设计）的水平距离，在地面上定出这段距离另一端点的位置。

（1）钢尺测设。

1）一般方法。当测设精度要求不高时，从已知点开始，沿给定的方向，用钢尺直接丈量出已知水平距离，定出这段距离的另一端点。为了校核，应再丈量一次，若两次丈量的相对误差在 1/3000～1/5000 内，取平均位置作为该端点的最后位置。

2）精确方法。当测设精度要求较高时，应使用检定过的钢尺，用经纬仪定线，根据已知水平距离 D，经过尺长改正、温度改正和倾斜改正后，用式（8-1）计算出实地测设长度 L，即

$$L = D - \Delta l_d - \Delta l_t - \Delta l_h \tag{8-1}$$

然后根据计算结果，用钢尺进行测设。现举例说明测设方法。

如图 8-1 所示，从 A 点沿 AC 方向测设 B 点，使水平距离 $D=25.000\text{m}$，所用钢尺的尺长方程式为

$$l_t = 30\text{m} + 0.003\text{m} + 1.25 \times 10^{-5} \times 30\text{m} \times (t - 20℃)$$

测设时温度 $t=30℃$，测设时拉力与检定钢尺时拉力相同。

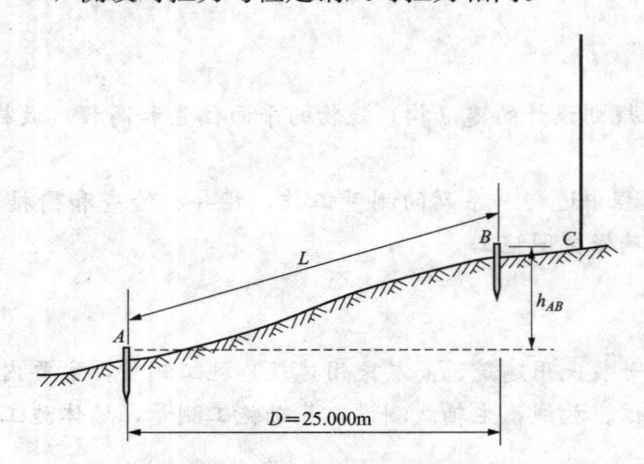

图 8-1 用钢尺测设已知水平距离的精确方法

a. 测设之前通过概量定出终点，并测得两点之间的高差 $h_{AB}=+1.000\text{m}$。

b. 计算 L 的长度

$$\Delta l_d = \frac{\Delta l}{l_0} D = \frac{0.003}{30} \times 25 = +0.002(\text{m})$$

$$\Delta l_t = \alpha(t - t_0)D = 1.25 \times 10^{-5} \times (30 - 20) \times 25 = +0.003(\text{m})$$

$$\Delta l_h = -\frac{h^2}{2D} = -\frac{(+1.000\text{m})^2}{2 \times 25} = -0.020(\text{m})$$

$$L - D - \Delta l_d - \Delta l_t - \Delta l_h = 25.000 - 0.002 - 0.003 - (-020) = 25.015(\text{m})$$

3）在地面上从 A 点沿 AC 方向用钢尺实量 25.015m 定出 B 点，则 AB 两点间的水平距离正好是已知值 25.000m。

（2）光电测距仪测设法。由于光电测距仪的普及应用，当测设精度要求较高时，一般采用光电测距仪测设法。其测设方法如下：

1）如图 8-2 所示，在 A 点安置光电测距仪，反光棱镜在已知方向上前后移动，使仪器显示值略大于测设的距离，定出 C' 点。

2）在 C' 点安置反光棱镜，测出垂直角 α 及倾斜距离 L（必要时加测气象改正），计算水平距离 $D'=L\cos\alpha$，求出 D' 与应测设的水平距离 D 之差 $\Delta D=D-D'$。

3）根据 ΔD 的数值在实地用钢尺沿测设方向将 C' 改正至 C 点，并用木桩标定其点位。

4）将反光棱镜安置于 C 点，再实测 AC 的距离，其不符值应在限差之内，否则应再次进行改正，直至符合限差为止。

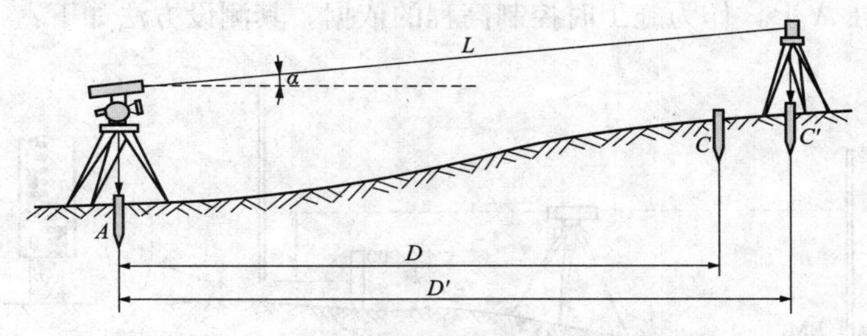

图8-2 用测距仪测设已知水平距离

2. 已知角度测设

已知水平角的测设，就是在已知角顶并根据一个已知边方向，标定出另一边方向，使两方向的水平夹角等于已知水平角角值。

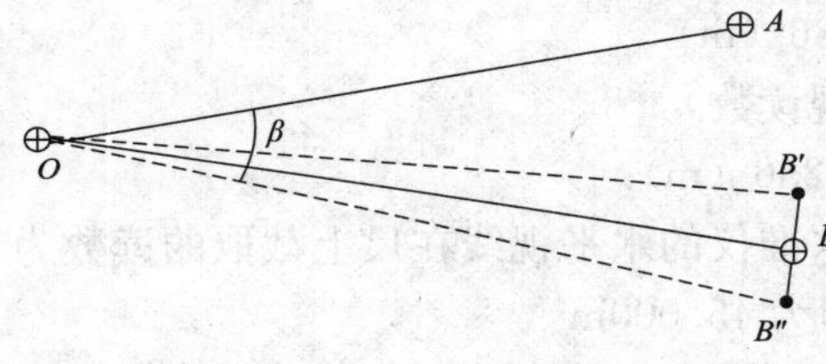

图8-3 已知水平角一般方法测设

（1）一般方法。当测设水平角的精度要求不高时，可采用盘左、盘右分中的方法测设，如图8-3所示。设地面已知方向 OA，O 为角顶，β 为已知水平角角值，OB 为欲定的方向线。其测设方法如下：

1）在 O 点安置经纬仪，盘左位置瞄准 A 点，使水平度盘读数为 $0°00'00''$。

2）转动照准部，使水平度盘读数恰好为 β 值，在此视线上定出 B' 点。

3）盘右位置，重复上述步骤，再测设一次，定出 B'' 点。

4）取 B' 和 B'' 的中点 B，则 $\angle AOB$ 就是要测设的 β 角。

（2）精确方法。当测设精度要求较高时，可按如下步骤进行测设（如图8-4所示）：

1）先用一般方法测设出 B' 点。

2）用测回法对 $\angle AOB'$ 观测若干个测回（测回数根据要求的精度而定），求出各测回平均值 β_1，并计算出

$$\Delta\beta=\beta-\beta_1$$

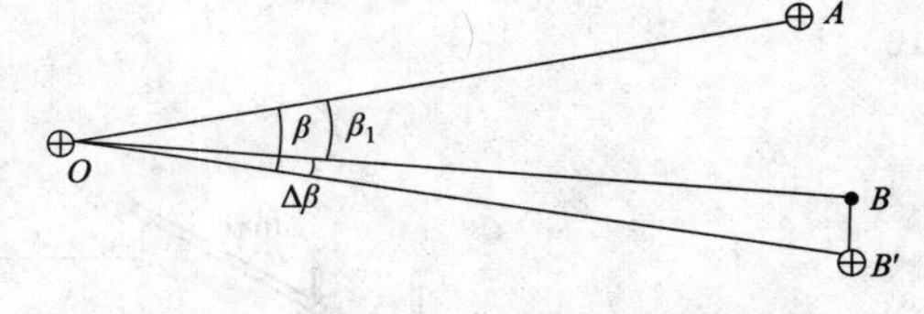

图8-4 已知水平角精密方法测设

3）量取 OB' 的水平距离。

4）用式（8-2）计算改正距离，即

$$BB'=OB'\tan\Delta\beta\approx OB'\frac{\Delta\beta}{\rho} \tag{8-2}$$

5）自 B' 点沿 OB' 的垂直方向量出距离 BB'，定出 B 点，则 $\angle AOB$ 就是要测设的角度。

量取改正距离时，如 $\Delta\beta$ 为正，则沿 OB' 的垂直方向向外量取；如 $\Delta\beta$ 为负，则沿 OB' 的垂直方向向内量取。

3. 已知高程测设

已知高程测设，是利用水准测量的方法，根据已知水准点，将设计高程测设到现场作业面上。

（1）在地面上测设已知高程。如图8-5所示，某建筑物的室内地坪设计高程为45.000m，附近有一水准点BM_3，其高程为H_3＝44.680m。现在要求把该建筑物的室内地坪高程测设到木桩A上，作为施工时控制高程的依据。其测设方法如下：

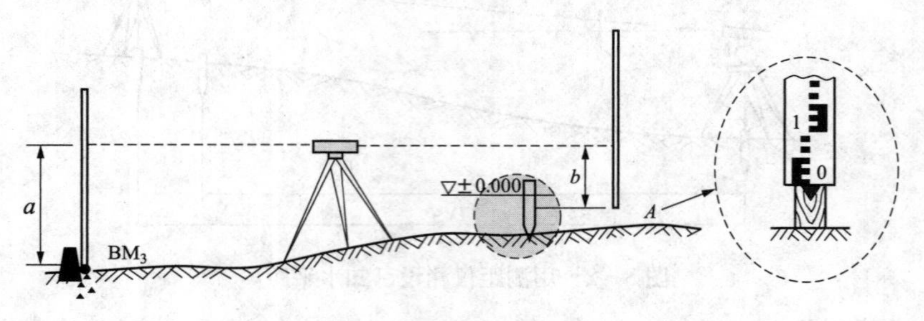

图8-5　已知高程的测设

1）在水准点BM_3和木桩A之间安置水准仪，在BM_3上立水准尺，用水准仪的水平视线测得后视读数为1.556m，此时视线高程为

$$44.680+1.556=46.236\ (\text{m})$$

2）计算A点水准尺尺底为室内地坪高程时的前视读数

$$b=46.236-45.000=1.236\ (\text{m})$$

3）上下移动竖立在木桩A侧面的水准尺，直至水准仪的水平视线在尺上截取的读数为1.236m时，紧靠尺底在木桩上画一水平线，其高程即为45.000m。

（2）高程传递。当向较深的基坑或较高的建筑物上测设已知高程点时，如水准尺长度不够，可利用钢尺向下或向上引测。

如图8-6所示，欲在深基坑内设置一点B，使其高程为$H_{设}$。地面附近有一水准点R，其高程为H_R。其测设方法如下：

1）在基坑一边架设吊杆，杆上吊一根零点向下的钢尺，尺的下端挂上10kg的重锤，放入油桶中。

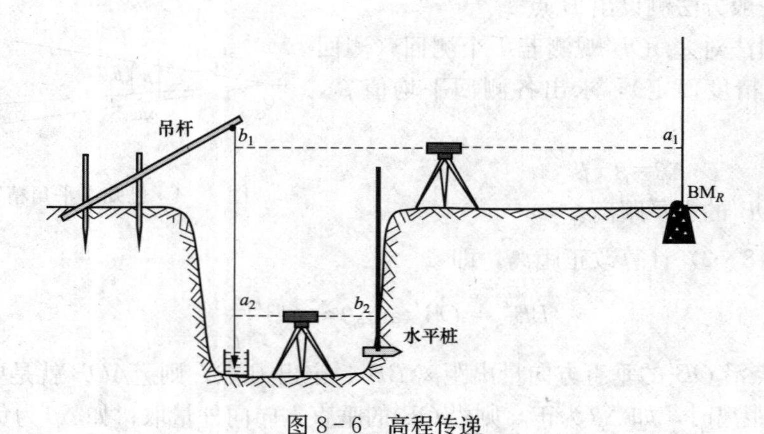

图8-6　高程传递

2）在地面安置一台水准仪，设水准仪在R点所立水准尺上的读数为a_1，在钢尺上读数为b_1。

3）在坑底安置另一台水准仪，设水准仪在钢尺上读数为a_2。

4）计算 B 点水准尺底高程为 $H_{设}$ 时，B 点处水准尺的读数应为

$$b_{应}=(H_R+a_1)-(b_1-a_1)-H_{设} \quad (8-3)$$

用同样的方法，也可从低处向高处测设已知高程的点。

4. 已知坡度测设

在道路建设、敷设上下水管道及排水沟等工程时，常要测设指定的坡度线。

已知坡度线的测设是根据设计坡度和坡度端点的设计高程，用水准测量的方法将坡度线上各点的设计高程标定在地面上。

如图 8－7 所示，A、B 为坡度线的两端点，其水平距离为 D，设 A 点的高程为 H_A，要沿 AB 方向测设一条坡度为 i_{AB} 的坡度线。其测设方法如下：

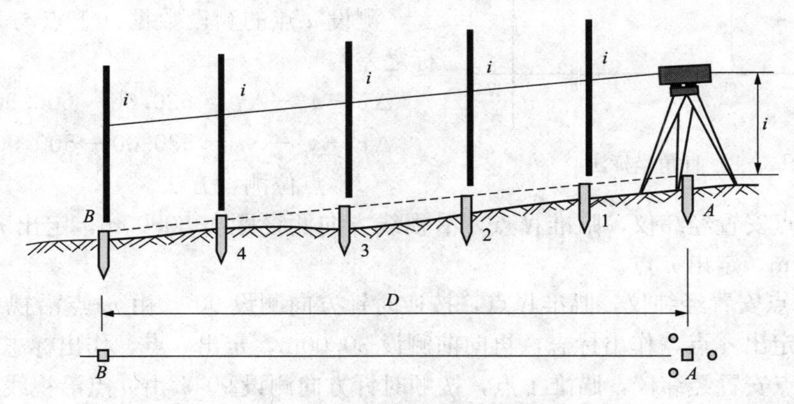

图 8－7　已知坡度线的测设

(1) 根据 A 点的高程、坡度 i_{AB} 和 A、B 两点间的水平距离 D，计算出 B 点的设计高程，即

$$H_B=H_A+i_{AB}D$$

(2) 按测设已知高程的方法，在 B 点处将设计高程 H_B 测设于 B 桩顶上，此时，AB 直线即构成坡度为 i_{AB} 的坡度线。

(3) 将水准仪安置在 A 点上，使基座上的一个脚螺旋在 AB 方向线上，其余两个脚螺旋的连线与 AB 方向垂直。量取仪器高 i，用望远镜瞄准 B 点的水准尺，转动在 AB 方向上的脚螺旋或微倾螺旋，使十字丝中丝对准 B 点水准尺上等于仪器高 i 的读数，此时，仪器的视线与设计坡度线平行。

(4) 在 AB 方向线上测设中间点，分别在 1，2，3 等处打下木桩，使各木桩上水准尺的读数均为仪器高 i，这样各桩顶的连线就是欲测设的坡度线。

如果设计坡度较大，超出水准仪脚螺旋所能调节的范围，则可用经纬仪测设。

8.1.2　点的平面位置测设方法

点的平面位置测设方法有直角坐标法、极坐标法、角度交会法和距离交会法。应根据控制网的形式、地形情况、现场条件及精度要求等因素确定点的平面位置测设方法。

1. 直角坐标法

直角坐标法是根据直角坐标原理，利用纵横坐标之差，测设点的平面位置。直角坐标法适用于施工控制网为建筑方格网或建筑基线的形式，且量距方便的建筑施工场地。

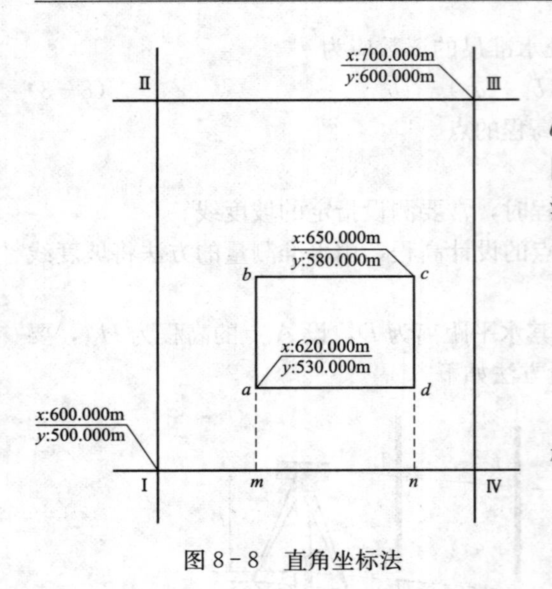

图 8－8　直角坐标法

（1）计算测设数据。如图 8－8 所示，Ⅰ、Ⅱ、Ⅲ、Ⅳ为建筑施工场地的建筑方格网点，a、b、c、d 为欲测设建筑物的四个角点，根据设计图上各点坐标值，可求出建筑物的长度、宽度及测设数据，即

$$建筑物的长度 = y_c - y_a = 580.00 - 530.00 = 50.00(\text{m})$$

$$建筑物的宽度 = x_c - x_a = 650.00 - 620.00 = 30.00(\text{m})$$

测设 a 点的测设数据（Ⅰ点与 a 点的纵横坐标之差）：

$$\Delta x - x_a - x_{\text{I}} = 620.00 - 600.00 = 20.00(\text{m})$$

$$\Delta x - y_a - y_{\text{I}} = 530.00 - 500.00 = 30.00(\text{m})$$

（2）点位测设方法。

1）在Ⅰ点安置经纬仪，瞄准Ⅳ点，沿视线方向测设距离 30.00m，定出 m 点，继续向前测设 50.00m，定出 n 点。

2）在 m 点安置经纬仪，瞄准Ⅳ点，按逆时针方向测设 90°，由 m 点沿视线方向测设距离 20.00m，定出 a 点，作出标志，再向前测设 30.00m，定出 b 点，作出标志。

3）在 n 点安置经纬仪，瞄准Ⅰ点，按顺时针方向测设 90°，由 n 点沿视线方向测设距离 20.00m，定出 d 点，作出标志，再向前测设 30.00m，定出 c 点，作出标志。

4）检查建筑物四角是否等于 90°，各边长是否等于设计长度，其误差均应在限差以内。

测设上述距离和角度时，可根据精度要求分别采用一般方法或精密方法。

2. 极坐标法

极坐标法是根据一个水平角和一段水平距离，测设点的平面位置。极坐标法适用于量距方便，且待测设点距控制点较近的建筑施工场地。

（1）计算测设数据。如图 8－9 所示，A、B 为已知平面控制点，其坐标值分别为 $A(x_A, y_A)$、$B(x_B, y_B)$，P 点为建筑物的一个角点，其坐标为 $P(x_P, y_P)$。现根据 A、B 两点，用极坐标法测设 P 点，其测设数据计算方法如下：

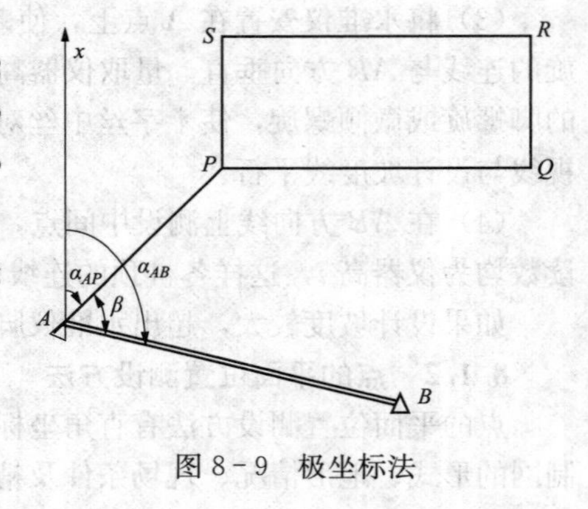

图 8－9　极坐标法

1）计算 AB 边的坐标方位角 α_{AB} 和 AP 边的坐标方位角 α_{AP} 按坐标反算公式计算，即

$$\alpha_{AB} = \arctan\frac{\Delta y_{AB}}{\Delta x_{AB}}$$

$$\alpha_{AP} = \arctan\frac{\Delta y_{AP}}{\Delta x_{AP}}$$

注意：每条边在计算时，应根据 Δx 和 Δy 的正负情况，判断该边所属象限。

2）计算 AP 与 AB 之间的夹角

$$\beta = \alpha_{AB} - \alpha_{AP}$$

3）计算 A、P 两点间的水平距离

$$D_{AP}=\sqrt{(x_P-x_A)^2+(y_P-y_A)^2}=\sqrt{\Delta x_{AP}^2+\Delta y_{AP}^2}$$

例 8-1 已知 $x_P=370.000\text{m}$，$y_P=458.000\text{m}$，$x_A=348.758\text{m}$，$y_A=433.570\text{m}$，$\alpha_{AB}=103°48'48''$，试计算测设数据 β 和 D_{AP}。

解 $$\alpha_{AP}=\arctan\frac{\Delta y_{AP}}{\Delta x_{AP}}=\arctan\frac{458.000\text{m}-433.570\text{m}}{370.000\text{m}-348.758\text{m}}=48°59'14''$$

$$\beta=\alpha_{AB}-\alpha_{AP}=103°59'34''-48°59'34''=54°49'14''$$

$$D_{AP}=\sqrt{(370.000-348.758)^2+(458.000-433.570)^2}=32.374\ (\text{m})$$

(2) 点位测设方法。

1）在 A 点安置经纬仪，瞄准 B 点，按逆时针方向测设 β 角，定出 AP 方向。

2）沿 AP 方向自 A 点测设水平距离 D_{AP}，定出 P 点，作出标志。

3）用同样的方法测设 Q、R、S 点，全部测设完毕后，检查建筑物四角是否等于 90°，各边长是否等于设计长度，其误差均应在限差以内。

同样，在测设距离和角度时，可根据精度要求分别采用一般方法或精密方法。

3. 角度交会法

角度交会法适用于待测设点距控制点较远，且量距较困难的建筑施工场地。

(1) 计算测设数据。如图 8-10 (a) 所示，A、B、C 为已知平面控制点，P 为待测设点，现根据 A、B、C 三点，用角度交会法测设 P 点，其测设数据计算方法如下：

1）按坐标反算公式，分别计算出 α_{AB}、α_{AP}、α_{BP}、α_{CB} 和 α_{CP}。

2）计算水平角 β_1、β_2 和 β_3。

(2) 点位测设方法。

1）在 A、B 两点同时安置经纬仪，同时测设水平角 β_1 和 β_2，定出两条视线，在两条视线相交处钉下一个大木桩，并在木桩上依 AP、BP 绘出方向线及其交点。

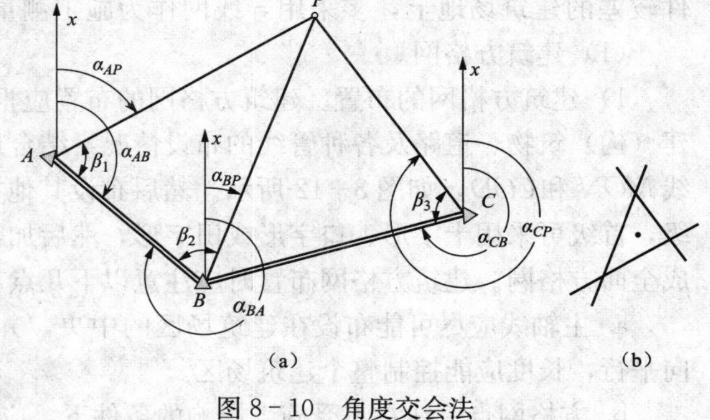

图 8-10 角度交会法

2）在控制点 C 上安置经纬仪，测设水平角 β_3，同样在木桩上依 CP 绘出方向线。

3）如果交会没有误差，此方向应通过前两方向线的交点，否则将形成一个“示误三角形”，如图 8-10 (b) 所示。若示误三角形边长在限差以内，则取示误三角形重心作为待测设点 P 的最终位置。

测设 β_1、β_2 和 β_3 时，视具体情况，可采用一般方法和精密方法。

4. 距离交会法

距离交会法是由两个控制点测设两段已知水平距离，交会定出点的平面位置。距离交会法适用于待测设点至控制点的距离不超过一尺段长，且地势平坦、量距方便的建筑施工场地。

(1) 计算测设数据。如图 8-11 所示，A、B 为已知平面控制点，P 为待测设点，现根

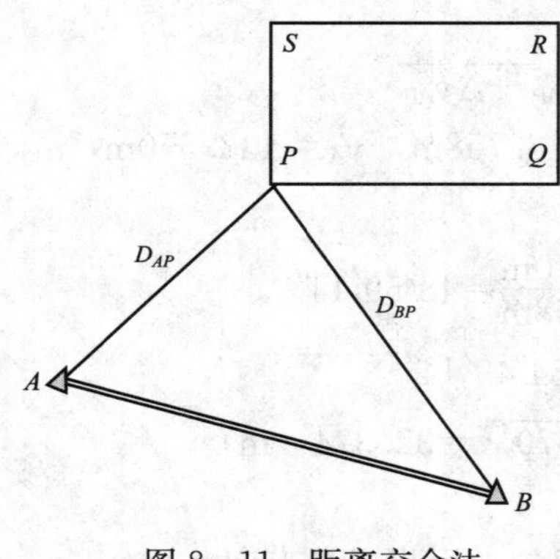

图 8-11 距离交会法

据 A、B 两点，用距离交会法测设 P 点，其测设数据计算方法为根据 A、B、P 三点的坐标值，分别计算出 D_{AP} 和 D_{BP}。

（2）点位测设方法。

1）将钢尺的零点对准 A 点，以 D_{AP} 为半径在地面上画一圆弧。

2）再将钢尺的零点对准 B 点，以 D_{BP} 为半径在地面上再画一圆弧。两圆弧的交点即为 P 点的平面位置。

3）用同样的方法，测设出 Q 的平面位置。

4）丈量 P、Q 两点间的水平距离，与设计长度进行比较，其误差应在限差以内。

8.1.3 施工控制网的布设

建筑施工控制测量分为平面控制测量和高程控制测量。

1. 平面控制测量

施工平面控制网的布设形式，应根据建筑物的布置情况、场地大小和地形条件等因素来确定。对于大型建筑施工场地，施工平面控制网多采用由正方形和矩形格网组成的建筑方格网（或矩形网）。在面积不大又比较平坦的建筑场地上，常布设一条或几条基线，作为施工测量的平面控制，称为建筑基线。因此，在一些面积较大、地面复杂、通视条件较差的建筑场地上，多采用导线网作为施工测量的平面控制网。

（1）建筑方格网。

1）建筑方格网的布置。建筑方格网的布置应根据建筑设计总平面图上各已建和待建的建（构）筑物、道路及各种管线的布设情况，结合现场地形条件，先选定建筑方格网的主轴线 MON 和 COD，如图 8-12 所示。然后布设其他方格网点。当施工区面积较大时，常分两级，首级可采用十字形、口字形或田字形，然后加密方格网。当施工区面积不大时，可布置成全面方格网。建筑方格网布置时应注意以下几点：

a. 主轴线应尽可能布设在建筑场区的中央，并与主要建筑物的主轴线、道路或管线方向平行，长度应能控制整个建筑场区。

b. 方格网点、线在不受施工影响的条件下，应尽量靠近建筑物。

c. 方格网的纵、横边应严格互相垂直。

d. 方格网边长一般为 100～200m，矩形方格网的边长应尽可能为 50m 或其整倍数。

e. 方格网的边应保证通视且便于量距和测角，点位标石应能长期保存。

2）施工坐标与测量坐标的换算。如图 8-13 所示，施工坐标系（即建筑坐标系）中的 A、B 轴一般与厂区的主要建筑物或主要道路、管线、主轴线方向平行，坐标原点设在总平面图的西南角，使所有建筑物和构筑物的设计坐标均为正值。因此，施工坐标系与测量坐标系往往不一致，有时需要互换。施工坐标系和测量坐标系的关系，可用施工坐标系原点 O' 在测量坐标系中的坐标（$x_{O'}$，$y_{O'}$）及 A 轴在测量坐标系中的坐标方位角 α 来确定。如图 8-13 所示，点 P 在施工坐标系中的坐标为 A_P、B_P，则点 P 在测量坐标系中的坐标为

$$\left.\begin{aligned}x_P&=x_O+A_P\cos\alpha-B_P\sin\alpha\\y_P&=y_O+A_P\sin\alpha+B_P\cos\alpha\end{aligned}\right\}\tag{8-4}$$

若将 P 在测量坐标系中的坐标转化为施工坐标系中的坐标，其转换公式为

$$\left.\begin{aligned}A_P&=(x_P-x_{O'})\cos\alpha+(y_P-y_{O'})\sin\alpha\\B_P&=(y_P-y_{O'})\cos\alpha-(x_P-x_{O'})\sin\alpha\end{aligned}\right\}\tag{8-5}$$

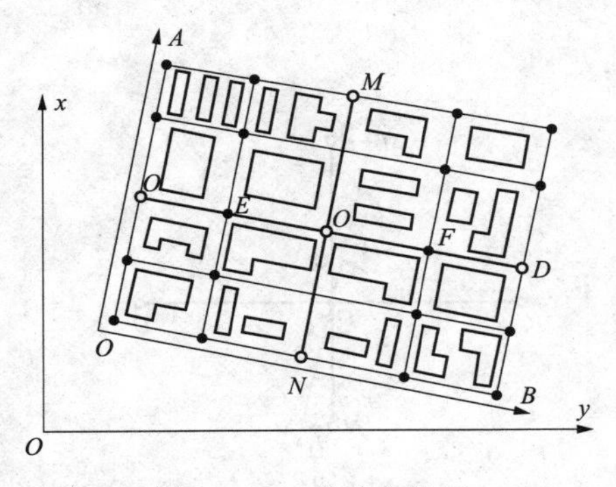

图8-12　建筑方格网

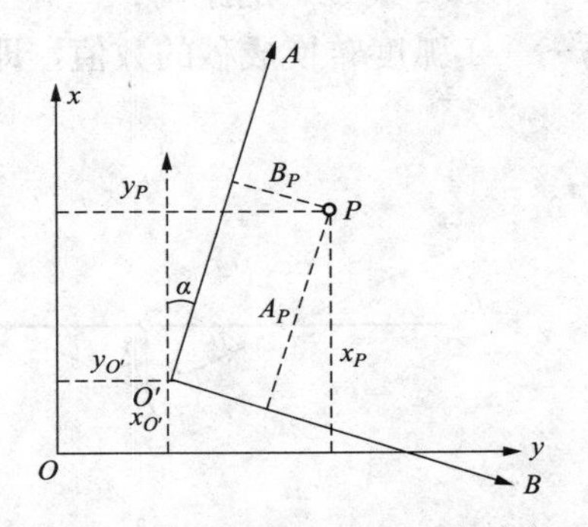

图8-13　施工坐标与测量坐标的关系

3）建筑方格网的测设。主轴线的测设，如图8-12所示，CD、MN 为建筑方格网的主轴线，是建筑方格网扩展的基础。E、C、O、D、F 和 M、N 是主轴线的定位点，称为主点。测设主点时，首先应将主点的施工坐标换算成测量坐标系中的坐标，再根据场地测量控制点和仪器设备情况，选择测设方法，计算测设数据，然后分别测设出主点的概略位置。用混凝土桩把主点固定下来。混凝土桩顶部常设一块10cm×10cm的铁板，供调整点位时使用。

由于主点测设误差的影响，致使 C'、O'、D' 主点位置一般不在同一条直线上，如图8-14（a）所示。因此，需要在 O' 点安置经纬仪精确测量 $\angle COD$ 的角值 β，若 β 与180°之差超过±5″时应进行调整。调整时，C'、O'、D' 均应沿 COD 的垂直方向移动同一改正值 δ，分别至 C、O、D 位置，使三主点成一直线。δ 值可按式（8-3）计算。

图8-14（a）中，由于 μ 和 γ 角均很小，故

$$\mu=\frac{\delta}{\frac{a}{2}}\rho''=\frac{2\delta}{a}\rho''$$

$$\gamma=\frac{\delta}{\frac{b}{2}}\rho''=\frac{2\delta}{b}\rho''$$

而

$$\left.\begin{aligned}180^\circ-\beta&=\mu+\gamma=\left(\frac{2\delta}{a}+\frac{2\delta}{b}\right)\rho''=2\delta\frac{a+b}{ab}\rho''\\\delta&=\frac{ab}{2(a+b)}\frac{1}{\rho''}(180-\beta)\end{aligned}\right\}\tag{8-6}$$

移动 C、O、D 三点之后，再测量 $\angle COD$，如果测得的结果与180°之差仍超限，对应再进行调整，直到误差在规范允许的±5″范围之内为止。

C、O、D 三个主点测设好后，如图8-14（b）所示，将经纬仪安置在 O 点，瞄准 C

点，分别向左、右测设 90°角，测设另一主轴线 MON，同样用混凝土桩在地上定出其概略位置 M 和 N，再精确测出$\angle COM$ 和$\angle CON$，分别算出它们与 90°之差 ε_1、ε_2，如果超过±5″，按下式计算改正值 l_1 和 l_2 为

$$l=L\frac{\varepsilon''}{\rho''} \tag{8-7}$$

式中 L——OM 或 ON 的距离；

ρ''——1 弧度转换成秒的数值，即 206 265″。

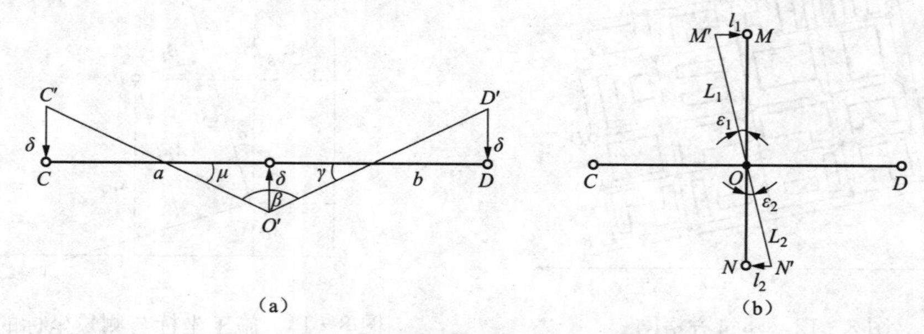

图 8-14 建筑方格网主点点位调整

将 M' 沿垂直方向移动距离 l_1，得 M 点，同法定出 N 点。然后，还应实测改正后的$\angle MON$，它与 180°之差应在限差范围内。

最后，精确测量 OC、OD、OM、ON 的距离，并与设计边长比较，其相对中误差不得超过 1/30000，否则沿纵向予以调整，最后在铁板上刻出其点位。

详细测设。如图 8-15 所示，主点测设好后，分别在主轴线端点 C、D 和 M、N 上安置经纬仪，均以 O 点为起始方向，分别向左、向右测设 90°角，这样就交会出田字形方格的四个角点 G、H、P 和 Q。为了进行检核，还要安置经纬仪于方格网点上，精密测量各角是否为 90°；误差应小于±5″，并精确测量各段的距离，看是否与设计边长相等，相对中误差应小于 1/2000。最后，用混凝土桩标定。以这些基本点为基础，用角度交会或导线测量方法测设方格网所有各点，并用大木桩或混凝土桩标定。

(2) 建筑基线。

1) 建筑基线的布设。建筑基线的布设形式是根据建筑设计总平面图上建筑物的分布情况、现场地形条件及原有控制点的分布情况来确定的，常见的布设形式如图 8-16 所示。

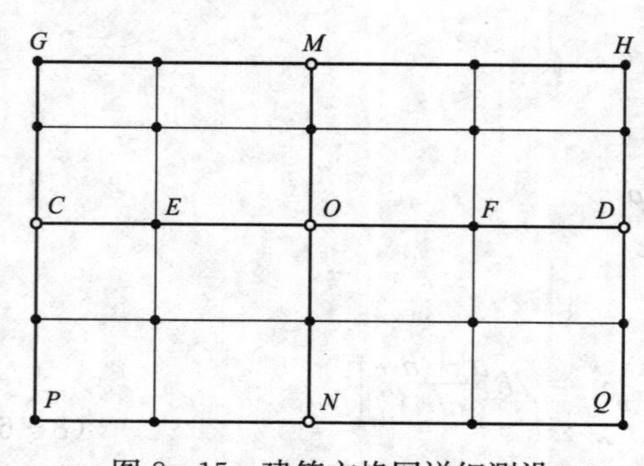

图 8-15 建筑方格网详细测设

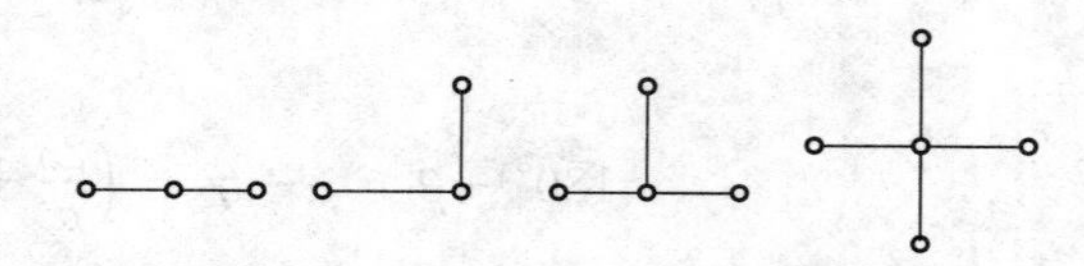

图 8-16 建筑基线的布设形式

建筑基线布设时应注意以下几点：

a. 建筑基线应靠近主要建筑物，并应平行或垂直于主要建筑物的轴线，以便于采用直角坐标法测设建筑物轴线。

b. 为了便于检查建筑基线点有无变动，基线点应不少于3个。

c. 相邻点间应互相通视，基线点应选在不易破坏、便于长期保存的地方，并要按照永久性控制点埋设方法进行埋设，如设置成混凝土桩或石桩。

2）建筑基线的测设。

a. 根据已有的控制点测设。在建筑设计总平面图上选定建筑基线的位置，根据建筑物的设计坐标，确定建筑基线点的坐标；再利用附近已有的测量控制点，并根据现场情况选择测设方法，求算测设数据，将建筑基线点测设在地面上。同时根据设计值对角度和距离进行检查，若与设计值的差值超过允许值，按测设建筑方格网轴线的方法调整。

b. 根据建筑红线测设。建筑红线，也称建筑控制线，是指城市规划管理中控制城市道路两侧沿街建筑物或构筑物（如外墙、台阶等）靠临街面的界线。任何临街建筑物或构筑物不得超过建筑红线。

建筑红线由道路红线和建筑控制线组成。道路红线是城市道路（含居住区级道路）用地的规划控制线；建筑按制线是建筑物基底位置的控制线。基底与道路邻近一侧，一般以道路红线为建筑控制线，如果因城市规划需要，主管部门可在道路线以外另定建筑控制线，一般称后退道路红线建造。任何建筑都不得超越给定的建筑红线。

如图8-17所示，直线12和23为两条相互垂直的建筑红线，根据建筑红线点1、2、3，利用直角坐标法，分别向内测设规划设计距离 d_1、d_2，标定出基线点 A、O、B，便得到建筑基线 OA 和 OB。然后，还要观测 $\angle AOB$ 是否等于 $90°$，其差值应小于 $\pm 20''$；测量 OA、OB 的距离分别与设计值比较，其相对中误差应小于1/1000，否则应予以调整。如果施工现场没有控制点或施工精度要求不高，可根据建筑基线与现有建（构）筑物间的几何关系直接进行测设。建筑基线测设好后，应进行检核。

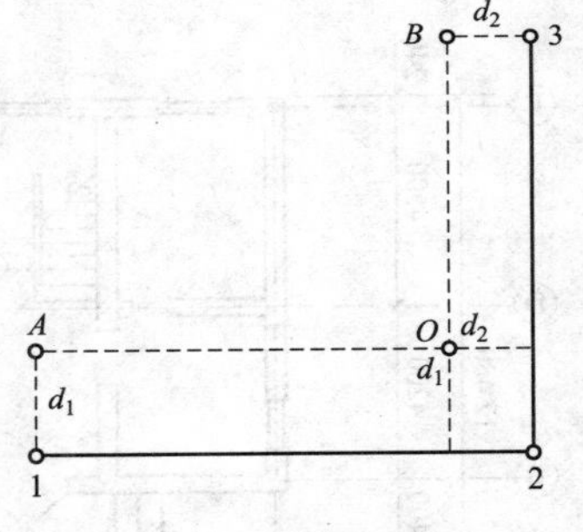

图8-17　根据建筑红线测设建筑基线

除上述两种方法外，也可以采用三角网、导线作为施工平面控制网的形式。由于GPS技术的普及，在许多大型工程中采用了GPS技术建立施工控制网。它具有测量精度高、劳动强度低、全天候作业等优点，在采用GPS方法建立施工控制网时，应保证点位附近天空开阔，而且没有电波辐射源和反射源。

控制网外业观测结束后，首先应进行外业观测精度的评定。只有在外业观测精度满足有关规定以后，才可以进行下一步的控制网数据处理工作。

2. 高程控制测量

任何建设项目，施工前都必须在建筑场地上设置一定数量（不少于2个）的高程控制点(水准点)。为了满足安置一次水准仪即可测设出建筑物所需的高程，水准点距施工建筑物小于200m。水准点应布设在不受施工影响、无振动、便于永久保存的地方。在一般情况下，采用四等水准测量方法测定各水准点高程，而对连续生产的车间或下水管道等，则采用三等水准测量的方法测量各水准点的高程。为了便于成果检核和提高测量精度，场地高程控制网应布设成闭合水准路线或附合水准路线。

在一些大型的建筑场区，一般在布设建筑方格网的同时，在方格网点桩面上中心点旁设置一个凸出的半球状标志兼作高程控制点。若格网点密度较大，可把主要方格网点或高程测设要求较高的建筑物附近方格网点纳入闭合或附合水准路线，其余点以支水准路线施测。

为了施工测设方便和减少误差，还要在建筑物的外墙或内部，测设出高程为建筑物一层室内地坪设计高程的±0 水准点或高出±0 位置 50cm 的 50 线。值得注意的是，不同建（构）筑物的±0 设计高程不一定相同，应严格加以区别。建（构）筑物的±0 设计高程与水准点的高程必须为同一高程系统，否则，必须予以换算。

8.1.4 一般民用建筑施工测量

不用类型的民用建筑，其施工测量的方法和精度虽有所差别，但施工测量原理的主要内容基本相同。民用建筑施工测量的主要内容包括建筑物定位、轴线测设、基础施工测量、轴线投测和标高传递等。在建筑场地完成了施工控制网后，就可按照施工的各个工序进行施工放样工作。

1. 建筑物定位

建筑物定位就是根据设计图，利用已有建筑物或场地上的平面控制点，将建筑物的外轮廓轴线交点（如图 8-18 中 M、N、P、Q 点）测设在地面上，然后根据这些点进行细部放样。根据施工现场条件和设计情况不同，建筑物定位有以下几种方法：

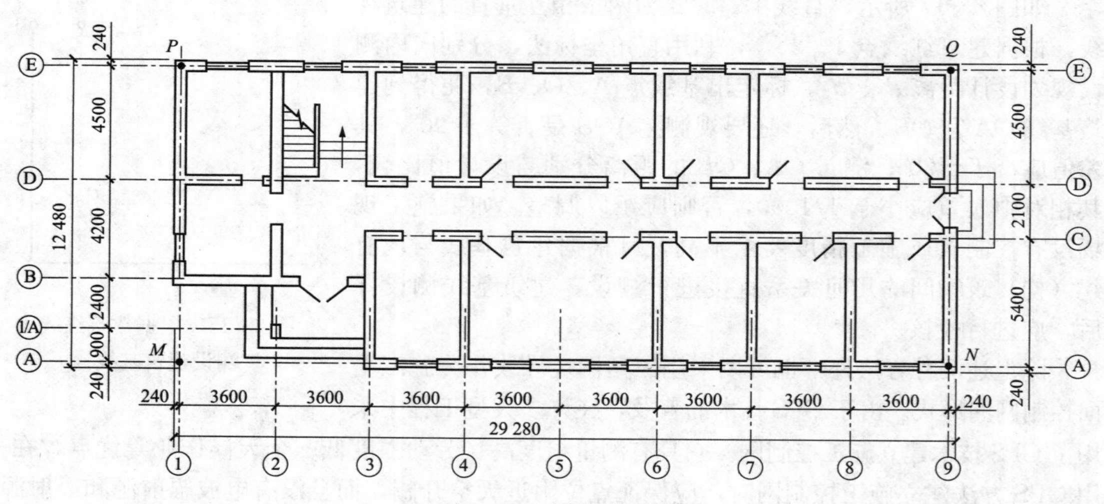

图 8-18 建筑平面图

（1）利用控制点定位。如果建筑物总平面图上给出了建筑物的位置坐标（一般是建筑物外墙角坐标），可根据给定坐标和建筑物施工图上的设计尺寸，计算出建筑物各定位点（外轮廓轴线交点）的坐标。利用场地上的平面控制点，采用适当的方法将建筑物定位点的平面位置测设在地面上，并用大木桩固定（俗称角桩）。然后进行检查，其偏差不应超过表 8-1 的规定。

表 8-1 建筑施工放样、轴线投测和标高传递允许偏差

项 目	内容	允许偏差（mm）
基础桩位放样	单排桩或群桩中的边桩	±10
	群桩	±20

续表

项 目	内容		允许偏差（mm）
各施工层上放线	外廓主轴线长度 L（m）	$L\leqslant 30$	±5
		$30<L\leqslant 60$	±10
		$60<L\leqslant 90$	±15
		$90<L$	±20
	细部轴线		±2
	承重墙、梁、柱边线		±3
	非承重墙边线		±3
	门窗洞口线		±3
轴线竖向投测	每层		3
	总高 H（m）	$L\leqslant 30$	5
		$30<L\leqslant 60$	10
		$60<L\leqslant 90$	15
		$90<L\leqslant 120$	20
		$120<L\leqslant 150$	25
		$150<L$	30
标高竖向传递	每层		±3
	总高 H（m）	$H\leqslant 30$	±5
		$30<H\leqslant 60$	±10
		$60<H\leqslant 90$	±15
		$90<H\leqslant 120$	±20
		$120<H\leqslant 150$	±25
		$150<H$	±30

（2）利用建筑红线定位。如图 8－19 所示，为一建筑物总平面设计图，A、B、C 是建筑红线桩，图中给出了拟建建筑物与建筑红线距离关系。现欲利用建筑红线测设建筑物外轮廓轴线交点 M、N、P、Q。由于总平面图中给出的尺寸是建筑物外墙到建筑红线的净距离，再根据图 8－18，建筑物轴线 A－A 和轴线⑨到建筑红线的距离分别为 8.24m 和 6.24m。如图 8－20 所示，测设时，可先在 B 点上安置经纬仪，瞄准 A 点，沿视线方向从 B 点向 A 点用钢尺量取 6.24m 和 35.04m（6.24m＋28.8m），依次定出 1、2 两点。然后在 2 点安置经纬仪，后视 A 点，向右测设 90°角，沿视线方向用钢尺从 2 点分别量取 8.24m 和 20.24m（8.24＋12.0）得 M、P 两点。同样，在 1 点安置经纬仪，后视 B 点，向左测设 90°角，沿视线方向用钢尺从 2 点分别量取 8.24m 和 20.24m（8.24m＋12.0m）得 N、Q 两点。最后，用经纬仪检测四个角是否等于 90°，并用钢尺检测四条轴线的长度，是否满足表 8－1 的要求。

（3）利用已有建筑物定位。如图 8－19 所示，根据总平面图设计要求，拟建建筑物外墙皮到已有建筑物的外墙皮距离为 15.000m，南侧外墙平齐，拟建建筑物的外轮廓轴线偏外墙向里 0.240m，现欲进行建筑物定位。如图 8－21 所示，测设时，首先沿已有建筑物的东、

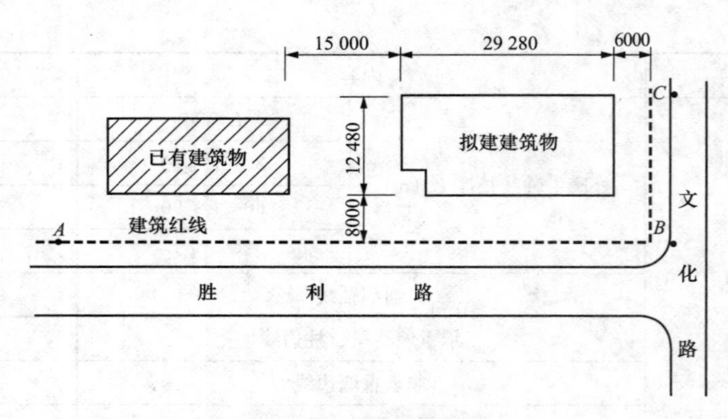

图 8-19　建筑总平面图

西外墙，用钢尺向外延长一段距离 l（l 不宜太长，可根据现场实际情况确定）得 1、2 两点。将经纬仪安置在 1 点上，瞄准 2 点，分别从 2 点沿 12 延长线方向量出 15.240m（15.000m+0.240m）和 44.040m（15.000m+0.240m+28.800m）得 3、4 两点，直线 34 就是用于测设拟建建筑物平面位置的建筑基线。然后将经纬仪安置在 3 点上，后视 1 点向右测设直角，沿视线方向从 2 点分别量取 l+0.24m 和 l+0.24m+12.0m，得 M、P 两点。再将经纬仪安置在 4 点上，以相同的方法测设出 N、Q 两点。M、N、P、Q 四点即为拟建建筑物外轮廓定位轴线的交点。最后，检查 PQ 的距离是否等于 28.8m，$\angle MPQ$ 和 $\angle PQN$ 是否等于 90°。点位误差应满足表 8-1 的要求；验证 MP 轴线距办公楼外墙皮距离是否为 15.24m。

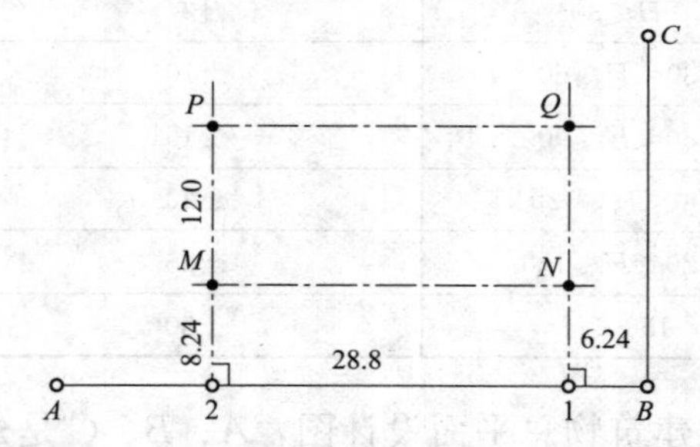

图 8-20　利用建筑红线进行建筑物定位

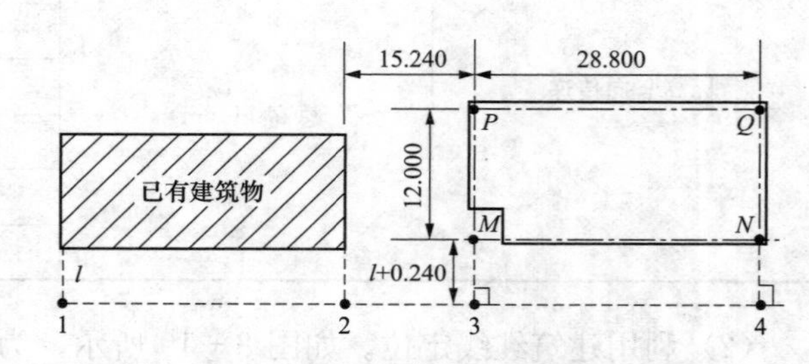

图 8-21　利用已有建筑物进行建筑物定位

2. 设置轴线控制桩或龙门板

建筑物定位以后，所测设的轴线交点桩（或称角桩）在开挖基础时将被破坏。为了方便地恢复各轴线位置，一般把轴线延长到基坑开挖区以外，并做好标志。延长轴线的方法有两种，即轴线控制桩法和龙门板法。

（1）轴线控制桩。轴线控制桩又称轴线引桩，设置在基础轴线的延长线上，作为基坑开挖后各施工阶段确定轴线位置的依据，如图 8-22 所示，1，2，…，8 为轴线引桩。轴线控制桩离基槽外边线的距离根据施工场地的条件而定。如果附近有稳定的建筑物，也可将轴线一端投设在建筑物的墙上，另一端必须设置引桩。为了便于使用全站仪在基坑内恢复轴线，应测量引桩到该轴线交点的距离。

（2）龙门板。对于一般小型的民用建筑，为了方便施工，在建筑物四角和隔墙两端基槽开挖线外一定距离（一般 1.5～2m）处设置龙门板，如图 8-23 所示。钉设龙门板的步骤如下：

1）钉设龙门桩时，龙门桩要钉的竖直、牢固，木桩外侧面与基槽平行。

2）钉设龙门板时，根据建筑场地水准点，用水准仪在龙门桩上测设建筑物±0.000标高线。根据±0.000标高线把龙门板钉在龙门桩上，使龙门板的顶面水平且与±0.000标高线一致，误差一般不超过±5mm。

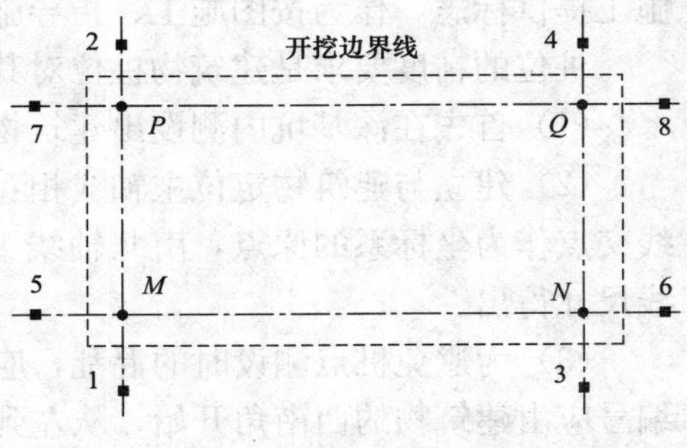

图8-22 设置轴线引桩

3）投测轴线，经纬仪安置于轴线交点桩上，瞄准同一轴线上另一交点桩，沿视线方向在龙门板上定出一点，用小钉标志，纵转望远镜在另一龙门板上也钉一小钉。同法将各轴线投测到龙门板上，要求不高时，也可以用线绳悬挂铅垂来标定，偏差不超过5mm。

4）用钢尺沿龙门板顶面，检查轴线（用小钉标明）的间距，经检验合格后，以轴线钉为准将墙线、基槽开挖线标在龙门板上。

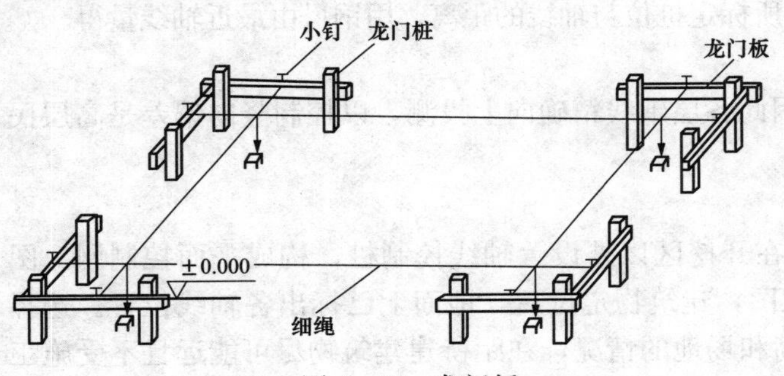

图8-23 龙门板

3. 基础施工测量

基础开挖前，根据轴线控制桩（或龙门板）的轴线位置和基础宽度，并顾及基础开挖时应放坡的尺寸，在地面上用白灰标出基槽边线（或基坑开挖线）。

（1）控制开挖深度。开挖基槽（坑）时，不得超挖基底，要随时注意挖土的深度。当基槽（坑）挖至接近槽（坑）底设计标高时，用水准仪在槽（坑）每隔2～3m和拐角处测设一些水平桩，俗称腰桩，如图8-24所示，使桩的上表面距槽（坑）底设计标高0.5m（或者某一整分米），以控制基槽深度作为清理槽底和铺设垫层的依据。水平桩的标高允许偏差小于或等于±10mm。

（2）投测轴线和标高。垫层浇筑好后，根据轴线控制桩或龙门板上的轴线钉，用经纬仪或线绳悬挂铅垂，把轴线投测到垫层上，经检核满足要求后，再按照基础设计图，在垫层上用墨线弹出轴线的基础边线，以便浇筑基础。垫层标高可根据水平桩在槽（坑）壁上弹出的设计标高水平线控制，或者在槽（坑）底设置小木桩控制，使小木桩桩标高为垫层顶面的设计标高。若垫层需要支模，则可直接在模板上测设标高控制线。

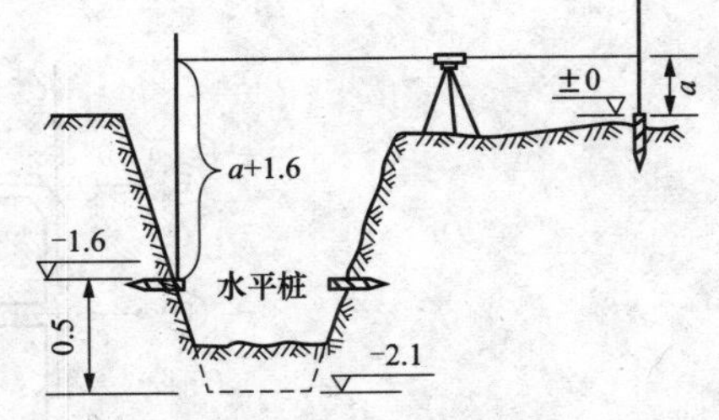

图8-24 测设水平桩

8.1.5 高层民用建筑施工测量

高层民用建筑施工测量的主要内容有桩基础定位、轴线投测、高程传递和细部测设。

1. 桩基础定位

桩基础是高层民用建筑常用的基础形式，是深基础的一种，桩基础可分为灌注桩和预制桩两大类。建筑工程桩基础不论采用何种类型的桩，施工前必须进行定位，其目的是把设计图上的建筑物基础桩位按设计和施工的要求，准确地测设到拟建建筑场地上，为桩基础工程施工提供标志，作为按图施工、指导施工的依据。

桩位的精度要求是建筑物桩位对其主轴线的相对位置精度。因此，桩位测设时：

(1) 首先在深基坑内测设出建筑物的主轴线。

(2) 建立与建筑物定位主轴线相互平行的假定坐标系统，一般应以建筑物西南角的主轴线交点作为坐标系的原点，南北轴线为 x 轴，东西轴线为 y 轴，其他主轴线交点坐标由轴线尺寸得出。

(3) 为避免桩点测设时的混乱，应根据桩位平面布置图对所有桩点进行统一编号，桩点编号应由建筑物的西南角开始，从左到右、从下而上的顺序编号。

(4) 根据桩位平面图所标定的尺寸，计算出其他各轴线点和各个桩位的假定坐标，标注在图上或列表表示。

(5) 根据主轴线交点，可用极坐标法或全站仪测设其他各轴线点和各个桩位。

最后用钢尺检查各桩位与轴线的距离，应满足规范要求。对于桩位要求精度不高或坑底比较平坦的建筑工程，可根据桩位平面图所标定桩位与轴线的距离，用钢尺由最近轴线量得。

2. 轴线投测

高层民用建筑层数多、重心高，因此各层轴线精确向上投测，以控制竖向偏差是高层民用建筑施工测量的主要工作。

(1) 经纬仪引桩投测法

1) 选择中心轴线。基坑开挖前，在开挖区以外设置轴线控制桩，构成平面控制网。图 8-25 所示为某高层民用建筑平面示意图，建筑物定位后，地面上已标出各轴线位置。选择③轴线和©轴作为中心轴线。根据楼高和场地的情况，在距待建建筑物尽可能远且不受施工影响处，设置四个轴线控制桩（引桩）C、C'、3 和 $3'$。当基础施工完工后，用经纬仪将©轴和③轴精确地投测到建筑物底部，并标定，如图 8-14 中所示的 a、a'、b 和 b'。

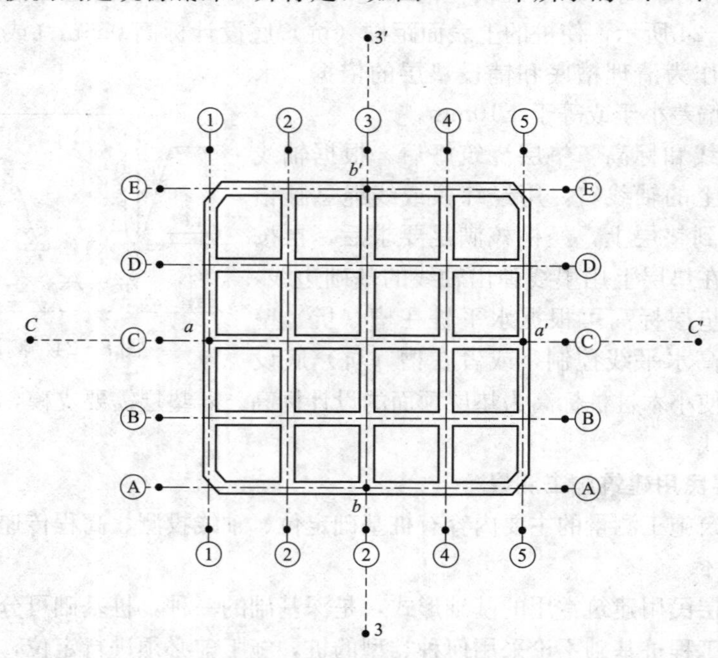

图 8-25 某高层民用建筑平面示意图

2）向上投测中心轴线。随着建筑物不断升高，要逐层将轴线向上传递，可将经纬仪安置在③轴和Ⓒ轴的控制桩 C、C'、3 和 $3'$ 上，底部的标志 a、a'、b 和 b'，如图 8-26 所示。用盘左和盘右两个竖直度盘位置投测到每层楼板上，并取其中点作为该层中心轴线的投影点，图 8-26 中，$a1$、a_1'、b_1 和 b_1'、a_1a_1'、b_1b_1' 即为该楼层的Ⓒ轴线和③轴线，然后根据设计尺寸确定出其他各轴线。最后，还须检查所投轴线的间距和夹角，合格后方可进行该楼层的施工。

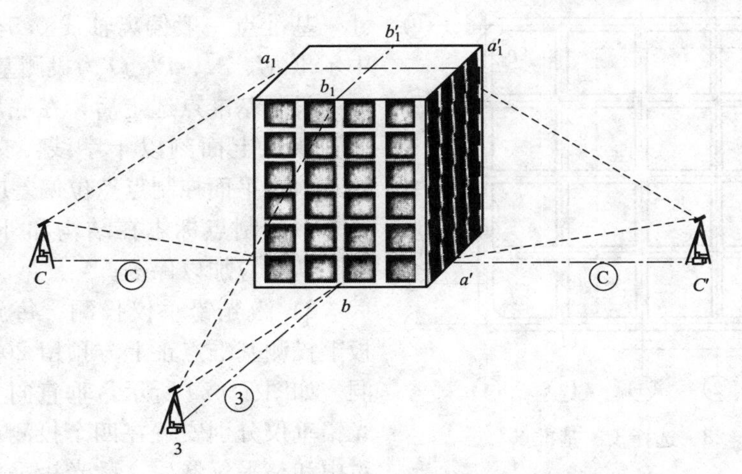

图 8-26 轴线投测

3）增设轴线引桩。当建筑物增加到一定高度时，望远镜的仰角太大，操作不便，投测精度也会随仰角增大而降低。为此，需将中心轴线控制桩引测到更远或更高的地方。其具体做法是将经纬仪安置在已投上去的中心轴线上，瞄准地面上原有的轴线控制桩 C、C'、3 和 $3'$，将轴线引测至远处或附近已有的建筑物上，设置新的轴线控制桩，如图 8-27 所示。更高的各层中心轴线可将经纬仪安置在新的引桩上，按上述方法进行向上投测。

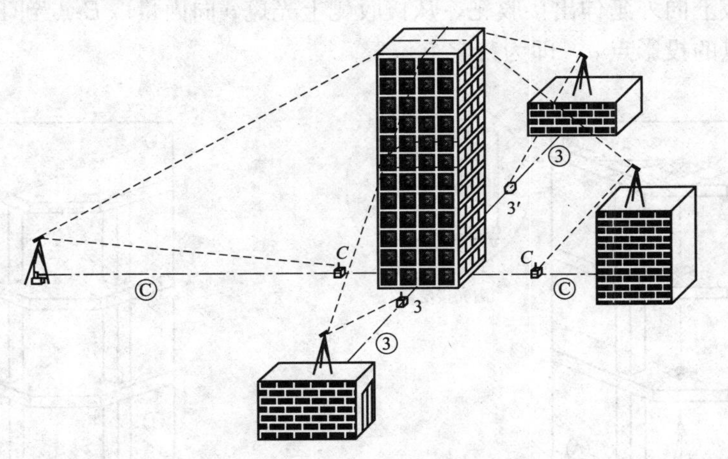

图 8-27 增设轴线引桩

4）注意事项。投测前，一定要严格检校经纬仪，尤其是照准部水准管轴应严格垂直于竖轴，安置经纬仪时要仔细整平。为了减少外界条件（如日照和大风等）的不利影响，投测工作应在阴天、无风天气下进行。

（2）激光铅垂仪投测法。激光铅垂仪投测法可分为楼内投测和楼外投测两种。

1）选择投测基准点。投测基准点布设于底层室内地坪，以便逐层向上投影，控制各层细部（墙、柱、电梯、井筒、楼梯等）的施工放样。投测基准点位选择应与建筑物的结构相适应。基准网的边应与建筑主轴线平行，一般为矩形。垂直向上投测时，需在各层楼板上预设垂准孔，垂准孔应避开梁、柱及楼板的主钢筋，并且为便于恢复轴线，根据梁、柱结构尺寸，基准点一般偏离轴线0.5～1m。图8-28中示出M、N、P、Q为投测基准点。

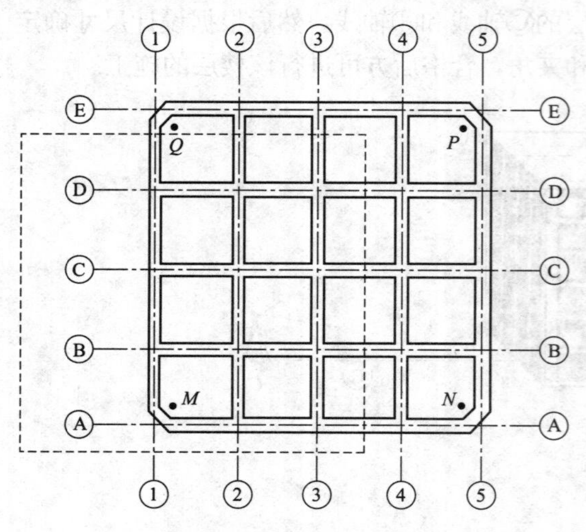

图8-28 选择投测基准点

投测基准点选定后，在底层地面埋设一块小铁板，上面刻以十字线，交点即为控制点位。检查平面控制点点位偏差应满足表8-1的要求。控制点标志在结构和外墙（包括幕墙）施工期间应加以保护。

2）激光铅垂仪投测。每施工一层，在楼板上投测基准点正上方预留200m×200m的孔洞。如图8-29所示，垂直向上投点时，将激光铅垂仪分别安置在四个投测基准点上，精确对中和整平仪器后，激光铅垂仪垂直向上投射出一束激光。在上层预留孔洞处，放置激光接收靶，移动接收靶，使靶上十字交叉点对准激光束光斑，该点即为投测点。将十字线延长，在预留孔洞边缘标记标志线，作为恢复点位的依据。最后，对由四个投测点组成的矩形网进行距离和角度检查，符合要求后，可依此作为测设该层其他轴线的依据。上述方法称为内控制。外控制则是在轴线延长线上的一点安置激光铅垂仪进行投测，如图8-30所示，B点是①轴延长线的一点，激光铅垂仪安置在B点上，在投测楼板上向外延伸出接收靶，从接收靶上光斑b向内量取B点到①轴的距离，得到①轴与Ⓒ轴交点的投影点a，即为待定点位置。

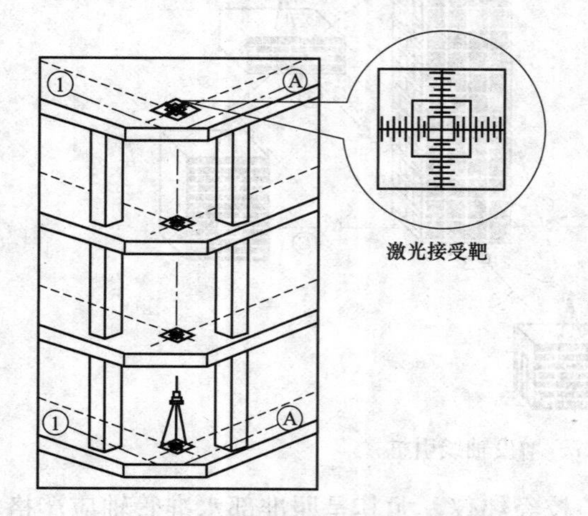

图8-29 用激光铅垂仪内部垂直投测

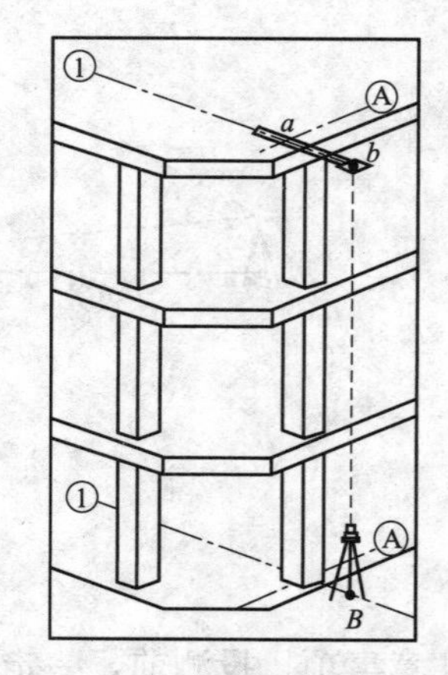

图8-30 用激光铅垂仪外部垂直投测

激光铅垂仪投测法一般采用内、外控制点或激光铅垂仪投点与经纬仪引桩投测法同时进行，以便互相检核，确保工程质量。

(3) 吊垂球投测法。吊垂球投测方法比较简单，它是用细钢丝悬挂10～15kg的大垂球，逐层将控制基准点向上投测。为此，与激光铅垂仪投测法一样，施工时需在各层基准点处预留传递孔洞，以便吊线投测。

3. 高程传递

(1) 钢尺直接测设法。当高层民用建筑的基础层和地下室施工完后，根据场地上的水准点，在底层的墙或柱子上用水准仪测设一条高出底层室内地坪（±0）0.5m的水平线，称为"50线"，作为首层地面施工及室内装修的标高依据。以后每施工一层，由50线向上进行高程传递。以后每砌高一层，用钢尺沿外墙、边柱或楼梯间向上直接量取两层之间的设计层高，得到该层的50标高线，通常每幢高层建筑物至少要由三个底层50线向上量测。然后在该层用水准仪检查50标高线是否在同一水平面上，其误差应满足表8-1的要求，并用水准仪在该层各处均测设出50标高线，作为该层的标高控制。

(2) 全站仪天顶距法。高层民用建筑的垂准孔（或电梯井等）为全站仪提供了一条从底层至顶层的垂直通道，在底层安置全站仪利用此通道，将望远镜指向天顶，在各层的垂直通道上安置反光棱镜，即可测得仪器至棱镜横轴的垂直距离，再加仪器高，减棱镜常数，即可算得高差，如图8-31所示。

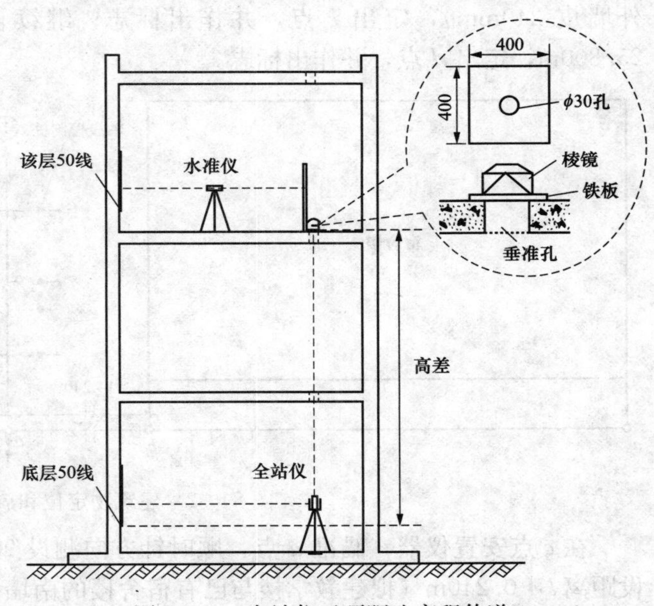

图8-31　全站仪天顶距法高程传递

具体的测量方法是：在需要传递高程的层面垂准孔上固定一块铁板(400mm×400mm×2mm，中间是一个ϕ30孔)，对准铁板上的孔，可将棱镜平放于其上，预先测定棱镜镜面至棱镜横轴的距离（棱镜常数）。在底层控制点上安置全站仪，放平望远镜（在显示屏上显示竖直角为0°或天顶距为90°），瞄准立于底层50标高线上的水准尺读数，即为仪器高，然后将望远镜指向天顶（天顶距为0°或竖直角为90°），测量垂直距离。根据仪器高、垂直距离和棱镜常数得到底层50标高线至某层楼面垂准孔上铁板的高差和标高，再用水准仪测设该层50标高线。

4. 细部测设

高层建筑各层上的建筑细部构造有外墙、承重墙、立柱、电梯井筒、梁、楼板、楼梯等及各种预埋件，施工时，均需按设计要求测设其平面位置和高程（标高）。根据各层平面控制点，用经纬仪和钢尺按极坐标法、距离交会法、直角坐标法等测设其平面位置，根据该层50标高线用水准仪测设其高程。

8.2　项　目　实　施

项目实施包括两项任务，即一般民用建筑施工测量，主要进行建筑物的定位、放线，轴线控制桩的设置，基础、墙体施工测量；高层民用建筑施工测量，主要进行建筑物的定位，轴线控制桩的设置，基础、主体施工测量。

8.2.1 任务一：一般民用建筑施工测量

1. 活动1：建筑物定位

(1) 活动分析。建筑物定位就是将拟建建筑物的平面位置在地面上确定下来。根据不同的定位条件，采用极坐标法、角度交会法、距离交会法、(准) 直角坐标法（特别是当布设有建筑基线或建筑方格网时）等，通过测设拟建建筑物一些特征点的平面位置来实现，通常选定其外部轮廓轴线的交点为特征点。

(2) 活动实施。建立建筑基线，根据建筑基线采用直角坐标法进行定位，并检查调整。如图8-32所示，沿已有宿舍楼的东、西墙，分别延长出一小段距离 l 的 a、b 两点，建立一条建筑基线 ab；在 a 点安装仪器，瞄准 b 点，并从 b 点起沿 ab 方向测设距离14.240m，(拟建教学楼与已有宿舍楼的间距设计为14.000m，教学楼的外墙厚370mm，轴线偏里，离外墙皮240mm)，定出 c 点，并作出标志；继续再沿 ab 方向从 c 点起测设教学楼长25.800m，定出 d 点，并作出标志。

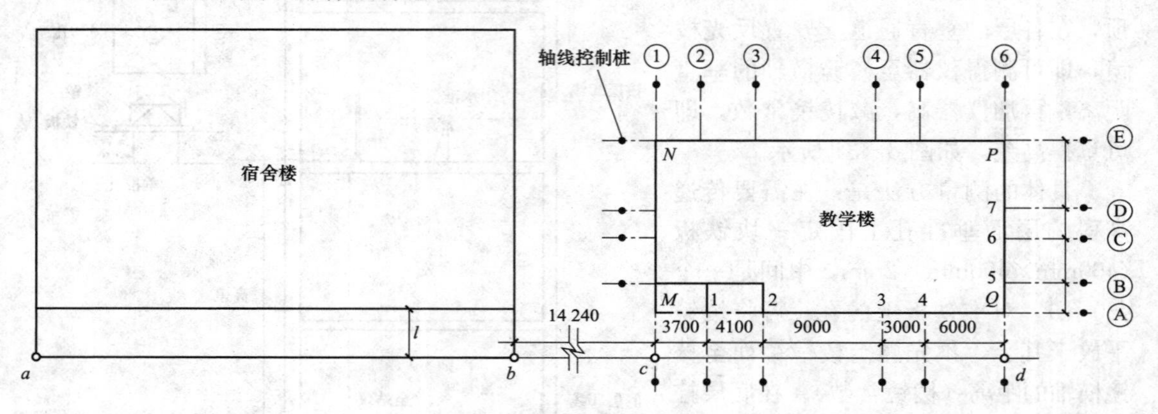

图8-32 建筑物定位和放线示意图

在 c 点安置仪器，瞄准 a 点，顺时针方向测设90°水平角，并沿此视线方向从 c 点起测设距离 $l+0.240$m（拟建教学楼与已有宿舍楼的南墙设计在一条直线上），定出交点 M，作出标志；再继续沿此视线方向从 M 点起测设教学楼宽15.000m，定出交点 N 点，并作出标志。

同法，在 d 点安置仪器，定出交点 Q，作出标志；再继续沿此视线方向从 Q 点起测设教学楼宽15.000m，定出交点 P，并作出标志。

M、N、P、Q 点即为教学楼外轮廓定位轴线的交点，打一木桩，并在其顶部钉一小钉标定点位，即为定位桩或角桩。

最后，检查 N、P 两点间的水平距离是否等于25.800m，$\angle MNP$ 和 $\angle NPQ$ 是否等于90°，其误差应在允许范围（一般为1/5000和 $\pm 1'$）内；否则，应进行相应的调整。

2. 活动2：建筑物放线

(1) 活动分析。建筑物放线就是将建筑物的各施工标志线（如建筑物的轴线、边线等）在即将开工的施工面上标定出来，根据已定位的角桩，测设出建筑物各细部轴线交点桩（中心桩）的工作。

（2）活动实施。如图 8－32 所示，从 M 点起，沿 MQ 方向，用钢尺依次量出相邻两轴线间的距离，定出 1、2、3 等各中心桩（当超过一个尺长时，应先用经纬仪或全站仪进行定线）；然后，同法依次定出其余三边上的各中心桩；最后，将对边相应中心桩用直线连接起来，即为建筑物各细部轴线。

3. *活动 3：轴线控制桩的设置*

（1）活动分析。轴线控制桩的设置就是在建筑物定位以后所测设的轴线桩（角桩和中心桩），在开挖基槽时将被破坏，为了后续施工时能方便地恢复各轴线的位置，在开挖基槽之前，在各轴线的延长线上适当位置设置轴线控制桩。

（2）活动实施。如图 8－33 所示，在定位桩 M 点安置仪器，瞄准定位桩 Q 点，抬高望远镜物镜，沿视线方向在轴线 MQ 的延长线上适当位置（基槽外，既安全稳定又便于安装仪器恢复轴线的地方）K_1 点打下木桩，并在其桩顶钉一小钉，准确标定出轴线位置（必要时，可用混凝土包裹木桩使之稳定牢固，如图 8－34 所示）；纵转望远镜，再沿视线方向在轴线 QM 的延长线上适当位置 K_2 点设置控制桩。同法，依次设置出其他轴线的控制桩，如图 8－32 所示。

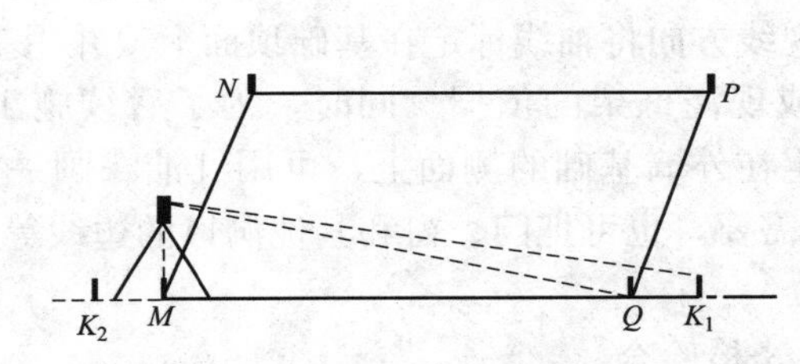

图 8－33 轴线控制桩设置示意图

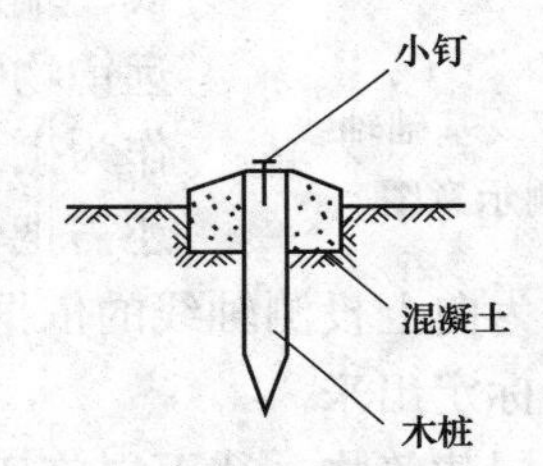

图 8－34 轴线控制桩埋设示意图

4. *活动 4：基础施工测量*

（1）活动分析。基础施工测量包括基槽开挖边线的放样、基槽开挖深度的控制、基础轴线的投测、基础验收测量。

（2）活动实施。基槽开挖边线的放样，如图 8－35 所示，N、P 为已放出的某轴线之交桩，其连线 NP 即为该轴线（图中实线所示）。首先，由轴线交桩 N、P 垂直于该轴线分别向两边各量出相应尺寸（基础设计宽度再加上口放坡的尺寸），并作出标记；然后对准轴线一侧的两标记拉一细线，即为该基槽的开挖边线（图中虚线所示），并用白灰撒出。同法，依次放出所有的基槽开挖边线。

基槽开挖深度的控制。由于开挖基槽时，不得超挖基底，因此要随时注意检查挖土的深度。在即将挖到槽底设计标高时，可利用水准仪根据场地上的±0.000 标高或施工水准点，在槽壁上每隔 3～4m 和拐角处、深度变化处测设一些水平小木桩（称为水平桩，如图 8－36 所示，使其上表面离槽底的设计标高为一整分米数，如 0.300m 或 0.500m 等），作为控制挖槽深度、清理槽底和打基础垫层时掌控标高的依据。

基础轴线的投测。如图 8－37 所示，基础垫层打好后，将仪器安置在轴线一端的控制桩 K_1 上，瞄准该轴线另一端的控制桩 K_2，放低望远镜物镜，沿视线方向将轴线标定在垫层上，并用墨线弹出（必要时，可根据轴线再放出其边线）。同法，依次放出所有的基础轴线和边线，经检核无误后作为砌筑或浇筑基础的依据。

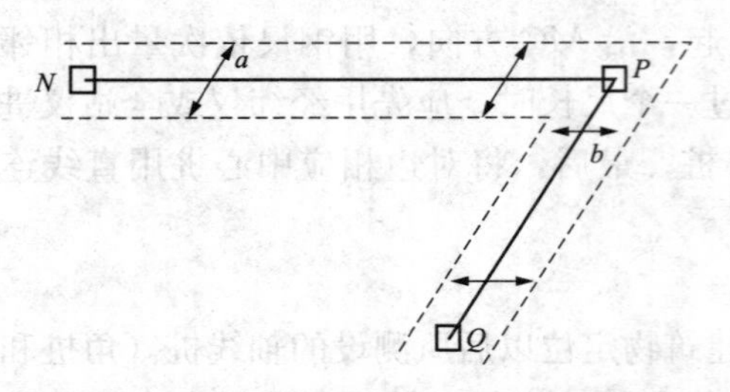

图 8-35　基槽开挖边线放样示意图

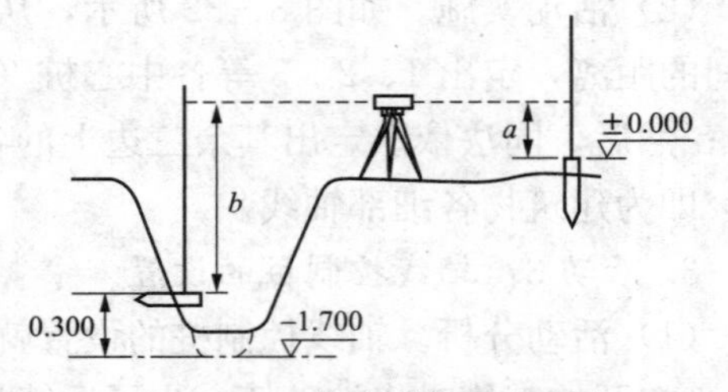

图 8-36　水平桩设置示意图

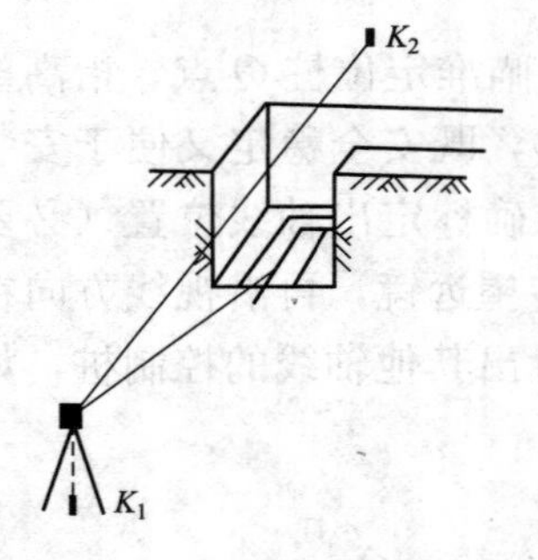

图 8-37　基础轴线投测示意图

基础施工结束后，应测定基础顶面的标高、尺寸大小等，检查其是否符合设计要求。

5. 活动 5：墙体施工测量

（1）活动分析。墙体施工测量包括墙体放线、墙体各部位标高的控制、墙体竖直度的控制。

（2）活动实施。墙体放线如图 8-38 所示，将仪器安置在轴线一端的控制桩 K_2 上，瞄准该轴线另一端的控制桩 K_1，放低望远镜物镜，沿视线方向将轴线标定在基础顶面上，并用墨线弹出，作为砌筑墙体或现浇框架的依据。同时，为了后续施工的需要，还需把轴线标定在外墙基础的侧面上，可用红油漆画一个竖立的三角形，作为向上投测轴线的依据。根据需要，也可把门、窗和其他洞口的边线等，在外墙基础侧面上标定出来。

对于多层建筑物，待下层施工完毕并经检验合格后、开始上层施工前，需再次进行墙体放线。但此时，已施工完的墙体会阻断轴线控制桩间的视线，可采用吊垂球法或经纬仪投测法。

值得注意的是，将所有轴线投测到上层楼板之后，需用钢尺检核各轴线的间距；符合要求后，才能在楼板上分间弹线，继续施工，并把轴线逐层自下而上传递。

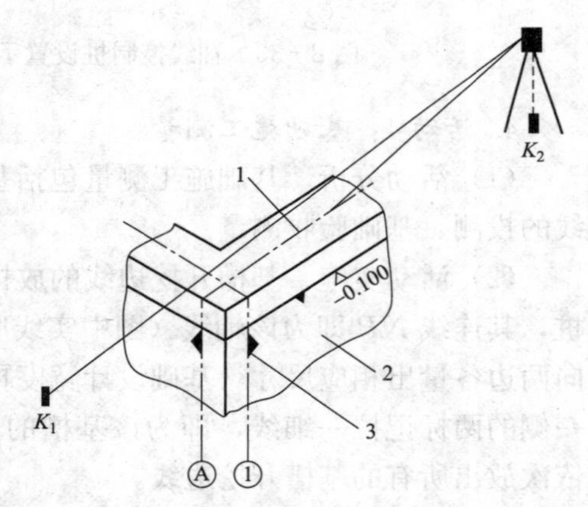

图 8-38　墙体放线示意图

1—墙轴线；2—外墙基础；3—轴线标志

墙体各部位标高的控制，通常利用设立在每隔 10～15m 和墙角处的皮数杆来控制。如图 8-39 所示，根据设计尺寸，将砖、灰缝的厚度在皮数杆上画出线条，并标明±0.000 及门、窗、楼板等的标高位置。在立杆处打一木桩，用水准仪在木桩侧面上测设出±0.000 标高线，将皮数杆上的±0.000 标高线与木桩上的±0.000 标高线对齐，并使皮数杆竖直后用大铁钉将皮数杆与木桩钉在一起，作为墙体各部位标高的控制依据。

每一层墙体竖直度的控制，可直接利用吊垂球来检查和控制，也可利用托线板来检查和控制。如图 8-40 所示，托线板一般为木制的，在其上端缺口处钉一小钉，并拴挂一垂球，上部缺口与下部尖点的连线，应平行于托线板的两个侧面，将托线板一侧靠在墙体上，若垂球线正好通过托线板下端尖点，则说明墙体是竖直的。

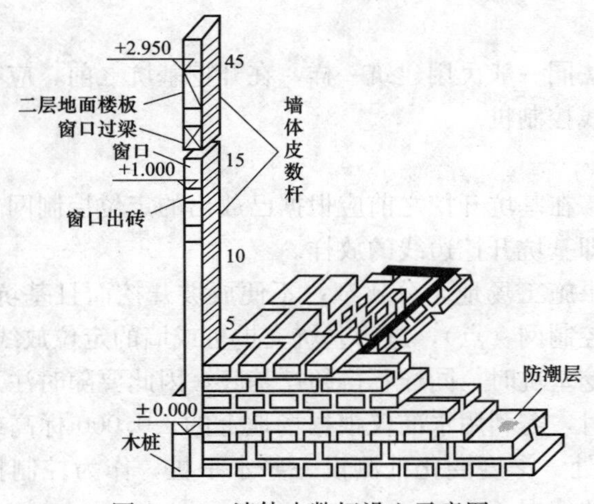

图 8-39 墙体皮数杆设立示意图

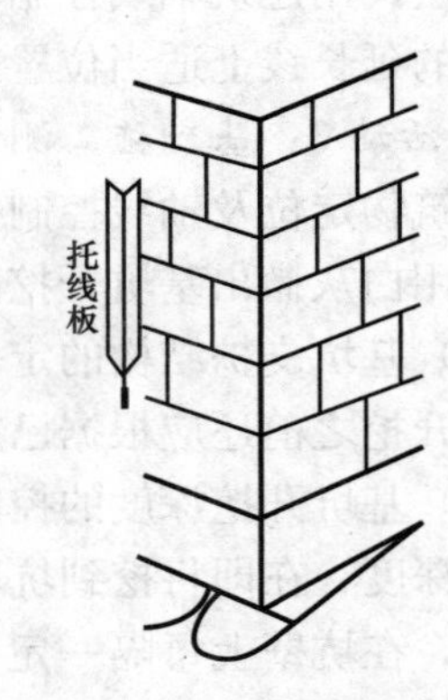

图 8-40 托线板检查示意图

整个建筑物的竖直度，通过轴线投测来控制。如图 8-41 所示，将经纬仪（或全站仪）安置在已经投测上去的较高层楼面轴线 $a_{10}a'_{10}$上，瞄准地面上原有的轴线控制桩 A_1 和 A'_1，将轴线延长到远处 A_2 和 A'_2（新的轴线控制桩，即引桩），再将经纬仪（或全站仪）安置在新的轴线控制桩上，即可方便地继续将轴线投测到更高的楼层上。

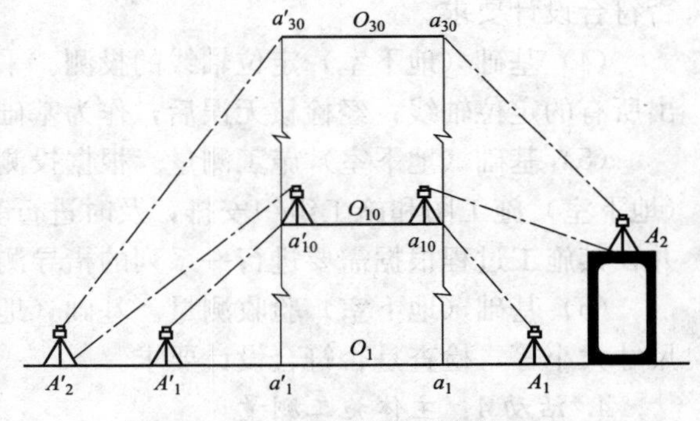

图 8-41 引桩及轴线投测示意图

8.2.2 任务二：高层民用建筑施工测量

1. 活动 1：建筑物定位

(1) 活动分析。对于高层民用建筑物，由于其层数多、外形与结构复杂多变、施工周期长、投资大、施测精度要求较高，而且一般在繁华闹市区，建筑群中施工场地往往十分狭窄，所以，高层民用建筑的测量方法和所用的仪器，与一般民用建筑施工测量有相同的地方，也有不同的地方。

(2) 活动实施。如图 8-42 所示，在建筑物内部±0.000 平面上布设一定位控制网，如果高层民用建筑分为主楼和裙楼两个部分，则可布设成由一条轴线相连的多个矩形组成的定位控制网；然后根据场地施工控制网将其测设到地面上，以实现建筑物的定位，并经检验调整符合精度要求后，作为放样和控制各层碎部（墙、柱、电梯井筒、楼梯等）的依据。

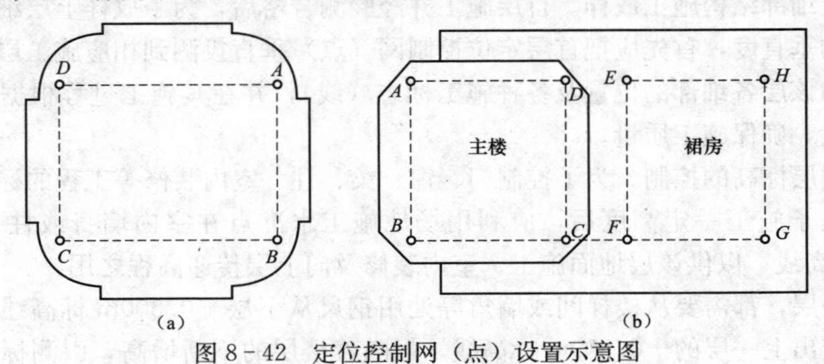

图 8-42 定位控制网（点）设置示意图

2. 活动2：轴线控制桩的设置

高层民用建筑轴线控制桩的设置方法同一般民用建筑一样，在开挖基坑之前，应在各定位轴线的延长线上适当位置设置定位轴线控制桩。

3. 活动3：基础施工测量

建筑物定位及轴线控制桩设置完毕，在基坑开挖之前应根据已放出的定位控制网（点），测设并用白灰撒出基坑开挖的边界线，即基坑开挖边线的放样。

（1）基坑支护结构的定位放线。如果施工场地十分狭窄，不便放坡开挖而且基坑较深，在基坑开挖之前还应根据已放出的定位控制网（点），进行基坑支护桩或墙的定位放线。

（2）基坑开挖深度的控制。由于开挖基坑时，同样不得超挖基底，因此要随时注意检查挖土的深度，在即将挖到坑底设计标高时，需利用水准仪根据场地上的±0.000 标高或施工水准点，在坑壁上每隔一定距离和拐角处、深度变化处测设一些水平桩，作为控制挖坑深度、清理坑底和打基础垫层时掌控标高的依据。

（3）基坑开挖验收测量。基坑开挖完毕，应及时对基坑尺寸、标高等进行测量，检查是否符合设计要求。

（4）基础（地下室）定位轴线的投测。采用一般民用建筑基础轴线投测的方法，依次放出所有的定位轴线；经检核无误后，作为基础（地下室）各细部定位放线的依据。

（5）基础（地下室）施工测量。根据投测的定位轴线及坑内水平桩或水准点，结合基础（地下室）施工图和施工组织安排，及时进行基础（地下室）各细部的定位放线和标高测设，并在其施工过程根据需要进行一系列的指导测量，确保施工质量。

（6）基础（地下室）验收测量。基础（地下室）施工结束后，应测量基础顶面的标高、尺寸大小等，检查是否符合设计要求。

4. 活动4：主体施工测量

（1）定位控制网的恢复。基础（地下室）部分完工后、主体施工之前，须利用定位轴线控制桩将定位控制网（点）恢复在室内地坪上，并埋设牢固的定位点标志（通常，埋设一不锈钢膨胀螺栓，并在其顶面准确刻划上十字线，十字线交点代表控制点的位置）。经检核无误后，作为后续各细部定位放线和上层轴线投测的依据。

（2）首层细部结构施工放样。根据首层检核无误的定位控制网（点），结合施工图和施工组织安排，用经纬仪和钢尺或全站仪按极坐标法、距离交会法、直角坐标法等测设各细部（外墙、承重墙、立柱、电梯井筒、梁、楼板、楼梯等及各种预埋件）的位置及各施工标志（线），并在施工过程根据需要进行一系列的指导测量，确保施工质量。

（3）上层细部结构施工放样。首层施工并经验测合格后，为了放样上层细部结构和控制建筑物整体的垂直度，首先应把首层定位控制网（点）垂直投测到相应施工层，经检核无误后，再测设出该层各细部的位置及各种施工标志（线），并在其施工过程根据需要进行一系列的指导测量，确保施工质量。

（4）各楼层标高的控制。为了控制门、窗、梁、柱、室内装修等工程的标高，待首层建筑物墙身或柱子施工一定高度后，应利用场地施工水准点在室内墙身或柱子上测设出+0.500m 的标高线，以供该层地面施工、室内装修及向上层传递高程之用。

每砌高一层，都需要从楼梯间或墙角等处用钢尺从下层+0.500m 标高线，垂直向上量出层高，标定出上一层的+0.500m 标高线。但随着楼层的不断增高，引测标高的误差会越来越大，因此根据施工要求可每施工一定高度后，利用水准仪并借助钢尺进行高程的监测（见图 8-43），以检测高程为准继续向上传递。

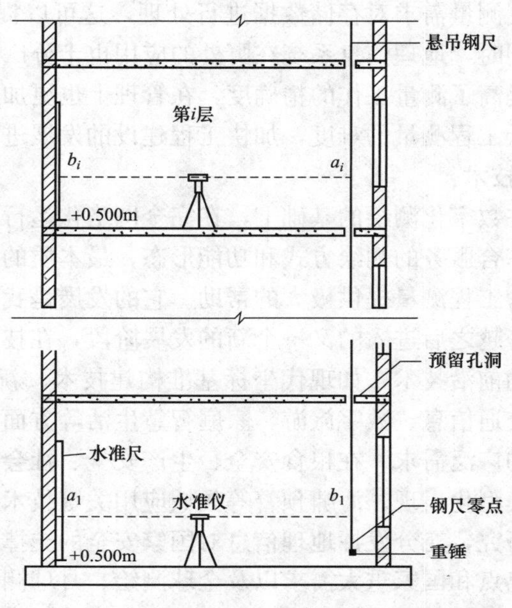

图 8-43　悬挂钢尺向上传递高程示意图

8.3　拓　展　知　识

8.3.1　测绘新仪器的应用

20 世纪 80 年代以来出现许多先进的地面测量仪器，为工程测量提供了先进的技术工具和手段，如光电测距仪、精密测距仪、电子经纬仪、全站仪、电子水准仪、数字水准仪、激光准直仪、激光扫平仪等，为工程测量向现代化、自动化、数字化方向发展创造了有利的条件，改变了传统的工程控制网布网、地形测量、道路测量和施工测量等的作业方法。

三角网已被三边网、边角网、测距导线网所替代；光电测距三角高程测量代替了三、四等水准测量；具有自动跟踪和连续显示功能的测距仪用于施工放样测量；无需棱镜的测距仪解决了难以攀登和无法到达的测量点的测距工作；电子速测仪则为细部测量的理想仪器；精密测距仪的应用代替了传统的基线丈量；电子经纬仪和全站仪的应用，是地面测量技术进步的重要标志之一。

电子经纬仪具有自动记录、自动改正仪器轴系统差、自动归化计算、角度测量自动扫描、消除度盘分划误差和偏心差等优点；全站仪测量可以利用电子手簿把野外测量数据自动记录下来，通过接口设备传输到计算机，利用“人机交互”方式进行测量数据的自动数据处理和图形编辑，还可以把由微机控制的跟踪设备加到全站仪上，能对一系列目标自动测量，即所谓“测地机器人”或“电子平板”野外直接图形编辑，为测图和工程放样向数字化发展开辟了道路。

8.3.2　GIS 技术

GIS 技术是集环境科学、测绘遥感科学、空间科学、计算机科学等学科为一体的新兴技术，它不仅可以集地理数据采集、存储、管理为一体，还能够进行空间提示、预测预报和辅助决策，这些功能的应用，使GIS技术本身建立了一个庞大的数据库和图形显示输出能力，数据库存储信息可以根据测量需求对存储数据进行处理，这可以提高工程测量的成图效率，加速工程设计的进度。同时，地理信息系统在野外的应用也十分广泛，降低了野外测量工作的难度和劳动强度，并提高了测量工作的精确度，在管理上也更加的便捷，这些优势可提高工程测量的精确度，降低工程测量的难度，加快工程建设的发展进度。

8.3.3 信息化测绘技术

信息化测绘技术是在数字化测绘的基础上，在完全网络化运行环境下，实时有效地向信息化社会提供地理信息综合服务的测绘方式和功能形态，最本质的特征是可以实现随时随地的地理信息服务，能够为工程测量提供极大的帮助。它的发展是我国测绘技术实现由传统测绘向数字化测绘转化和跨越之后进入的又一个新的发展阶段，在技术和效率上都有了新的提高。信息化测绘技术中的前沿技术，如现代坐标基准构建技术、新型网络RTK技术等，在人体定位、现代物流、交通信息、数字旅游、家庭智慧生活等方面关键技术和平台研究，满足人们对地理信息服务的广泛需求，在粮食安全、生产安全、社会安全监控、轨道交通、矿产资源定位探测与三维模型化表现、海啸预警等领域应用关键技术研究，开展虚拟领土、虚拟版图建设与管理技术研究，充分发挥地理信息对国家安全的支撑作用。围绕智慧地球、低碳经济、物联网等社会热点和国家重大需求以及全球测绘、月球测绘和深空深地探测等关键前沿技术，信息化测绘体系任务还相当艰巨。

习 题

1. 何谓建筑工程施工测量？简述其特点与注意事项。
2. 建筑施工平面控制测量常用的布设形式有哪些？各适用于什么情况？
3. 建筑施工高程控制测量常采用什么方法建立？有哪些基本要求？
4. 何谓建筑物的定位、放线？
5. 民用建筑施工测量包括哪些主要工作？简述一般民用建筑施工测量与高层民用建筑施工测量的不同。
6. 建筑物轴线投测的方法有哪几种？简述其方法步骤。
7. 如何检查墙体的垂直度？

项目9 道路工程

道路工程是指从事道路的规划、勘测、设计、施工、养护等的一门应用科学和技术，是土木工程的一个分支。道路通常是指为陆地交通运输服务，通行各种机动车、人畜力车、驮骑牲畜及行人的各种路的统称。道路是交通的基础，是社会、经济活动所产生的人流、物流的运输载体，担负着城市内部、城际之间、城乡之间交通中转、集散的功能。本章以高速公路为例说明道路工程控制测量和恢复性测量。

能力目标

1. 能利用已有的工程资料和技术标准将丢失或损坏的导线控制点进行恢复。
2. 会测试路面各结构层，具有边算边放样的能力。

知识目标

1. 了解道路测量的基本内容。
2. 理解路面各结构层的施工放样方法。
3. 掌握高速公路导线控制点和水准点恢复测量的外业施测与内业计算方法。

9.1 预备知识

高速公路的修建是从施工单位进场施工放样开始的，而施工放样前必须对原始导线、水准点进行恢复测量。在导线、水准点恢复测量前，应先完成原始资料的交接。

高速公路修建前，必须由公路设计部门向业主单位、监理单位和施工单位提供导线、水准点成果资料，这些资料的具体交接工作流程为：施工单位进场后，由业主会同监理单位、设计单位、施工单位、当地建设指挥部，共同对路线的各种控制点桩进行交桩。按照监理程序，先移交给监理单位的测量工程师，监理单位的测量工程师随即对各种控制点桩进行测量；准确无误后，再将各控制点桩移交给施工单位的测量工程师进行复测。

9.1.1 导线控制点的恢复测量

1. 平面控制测量等级选用要求

施工单位的测量工程师在进行导线测量时，必须弄清楚高速公路平面控制测量的相关技术标准和技术要求。下面根据《公路勘测规范》(JTG C10—2007) 对平面控制测量等级选用、导线测量的主要技术要求、水平角观测时的技术要求、光电测距仪选用、光电测距的技术要求等作简要介绍。

平面控制测量等级主要根据高速公路的项目和内容的大小进行选择，具体见表9-1。

2. 平面控制测量技术要求

(1) 平面控制点相邻点平均边长应参照表9-2执行，四等及以上平面控制网中相邻点平均边长不得小于500m，一、二级平面控制网中相邻点平均边长在平原、微丘区不得小于

200m，重丘、山岭区不得小于100m，最大距离不应大于平均边长的2倍。

表9-1 平面控制测量等级选用

高架桥、路线控制测量	多跨桥梁总长 L（m）	单跨桥梁 L_K（m）	隧道贯通长度 L_G（m）	测量等级
—	$L\geqslant 3000$	$L_K\geqslant 500$	$L_G\geqslant 6000$	二等
—	$2000\leqslant L\leqslant 3000$	$300\leqslant L_K<500$	$3000\leqslant L_G<6000$	三等
高架桥	$1000\leqslant L<2000$	$150\leqslant L_K<300$	$1000\leqslant L_G<3000$	四等
高速、一级公路	$L<1000$	$L_K<150$	$L_G<1000$	一级
二、三、四级公路	—	—	—	二级

表9-2 平面控制点相邻点平均边长

测量等级	平均边长（km）	测量等级	平均边长（km）
二等	3.0	一级	0.5
三等	2.0	二级	0.3
四等	1.0		

（2）路线平面控制点距路线应大于50m，宜小于300m，每一点至少应该有一相互通视。特大型构造物每一端应埋设两个以上的平面控制点。

（3）在进行导线外业控制测量时，应严格执行导线控制测量技术要求，见表9-3。

表9-3 导线测量的主要技术要求

测量等级	附合导线长度（km）	边数	每边测距中误差（mm）	单位权中误差（″）	导线全长相对闭合差	方位角闭合差（″）
三等	≤18	≤9	≤±14	≤±1.8	≤1/52000	$\leqslant 3.6\sqrt{n}$
四等	≤12	≤12	≤±10	≤±2.5	≤1/35000	$\leqslant 5\sqrt{n}$
一级	≤6	≤12	≤±14	≤±5.0	≤1/17000	$\leqslant 10\sqrt{n}$
二级	≤3.6	≤12	≤±11	≤±8.0	≤1/11000	$\leqslant 16\sqrt{n}$

注 1. 表中 n 为测站数。
2. 以测角中误差为单位权中误差。
3. 导线网节点间的长度不得大于表中长度的0.7倍。

3. 导线水平角观测的主要技术要求

导线平面控制网的外业勘测时，主要内容包括导线边长和导线转折角的测量。在进行导线点的转折水平角观测时，应严格执行水平角观测的技术要求，见表9-4。

表9-4 水平角观测的技术要求

测量等级	经纬仪型号	光学侧微器两次重合读数差（″）	半测回归零差（″）	同一测回中2C较差（″）	同一方向各测回间较差（″）	测回数
二等	DJ_1	≤1	≤6	≤9	≤6	≥12

续表

测量等级	经纬仪型号	光学侧微器两次重合读数差（″）	半测回归零差（″）	同一测回中2C较差（″）	同一方向各测回间较差（″）	测回数
三等	DJ_1	≤1	≤6	≤9	≤6	≥6
	DJ_2	≤3	≤8	≤13	≤9	≥10
四等	DJ_1	≤1	≤6	≤9	≤6	≥4
	DJ_2	≤3	≤8	≤13	≤9	≥6
一级	DJ_2	—	≤12	≤18	≤12	≥2
	DJ_6	—	≤24	—	≤24	≥4
二级	DJ_2	—	≤12	≤18	≤12	≥1
	DJ_6	—	≤24	—	≤24	≥3

注 当观侧方向的竖直角度超过±3°时，该方向的2C较差可按同一观测时间段内相邻测回进行比较。

4. 导线边距离测量的主要技术要求

导线平面控制网的外业勘测时，除了水平测量外，就是边长的测量。在选用不同精度等级的光电测距仪时，应根据不同的平面控制测量等级来选定，具体见表9-5，光电测距的主要技术要求见表9-6。

表9-5　光电测距仪的选用

测距仪精度等级	每千米测距中误差 m_D（mm）	适用的平面控制测量等级
Ⅰ级	$m_D \leqslant \pm 5$	所有等级
Ⅱ级	$\pm 5 < m_D \leqslant \pm 10$	三、四等，一、二级
Ⅲ级	$\pm 10 < m_D \leqslant \pm 20$	一、二级

表9-6　光电测距的主要技术要求

平面控制网等级	观测次数		每边测回数		一测回读数间较差（mm）	单程各测回较差（mm）	往返较差
	往	返	往	返			
二等	≥1	≥1	≥4	≥4	≤5	≤7	$\leqslant\sqrt{2}\ (a+b+D)$
三等	≥1	≥1	≥3	≥3	≤5	≤7	
四等	≥1	≥1	≥2	≥2	≤7	≤10	
一级	≥1	—	≥2	—	≤7	≤10	
二级	≥1	—	≥1	—	≤12	≤17	

注 1. 测回是指照准目标一次，读数4次的过程。
2. 表中 a 为固定误差，b 为比例误差系数，D 为水平距离（km）。

5. 施工单位导线点复测的步骤

（1）首先观测导线点间夹角（统一采用左角或右角）及相邻点边长，并与设计单位提供的结果相比较；当误差较大时，应先查明导线点是否损坏或仪器操作不当或记录出错等原因。

（2）其次进行导线平差计算，一般以起始两个点及最终两个点为已知边进行方位角闭合计算，检验闭合差及测角中误差是否满足规范要求。若满足要求，数据合格，则进行分配平差处理；若不合格，则应查明原因。

（3）最后根据调整后角度值计算导线坐标闭合差、导线全长，得出导线全长相对闭合差，检验其精度是否达到规范要求。若满足要求，说明导线测量准确，整理出相应的导线成果表作为公路路线和各种构造物的施工放样控制点的坐标使用。

6. 施工单位导线点复测中应注意的问题

（1）尽管导线相同，但由于复测时所划分的附合导线长度不一，加上观测时的人为误差及仪器精度差别，即使复测精度很高，复测结果与设计值总是有差距的。由于平差结果的误差在中部累积较大，因此位于导线中部的点的结果往往与设计值差距较大。因此，一般应取测量精度较高的作为使用成果。

但在实践过程中发现，设计部门一般不提供其导线精度，这就造成了有些路线工程取设计方导线成果，有的根据监理意见取复测后的导线成果。因此，建议设计部门在提供导线成果表的同时，应相应地提供其导线精度。

（2）根据实践经验总结，一般是采用重新布点加密的方法进行测量。按照点位布设要求，一次参与导线测量并计算其成果，此法速度快且不影响精度。

（3）一般来说，设计单位所给的导线成果表是整条路线的平差计算值，而施工单位是分段投标、一分段施工，这样测量时可以划分为若干段进行测量。在具体操作时，往往根据监理意见，采用一条或一条以上的附合导线进行测量，但在测量时，各段之间必须进行联测，并满足精度的要求。

（4）绝大多数是采用导线点放样，有的设计文件甚至说明了必须用导线点放样。但事实上，如果一个桥梁仅有中桩坐标放样是不够的，它必须与坐标放样配套的其他形式放样方法结合起来，最后确定位置，这样各种放样方法之间可以相互校核。

公路施工测量放样不是单单靠中桩，其路线最终是由一些主要桩连线确定。在中桩放样完毕后，仍须进行穿线，来验证路线技术参数的准确性。所以利用穿线后的特殊桩进行放样，利用率其实高于导线点，例如测量路堤填筑的路基左右土的边界，现场施工测量中，不可能每层都计算出其边界坐标，而利用特殊桩进行放样则较为方便。

根据实践经验，导线点放样结果与路线技术参数总会有些偏差，尤其在直线段上。其原因在于导线点的坐标实际是个定值，不会因为测量平差计算结果而发生改变，计算值与实际值存在的偏差，最终反映到所放的中桩上来。因此，放样中应利用穿线复核后的特殊桩放样为主，配合导线点放样，以资校核；当两者偏差不大时，应以穿线中桩放样为准，差别较大时找出原因所在，最后确定具体位置。

（5）设计单位交桩时，应在标段接头处指出两相邻点作为两个标段共用点。前一标段将之作为附合导线终边，后一标段则作为导线始边。施工单位应按照指示的附合导线已知始边和终边进行导线测量计算，其已知边上的点不得改正。为保证前后标段的连接，应指出共用的两点，哪个点作为测站点，哪个点作为后视点，并统一方法在交界桩前后一段范围内进行中桩放样，以确保两标段的中线连接。

（6）在导线测完以后，应严格按闭合、附合或支导线的平差原理进行平差。只有经过平差后的结果才能正确地指导施工。

9.1.2 水准点的恢复测量

1. 高程控制测量的技术要求

施工单位的测量工程师在进场时，首先必须确定路线水准点高程控制测量的等级。路线高程控制测量的等级，必须根据《公路勘测规范》（JTG C10—2007）的规定进行选择。高程控制测量的等级选用见表9-7。

表9-7 高程控制测量的等级选用

高架桥、路线控制测量	多跨桥梁总长 L（m）	单跨桥梁 L_K（m）	隧道贯通长度 L_G（m）	测量等级
高架桥、高速、一级公路	$L \geqslant 3000$	$L_K \geqslant 500$	$L_G \geqslant 6000$	二等
	$1000 \leqslant L < 3000$	$150 \leqslant L_K < 500$	$3000 \leqslant L_G < 6000$	三等
	$L < 1000$	$L_K < 150$	$L_G < 3000$	四等
二、三、四级公路	—	—	—	五等

不同等级高程控制测量，具有不同的技术要求，见表9-8。

表9-8 高程控制测量的技术要求

测量等级	每千米高差中误差（mm）		附合或环线水准路线长度（km）	
	偶然中误差 M_Δ	全中误差 M_W	路线、隧道	桥梁
二等	±1	±2	600	100
三等	±3	±3	60	10
四等	±5	±10	25	4
五等	±8	±16	10	1.6

注 控制网节点间的长度不应大于表中长度的0.7倍。

2. 水准测量主要技术要求

导线点或三角点是平面上的控制点，而水准点是高程的控制点，因此，水准点也需要进行恢复测量和加密。不同等级的公路，其水准测量等级要求各不相同。不同等级公路水准路线测量的技术规范要求见表9-9。

表9-9 水准测量的主要技术要求

测量等级	往返较差、附合或环线闭合差（mm）		检测已测测段高差之差（mm）
	平原、微丘	重丘、山岭	
二等	$\leqslant 4\sqrt{l}$	$\leqslant 4\sqrt{l}$	$\leqslant 6\sqrt{l_i}$
三等	$\leqslant 12\sqrt{l}$	$\leqslant 3.5\sqrt{n}$或$\leqslant 15\sqrt{l}$	$\leqslant 20\sqrt{l_i}$

续表

测量等级	往返较差、附合或环线闭合差（mm）		检测已测测段高差之差（mm）
	平原、微丘	重丘、山岭	
四等	$\leqslant 20\sqrt{l}$	$\leqslant 6.0\sqrt{n}$或$\leqslant 25\sqrt{l}$	$\leqslant 30\sqrt{l_i}$
五等	$\leqslant 30\sqrt{l}$	$\leqslant 45\sqrt{l}$	$\leqslant 40\sqrt{l_i}$

注 计算往返较差时，l 为水准点间的路线长度（km）；计算附合或环线闭合差时，l 为附合或环线的路线长度（km）；n 为测站数；L_i 为检测测段长度（km），小于1km时按1km计算。

3. 水准测量的主要观测方法

水准测量时针对不同的高程控制测量的等级选用不同的观测方法，见表9-10。

表9-10 水准测量的观测方法

测量等级	观测方法		观测顺序
二等	光学测微法	往返	后—前—前—后
	中丝读数法		
三等	光学测微法		
	中丝读数法		
四等	中丝读数法	往	后—前—前—后
五等	中丝读数法	返	后—前

水准路线测量时，所采用的仪器、水准尺、路线长度、每千米高差中误差等具体要求应遵循表9-11的规定。

表9-11 水准测量观测的主要技术要求

测量等级	仪器等级	水准尺类型	视线长（m）	前后视较差（m）	前后累积差（m）	视线离地面最低高度（m）	基辅（黑红）面读数差（mm）	基辅（黑红）面高差较差（mm）
二等	DS_{05}	铟瓦	≤50	≤1	≤3	≥0.3	≤0.4	≤0.6
三等	DS_1	铟瓦	≤100	≤3	≤6	≥0.3	≤1.0	≤1.5
	DS_2	双面	≤75				≤2.0	≤3.0
四等	DS_3	双面	≤100	≤5	≤10	≥0.2	≤3.0	≤5.0
五等	DS_3	单面	≤100	≤10	—	—	—	≤7.0

4. 水准点的恢复测量和加密

在进行水准路线测量时，往往连同水准点的加密工作一起进行，水准点需要多远加密一个点则是根据具体情况来决定的。为了施工方便，一般是200～300m加密一个水准点，在不影响施工的情况下，在隧道、特大桥、垭口、不良地质地段等处，均应进行水准点的加密。水准点如果可以保存好，不妨多设一些水准点。

无论是导线测量还是水准测量，都必须延伸到两个或一个相邻标段。对相邻施工段来说只有延伸到相邻标段进行联测，才能保证水准点高程不会出现断高差错。

9.2 项 目 实 施

下面以某高速公路联络线为例，说明路面结构层的放样及导线控制点的恢复。

9.2.1 任务一：高速公路恢复测量

某高速公路里程桩号为Kl＋534.617～K9＋235.286，全长为7.7km，于1995年上半年由某省交通勘察设计院对其按照二级公路的标准进行野外勘测，下半年完成内业设计工作。

1998年开始对该公路进行施工，在施工阶段，将该工程划分为两个合同段施工，分别为第一合同段（K1＋534.617～K6＋106.882）和第二合同段（K6＋106.882～K9＋235.286）。该二级公路平面控制测量布设的导线为Ⅱ级导线。

1. 原始导线点和水准点设计资料

该高速公路联络线按照Ⅰ级导线标准进行现场布设导线和水准点，并按照Ⅰ级导线测设标准进行现场勘测设计。

（1）原始导线点和水准点。

1）第一、二合同段原始导线点，分别如图9－1和图9－2所示。

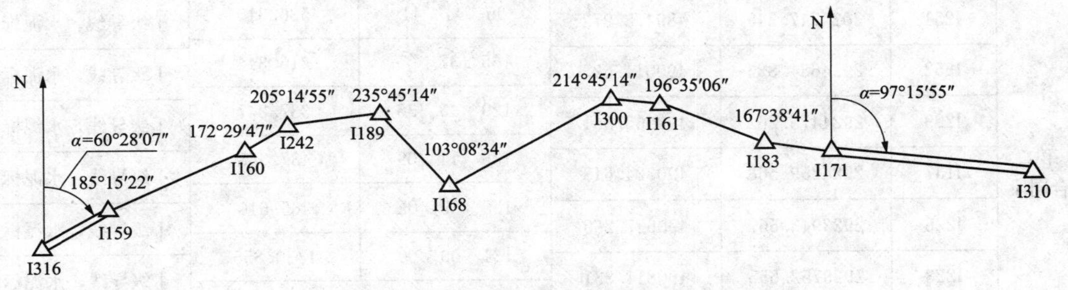

图9－1 第一合同段原始导线点

2）原始水准点示意图见图9－3。

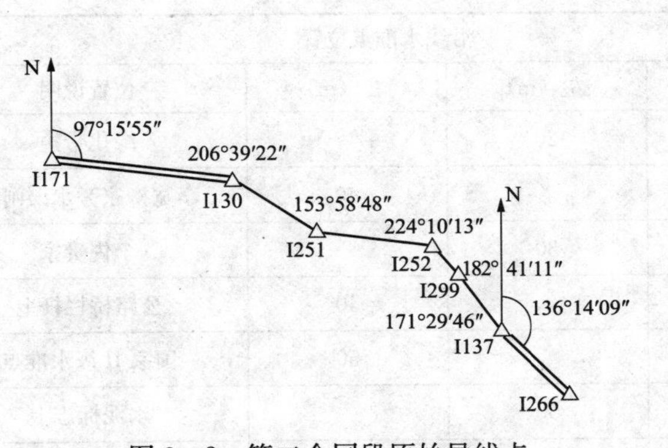

图9－2 第二合同段原始导线点

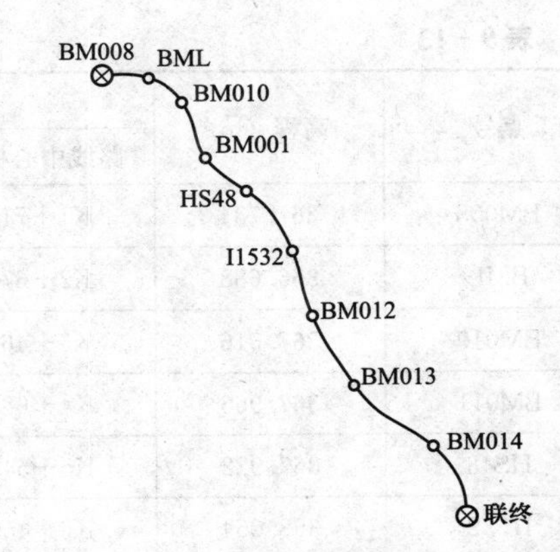

图9－3 全线路线的原始水准点

（2）原始导线和水准点详细资料，见表9－12和表9－13。

表 9-12 导线点资料

合同段	点号	x (N) (m)	y (E) (m)	方位角 (° ′ ″)	边长 (m)	备注
第一合同段	I234	2924776.677	484163.287	97 07 35	457.030	Ⅰ级导线，水泥标志
	I315	2924719.979	484616.786	60 28 07	340.492	Ⅰ级导线，水泥标志
	I159	2924887.808	494913.043	65 43 23	695.733	Ⅰ级导线，水泥标志
	I160	2925173.857	485547.251	58 20 16	250.03	Ⅰ级导线，刻记
	I242	2925305.100	485760.066	84 03 47	422.566	Ⅰ级导线，水泥标志
	I189	2925348.808	486180.365	138 43 05	471.873	Ⅰ级导线，水泥标志
	I288	2924994.209	486491.690	61 51 47	859.560	Ⅰ级导线，水泥标志
	I300	2925399.561	487249.670	96 37 06	227.336	Ⅰ级导线，水泥标志
	I161	2925373.359	487475.491	113 11 41	509.446	Ⅰ级导线，刻记
	I183	2925172.709	487943.759	100 50 29	297.850	Ⅰ级导线，水泥标志
公共导线边	I171	2925116.686	488236.293	97 15 55	858.646	Ⅰ级导线，水泥标志
	I130	2925008.109	489088.046	123 42 16	469.914	Ⅰ级导线，水泥标志
第二合同段	I251	2024747.349	489478.972	96 41 41	536.310	Ⅰ级导线，水泥标志
	I252	2924684.826	490011.625	165 37 05	216.344	Ⅰ级导线，水泥标志
	I299	2924475.262	490065.361	129 45 36	337.247	Ⅰ级导线，水泥标志
	I137	2924259.568	490324.613	136 14 09	437.558	Ⅰ级导线，水泥标志
	I226	2923943.567	490627.269	135 59 02	265.610	Ⅰ级导线，水泥标志
	I223	2923752.555	490811.831	131 09 00	1430.855	Ⅰ级导线，水泥标志
	Ⅱ-29	2824694.108	489734.415			Ⅱ级导线，水泥标志

表 9-13 沿线水准点资料

点号	高程 (m)	沿线水准点位置			
		路线中心桩号	左 (m)	右 (m)	位置说明
BM008	367.734	K1＋710	20		绿化带边
BML	366.683	K2＋670		40	李宽柳家旁水渠闸上
BM010	367.516	K3＋460	30		李佐贵家
BM011	367.966	K4＋680		40	公路桥栏杆上
HS48	367.922	K5＋540		50	国家Ⅱ级水准点
I1532	368.054	K6＋450	50		水泥标志上
BM012	368.217	K7＋620		10	禁山亭内
BM013	367.058	K8＋830			水泥标志上

续表

点号	高程（m）	沿线水准点位置			位置说明
		路线中心桩号	左（m）	右（m）	
BM014	366.78	K9+890			绿化带边
联终	366.784	K10+940	中		联络线终点

2. 施工放样前导线点和水准点的调查

（1）导线点和水准点缺失调查。该公路定于1998年8月进场修建。修建时，业主、当地建设指挥部、设计代表、监理单位、施工单位等相关负责人和测量工程师对沿线的导线点桩和水准点进行落实。在现场调查时，发现部分导线点桩和水准点丢失或位置移动，因此，业主要求监理单位和施工单位进一步确定导线点桩和水准点的准确资料。调查导线点资料缺失情况见表9-14，水准点资料缺失情况见表9-15。

表9-14　导线点丢失情况

点号	x（N）（m）	y（E）（m）	丢失情况	备注
I234	2924776.677	484163.287	丢失	损坏
I315	2924719.979	484616.786	存在	
I159	2924887.808	484913.043	存在	
I160	2925173.857	485547.251	存在	
I242	2925305.100	485760.066	丢失	损坏
I189	2925348.808	486180.365	存在	
I288	2924944.209	486491.69	存在	
I300	2925399.561	487249.67	偏移	位移移动
I161	2925373.359	487475.491	存在	
I183	2925172.709	487943.759	存在	
I171	2925116.686	488236.293	存在	
I310	2925008.109	4890888.046	存在	
I251	2024747.349	489478.972	丢失	损坏
I252	2924684.826	490011.625	丢失	损坏
I299	2924475.262	490065.361	丢失	损坏
I139	2924259.568	490324.613	存在	
I226	2923943.567	490627.269	存在	
I223	2924752.555	490811.831	丢失	损坏
联终			存在	
II-29	2824694.108	489734.415	存在	

表 9-15 沿线水准点丢失情况

点号	高程（m）	沿线水准点丢失		
		路线中心桩号	丢失情况	备注
BM008	367.734	K1+710	存在	
BML	366.683	K2+670	丢失	
BM010	367.516	K3+460	存在	
BM011	367.966	K4+680	丢失	损坏
HS48	367.922	K5+540	存在	
I1532	368.054	K6+450	存在	
BM012	368.217	K7+620	丢失	
BM013	367.058	K8+830	存在	
BM014	366.78	K9+890	存在	
联终	366.784	K10+940	存在	

（2）导线点恢复测量的计算。针对现场调查发现，该原始导线点和水准点在经历一段时间之后，均出现有丢失和损坏的情况。施工单位可以在丢失点附近，按照导线点和水准点布设的要求，重新布设导线点和水准点，并标注相应的编号后，就可以进行恢复测量。

导线点和水准点的恢复测量，即按照该等级导线和水准路线要求的测量仪器和精度，进行角度、距离、高差的测量。

下面介绍该公路的导线和水准测量内业工作。

1）第一合同段、第二合同段附合导线计算。第一、第二合同段恢复丢失导线点如图 9-4、图 9-5 所示。

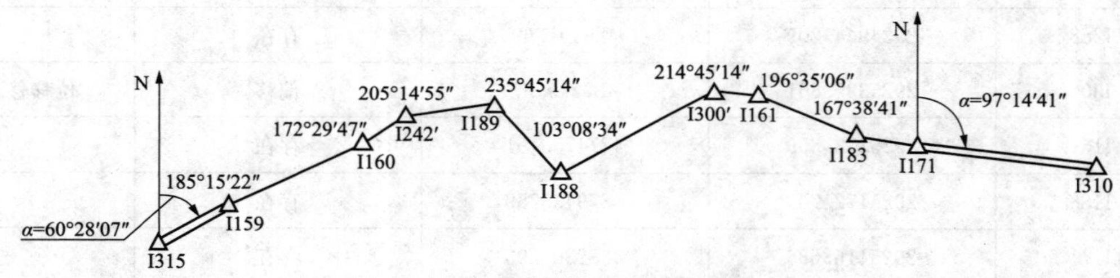

图 9-4 第一合同段恢复丢失导线点

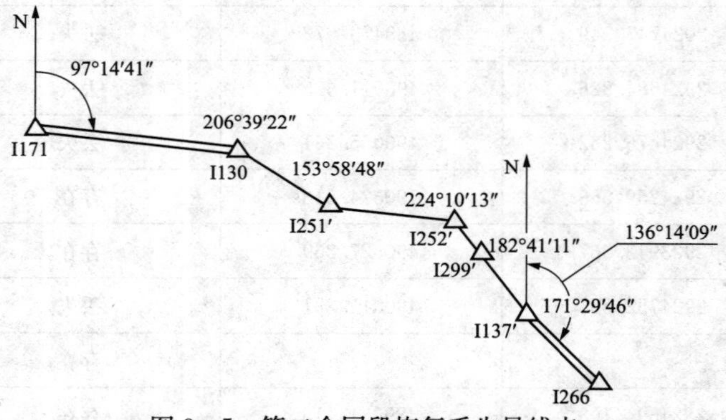

图 9-5 第二合同段恢复丢失导线点

a. 角度闭合差的调整

$$f_{\beta}=\sum\beta_{测}+\alpha_{始}-\alpha_{终}\pm n\times180^{\circ} \tag{9-1}$$

式中：$\sum\beta_{测}$左角为正，右角为负；n 值按实际计算情况确定。

b. 各导线边的坐标方位角计算

$$\begin{cases}\alpha'_{终}=\alpha_{始}+\sum\beta_{左}-n\times180^{\circ}\\\alpha'_{终}=\alpha_{始}+\sum\beta_{右}+n\times180^{\circ}\end{cases} \tag{9-2}$$

c. 坐标增量闭合差的计算

$$\begin{cases}\sum\Delta x_{ij理}=x_{终}-x_{始}\,f_x=\sum\Delta x_{ij测}-（x_{终}-x_{始}）\\\sum\Delta y_{ij理}=y_{终}-y_{始}\,f_y=\sum\Delta y_{ij测}-（y_{终}-y_{始}）\end{cases}$$

$$\begin{cases}\Delta x_{ij测}=D_{ij}\cos\alpha_{ij}f=\pm\sqrt{f_x^2+f_y^2}\\\Delta y_{ij测}=D_{ij}\sin\alpha_{ij}K=\dfrac{|f|}{\sum D}\end{cases} \tag{9-3}$$

d. 计算改正后的各导线点的纵横坐标

$$\begin{cases}x_{i+1}=x_i+\Delta x_{(i,i+1)}\\y_{i+1}=y_i+\Delta y_{(i,i+1)}\end{cases} \tag{9-4}$$

2）第一合同段、第二合同段附合导线成果。第一、第二合同段恢复丢失导线成果见表 9-16 和表 9-17。

3）水准点恢复测量与计算。公路施工过程中，通常采用三、四等水准测量作为高程控制测量的首级控制手段。因此，在现场恢复了丢失（或者移动、被破坏）的水准点以后，应按照三、四等水准的技术标准，对这些水准点进行高程控制测量、校核及内业平差。

a. 三、四等水准测量的技术要求。三、四等水准测量起算点的高程一般引自国家一、二级水准点，若测区附近没有国家水准点，也可建立独立水准网，这样起算点的高程应采用假设高程。

在为公路工程建设项目布设三、四等水准网时，一般沿公路坡度较小、便于实测的路线布设水准点。点位应选在地基稳固，能长久保存标志和便于观测的地方。水准点的间距一般为 1～1.5km，其精度和测量技术要求见本书项目 1。

b. 水准测量成果计算。经校核后水准测量的外业测量数据，如满足精度要求，就可以进行内业成果计算，即调整高差闭合差，也就是将高差闭合差按误差理论合理分配到各测段的高差中去，最后要求出未知点的高程。

公路施工中多敷设附合水准路线，因此下面着重讲述附合水准路线的平差方法。该公路水准点的布设情况如图 9-6 所示。

施工单位在施工开始前，已组织人员按照四等水准测量的技术要求和方法，完成了外业水准测量工作，成果已列于图 9-6 和表 9-18 中。

根据外业水准测量成果表即可进行内业平差计算工作，即完成表 9-18 中“高差改正值”和“高程”两列的计算工作。

表 9-16 第一同段恢复丢失导线成果计算表

点号	左角观测值 (° ′ ″)	角度改正值 (″)	改正后角度值 (° ′ ″)	坐标方位角 (° ′ ″)	各导线边长 (m)	纵坐标增量 (Δx)			纵坐标增量 (Δy)			纵坐标 x (m)	横坐标 y (m)
						计算值 (m)	改正数 (m)	改正后值 (m)	计算值 (m)	改正数 (m)	改正后值 (m)		
I315													
				60 28 07									
I159	185 15 22	−1	185 15 21									2924887.808	484913.043
				65 43 28	695.732	286.036	−0.015	286.021	634.213	0.008	634.221		
I160	172 29 47	−2	172 29 45									2925173.829	485547.264
				58 13 13	238.702	125.715	−0.005	125.710	202.915	0.003	202.918		
I242′	205 14 55	−2	205 14 53									2925299.539	485750.182
				83 28 06	432.988	49.253	−0.009	49.244	430.178	0.006	430.184		
I189	235 14 52	−1	235 14 51									2925348.783	486180.366
				138 42 57	471.881	−354.593	−0.010	−354.603	311.344	0.006	311.350		
I288	103 08 36	−1	103 08 35									2924994.180	486491.716
				61 51 32	859.554	405.408	−0.018	405.390	757.943	0.011	757.954		
I300′	214 45 14	−2	214 45 12									2925399.570	487249.670
				96 36 44	227.318	−26.174	−0.005	−26.179	225.806	0.003	225.809		
I161	196 35 06	−2	196 35 04									2925373.391	487475.479
				113 11 48	509.448	−200.666	−0.010	−200.676	468.263	0.007	468.270		
I183	167 38 41	−1	167 38 40									2925172.715	487943.749
				100 50 28	297.856	−56.023	−0.006	−56.029	292.540	0.004	292.544		
I171	176 24 14	−1	176 24 13									2925116.686	488236.293
				97 14 41									
I310													
Σ	1656 46 47	−13	1656 46 34		3733.476	228.956	−0.078	228.878	3323.202	0.048	3323.250		

表 9-17 第二同段恢复丢失导线成果计算表

点号	左角观测值 (° ′ ″)	角度改正值 (″)	改正后角度值 (° ′ ″)	坐标方位角 (° ′ ″)	各导线边长 (m)	纵坐标增量 (Δx)			纵坐标增量 (Δy)			纵坐标 x (m)	横坐标 y (m)
						计算值 (m)	改正数 (m)	改正后值 (m)	计算值 (m)	改正数 (m)	改正后值 (m)		
I171													
				97 14 41									
I310	206 39 22	1	206 39 23									2925008.409	489088.046
				123 54 04	467.268	−260.626	0.001	−260.625	387.832	0.015	387.847		
I1251′	153 58 48	1	153 58 49									2924747.784	489475.893
				97 52 53	551.748	−75.663	0.001	−75.662	549.535	0.018	546.553		
I252′	224 10 13	2	224 10 15									2924672.122	490022.446
				142 03 08	182.350	−143.769	0.000	−143.796	112.134	0.006	112.140		
I299′	182 41 11	2	182 41 13									2924528.326	490134.586
				144 44 21	329.146	−268.758	0.000	−268.758	190.016	0.011	190.027		
I317	171 29 46	2	171 29 48									2924259.568	490324.613
				136 14 09									
I266													
Σ	938 59 20	8	938 59 28		2826.694	−748.843	0.002	−748.841	1236.517	0.05	1236.567		

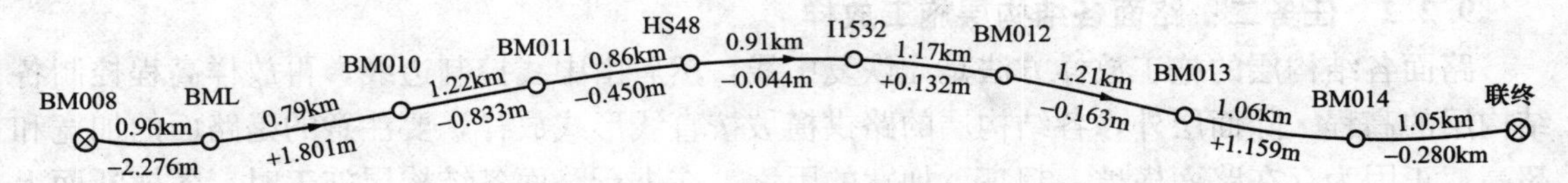

图 9-6 公路水准路线布设示意图

表 9-18 **四等水准外业测量数据**

点 号	距离（km）	高差观测值（m）	高差改正值（mm）	高程（m）
BM008				367.734
	0.96	−2.276	+0.42	
BML				365.458
	0.79	+1.801	+0.34	
BM010				367.260
	1.22	−0.833	+0.53	
BM011				366.427
	0.86	−0.450	+0.37	
HS48				365.978
	0.91	−0.044	+0.39	
I1532				365.934
	1.17	+0.132	+0.51	
BM012				366.067
	1.21	−0.168	+0.52	
BM013				365.904
	1.06	+1.159	+0.46	
BM014				367.064
	1.05	−0.280	+0.46	
联终				366.784
Σ	9.23	−0.954	4	

第一步，进行高差闭合差的计算。在该水准路线的两端各有一个已知高程的国家水准点，这两个点是校核的标准。该水准路线的高差闭合差为

$$f_h=\sum h_{测}-(H_{联终}-H_{BM008})=-0.954-(366.784-367.734)=-0.954+0.95=-4.00(\text{mm})$$

而四等水准的高差容许闭合差为

$$f_{h容}=\pm 12\sqrt{l}=\pm 12\sqrt{9.23}=\pm 36.46(\text{mm})$$

符合精度的要求。

第二步，高差闭合差的调整。可将高差闭合差反号按测段长度（平原微丘区）或者测站数（山岭重丘区）成正比分配。其计算步骤如下：

该水准路线全长 9.23km，位于平原微丘区，则第二个水准点 BML 的高差改正值应为

$$v_2=-\frac{f_h}{\sum l}\times L_2=-\frac{-4.0}{9.23}\times 0.96=0.42(\text{mm})$$

水准点 BML 改正后的高程则为

$$H'_{BML}=H_{BML}+v_2=367.734(\text{m})$$

第三个水准点 BML 的高差改正值应为

$$v_3=-\frac{f_h}{\sum l}\times L_3=-\frac{-4.0}{9.23}\times 0.79=0.34(\text{mm})$$

水准点 BM010 改正后的高程则为

$$H'_{BM010}=H_{BM010}+v_3=366.684(\text{m})$$

其余各高程点的平差计算，可按照上述步骤计算得到。

9.2.2 任务二：路面各结构层施工放样

路面各结构层的施工放样方法是先恢复中线，然后由中线控制边线，再放样高程控制各结构层的高程。除面层外，各结构层的路拱横坡按直线形式放样，要注意的是路面的加宽和超高，正因为存在路面横坡、超高、加宽的因素，在进行路面各结构层施工时，各横断面上各特征点的高程计算显得尤为重要，这方面的计算应成为从事路桥施工的专业技术人员除中桩坐标计算之外的另一个必须熟练掌握的计算内容。其计算步骤如下：

(1) 首先应确定横断面所在的桩号。由于计算横断面很多，采用软件或其他方法必须每隔一定距离逐一桩号进行计算，例如要求每5m或10m一个横断面来计算。

(2) 计算待计算桩号横断面的左右宽度。一般先应熟悉路基标准横断面尺寸，然后具体计算某个桩号横断面时注意看是否有加宽，若有，看是在左边还是在右边，加宽值是多少；若不是在全加宽断面，还需根据加宽的变化段，进行内插计算某断面处的加宽值。

(3) 确定待计算桩号横断面的左右横坡度。判断并确定该断面的左右横坡度，若不在直线段或个全超高段，还需根据超高方式图内插计算该断面处的左右超高横坡度。

(4) 确定横断面上要求计算高程的位置点。根据实际要求确定，例如有的要求计算左右距中线5、10m的点的高程，有的要求计算中央分隔带边缘、行车道边缘、硬路肩边缘处的点的高程。

(5) 计算横断面处的设计高程。确定设计高程在横断面的哪个位置。

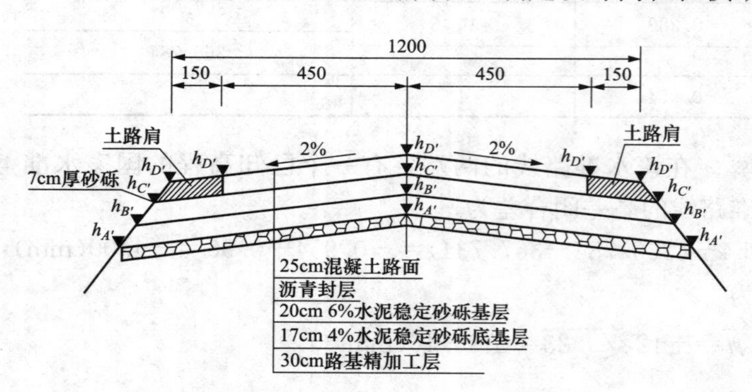

图9-7 路面格结构层图（尺寸单位：cm）

(6) 计算横断面上要求计算的各点的高程。根据横断面上计算点与设计高程点的距离、横坡度，并计算与之的高差，即可计算出横断面上各点的高程。

(7) 计算完毕，报表输出待用。

9.2.3 任务三：路面结构层顶面高程的控制

某高速公路联络线的路面结构设计如图9-7和图9-8所示。

图9-8 路面各结构层示意图

1. 设计资料

路面面层为h_1=25cm的水泥混凝土路面结构；基层为h_2=20cm厚的6%水泥稳定砂

砾；底基层为 $h_3=17\text{cm}$ 厚的 4.0%水泥稳定砂砾；路面横坡为 $i=2\%$。

2. 路面各结构层施工放样

在进行路面各结构层的现场施工放样时，应根据各结构层的设计图计算并放出路面中线各桩号处的设计高程，即图 9-7 中的 h_A、h_B、h_C、h_D 及路面各层的路基边缘处 h_A、h_B、$h_{C'}$、$h_{D'}$ 处的高程，准确确定控制点的高程和平面位置，并用木桩顶面来控制各层高程。

路面底基层施工测量路面底基层的施工是在完成路基基层的精加工层的施工并验收评定合格以后才开始的。这时要根据路面的设计高程、基层及底基层的厚度，来推算底基层的中桩高程，以及根据路拱横坡度和底基层宽度推算底基层两边的边桩高程。其具体步骤如下：

先正确放样出底基层的中桩和两侧边桩的平面位置，打上木桩，然后采用高程放样的方法，用木桩顶面精确控制底基层的施工范围，也可以在木桩间拉上线，这样也可以精确控制底基层的顶面高程，如图 9-9 所示。

图 9-9 路面底基层的施工放样

(1) 路面基层施工测量。路基基层施工放样方法基本与底基层的路面放样方法相同，但高程控制值不同，如图 9-10 所示。

图 9-10 路面基层施工放样

(2) 水泥混凝土路面滑模摊铺机摊铺面层施工测量。在进行该层位施工时，首先是在完成路面基层的施工基础上进行平面位置的放样（见图 9-11），然后进行路面面层施工高程的控制（见图 9-12）。在进行混凝土路面面层施工测量时，需要计算该路面面层上的三个高程，分别为：路面中心线的中桩高程 h_D；路面面层左、右边缘处的高程 $h_{D'}$；路面面层左、右行车道边缘处的高程 $h_{D''}$。具体计算过程如下：

在图 9-7 中，h_A、h_B、h_C、h_D分别为精加工层、底基层、基层、面层中桩高程。四者的关系为

图 9-11　路面面层的平面位置控制放样

图 9-12　路面面层的摊铺高程放样

$$h_C = h_D - 0.25$$
$$h_B = h_C - 0.20$$
$$h_A = h_B - 0.17$$

已知 K1+880 路面顶的设计高程 h_D 为 91.412m，则 h_A、h_B、h_C 分别为

$$h_C = h_D - 0.25 = 91.412 - 0.25 = 91.162(\mathrm{m})$$
$$h_B = h_C - 0.20 = 91.162 - 0.20 = 90.962(\mathrm{m})$$
$$h_A = h_B - 0.17 = 90.962 - 0.17 = 90.792(\mathrm{m})$$

已知路面顶层宽度为 1200cm，则路面行车道宽为 9m，路面基层宽、底基层宽和精加工层宽分别为：

路面基层宽　　　　1200+25×1.5×2=1275（cm）

底基层宽　　　　　1200+45×1.5×2=1335（cm）

精加工层宽度　　　1200+62×1.5×2=1386（cm）

根据各层的宽度和路拱设计横坡度 2%，计算出每一断面处面层、基层、底基层和精加工层左右边缘的高程，即 $h_{A'}$、$h_{B'}$、$h_{C'}$、$h_{D''}$。

a. 行车道左、右边缘高

$$h_{D''} = h_{D'} - 9 \div 2 \times 2\% = 91.412 - 0.09 \approx 91.322(\mathrm{m})$$

面层左右边缘高

$$h_{D'} = h_D - 12 \div 2 \times 2\% = 91.412 - 0.12 \approx 91.292(\mathrm{m})$$

b. 路面基层左右边缘

$$h_{C'} = h_C - 12.75 \div 2 \times 2\% = 91.412 - 0.1275 \approx 91.035(\mathrm{m})$$

c. 路面底基层左右边缘高

$$h_{B'} = h_B - 13.35 \div 2 \times 2\% = 90.962 - 0.1335 \approx 90.829(\mathrm{m})$$

d. 路基顶精加工层左右边缘高

$$h_{A'} = h_A - 13.86 \div 2 \times 2\% = 90.792 - 0.1386 \approx 90.653(\mathrm{m})$$

现将 K1+880～K2+080 段上 *A*、*B*、*C*、*D* 四处高程计算结果列于表 9-19 中。

表 9-19　　现将 K1+880～K2+080 段各层的高程

桩号	路面高程			路面基层		路面底基层		路面精加工层	
	h_D	$h_{D'}$	$h_{D''}$	h_C	$h_{C'}$	h_B	$h_{B'}$	h_A	$h_{A'}$
K1+880	91.412	91.322	91.292	91.162	91.035	90.962	90.829	90.792	90.655

续表

桩号	路面高程			路面基层		路面底基层		路面精加工层	
	h_D	$h_{D'}$	$h_{D''}$	h_C	$h_{C'}$	h_B	$h_{B'}$	h_A	$h_{A'}$
K1＋900	91.577	91.487	91.457	91.327	91.200	91.127	90.994	90.957	90.82
K1＋920	91.759	91.669	91.639	91.509	91.382	91.309	91.176	91.139	91.002
K1＋940	91.957	91.867	91.837	91.707	91.580	91.507	91.374	91.337	91.200
K1＋960	92.172	92.082	92.052	91.922	91.795	91.722	91.589	91.552	91.415
K1＋980	92.404	92.314	92.284	92.154	92.027	91.954	91.821	91.784	91.647
K2＋000	92.652	92.562	92.532	92.402	92.275	92.202	92.069	92.032	91.895
K2＋020	92.917	92.827	92.797	92.667	92.540	92.467	92.334	92.297	92.160
K2＋040	93.199	93.109	93.079	92.949	92.822	92.749	92.616	92.579	92.442
K2＋060	93.497	93.407	93.377	93.247	93.120	93.047	92.914	92.877	92.740
K2＋080	93.812	93.722	93.692	93.562	93.435	93.362	93.229	93.192	93.055
K2＋100	94.144	94.054	94.204	93.894	93.767	93.694	93.561	93.524	93.387
K2＋120	94.492	94.402	94.372	94.242	94.115	94.042	93.909	93.872	93.735
K2＋140	94.857	94.767	94.737	94.607	94.480	94.407	94.274	94.237	94.100
K2＋160	95.239	95.149	95.119	94.989	94.862	94.789	94.656	94.619	94.482
K2＋180	95.637	95.547	95.517	95.387	95.26	95.187	95.054	95.017	94.880
K2＋200	96.052	95.962	95.932	95.802	95.675	95.602	95.469	95.432	92.295
K2＋220	96.472	96.382	96.352	96.222	96.095	96.022	95.889	95.852	95.715
K2＋240	96.892	96.802	96.772	96.642	96.515	96.442	96.309	96.272	96.135
K2＋260	97.312	97.222	97.192	97.062	96.935	96.862	96.729	96.692	96.555
K2＋280	97.732	97.642	97.612	97.482	97.355	97.282	97.149	97.112	96.975

9.3 拓 展 知 识

1. 交点法计算线路坐标的方法步骤

交点法计算施工标段线路平面放样数据（x，y），是根据线路上交点的要素，利用5800P计算器 xy 程序计算线路中桩坐标，计算与中桩同一横断面左边桩及右边桩的坐标，这种方法实践中简称为“交点法”。用“交点法”计算出（x，y）后，再用全站仪坐标放样功能，把计算的同一横断面中边桩放样到实地作为施工的依据，这种方法实践中称为“坐标法”放样。

公路施工实践中，交点法计算线路中、边桩坐标可按下述步骤操作：

（1）第一步：熟悉设计图纸，掌握如下要点：

1）线路纵向线形组成。直线段起、终点桩号，前缓和曲线段起、终点桩号，圆曲线段起、终点桩号，后缓和曲线段起、终点桩号等；各段线形长度；是对称缓和曲线，还是非对称缓和曲线。

2）线路断面结构。路面层宽度、基层宽度、底基层宽度、路基宽度，以及各施工层的厚度及边坡比。

3）施工标段有几个交点，每个交点的里程桩号，交点的（x，y）坐标值、转角及转向，圆曲线半径，前切线正方位角，每个交点两侧直线段、缓和曲线段、圆曲线段桩号及长度。

（2）第二步：收集并复印如下资料：

1）直线、曲线及转角表。

2）逐桩坐标表。

3）路面横断面结构图。

（3）第三步：准备5800P计算器及计算线路中、边桩坐标的程序（xy程序）。

（4）第四步：绘制施工标段线路走向草图。施工标段线路走向图是将“直线、曲线及转角表”图示化。现场施工测量员可凭此图在测站上很直观地、很方便地选用交点要素计算线路上任一桩号的中、边桩坐标。

（5）第五步：程序计算线路平面位置放样点坐标x与y。

2. xy程序

xy程序适用于计算对称曲线线路上任一点的中边桩坐标。程序清单如下所示：

```
"Q= "? Q:"W= "? W:"K= "? K: "R= "? R:
"V= "? V: "N= "? N: "G= "? G: "F= "? F↵          (常量)
4→ DimZ↵                                          (增加额外变量)
V÷ 2—V^3÷ (240R^2)→ M↵                            (切线增值)
V^2÷ (24R)—V^4÷ (2688R^3)→ P↵                     (圆曲线内移量)
RNπ ÷ 180+ V→ L↵                                  (曲线长)
(R+ P)tan(N÷ 2)+ M→ T↵                            (切线长)
Q—T→ A:A+ V→ B:A+ L→ D:D- V→ C↵                   (ZH、HY、HZ、YH点桩号)
W+ Tcos(F+ 180)→ ZC[1]↵                           (ZH点x、y计算)
K+ Tsin(F+ 180)→ ZC[2]↵
W+ Tcos(F+ GN)→ ZC[3]↵
K+ Tsin(F+ GN)→ ZC[4]↵
LbI  0↵
"H"? H: "S"? S:"E"? E↵                            (变量:所求点桩号、边距、夹角)
If  H< A : Then Goto 1:                           (计算前直线段坐标)
Else  If H< B:Then Goto 2:                        (计算前缓和曲线段坐标)
Else If H< C:Then Goto 3:                         (计算圆曲线段坐标)
Else  If H< D:Then Goto 4:                        (计算后缓和曲线段坐标)
Else  If H> D:Then Goto 5:                        (计算后直线段坐标)
IfEnd : IfEnd : IfEnd : IfEnd : IfEnd↵
LbI  1↵                                           (前直线段坐标计算开始)
Rec(Q—H,F+ 180)↵
"XZ1= ":W+ I ◢  }
"YZ 1= ":K+ J ◢ }                                 (前直线段所求点中桩坐标值)
"MZ1= ":W+ I+ Scos(F+ 180- (180- E))◢ }
"NZ1= ":K+ J+ Ssin(F+ 180- (180- E))◢ }           (与中桩同截面的中桩坐标值)
Goto 0↵
```

```
LbI 2↵                                                   (前缓和曲线段坐标计算开始)
H—A→ Z↵                                                  (任一点到 ZH 点的桩距)
90Z²= (π RV)→ 0↵                                         (Z 所对应的圆心角)
Z—Z⁵÷ (40R²V²)+ Z⁹÷ (3456R⁴V⁴)→ X↵                       }
Z³÷ (6RV)—Z⁷÷ (336R³V³)+ Z¹¹÷ (42240R⁵V⁵)→ Z↵            } (所求点切线支距法坐标)
Rec(X,F)↵                                                }
Z[1]+ I→ X:Z[2]+ J→ Y↵                                   } (换算成线路施工中统一采用的坐标)
Rec(Z,F+ 90G)↵
"XF1= ": X+ I[◢                                          }
"YF1= ":Y+ J◢                                            } (前缓和曲线上任一点中桩坐标值)
"MF1= ":(X+ I)+ Scos(F+ 0G+ E)」◢                        }
"NF1= ":(Y+ J)+ Ssin(F+ 0G+ E)」◢                        } (边桩坐标值)
Goto 0↵
LbI 3↵                                                   (圆曲线段坐标计算开始)
H—A—V→ Z↵                                                (圆曲线内任一点到 ZH 点的距离)
180V÷ (2Rπ)→ T↵
180Z÷ (Rπ)+ T→ 0↵                                        (Z 所对应的圆心角)
Rs i n(O)+ M→ X↵                                         }
R(1- cos(O))+ P→ Z↵                                      } (切线支距法坐标计算)
Rec(X, F)↵                                               (坐标转换计算)
Z[l]+ i→ X:Z[2]+ J→ Y↵
Rec(Z,F+ 90G)↵
"XY= ":X+ I◢
" YY= ": Y+ J◢
" MY= ":(X+ I)+ Scos(F+ GO+ E)◢                          (边桩坐标值)
" NY= ":(Y+ J)+ Ssin(F+ OG+ E)◢
Goto 0↵
LbI 4↵                                                   (后缓和曲线段坐标计算开始)
D- H→ Z↵
90Z²÷ (RVπ)→ 0↵
Z- Z⁵÷ (40R²V²)+ Z⁹÷ (3456R⁴V⁴)→ X↵
Z³÷ (6RV)- Z⁷÷ T(336R³V³)+ Z¹¹÷ (42240R⁵V⁵)→ Z↵
Rec(X,F+ GN+ 180)↵
Z[3]+ I→ X:Z[4]+ J→ Y↵
Rec(Z,F+ GN+ 180- 90G)↵
"XF2= ":X+ I◢                                            }
"TF2= ":Y+ J◢                                            } (中桩坐标值)
"MF2= ":(X+ I)+ Scos(F+ GN+ 180- OG- E)◢                 }
"NF2= ":(Y+ J)+ Ssin(F+ GN+ 180- OG- E)◢                 } (边桩坐标值)
Goto 0↵
LbI5↵                                                    (后直线段坐标计算开始)
Rec(H- D,F+ NG)↵
"XZ2= ":Z[3]+ I◢                                         }
"YZ2= ":Z[4]+ J◢                                         } (中桩坐标值)
"MZ2= ":Z[3]+ I+ Scos(F+ GN+ E)◢                         }
"NZ2= ":Z [4] + J+ Ss in(F+ GN+ E)◢                      } (边桩坐标值)
```

```
Goto 0
```

程序中：

Q——交点桩号；

W、K——交点的 x、y 值；

R——圆曲线半径；

V——缓和曲线长度；

N——转角，输入时不带符号；

G——控制转角条件．左转角输入－1．右转角输入 1；

F——前切线正方位角；

H——计算范围内任一点（所求点）的桩号；

S——与 H 同一横断面的中一边距离；

E——夹角，线路中线与中边连线夹角，左边桩输入－90°，右边桩输入＋90°。

计算结果显示：

XZ1、YZ1——前直线段中桩坐标值；

MZ1、NZ1——前直线段边桩坐标值；

XF1、YF1——前缓和曲线段中桩坐标值；

MF1、NF1——前缓和曲线段边桩坐标值；

XY、YY——圆曲线段中桩坐标值；

MY、NY——圆曲线段边桩坐标值；

XF2、YF2——后缓和曲线段中桩坐标值；

MF2、NF2——后缓和曲线段边桩坐标值；

XZ2、YZ2——后直线段中桩坐标值；

MZ2、NZ2——后直线段边桩坐标值。

3．XY 程序功能及注意事项

该程序可计算线路对称曲线上任一点的中桩坐标，并可计算与该点同一横断面的左、右边桩坐标。

本程序计算范围（如图 9－13 所示）：

（1）交点所在的圆曲线段，即 ZY－YZ 或 HY－YH 上任一点的坐标。

（2）圆曲线前直线段（第一直线段），即 HZ(YZ)－ZH(ZY) 段上任一点的坐标。

（3）圆曲线前缓和曲线段（第一缓和曲线段），即 ZH－HY 段上任一点的坐标。

（4）圆曲线后直线段（第二直线段），即 HZ(YZ)－ZH(ZY) 段上任一点的坐标。

（5）圆曲线后缓和曲线段（第二缓和曲线段），即 YH－HZ 段任一点的中、边桩坐标。

该程序起算数据是圆曲线所在地的交点的要素，即交点的里程桩号 Q，交点的 X(W)、Y(K) 坐标值、圆曲线半径 R、缓和曲线长度 V、转角 N′及前切线正方位角。所以此法习惯上叫交点法计算坐标。

程序中用 N 表示转向角。用“G”控制其正负。当转向角左偏，G 输入“－1"，当转向角右偏，G 输入“1”。在输入“N”时，不输入正负号。

计算左、右边桩时，程序中用 E' 夹角控制左、右方位。当 E 输入“90”时，计算结果为右边桩坐标值；当 E 输入“－90”时，计算结果为左边桩坐标值。

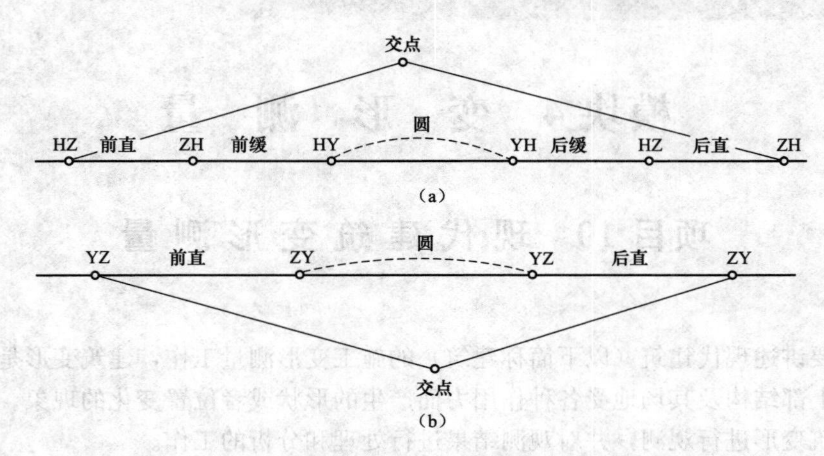

图 9-13 交点法计算线路上任一点坐标计算范围示意图

（a）带缓和曲线的圆曲线；（b）不带缓和曲线的圆曲线

计算中桩、左或右边桩坐标时，不考虑顺序，可随意计算，如左中右、右中左或中左右、中右左。实践中以习惯而定，也可根据现场放样需要而定。应注意的是，同一横断面，中桩 X、Y 计算值显示两次。

程序中 V 为缓和曲线长度，当计算不设缓和曲线的圆曲线时，V 输入“0”。

程序中前几步可计算：

1）切线增值 M；

2）圆曲线内移量 P；

3）曲线长 L；

4）切线长 T；

5）直缓点（ZH）的桩号 A；

6）缓圆点（HY）的桩号 B；

7）缓直点（HZ）的桩号 D；

8）圆缓点（YH）的桩号 C；

9）ZH 点的 X、Y 坐标值 Z［1］、Z［2］；

10）HZ 点的 X、Y 坐标值 Z［3］、Z［4］。

上述 M、P、L、T、A、B、D、C、Z［1］、Z［2］、Z［3］、Z［4］，程序设计为不显不计算结果。这些数据一般为已知，设计部门已经给出了。若需要显示。则在其计算式后加一显示符号“◢”，例如，直缓点桩号：" A＝"：Q－T→A ◢，其余仿此。

习 题

1. 道路工程如何进行施工放样？为什么在施工放样前要进行导线、水准点的恢复测量？

2. 导线控制点的恢复测量等级有哪些？如何选用？施工单位导线点复测的步骤有哪些？复测中应注意哪些问题？

3. 导线控制点的高程恢复测量是通过什么技术实现的？该技术有哪几个等级？它的主要观测方法有哪些？

模块4 变 形 测 量

项目10 现代建筑变形测量

本章主要讲述现代建筑（以下简称建筑）的施工变形测量工作，建筑变形是指建筑的地基、基础及上部结构及其场地受各种作用力而产生的形状或者位置变化的现象。建筑变形测量是指对建筑变形进行观测，并对观测结果进行处理和分析的工作。

知识目标

了解建筑物变形测量中常用的沉降观测、倾斜观测、位移观测的选点布网，掌握各种曲线的绘制、监测报告的编写等。结合实例来说明建筑物变形观测的具体实施过程。

能力目标

在高层建筑施工中对建筑物进行沉降观测、倾斜观测和位移观测，绘制变形曲线图，统计观测数据，编写观测报告。

10.1 预 备 知 识

建筑物变形测量是通过监测手段确切地反映建筑地基基础、上部结构及其场地在静荷载或动荷载及环境等因素影响下的变形程度或变形趋势，从而有效监视新建建筑物在施工及运营使用期间的安全，以利于及时采取预防措施。

10.1.1 变形观测的特点

1. 精度要求高

为能真实准确地反映出建筑物的变形情况，一般规定测量误差应限制在变形量的$\frac{1}{10}$～$\frac{1}{20}$以内，精度要求高。为达到预定精度，变形观测应采用精密的仪器设备，使用精密的测量方法。即水准仪$S_{0.5}$和S_1，经纬仪应采用J_1或J_2。观测时，要尽力想办法克服系统误差对成果的影响。

2. 观测时间性强

各项变形观测，首次必须按时进行，才能得到可靠的原始数据，其他各阶段的复测也要根据工程的进度定时进行，防止漏测，否则不能如实客观地反映各阶段变化的情况。

3. 观测成果要可靠、资料必须完整

观测成果和资料是进行变形分析的重要依据，它的可靠程度和完整性将直接影响变形分析的结果与实际结果相符合的程度，因此要求资料必须完整，观测成果要可靠。

10.1.2　变形观测的基本措施

为保证和提高变形观测成果的精度，除按规定时间一次不漏地进行观测外，还需要设法努力消除或减弱系统误差对成果精度的影响，故在变形观测中一般应采用“一稳定、四固定”的基本措施。

(1) 一稳定是指变形观测依据的基准点、工作基点及被观测建筑物上的变形观测点，点位要稳定。基准点是变形观测的基本依据，点位应稳定可取、方便观测，一般每项工程至少要设置三个基准点，要定期进行检测；工作基点是观测中直接使用的依据点，应选在距观测点较近而又稳定的地方，通视条件较好或观测项目较少的高层建筑可不设工作基点，直接依据基准点观测。变形观测点应设在被观测物上最能反映变形特征而又便于观测的位置。

(2) 四固定是指所用的仪器、设备要固定，观测人员固定；观测条件和环境基本相同，观测路线、镜位、程序和方法要固定。

10.1.3　沉降观测

沉降观测一般采用水准测量方法，高层建筑自身的沉降观测是高层建筑沉陷观测的主要内容。

1. 沉降观测的等级、精度要求、适用范围及观测方法

根据工程需要按表10-1中相应等级的规定选用沉降观测点的等级、精度要求和观测方法。

表10-1　沉降观测点的等级、精度要求和观测方法

等级	标高中误差(mm)	相邻点高差中误差(mm)	适用范围	观测方法	往返较差、附合或环形闭合差(mm)
一等	±0.3	±0.1	变形特别敏感的高层建筑、高耸构筑物、重要古建筑等	参照国家一等水准测量外，尚需双转点视线≤15m，前后视距差≤0.3m，累积视距差≤1.5m	$0.15\sqrt{n}$
二等	±0.5	±0.3	变形比较敏感的高层建筑、高耸构筑物古建筑和重要建筑场地的滑坡监测等	一等水准测量	$0.3\sqrt{n}$
三等	±1.0	±0.5	一般性的高层建筑高耸构筑物、滑坡监测等	二等水准测量	$0.6\sqrt{n}$
四等	±2.0	±1.0	观测精度要求较低的建筑物、构筑物和滑坡监测等	三等水准测量	$1.40\sqrt{n}$

2. 观测点的密度和布置

观测点的数量和布置应能客观、准确地反映建筑物沉降情况，它与建筑物的大小、荷载、基础形式及地质条件等有关。一般沿房屋周边每隔一定的距离（10～20m）、在房屋四个大角处、伸缩缝两侧均要布设观测点；当房屋宽度大于15m时，还应在房屋内部纵横轴线上和楼梯间布置观测点；在最易产生沉降变形处，如设备基础、柱子基础及基础形式和地质条件改变处也要设置观测点；浮筏基础或箱形基础的高耸建筑，一般沿纵横轴线和基础周边设置观测点。观测点一旦选定就要在建筑物平面图上标定其位置，并编号。如图10-1为

某高层建筑沉降观测点平面布置图。

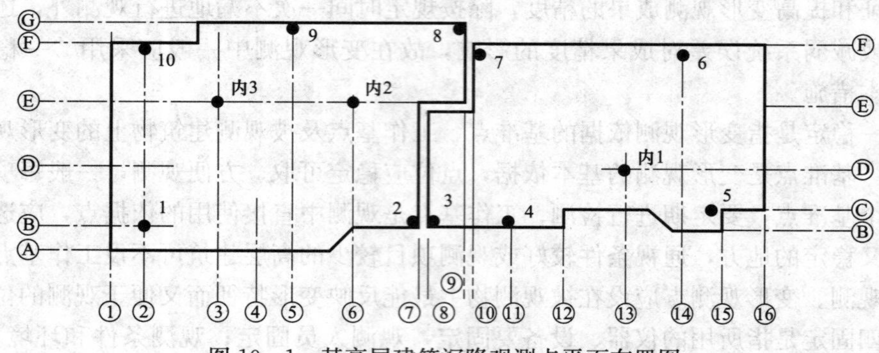

图 10-1　某高层建筑沉降观测点平面布置图

3. *观测方法*

(1) 水准点布设。水准点应选于地面坚实而又不受施工影响之处，并要定期检查其点位；点位要方便观测，水准点要尽可能靠近被观测物，距离一般不能大于100m；为校核和防止某个水准点高程变动而造成差错，一般建筑物至少要设置三个水准点。

(2) 沉降观测。应采用S_1级和S_1级以上精度的水准仪做闭合环线观测。仪器在每一站观测了后视点及前视点后，再回视后视点，两次读数差应在相应等级的限差内，水准点的环线闭合差也应满足相应等级的精度要求，即三等沉降观测，两次后视之差应在±1.0mm内，而环线闭合差不应超过$\pm 0.6\sqrt{n}$mm（n为测站数）。

(3) 沉降观测的次数和时间。应按设计要求进行，一般第一次观测应在观测点安置稳定后及时进行，然后每施工一层复测一次直到竣工，竣工后按沉降量的大小定期观测。开始时可隔2～3个月复测一次，以每次沉降量5～10mm内为限度，超出限度就必须增加观测次数。以后随着沉降量的减小，可以逐渐延长观测周期直到沉降稳定为止。一般砂土地基观测2年，黏性土地基观测5年，而软土地基观测10年。

(4) 沉降观测应提供的成果：

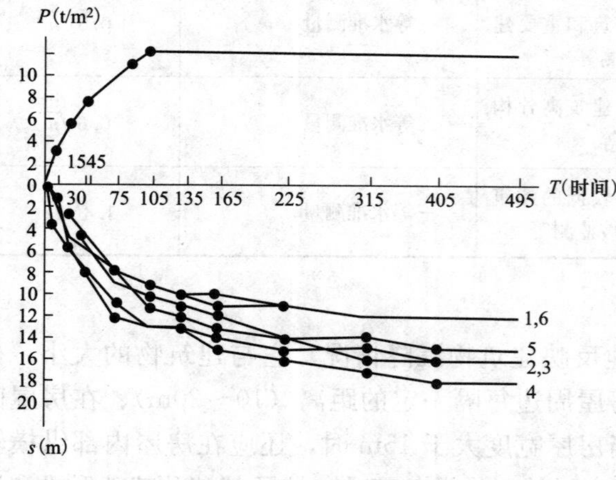

图 10-2　建筑物沉降图

1) 建筑物沉降观测点布置平面图（见图10-1）上应标定观测点的位置及信号，必要时应另绘竣工及沉降稳定时等的沉线图。

2) 下沉量统计表见表10-2，这是根据沉降观测原始记录整理、计算而得的每个观测点每次下沉量和累积下沉量的统计值。

3) 建筑物沉降量即为观测点沉降量（s）、荷载（P）、时间（T）三者之间的关系图，如图10-2所示，图中横坐标表示时间，图形分上下两部分，上部为建筑荷载曲线，下部为各观测点的下沉曲线。

表 10-2 沉降观测下沉量统计表

工程名称：某厂办公楼											工程编号：										
观测次数	观测日期（年、月、日）	各观测点的沉降情况																		工程施工进展情况	荷载情况（t/m²）
		1			2			3			4			5			6				
		高程（m）	本次下沉（mm）	累计下沉（mm）	高程（m）	本次下沉（mm）	累计下沉（mm）	高程（m）	本次下沉（mm）	累计下沉（mm）	高程（m）	本次下沉（mm）	累计下沉（mm）	高程（m）	本次下沉（mm）	累计下沉（mm）	高程（m）	本次下沉（mm）	累计下沉（mm）		
1	1988. 7.15	30.126	±0	±0	30.124	±0	±0	30.127	±0	±0	30.126	±0	±0	30.125	±0	±0	30.127	±0	±0	浇筑底层楼板	3.5
2	7.30	30.124	−2	−2	30.122	−2	−2	30.123	−4	−4	30.123	−3	−3	30.124	−1	−1	30.125	−2	−2	浇筑一层楼板	5.5
3	8.15	30.121	−3	−5	30.119	−3	−5	30.121	−2	−6	30.120	−3	−6	30.122	−2	−3	30.124	−1	−3	浇筑二层楼板	7.5
4	9.1	30.120	−1	−6	30.118	−1	−6	30.119	−2	−8	30.118	−2	−8	30.120	−2	−5	30.121	−3	−6	屋架上瓦	9.5
5	9.29	30.118	−2	−8	30.115	−3	−9	30.116	−3	−11	30.1144	−4	−12	30.117	−3	−8	30.119	−2	−8	竣工	10.0
6	10.30	30.117	−1	−9	30.114	−1	−10	30.114	−2	−13	30.113	−1	−13	30.114	−3	−11	30.118	−1	−9		
7	12.3	30.116	−1	−10	30.113	−1	−11	30.114	±0	−13	30.113	±0	−13	30.113	−1	−12	30.117	−1	−10		
8	1989. 1.2	30.116	±0	−10	30.112	−1	−12	30.113	−1	−14	30.112	−2	−15	30.122	−1	−13	30.116	−1	−11		
9	3.1	30.115	−1	−11	30.110	−2	−14	30.112	−1	−15	30.110	−1	−16	30.111	−1	−14	30.116	±0	−11		
10	6.4	30.114	−1	−12	30.108	−2	−16	30.112	±0	−15	30.109	−1	−17	30.111	±0	−14	30.115	−1	−12		
11	9.1	30.114	±0	−12	30.108	±0	−16	30.111	−1	−16	30.108	−1	−18	30.110	−1	−15	30.115	±0	−12		
12	12.2	30.114	±0	−12	30.108	±0	−16	30.111	±0	−16	30.108	±0	−18	30.110	±0	−15	30.115	±0	−12		
备注	此栏应说明如下事项：1. 点位草图；2. 水准点号码及高程；3. 基础底面土壤；4. 其他																				

10.1.4 位移观测

建筑物的位移观测，一般是指测定建筑物经过一定时间后沿某一水平方向的移动量δ。观测时先在与建筑物移动方向相垂直的方向上设置一条基准线，并在建筑物上埋设观测点，观测点应严格位于基准线方向上，然后用经纬视准线法或精密测角法在规定的时间内定期进行观测，求其位移量。

如图10－3所示，A、B、C为位于同一基准线上的三个控制点，M为设置在建筑物上的观测点，当建筑物位移为零时，M点位于基准线方向上。经历一段时间建筑物产生位移后，在预定观测时间将经纬仪置于A点，对中置平后，用正倒镜法，在建筑物上重新标定基准线方向，此时观测点M必定偏离基准线，其偏离的距离δ即为建筑水平位移量，可直接在建筑物上量取；也可采用精密测角法，在变形前、后精确测出$\angle BAM$得β_1和β_2，求出其较差$\Delta\beta$，用钢尺丈量AM的长度，用下式即可算出建筑物移动量δ

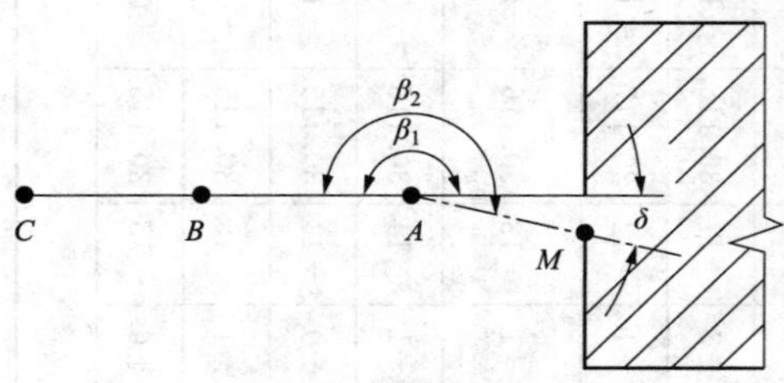

图10－3 位移观测示意图

$$\delta=\frac{\Delta\beta}{\rho}\times AM \tag{10-1}$$

式中：$\Delta\beta=\beta_2-\beta_1$，$\rho=206265''$。

位移观测与沉降观测一样，也分为四个等级，各等级的适用范围同表10－1，各等级变形点的点位中误差：一等为±1.5mm，二等为±3.0mm，三等为±6.0mm，四等为±12.0mm。

10.2 项 目 实 施

建筑物在施工过程及运行阶段都会出现变形，其变形量的大小会影响建筑物的结构性能及安全使用。下面以住宅小区为例说明建筑物变形观测中基准点设置、观测数据采集、图表绘制、成果分析等工作步骤及注意事项。

10.2.1 工程概况

某住宅小区二期工程共30栋楼，分四个标段施工，其中三标段为9、10、17、18、19号楼，四标段为11、12、13、14、15、16、23、24号楼，五标段为20、21、22、26、27、28、29、30号楼，六标段为青年公寓楼，其个，9、10、12、13、14、15、16、23、24、26、27、28号楼和青年公寓楼楼层数为地面11层，地下1层；17、18、19、20、21、22、29、30号楼楼层数为地面17层，地下1层。各栋建筑主体均采用框剪结构，基础结构除26、27号楼采用独立基础外，其余各栋均采用人工挖孔灌注桩基础。

10.2.2 任务一：技术要求与观测依据

1. 技术要求

根据设计图纸及《建筑变形测量规范》(JGJ 8—2007) 中建筑变形测量精度级别的选定原则，确定工程各栋建筑沉降观测等级为二级，观测点测站高差中误差不大于0.5m。

《建筑变形测量规范》(JGJ 8—2007) 中指出建筑沉降变形的稳定标准应由沉降量-时间关系曲线判定。当最后100d的沉降速率小于0.01～0.04mm/d时，可认为建筑物已经进入稳定阶段，具体取值宜根据各地区地基土的压缩性确定，该工程取小于0.04mm/d。

2. 观测依据

《工程测量规范》(CB 50026—2007)、《建筑变形测量规范》(JGJ 8—2007)、《国家一、二等水准测量规范》(GB/T 12897—2006);《建筑基坑工程监测技术规范》(GB 50497—2009)。

10.2.3 任务二:基准点及观测点布置

1. 基准点布置

根据《建筑变形测量规范》(JGJ 8—2007)的具体要求,基准点布置在变形影响范围以外,且稳定、易于长期保存的位置。结合本测区实际情况,为便于沉降观测作业及基准点间的相互校核,在二期周边区域共布置10个浅埋钢管水准基点,编号依次为BM_1、BM_2、BM_3、BM_4、BM_5、BM_6、BM_7、BM_8、BM_9、BM_{10},其中BM_1、BM_2和BM_3为一期工程各栋建筑沉降观测用基准点。由于受施工现场条件限制,BM_1、BM_2、BM_3组成闭合环,建立独立高程系统,其中假设BM_1点高程为0.000m;BM_4、BM_5、BM_6组成闭合环,建立独立高程系统,其中假设BM_5点高程为0.000m;BM_7、BM_8、BM_9、BM_{10}组成闭合环,建立独立高程系统,其中假设BM_7点高程为1.000m。

2. 观测点布置

根据设计图纸(二期沉降观测点平面布置图),在各栋建筑地下1层,离地面0.5m左右的承力柱(墙)处共布置沉降观测点108个,其中,9、12、14、15、16、17、18、19、20、21、22、29、30号楼各布置4个观测点,共52个;10、11、12、13、23、24、、26、27号楼及青年公寓楼各布置6个观测点,共48个;28号楼布置8个观测点。基准点及观测点布置见图10-4。

10.2.4 任务三:观测成果及分析

沉降观测成果见表10-3~表10-7,沉降量曲线图见图10-5~图10-12。限于篇幅,观测成果表和曲线图只绘制了13号楼的。根据各栋建筑观测成果及分析,基础平均沉降量最大的是16号楼为19.50mm,小于规范规定体形简单的高层建筑基础平均沉降量为200mm的允许沉降值;沉降差最大为11号楼,差异沉降量为6.1mm,局部倾斜率为0.45‰,远小于规范规定的2‰~3‰的允许值。主体施工阶段,随着施工楼层的不断上升,荷载随之不断增加,各观测点的累计沉降量也随之增加;主体装修阶段,沉降速率减小,累计沉降量增幅随之放缓;使用阶段,沉降速率进一步减缓,最后100d的沉降速率均小于0.01mm/d,小于沉降稳定标准值0.04mm/d,因此可认为二期各栋主体建筑物沉降已进入稳定阶段。

表10-3 某小区13号楼沉降观测成果表(一)

观测次数	观测日期(年-月-日)	时间间隔(d)	累计时间(d)	测点:1号			测点:2号			荷载情况
				本次下沉(mm)	沉降速度(mm/d)	累计下沉(mm)	本次下沉(mm)	沉降速度(mm/d)	累计下沉(mm)	
1	2009-03-02	0	0	0.00	0.00	0.00	0.00	0.00	0.00	3层
2	2009-03-28	26	26	1.16	0.04	1.16	0.89	0.03	0.89	6层
3	2009-04-28	30	56	2.16	0.09	3.77	2.15	0.07	3.04	8层
4	2009-06-03	35	91	2.40	0.07	6.17	2.59	0.07	5.63	11层
5	2009-08-09	66	157	1.85	0.03	8.02	1.53	0.02	7.16	装修
6	2009-10-10	61	218	1.59	0.03	9.61	0.93	0.02	8.09	装修

续表

观测次数	观测日期（年-月-日）	时间间隔（d）	累计时间（d）	测点：1号			测点：2号			荷载情况
				本次下沉（mm）	沉降速度（mm/d）	累计下沉（mm）	本次下沉（mm）	沉降速度（mm/d）	累计下沉（mm）	
7	2009-12-14	64	282	0.71	0.01	10.32	1.49	0.02	9.58	装修
8	2010-03-18	94	376	1.79	0.02	12.11	1.10	0.01	10.68	使用
9	2010-06-19	91	467	0.97	0.01	13.08	0.86	0.01	11.54	使用
10	2010-09-21	92	559	0.59	0.01	13.67	0.78	0.01	12.32	使用
11	2010-12-27	96	655	0.35	0.00	14.02	0.65	0.01	12.97	使用
12	2011-04-16	109	764	0.83	0.01	14.85	0.59	0.01	13.56	使用
13	2011-08-07	111	875	0.32	0.00	15.17	0.45	0.00	14.01	使用

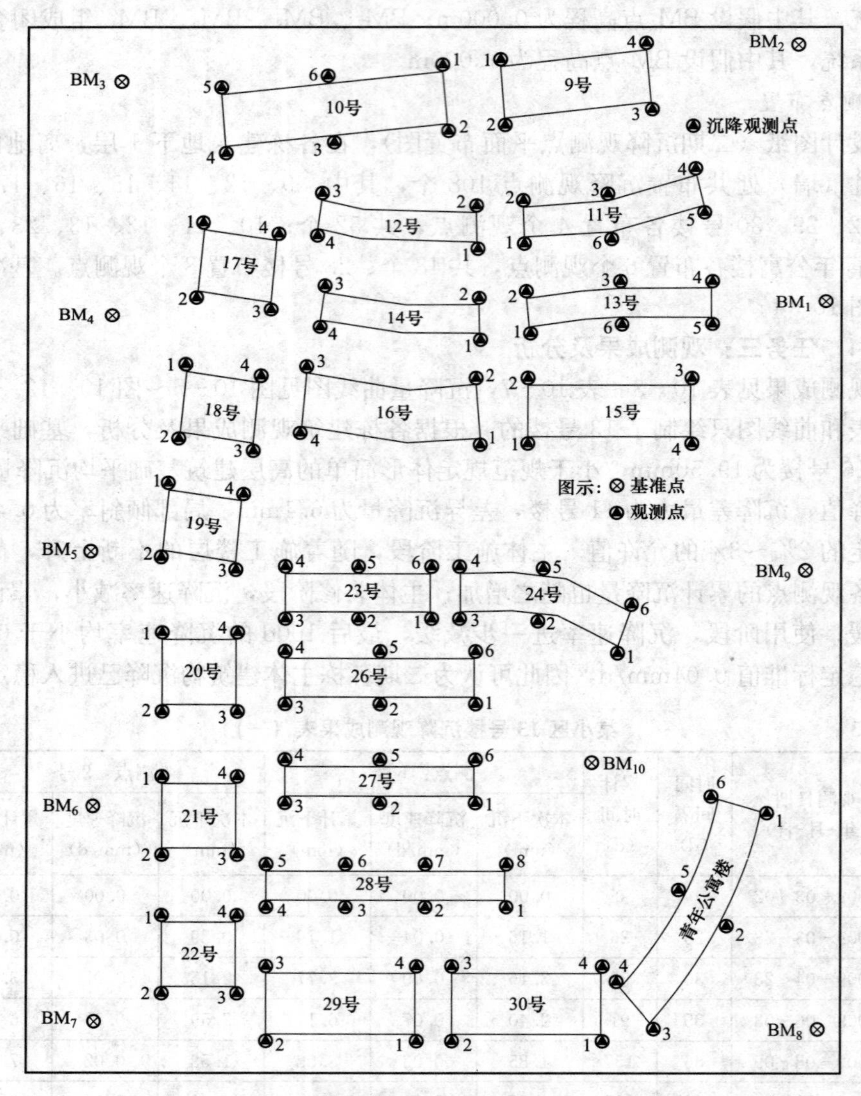

图 10-4　某小区沉降监测基准点及监测点布置示意图

表 10-4　　某小区13号楼沉降观测成果表（二）

观测次数	观测日期（年-月-日）	时间间隔（d）	累计时间（d）	测点：3号			测点：4号			荷载情况
				本次下沉（mm）	沉降速度（mm/d）	累计下沉（mm）	本次下沉（mm）	沉降速度（mm/d）	累计下沉（mm）	
1	2009-03-02	0	0	0.00	0.00	0.00	0.00	0.00	0.00	3层
2	2009-03-28	26	26	1.16	0.04	1.16	0.89	0.03	0.89	6层
3	2009-04-28	30	56	2.16	0.09	3.77	2.15	0.07	3.04	8层
4	2009-06-03	35	91	2.40	0.07	6.17	2.59	0.07	5.63	11层
5	2009-08-09	66	157	1.85	0.03	8.02	1.53	0.02	7.16	装修
6	2009-10-10	61	218	1.59	0.03	9.61	0.93	0.02	8.09	装修
7	2009-12-14	64	282	0.71	0.01	10.32	1.49	0.02	9.58	装修
8	2010-03-18	94	376	1.79	0.02	12.11	1.10	0.01	10.68	使用
9	2010-06-19	91	467	0.97	0.01	13.08	0.86	0.01	11.54	使用
10	2010-09-21	92	559	0.59	0.01	13.67	0.78	0.01	12.32	使用
11	2010-12-27	96	655	0.35	0.00	14.02	0.65	0.01	12.97	使用
12	2011-04-16	109	764	0.83	0.01	14.85	0.59	0.01	13.56	使用
13	2011-08-07	111	875	0.32	0.00	15.17	0.45	0.00	14.01	使用

表 10-5　　某小区13号楼沉降观测成果表（三）

观测次数	观测日期（年-月-日）	时间间隔（d）	累计时间（d）	测点：5号			测点：6号			荷载情况
				本次下沉（mm）	沉降速度（mm/d）	累计下沉（mm）	本次下沉（mm）	沉降速度（mm/d）	累计下沉（mm）	
1	2009-03-02	0	0	0.00	0.00	0.00	0.00	0.00	0.00	3层
2	2009-03-28	26	26	1.87	0.07	1.87	1.56	0.06	1.56	6层
3	2009-04-28	30	56	2.45	0.08	4.32	3.12	0.10	4.68	8层
4	2009-06-03	35	91	2.57	0.07	6.89	2.13	0.06	6.81	11层
5	2009-08-09	66	157	1.34	0.02	8.23	1.77	0.03	8.58	装修
6	2009-10-10	61	218	1.21	0.02	9.44	1.74	0.02	10.32	装修
7	2009-12-14	64	282	1.59	0.02	11.03	1.47	0.02	11.79	装修
8	2010-03-18	94	376	2.22	0.02	13.25	1.09	0.01	12.88	使用
9	2010-06-19	91	467	0.76	0.01	14.01	0.66	0.01	13.54	使用
10	2010-09-21	92	559	0.86	0.01	14.87	0.47	0.01	14.01	使用
11	2010-12-27	96	655	0.82	0.01	15.69	0.51	0.01	14.52	使用
12	2011-04-16	109	764	0.45	0.00	16.14	0.36	0.00	14.88	使用
13	2011-08-07	111	875	0.28	0.00	16.42	0.24	0.00	15.12	使用

各监测点在整个监测过程中各阶段的累计沉降量统计见表10-6。

表 10-6 某小区各点累计沉降值数据表

观测次数	观测日期（年-月-日）	时间间隔（d）	累计时间（d）	累计沉降量（mm）						各点累计沉陷量平均值（mm）
				1号点	2号点	3号点	4号点	5号点	6号点	
1	2009-03-02	0	0	0.00	0.00	0.00	0.00	0.00	0.00	0.00
2	2009-03-28	26	26	1.21	1.87	1.16	0.89	1.87	1.56	1.43
3	2009-04-28	30	56	4.07	4.71	3.77	3.04	4.32	4.68	4.10
4	2009-06-03	35	91	6.42	7.04	6.17	5.63	6.89	6.81	6.49
5	2009-08-09	66	157	7.83	9.78	8.02	7.16	8.23	8.58	8.27
6	2009-10-10	61	218	9.42	11.54	9.61	8.09	9.44	10.32	9.74
7	2009-12-14	64	282	11.66	13.38	10.32	9.58	11.03	11.79	11.29
8	2010-03-18	94	376	13.44	14.86	12.11	10.68	13.25	12.88	12.87
9	2010-06-19	91	467	15.18	16.01	13.08	11.54	14.01	13.54	13.89
10	2010-09-21	92	559	16.42	17.12	13.67	12.32	14.87	14.01	14.74
11	2010-12-27	96	655	17.24	18.23	14.02	12.97	15.69	14.52	15.45
12	2011-04-16	109	764	18.12	18.67	14.85	13.56	16.14	14.88	16.04
13	2011-08-07	111	875	18.56	19.25	15.17	14.01	16.42	15.12	16.42

各监测点在整个监测过程中各阶段的沉降速率统计见表 10-7。

表 10-7 某小区 13♯楼各点沉降速率数据表

观测次数	观测日期（年-月-日）	时间间隔（d）	累计时间（d）	沉降速率（mm/d）						各点沉降速率平均值（mm/d）
				1号点	2号点	3号点	4号点	5号点	6号点	
1	2009-03-02	0	0	0.00	0.00	0.00	0.00	0.00	0.00	0
2	2009-03-28	26	26	0.05	0.07	0.04	0.03	0.07	0.06	0.05
3	2009-04-28	30	56	0.10	0.09	0.09	0.07	0.08	0.10	0.09
4	2009-06-03	35	91	0.07	0.07	0.07	0.07	0.07	0.06	0.07
5	2009-08-09	66	157	0.02	0.04	0.03	0.02	0.02	0.03	0.03
6	2009-10-10	61	218	0.03	0.03	0.03	0.02	0.02	0.03	0.03
7	2009-12-14	64	282	0.03	0.03	0.02	0.02	0.02	9.58	0.02
8	2010-03-18	94	0.02	0.01	0.02	0.02	0.02	0.02	0.02	0.02
9	2010-06-19	91	467	0.01	0.01	13.08	0.86	0.01	11.54	0.01
10	2010-09-21	92	559	0.59	0.01	13.67	0.78	0.01	12.32	0.01
11	2010-12-27	96	655	0.35	0.00	14.02	0.65	0.01	12.97	0.01
12	2011-04-16	109	764	0.83	0.01	14.85	0.59	0.01	13.56	0.01
13	2011-08-07	111	875	0.32	0.00	15.17	0.45	0.00	14.01	0.00

可以依据表10－6绘制某个点的沉降量随时间变化的曲线图，如图10－5所示；也可以在一幅图里绘制出所有点的沉降曲线图，如图10－6所示。

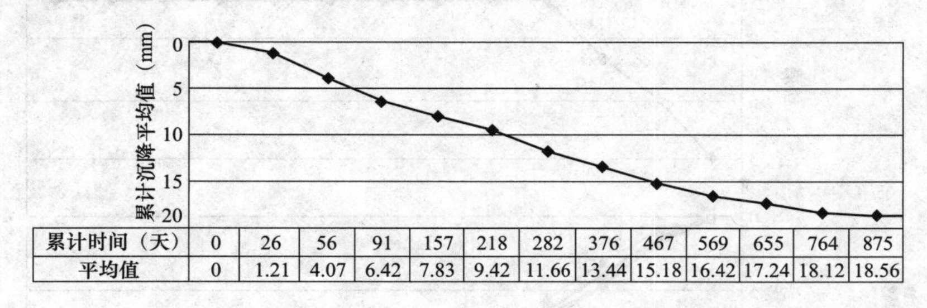

累计时间（天）	0	26	56	91	157	218	282	376	467	569	655	764	875
平均值	0	1.21	4.07	6.42	7.83	9.42	11.66	13.44	15.18	16.42	17.24	18.12	18.56

图10－5　某小区13号楼1号点沉降曲线图

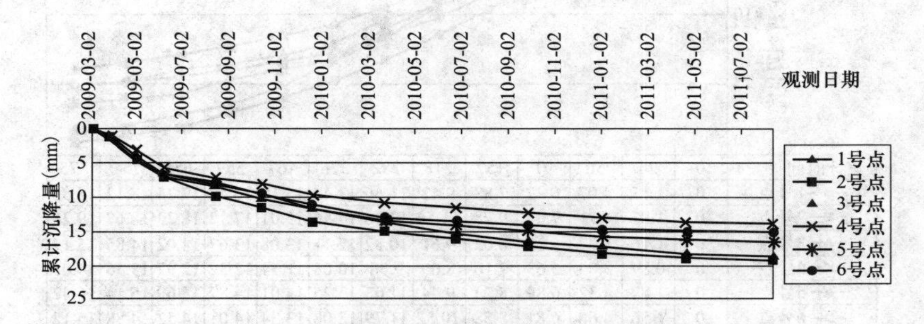

图10－6　某小区13号楼各监测点累计沉降值曲线

各沉降监测点沉降量平均值曲线图如图10－7所示，整个沉降观测期间的荷载-时间-沉降量（$P-T-s$）曲线图如图10－8所示。

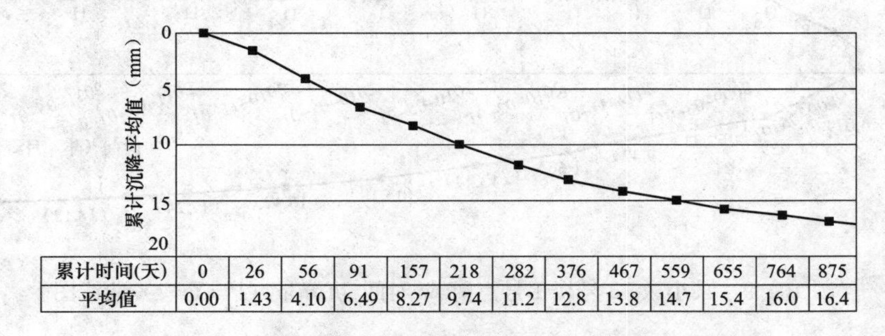

累计时间(天)	0	26	56	91	157	218	282	376	467	559	655	764	875
平均值	0.00	1.43	4.10	6.49	8.27	9.74	11.2	12.8	13.8	14.7	15.4	16.0	16.4

图10－7　某小区30号楼各点累计沉降量平均值曲线图

也可将每个监测点的荷载-时间-沉降量（$P-T-s$）曲线图绘制如图10－9所示。

根据表10－7，可以绘制各监测点沉降速率曲线图，如图10－10所示；也可绘制各监测点沉降速率平均值曲线图，如图10－11所示。

整个沉降观测期间的沉降速率—时间—沉降量（$v-T-s$）曲线图如图10－12和图10－3所示。

10.2.5　任务四：分析结论

经过对二期工程各栋主体建筑物近3年时间的沉降观测，其观测成果表明，各栋楼整体沉降基本均匀，观测点平均累计沉降量小于规范规定的体形简单的高层建筑基础平均沉降量允许变形值；最大局部倾斜率小于规范规定的允许值；最后100d沉降速率均小于0.04mm/d沉降稳定标准值，可认为二期工程9、10、11、12、13、14、15、16、17、18、19、20、

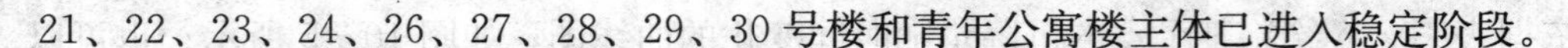

21、22、23、24、26、27、28、29、30 号楼和青年公寓楼主体已进入稳定阶段。

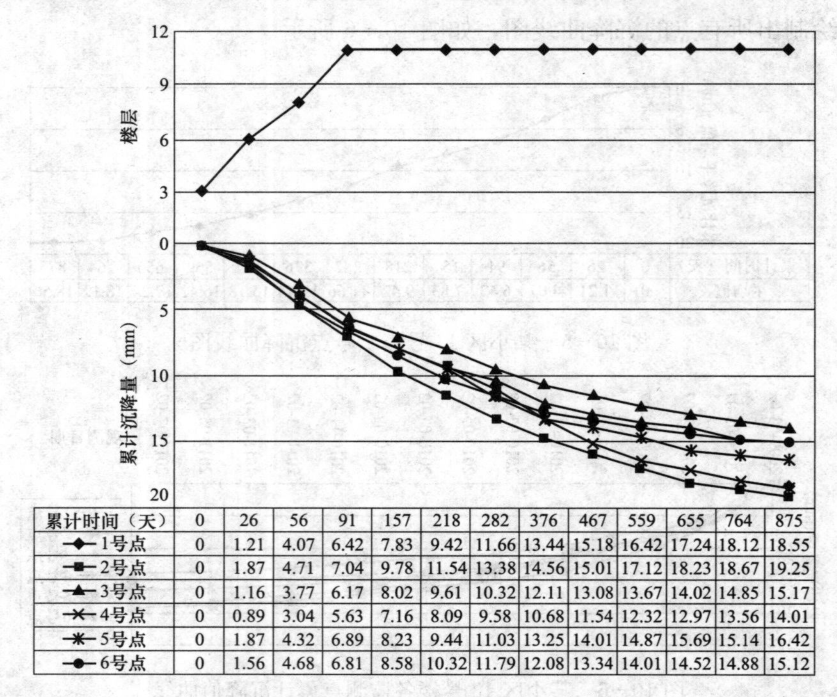

累计时间（天）	0	26	56	91	157	218	282	376	467	559	655	764	875
—◆—1号点	0	1.21	4.07	6.42	7.83	9.42	11.66	13.44	15.18	16.42	17.24	18.12	18.55
—■—2号点	0	1.87	4.71	7.04	9.78	11.54	13.38	14.56	15.01	17.12	18.23	18.67	19.25
—▲—3号点	0	1.16	3.77	6.17	8.02	9.61	10.32	12.11	13.08	13.67	14.02	14.85	15.17
—×—4号点	0	0.89	3.04	5.63	7.16	8.09	9.58	10.68	11.54	12.32	12.97	13.56	14.01
—✱—5号点	0	1.87	4.32	6.89	8.23	9.44	11.03	13.25	14.01	14.87	15.69	15.14	16.42
—●—6号点	0	1.56	4.68	6.81	8.58	10.32	11.79	12.08	13.34	14.01	14.52	14.88	15.12

图 10-8 某小区 13 号楼各监测点荷载-时间-沉降量（$P-T-s$）曲线图

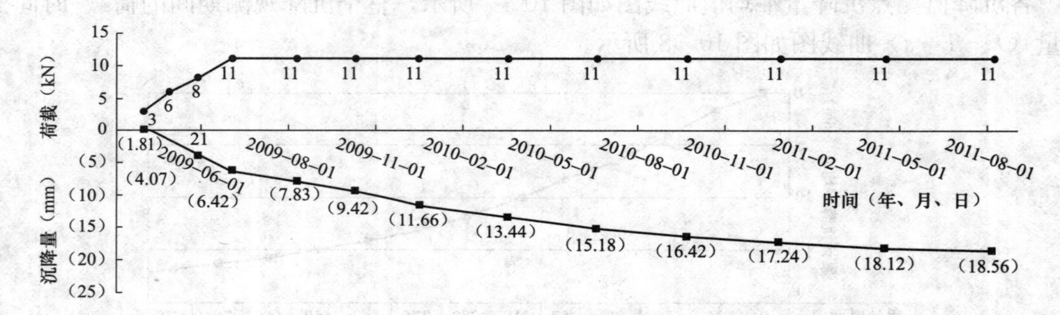

图 10-9 某小区 13 号楼 1 号点荷载-时间-沉降量（$P-T-s$）曲线图

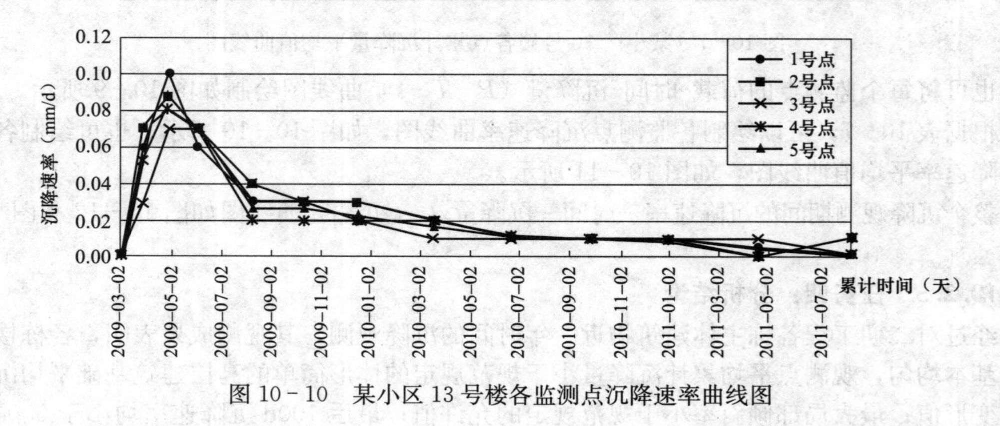

图 10-10 某小区 13 号楼各监测点沉降速率曲线图

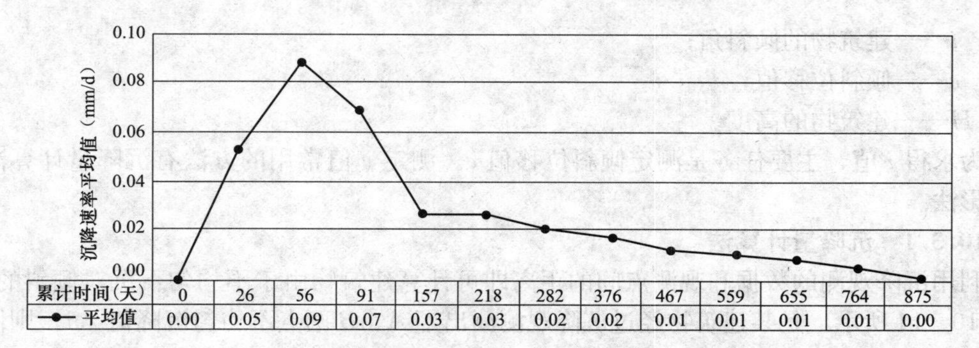

累计时间(天)	0	26	56	91	157	218	282	376	467	559	655	764	875
平均值	0.00	0.05	0.09	0.07	0.03	0.03	0.02	0.02	0.01	0.01	0.01	0.01	0.00

图 10－11　某小区 13 号楼各点沉降速率平均值曲线图

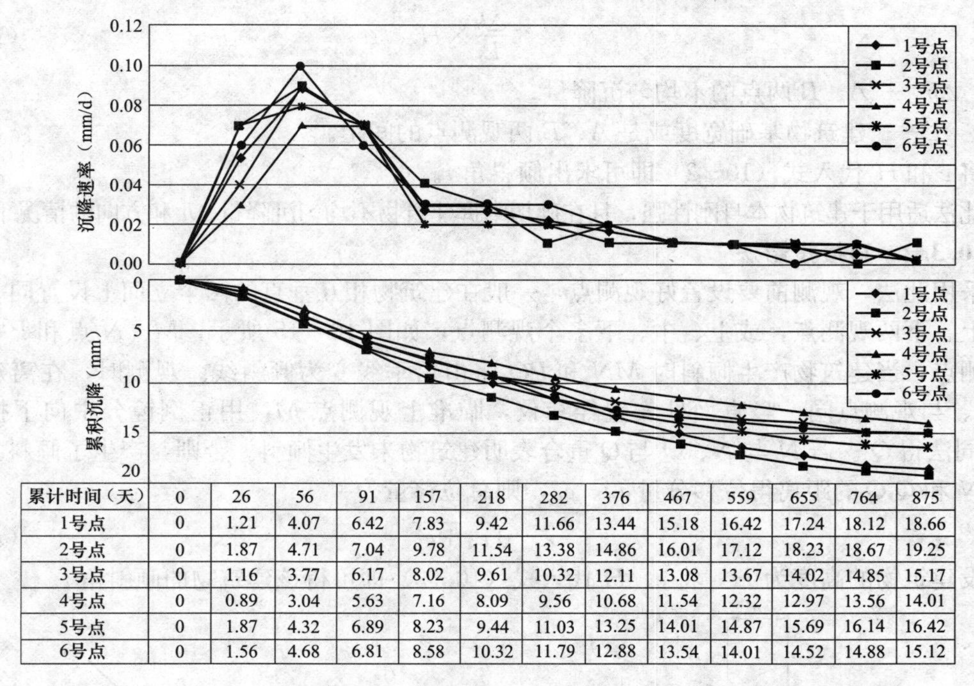

累计时间（天）	0	26	56	91	157	218	282	376	467	559	655	764	875
1号点	0	1.21	4.07	6.42	7.83	9.42	11.66	13.44	15.18	16.42	17.24	18.12	18.66
2号点	0	1.87	4.71	7.04	9.78	11.54	13.38	14.86	16.01	17.12	18.23	18.67	19.25
3号点	0	1.16	3.77	6.17	8.02	9.61	10.32	12.11	13.08	13.67	14.02	14.85	15.17
4号点	0	0.89	3.04	5.63	7.16	8.09	9.56	10.68	11.54	12.32	12.97	13.56	14.01
5号点	0	1.87	4.32	6.89	8.23	9.44	11.03	13.25	14.01	14.87	15.69	16.14	16.42
6号点	0	1.56	4.68	6.81	8.58	10.32	11.79	12.88	13.54	14.01	14.52	14.88	15.12

图 10－12　某小区 13 号楼各点沉降速率-时间-沉降量（v－P－s）平均值曲线图

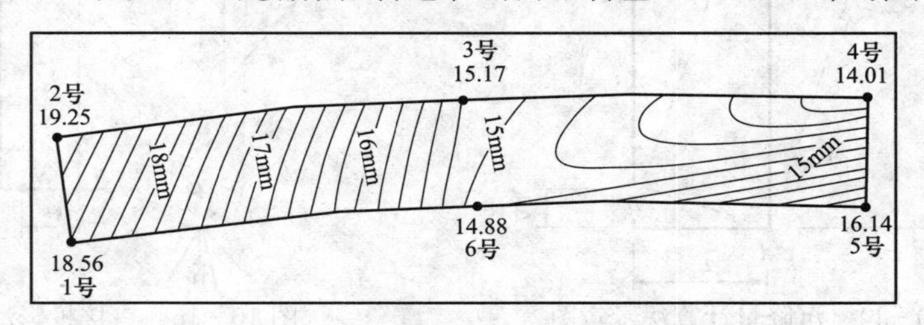

图 10－13　13 号楼 1～6 号点最终沉降量等值线图

10.3　拓　展　知　识

衡量建筑物的倾斜程度，一般用倾斜角 i 值来表示，即

$$i=\tan\alpha=\frac{e}{H} \tag{10-2}$$

式中 i——建筑物的倾斜角；

e——倾斜位移值；

H——建筑物的高度。

为求得 i 值，主要任务是测定倾斜位移值 e。测定 e 值常用的方法有沉降量计算法和直接投影法。

10.3.1 沉降量计算法

利用沉降观测的数据和观测点间的距离即可计算建筑物由于不均匀下沉对倾斜的影响。如图 10-14 所示，是某建筑物经过沉降观测测出了 A、B 两点不均匀沉降值 Δh，则倾斜位移值 e 可由下式求出

$$e\times\frac{\Delta h}{L}\times H \tag{10-3}$$

式中 Δh——A、B 两点的不均匀沉降量；

L——建筑物基础宽度或是 A、B 两观测点的间距。

将 e 和 H 代入式（10-2）即可求出倾斜角 i。

此法适用于建筑物本身刚性强，且在确切掌握建筑物不均匀沉降量 Δh 和方向的情况下采用。

10.3.2 直接投影法

采用此法，观测前要设置好观测点，一般在建筑物相互垂直的两个立面上设置同一竖直面内上、下两观测点，或上、中、下多个观测点，如图 10-15 所示，M、N 点和 P、Q 点为观测点，当建筑物产生倾斜时 MN 和 PQ 将由铅垂线变为倾斜线。观测时，在离建筑物 $1.5H$、与观测点同一竖直面处安置经纬仪，瞄准上观测点 M，用正倒镜分中向下投点得 N'；同法得 Q'。若 N' 与 N、Q' 与 Q 重合表明建筑物未发生倾斜。否则，产生了倾斜。准确量 NN' 和 $Q'Q$ 的距离得位移分量 e_A、e_B，则总位移量为

$$e\times\sqrt{e_A^2+e_B^2} \tag{10-4}$$

设建筑物的高度为 H，将 e、H 代入式（10-2）即可得该建筑物的倾斜角 i。

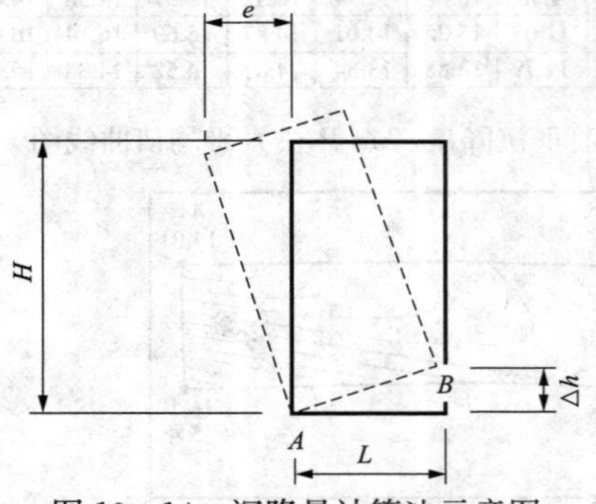

图 10-14 沉降量计算法示意图

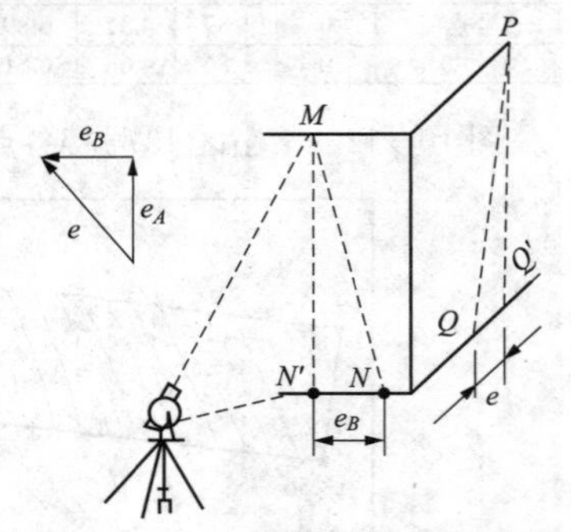

图 10-15 直接投影法示意图

习 题

1. 建筑物变形观测包括哪些内容？
2. 建筑物沉降观测需要上交哪些成果？
3. 建筑物倾斜观测有哪些常用方法？

项目11 古建筑变形测量

古建筑的地基、基础、上部结构及其场地受各种作用力（如地震、爆破、地下水位大幅度变化、地下采空及周围塌陷、地裂缝、大面积堆积等）会产生形状或位置的变化，利用古建筑变形测量手段可以分析古建筑变形发展的趋势和规律，研究分析产生变形的原因，以便采取相关措施阻止其有害变形及采取工程措施恢复建筑物至安全状态。

能力目标

1. 能对古建筑进行变形监测设计。
2. 能根据监测数据分析古建筑稳定趋势。

知识目标

1. 掌握古建筑测绘基本内容和方法。
2. 熟悉古建筑变形测量的精度要求。
3. 掌握古建筑监测点、基准点、工作基点的布设。

11.1 预备知识

11.1.1 古建筑变形测量内容

古建筑变形测量内容主要包括现状变形观测和变形监测两部分。古建筑现状变形观测是通过三维立体手段测量需监测部位的具体位置，与设计位置或理想位置进行比较确定古建筑的变形现状。古建筑现状变形观测是伴随着古建筑调查进行的单次测量，测量方法与变形测量相同。

古建筑变形监测是指是每隔一定时期，对观测点和控制点进行复测，通过计算相邻两次测量的变形量及累积变形量，从而确定古建筑的具体变形值和变形规律，并进一步预测其变形趋势。古建筑变形测量具体分为沉降观测、位移观测和特殊变形观测三种形式。本章主要就其三种变形测量形式进行案例性学习和分析，而对于现状变形观测不做详述。

11.1.2 古建筑变形测量的方法

古建筑变形测量的方法，要根据建筑物的性质、使用情况、观测精度、周围的环境及对观测的要求来选定。

1. 垂直位移观测

垂直位移观测主要包括水准测量、液体静力水准测量、电磁波测距三角高程测量等。

2. 水平位移观测

（1）主体倾斜。古建筑主体倾斜观测，宜选用投点法、测水平角法、前方交会法等经纬仪观测法。

（2）水平位移倾斜。古建筑水平位移观测，当测量地面观测点在特定方向的位移时可使用视准线、激光准直、测边角等方法。

（3）挠度观测。挠度观测有差异沉降法、位移法、挠度计等测量方法。

11.1.3 古建筑变形监测的目的及意义

古建筑的变形监测不仅可以快速便捷地诊断出建筑物的运营是否安全，而且宏观上可实时地向管理决策者提供第一手数据信息，在发现不正常现象时，通过监控观测和分析建筑物的工作状态及变化情况，掌握古建筑变形的常态规律，及时分析原因采取应急措施，并加大监测频率，及时扼杀住事故发生的可能性，最终达到被监测目标的长期安全运行。

古建筑变形监测的目的总结起来有以下三点：

1. 评价状态并预警

古建筑变形监测可评价古建筑的安全状态并分析相应的应急预警方案。

2. 辅助施工

根据古建筑的变形监测结果对前期的设计参数进行验证，并对施工设计质量做出及时反馈。

3. 解决不同变形方案

研究古建筑的变形规律，解决不同的变形方案。

11.1.4 古建筑变形测量的等级划分及精度要求

古建筑在进行变形测量时，其变形测量的级别、精度指标及其适用范围应符合表11-1的规定。

表11-1 变形测量等级划分及精度要求

变形测量等级	沉降观测	位移观测	适用范围
	观测点测站高差中误差（mm）	观测点坐标中误差（mm）	
特级	≤0.05	≤0.3	特高精度要求的特种精密工程和重要科研项目变形观测
一级	≤0.15	≤1.0	高精度要求的大型建筑物和科研项目变形观测
二级	≤0.50	≤3.0	中等精度要求的建筑物和科研项目变形观测；重要建筑物主体倾斜观测、场地滑坡观测
三级	≤1.50	≤10.0	低精度要求的建筑物变形观测；一般建筑物主体倾斜观测、场地滑坡观测

11.1.5 古建筑变形测点的布设

对重点保护类古建筑的变形监测过程中的点位布设应根据实际情况灵活进行，尽量减少对建筑物的影响。古建筑变形测量基准点和工作基点的设置应符合下列规定：

1. 基准点

古建筑位移和特殊变形观测应设置平面基准点，必要时应设置高程基准点；基准点即确认固定不动的点，作为测定工作基点和变形观测点的基准，其位置可以采用假定坐标系统和假定高程系统。点位应设在变形区域以外、不受外力影响的地区，每个工程应至少设置3个。

2. 工作基点

当基准点离所测建筑物距离较远致使变形测量作业不方便时，宜设置工作基点。工作基点是作为直接测定变形观测点的相对位置的点，对于通视条件较好或观测工作量较少的小型工程，可不设工作基点，而直接利用基准点测定变形观测点。

3. 变形观测点

变形观测点是设置在变形体上用于照准的标志点，点位应设在能准确反映变形体变形特征的位置上。

11.1.6　古建筑沉降观测

古建筑沉降观测是采用相关等级及精度要求的水准仪，通过在古建筑上所设置的若干观测点定期观测相对于古建筑附近的水准点的高差随时间的变化量，获得古建筑实际沉降的变化或变形趋势，并判定沉降是否进入稳定期和是否存在不均匀沉降对古建筑的影响。

1. 沉降观测的目的

监测古建筑在垂直方向上的位移沉降，以确保古建筑及其周围环境的安全。古建筑沉降应测定其地基的沉降量、沉降差及沉降速度，并计算基础倾斜、局部倾斜、相对弯曲及构件倾斜。

2. 沉降观测原理

定期地测量观测点相对于稳定的水准点的高差以计算观测点的高程，并将不同时间所得的同一观测点的高程加以比较，从而得出观测点在该时间段内的沉降量。

3. 沉降观测点的布置

沉降观测点的位置以能全面反映古建筑地基变形特征，并结合地质情况及古建筑结构特点确定，点位宜选设在下列位置：

（1）边角、柱基。古建筑的四角、核心筒四角、大转角处及沿外墙每隔 10～15m 处或每隔 2～3 根柱基上。

（2）沉降伸缩缝、填挖分界处。古建筑裂缝、后浇带和沉降缝两侧、基础埋深相差悬殊处，人工地基与天然地基接壤处、不同结构的分界处及填挖方分界处。

（3）有宽度要求或不良土质处。宽度大于或等于 15m 或小于 15m 而地质复杂及膨胀土地区的建筑物，在承重内隔墙中部设内墙点，在室内地面中心及四周设地面点。

（4）重物附近及暗沟处。邻近堆置重物处、受震动有显著影响的部位及基础下的暗沟处。

（5）交点处。框架结构的每个或部分柱基上或沿纵横轴线设点。

（6）基础四角及中部。片筏基础、箱形基础底板或接近基础的结构部分的四角处及其中部位置。

（7）较高建筑轴线处。对于高耸古建筑，沿周边在基础轴线相交的对称位置上布点，点数不少于 4 个。

4. 沉降观测周期和观测时间

古建筑沉降观测周期，应视地基土类型和沉降速度大小而定，在观测过程中，如有基础附近地面荷载突然增减、基础四周大量积水、长时间连续降雨等情况，均应及时增加观测次数。当古建筑突然发生大量沉降、不均匀沉降或严重裂缝时，应立即进行逐日或 2～3 天一次的连续观测。

11.1.7　古建筑的位移观测

古建筑产生倾斜的原因主要有：地基沉降不均匀；古建筑体形复杂形成不同荷载；受外

力作用，如风荷载、地下水抽取、地震等。

1. 主体倾斜观测点位的布设

(1) 外部观测位置。当从古建筑外部观测时，测站点的点位应选在与倾斜方向成正交的方向线上，距照准目标 1.5～2.0 倍目标高度的固定位置；当利用古建筑内部竖向观测通道观测时，可将通道底部中心点作为测站点。

(2) 倾斜式古建筑。对于整体倾斜式古建筑，观测点及底部固定点应沿着对应测站点的建筑物主体竖直线，在顶部和底部上下对应布设；对于分层倾斜式古建筑，观测点应按分层部位上下对应布设。

(3) 前方交会法测站点。按前方交会法布设的测站点，基线端点的选设应顾及测距或长度丈量的要求。按方向线水平角法布设的测站点，应设置好定向点。

2. 主体倾斜观测方法

(1) 投点法。观测时，应在底部观测点位置安置量测设施（如水平读书尺等）。在每测站安置经纬仪投影时，应按正倒镜法以所测每对上下观测点标志间的水平位移分量，按矢量相加法求得水平位移值（倾斜量）和位移方向（倾斜方向）。

(2) 测水平角法。对塔形、圆形古建筑，每测站的观测，应以定向点作为零方向，以所测各观测点的方向值和至底部中心的距离，计算顶部中心相对于底部中心的水平位移分量。

11.1.8 古建筑的特殊变形观测

古建筑的特殊变形观测主要有裂缝观测、日照变形观测和风振观测等。由于篇幅有限，本章节只对裂缝观测内容进行系统阐述。

1. 裂缝观测要求

(1) 观测位置及尺寸。要测定古建筑上的裂缝分布位置，裂缝走向、长度、宽度及其变化程度。

(2) 观测数量。观测数量视需要而定，主要或变化大的裂缝应进行观测。

(3) 观测周期。观测周期视裂缝变化速度而定，通常开始可半月测一次，以后一月测一次，裂缝加大时，增加观测次数，直至几天或逐日一次的连续观测。

2. 裂缝观测的工具及方法。

数量不多，易于量测的裂缝，视标志形式的不同，用读数显微镜、比例尺、小钢尺或游标卡尺等工具定期测量标志间的距离求得裂缝变位值；也可以用方格网板定期读取“坐标差”计算裂缝变化值。

较大面积且不便于人工量测的众多裂缝，裂缝宽度数据应量取至 0.1mm，每次观测应绘出裂缝的位置、形态和尺寸，注明日期，附必要的照片资料。

11.2 项 目 实 施

11.2.1 任务一：某寺院变形监测

1. 活动 1：对某寺院变形监测时布设控制点

(1) 工程概况。某寺院以精湛绝伦的建筑工艺闻名于世，寺内的大雄宝殿是一座有着悠久历史和深远文化底蕴的木结构建筑，距今已有 900 多年的历史，为国家一级文物保护单位，由于年久失修，部分立柱已出现倾斜。为了确保大雄宝殿的安全性，要对其进行变形监测。

(2) 控制点布设。控制点布设应遵循“不影响建筑物整体结构和美观”的原则。此次大雄宝殿的监测选定了4个控制点，其中Ⅱ-1和Ⅱ-2为基准点，分别选在鱼池两侧靠墙处的基岩上，P_1和P_2为待定点（工作基点），选在大雄宝殿南侧靠窗0.5m处，具体平面位置见图11-1。

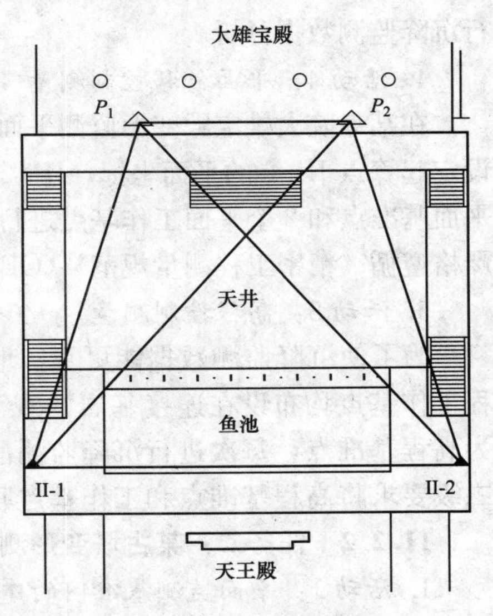

图11-1 控制点布设图

控制点强制对中观测墩具体制作过程如下：

1）基础开挖。先将点位所在处的底下开挖至基岩处，然后用$\phi10$钢筋焊接成观测墩形状放在其中。

2）观测墩施工。用模板做成观测墩形状套住钢筋笼，进行现场浇灌混凝土，并将强制对点盘镶嵌在观测墩顶部。对观测墩外表的图案及颜色加以处理，使之与寺庙周边环境相协调，2个水准工作基点（BM_1、BM_2）镶嵌在Ⅱ-1和Ⅱ-2点位的基础座上。

2. *活动2：对某寺院变形监测时布设位移监测点*

某寺院大雄宝殿主要由16根柱子支撑，为了找出大雄宝殿整体的位移情况，8根柱子上下各设置一个位移变形监测点，按照边角测量的方法用全站仪自动搜索目标并进行自动观测记录。最终根据观测数据计算出位移监测点坐标，并进行位移监测数据分析。

3. *活动3：对某寺院变形监测时布设沉降监测点*

在大雄宝殿内共布设32个沉降监测点，其中在墙体上布设10个，柱子上布设22个。为了减少对支柱外观的影响，支柱上的沉降监测点采用特制小型钢制沉降钉，具体位置和形状如图11-2所示。

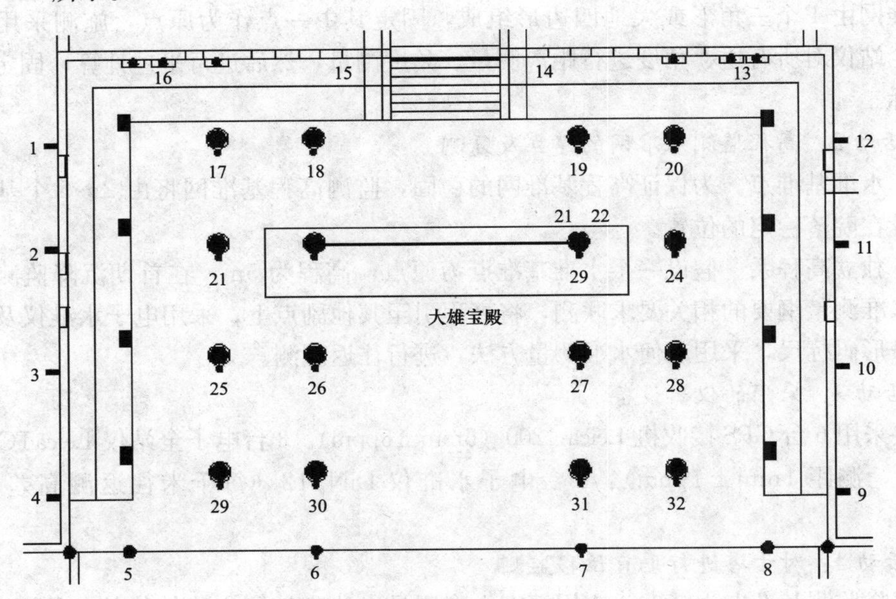

图11-2 沉降监测点示意图

大雄宝殿沉降点的观测从工作基点 BM_1 开始，经由各个沉降监测点逐点测量，最后附合到基准点 BM_2 上，组成附合水准路线。根据观测数据计算出各沉降监测点的高程，并进行沉降监测数据分析。

4. 活动 4：平面位移控制测量

在某寺院大雄宝殿变形监测平面位移的控制测量中，采用“一点一方向”的方法：首先设定起算点Ⅱ-2的平面坐标，Ⅱ-2至Ⅱ-1的方位角为起算数据，然后使用全站仪对2个平面基准点和2个平面工作基点进行高精度的边角网测量。具体测量过程中各项精度指标均严格遵循《精密工程测量规范》(GB/T 15314—1994)。

5. 活动 5：高程控制测量

为了使沉降监测数据能更真实地反映古建筑的沉降情况，大雄宝殿变形监测的2个高程工作基点均布设在连接基岩的观测墩上，并选取远离监测建筑物的一个国家基岩点作为高程基准点，每次进行沉降监测前按照《精密工程测量规范》(GB/T 15314—1994) 的二级要求将高程基准点和工作基点联测成水准闭合路线，以保证高程起算的稳定性。

11.2.2 任务二：某古塔变形测量

1. 活动 1：平面监测基准网的建立及复测

(1) 工程概况。某古塔建成后，至大元年 (1308 年) 重修，几经兴废，到民国时期又凋零不堪，由于经久失修，该古塔发生严重倾斜，现对其进行初步的健康度检查，建立平面和高程监测基准网，对古塔的倾斜度和垂直位移进行监测。

(2) 平面监测基准网的建立及复测。平面监测网基准点布设在原古塔院内外四周稳定的位置，构成四边形或三角形，埋设采用六角钉等标志；采用上海市平面坐标系并建立独立坐标系，以相应南北方向的两个控制点所在直线向北为 x 轴正向，与这两点所在直线垂线往东向为 y 轴正向。

基准网由1个三角形或大地四边形组成，固定其中一点作为原点，施测采用边角网方式，用全站仪对所有边、角度进行距离测量、角度测量，然后进行平差计算，固定基准点的平面坐标。

2. 活动 2：高程监测基准网的建立及复测

(1) 水准基准点。为保证高程基准网的稳固，监测高程基准网将由2～5个基准网点组成，布设在院落稳定的位置。

(2) 独立高程系。假设一个水准基准点为原点，高程为5m，在首期沉降监测中，按国家二等水准测量纲要的相关要求联测，将高程引至其他副点上；采用电子水准仪及与其配套的铟瓦条形码标尺，采用几何水准测量方法，进行往返观测。

3. 活动 3：采用的仪器设备

主要采用6台 GPS 接收机 Leica 1200 (5mm±5ppm)、3台电子全站仪 LeicaTCRA1201+ (测角 1″，测距 1mm±1ppm)、3台电子水准仪 DiN i12 (每千米往返测高差中误差为±0.3mm)。

4. 活动 4：对古塔进行垂直位移监测

以沉降监测基准点为基准，应用精密水准测量方法直接测定建筑物的负载沉降监测点，通过各期的高程变化量来判定建筑物的沉降情况。

5. 活动5：对古塔进行倾斜观测

（1）塔顶定位控制点。一台全站仪分别在三个平面控制点上对塔顶进行前方交会，交会出塔顶的三维坐标值。

（2）底部几何中心定位控制点。测量底部多边形转角柱柱脚两旁的点，相交构成一个多边形，根据这个多边形计算出底部几何中心点的坐标。

（3）倾斜观测方法。采用水平角观测法对古塔外部进行倾斜观测，根据前方交会所得出的塔顶三维坐标与拟合出的底部四边形的中心，可以得出各层的高差及在平面投影上的中心差，由此可得倾斜角。

6. 活动6：实施监测周期的确定

监测周期根据塔的健康度及现场实际情况确定，如发现周边施工，地质状况发生剧烈变化，应进行加密测量，以保证对古塔的安全维护提供最新、最可靠的数据。

7. 活动7：对监测成果进行汇总分析

图11-3中 KDZ_1～KDZ_4 为平高控制点，图中1～4为沉降监测点位，通过塔顶和塔底中心拟合计算，具体拟合数据见表11-2，图11-4为古塔位移示意图。

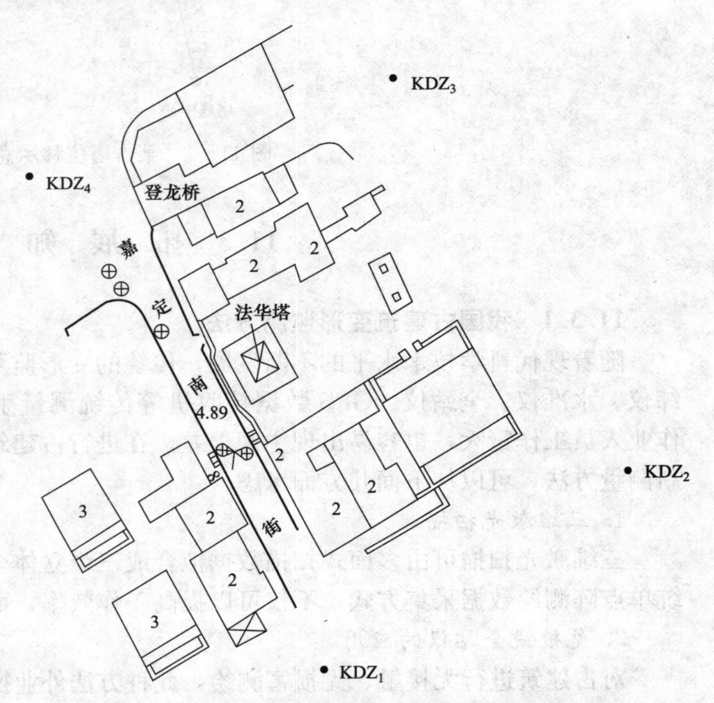

图11-3　平面高程基准点/沉降监测点示意图

表11-2　某古塔位移监测数据汇总表

日期 测点	2012年2月24日				
	塔底中心（m）	塔尖中心（m）	位移量（mm）		计算塔高（m）
	x	y	本次		
1	x	y	Δx（向北偏）	倾斜度	41.293
			Δy（向东偏）	倾斜度	
2	95.907	95.937	138	0°11′29″	
	11.383	11.553	116	0°9′39″	

由表11-2数据可知，某古塔主要向东北倾斜，倾斜角度分别为向北倾斜0°11′29″，向东倾斜0°9′39″，倾斜位移分别为向北138mm，向东116mm，计算塔尖高度为41.293m。

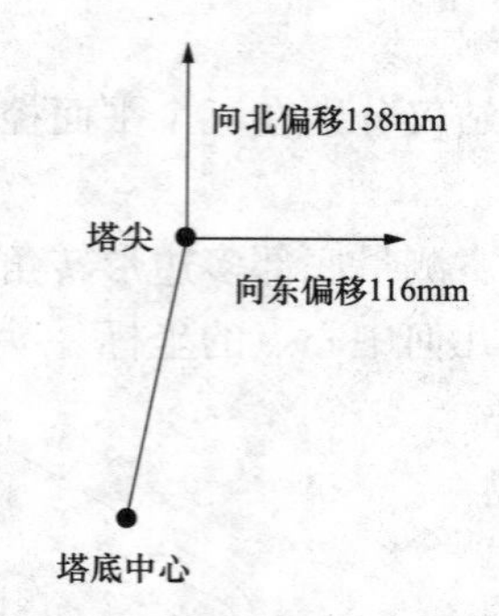

图 11－4 某古塔位移示意图

11.3 拓 展 知 识

11.3.1 我国古建筑变形监测方法

随着现代科学技术水平的不断发展，传统的变形监测已不能满足现有的需要，因为像经纬仪、水准仪、全站仪、GPS数据接收机等传统测量手段主要是测量目标点的变形参数，作业人员工作量大，也容易出现主观误差。在进行古建筑变形测量时，应与时俱进，不断创新测量方法，可以从下面几方面考虑。

1. 三维激光扫描

三维激光扫描可由多面式扫描数据拟合成三维立体全景图，经过点云数据处理，取代传统单点阵测绘数据采集方式，不仅可以提高工作效率，而且使得测绘结果更加精确。

2. 免棱镜全站仪的应用

对古建筑进行无接触、无损害测绘，此种方法外业操作简单、灵活，并且精度高，能满足各种地形条件下古建筑的测绘要求。

3. 光纤传感器检测技术

光纤传感器检测技术为双端回路测量，监测时泵浦激光和探测激光分别从被测光纤的两端注入，动态范围大、测量精度高，用于古建筑微变形监测时，精度优势明显。

4. 测量机器人技术

测量机器人是在全站仪的基础上集成激光、精密机械、微型计算机、CCD传感器及人工智能技术发展起来的，该监测系统用于古建筑变形监测中，可实现无人值守及自动进行监控预报的功能。该系统在监测基准网的基础上，采用差分处理，可以消除和减弱各种误差对测量结果的影响，大幅度提高了测量精度，同时获得每变形点的平面位移和垂直位移的信息。

5. 安全监控专家系统

“安全监控专家系统”通过访问专家，并依据有关古建筑安全法规、设计规范和专家知识等，归纳整理成知识库，综合应用国内外这一领域中的先进科研成果，建立具有多功能的方法库，结合具体工程，及时整理和分析有关资料，建立数据库，通过综合推理求解，对古建筑变形进行综合评价，实现实时分析古建筑安全状态、综合评价古建筑安全状态等目标。

6. CT技术应用

光学CT技术是建立在激光测量和计算机信息处理及图像显示这两个现代高技术基础上

的一项新型的计算机断层成像技术。它采用激光对透明介质的某一断面进行多方位扫描测量，通过计算机信息处理后，将这一断面的物理量图像显示出来。

光学CT技术应用于古建筑变形监测中，具有观测精度高、稳定可靠并能自动化监测的特点，且最大的优点是在不干扰被测场分布的情况下，高精度的测量古建筑某一层面的瞬态物理量分布，并将其直观的表示出来。

11.3.2 三维激光扫描技术的应用

1. 三维激光扫描技术特点

三维激光扫描技术是国际上的一项高新技术，又称为实景复制技术，是测绘领域继GPS技术之后的一次技术革命。它无需接触扫描文物表面，突破了传统的单点测量方法，具有高效率、高精度的独特优势。该技术作为获取空间数据的有效手段，已越来越被人们所重视，其精度高、操作便捷等优势在工业测量系统、文物修复和大型建筑物变形测量等方面发挥着重要的作用。

2. 三维激光扫描技术的工作原理

地面三维激光扫描仪每次测得的点云数据资料不仅包括每个点的x、y、z轴信息，同时还拥有R、G、B（即红、黄、蓝的灰度值）颜色信息，对于物体反射率信息也有显示，再经过软件出图，呈现出的全息数字影像可以展示给人们身临其境的感受，是一般测量手段无法做到的。

地面三维数字激光扫描技术的工作原理大致可以分为三类，即脉冲激光测距法、激光三角法和相位干涉法。大多数现代激光仪所采用的工作原理都基于脉冲激光测距，即利用反射回的脉冲激光来确定一个已知参数的内部坐标作为扫描仪坐标系，如图11-5所示。

11.3.3 三维激光扫描技术应用实例

某屯坐落于贵州省汇川区高坪镇玉龙村义龙岩山东，是中国目前已出土发现的规模最大、历史最久、保存最完整的土司城堡，囤前设有飞龙、飞凤、铁柱、铜柱、朝天、万安等九个关口，各关口用护墙联系，陡峭山势绵延十余里。某囤已经申遗成功，被列为国家级重点文物保护单位。

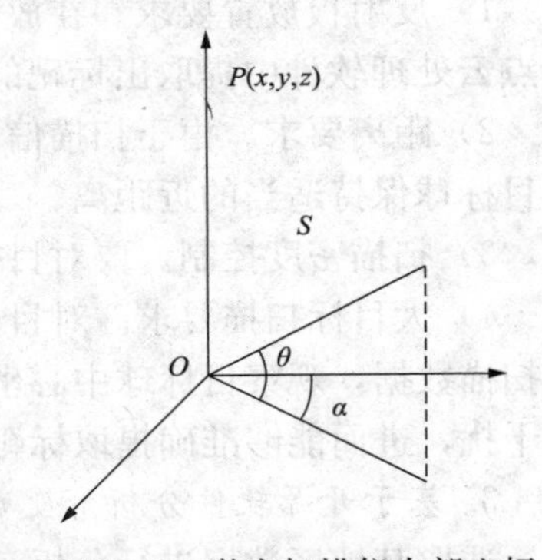

图11-5 激光扫描仪内部坐标

1. Z+F 5010C相位式地面三维数字激光影像扫描仪

图11-6为Z+F仪器外形图，Z+F激光影像扫描仪由德国Zoller+Froehlich（Z+F）公司生产，是目前世界上扫描速度最快的3D扫描仪，Z+F扫描仪不需接触文物本体，其测距范围广、轻巧及独立操作简单等优良特性使得该系统广泛应用于考古工作及桥梁钢材等大型建筑物变形监测之中。

它在测量过程中无需大量布置站点，可以在变形特征较为明显的位置布设站点就能完成大范围区域内三维数据的采集，同时也可以保证测量得到的点云数据的细节特征与色度质量。同时该扫描仪设备内部集成拥有I-CAM相机系统，能够给点云赋彩，可获取扫描仪所处外部环境的彩色信息，并提供一个高精度高密度的全景。

2. 激光扫描过程实施

（1）激光扫描内、外业作业。激光扫描仪具体的工作内容可分为内业和外业两个方面。

图 11-6　Z+F 外形图

外业采集：收集外业操作现场地形资料（包括天气状况、定位点、定位图、作业项目时间段），布设标靶球，设置扫描仪具体参数（分辨率和质量）并开始扫描工作。

内业处理：主要针对采集到的点云数据进行预处理，可使用开源软件 Cloud Compare 专业版。

（2）球形标靶公共点的应用。Z+F 扫描仪配有专用的靶标板和靶标球，都是由高反射率的材料制造而成，用于匹配合并不同站点所测得的点云数据及配置统一的坐标系，如图 11-7 所示，图 11-8 为现场外业采集图，可以有效获得被扫描建筑物整体的三维影像。

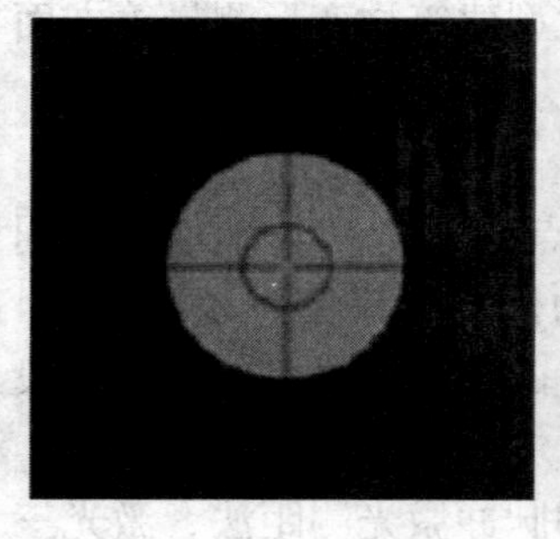

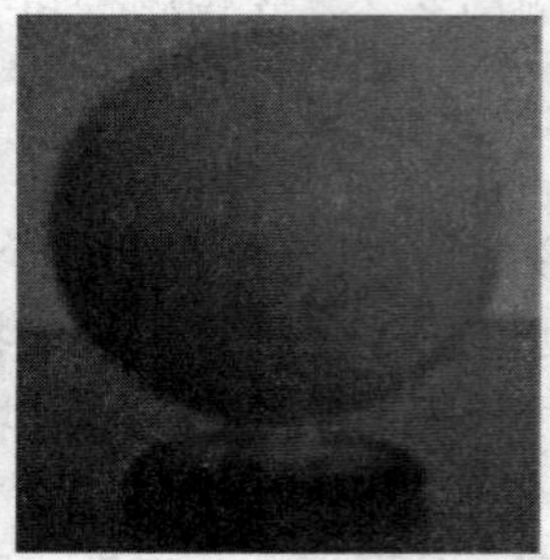

图 11-7　目标板/球

图 11-8　现场外业采集图

在扫描过程中需要注意以下几个问题：

1）反射板放置要求。在放置反射板时，应尽可能保持与扫描方向的倾角小，否则很难在点云处理软件中提取出标靶的中心坐标。

2）距离要求。由于扫描信号会随着扫描距离变远逐渐减弱，在架设扫描仪时应尽可能和目标球保持适当的近距离。

3）扫描密度控制。要对目标球的扫描更为细致，以提高扫描点云的密度。

4）大目标扫描要求。对目标球扫描时，应尽可能对每个目标球着重仔细扫描，比较两次扫描数据，观察目标球中心坐标是否有较大差别，从而确定在扫描过程中是否受到外界噪声干扰，进而能够准确提取标靶的中心坐标。

3. 基于开源软件分析形变数据

选取某地区数据进行分析，打开 Cloud Compare 软件，导入数据，图 11-9 和图 11-10 是导入界面展示。

图 11-9　前期点云数据导入界面

图 11-10　前期点云数据

对比2014年8月4日和2014年1月2日两次采集数据，选取点数总数为826620，其点云数据对比截图如图11-11所示。

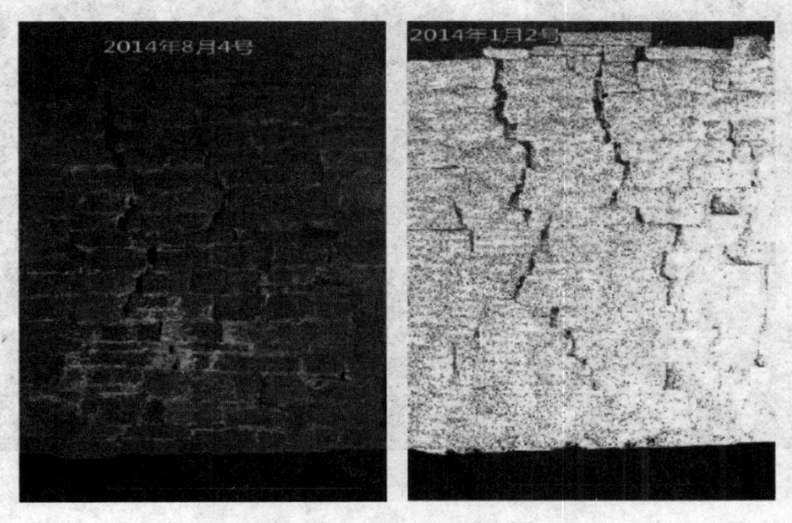

图11-11 点云数据对比截图

由于这两期扫描的点云密度都足够大，可使用“Distances>Cloud/Cloud dist.（cloud-to-cloud distance）”将2014年1月2日的模型视为“参考”量，设置适当的步长计算。此时应避免尽可能大的非重叠区域，以保证对比结果的准确性，一旦计算完成，可利用色阶变化来更好地显示两期实体变形的程度。

（1）暴鼓数据比对。图11-12为两次数据对比结果，由图11-12中试验数据可知：某地区墙体的平面位移量即暴鼓点数为9185个，约占总数的1.11%，变化距离主要集中在0.073248～0.146496mm，极少点变化范围为0.146496～0.292992mm，其中最大变化距离为0.292992mm。

图11-12 暴鼓数据对比图

（2）水平位移数据（x轴）比对。图11-13为某地区墙体水平位移数据对比图，发生水平位移的数据有14809个点，约占总数的1.8%，变化距离主要集中在0.250170～0.500263mm，极少数水平位移分量集中在0.500263～1.000449mm，约占总数的0.259%。

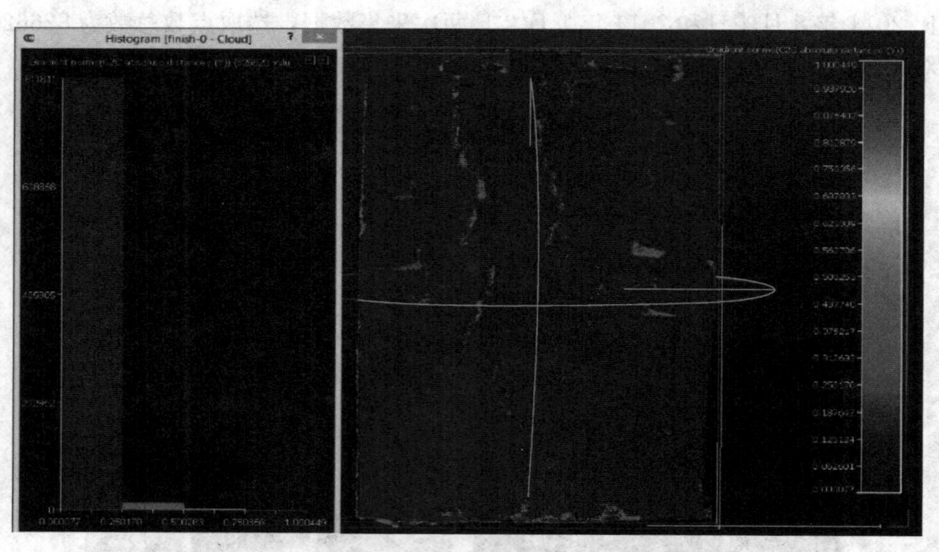

图 11-13 水平位移数据对比图

（3）沉降数据（y 轴）比对。图 11-14 为飞凤关墙体沉降数据比对图，发生纵向位移变化的垂直变形数据点数为 3752 个，约占总数的 0.45%，变化距离主要集中在 0.050924～0.101849mm，极少数沉降位移距离为 0.101849～0.203697mm，约占总数的 0.054%，其中最大沉降为 0.203697mm。

图 11-14 沉降位移数据对比图

（4）结论。通过以上两次数据的运算比较可知，若排除扫描数据存在采集过程中的机器误差和后期的计算误差，某地区此面墙体位移发生变化量很小，目前对该囤修复可采用局部灌浆的方法。

习 题

1. 古建筑变形测量包括哪些内容？
2. 如何对古建筑位移/沉降监测点进行布设？
3. 简述古建筑变形测量的发展前景。
4. 如何对古建筑变形监测数据进行合理分析？

项目12　大坝变形测量

大坝变形观测是指利用测量方法和各种传感器，连续或周期性地对拟定的观测点进行重复观测，求得其在观测周期间的几何变形量；或者采用自动遥测记录仪观测大坝的瞬时变形量。其基本原理是：在坝体上布设一定数量的有代表性的观测点，通过对这些点的重复周期性地观测，求出相关几何量的变化值。该项目以土石坝为代表，介绍其变形测量内容、方案设计、稳定性分析、变形预测预报的常用方法等内容，全面概括重力坝变形观测的全过程。

该项目主要介绍大坝变形观测的设计方案、变形观测的实施、变形数据的稳定性分析及常用变形预测预报的方法等内容，通过大坝表面和内部的竖向、水平位移变形观测，检查坝体是否稳定，确保大坝的安全，最大限度地降低对人民安全、财产等方面的破坏性。

知识目标

1. 了解大坝变形观测的基本内容和方法。
2. 熟悉大坝变形观测点的布设原则。
3. 掌握大坝变形观测点的布设。

能力目标

1. 能对大坝进行变形观测设计计算。
2. 能根据观测数据分析大坝的稳定趋势。

12.1　预　备　知　识

12.1.1　大坝变形观测的内容

大坝基础、坝体和大坝上游蓄水的重力，会引起大坝的均匀或不均匀沉降变形；基础与坝体的转动以及由蓄水对大坝的水平方向的压力、外界温度的变化等因素，会引起大坝坝体的水平位移与扭曲变形。这些变形有可能造成大坝溃堤的后果，严重影响大坝的稳定性和安全性。针对以上可能产生的变形，其变形测量的内容一般包括内部与外部两部分，其中内部主要测定大坝的内部应力、温度变化、动力特性等项目；外部主要测定大坝的水平位移、垂直位移、裂缝和应力等变形。

在施工和运营期间，可以通过实时观测大坝变形分析上述变形内容的大小和规律，并就大坝是否处于稳定趋势给出准确判定，从而确保大坝在使用阶段的安全可靠性。

12.1.2　大坝变形观测方法

自20世纪90年代后，我国的大坝变形监测技术飞速发展，完成了从传统的监测手段向自动化监测系统的更新改造，有的大坝配备了功能更全的高水平监测系统。表12－1是大坝常见变形监测的具体方法，有较为传统的监测方法，也有新兴发展的监测手段。

表12-1 大坝变形观测方法

类别	观测方法
水平位移观测	三角形网、极坐标法、GPS测量、正倒垂线、视准线法、激光准直法、精密测距、伸缩仪法等
垂直位移观测	水准测量、液体静力水准测量、电磁波测距三角高程测量等
主体倾斜观测	经纬仪投点法、差异沉降法、激光准直法、垂线法、倾斜仪、电垂直梁等
挠度观测	垂线法、差异沉降法、位移计、挠度计等
观测体裂缝观测	精密测距、伸缩仪、测缝仪、位移计、摄影测量等
应力、应变观测	应力计、应变计等
三维位移观测	全站仪自动跟踪测量法、卫星实时定位测量（GPS-RTK）法、摄影测量等

目前，大坝变形监测自动化已实现了运行变量的数据采集与传输、数据管理、在线分析、综合成图、成果预警的计算机控制网络化，并在向一体化、自动化、数字化、智能化方向发展。

12.1.3 大坝变形观测基准点和工作基点的布设

1. 基准点布设

大坝基准点的布设有远设和深埋两种方法，远设法是将基准点设在远离大坝变形的地方，深埋法是将基准点深埋至基岩，两种布设方法都需要在变形观测点和基准点之间增设工作基点。

2. 工作基点布设

工作基点一般布设于地质条件好且地势平坦处，它的变形速度小，离观测点距离近，可减小观测点的变形误差累计。

在布设以上点位时，还应对大坝变形观测的频率进行确定，主要根据变形速度的大小、观测点位置的重要性进行控制，突发紧急事件（地震、台风等）发生后，要对大坝进行紧急观测，并采取相应补救措施。

3. 土石坝基点布设

(1) 起测基点。一般在每一纵排测点两端的岸坡上各布设一个，其高程宜与测点高程相近。

(2) 水准基点。一般在土石坝下游1～3km处布设2～3个。

(3) 校核基点。应在两岸同排工作基点连线的延长线上各布设1～2个，必要时可采用倒垂线或边角网定位。

4. 混凝土坝基点布设

工作基点和校核基点可在每一纵排测点两端的岸坡稳定岩体上布设1个，高程与测点高程接近，或布设在两岸山体的灌浆廊道内。

12.1.4 大坝变形观测点的布设

1. 观测点布设

大坝变形观测点的布设应能反映坝体的主要变形情况，具体观测点的布设应遵循“代表性”的原则，一般情况下，常布设于大坝表面的一些特殊点，如最大坝高处、合龙段、泄水底孔处、闸门处、坝基地基不良或地形变化幅度较大的坝段。

同时，副坝也应布设观测点，具体位置应以最大坝高处为起点，平行于坝轴线向两端呈断面状布设，一般可布设4～5条观测断面；当横断面形状变化不大时，布设点间距可适当增大；反之，应减小间距，一般间距可取20～40m。

水闸的变形观测点，可在每个闸墩上进行布设，对于闸身较长的水闸，应在每个伸缩缝的两侧各布设一个观测点。

2. 表面变形观测断面布设

(1) 土石坝观测断面。

1) 横断面。一般不少于3个，尽可能布置在最大坝高处，通常布设在地址条件复杂、地形突变、坝内埋管或运行时最可能发生异常的部位。

2) 纵断面。一般不少于4个，通常在坝顶的上下游侧布设1～2个断面，下游坝坡半坝高以上布设1～3个断面，半坝高以下布设1～2个断面；对于软基的坝体，需在下游坝址外侧增设1～2个断面。

3) 交点处。在每个观测横断面和纵断面交点处布设表面变形观测点。

(2) 混凝土坝观测断面。

1) 横断面。一般布设在每个坝端或闸墩上，拱坝应布设在拱冠梁、拱端和1/4拱处。

2) 纵断面。一般布设在平行于坝轴线的坝顶及坝基廊道中。

3) 交点处。在每个观测横断面和纵断面交点处布设表面变形观测点。

3. 内部变形观测点布设

(1) 土石坝观测点。

1) 竖向位移。一般布设在最大断面及特征断面上，可布设1～3个断面，每个观测断面上可布设1～3条观测垂线，且有一条布设在坝轴线附近；水管式沉降仪的测点应分别布设在1/3、1/2和2/3处。水平位移观测点布设同竖向位移。

2) 挠度观测。同一坝段设置2～3条垂线，同一垂线可设置多个测点，倾斜观测点布设同挠度观测。

3) 裂缝观测。一般布设在接缝、突变部位和重点部位，其中面板堆石坝的测点需布设在周围缝处。

(2) 混凝土坝观测点。混凝土坝内部变形观测主要包括坝体挠度观测和倾斜观测。

1) 挠度观测。一般布设在靠近坝顶、坝基及垂线与廊道相交处。

2) 倾斜观测。应尽量设置在廊道内、坝基及垂线与廊道相交处，也可设置在坝体下游面。

12.2 项 目 实 施

12.2.1 任务一：水库大坝变形观测

1. 活动1：水库大坝变形观测系统的设计原则与依据

(1) 工程概况。某水库位于天山北缘山前冲洪积下部细土平原区，属于大(2)型水库，由均质土坝、放水兼防空涵洞组成。坝轴线长约17km，最大坝高28m，正常蓄水位500.00m，总库容2.81亿m^3。

大坝基础是深覆盖层软基，坝体填筑土料主要是低液限粉土和黏土，具有抗剪强度高、压缩性低、压实性能好及抗冲蚀能力差等特点；涵洞基础为换填砾质土，干密度为2.21g/cm³，最佳含水率为6.21%，压实度为99%。

(2) 观测系统设计原则。为确保大坝安全，对水库大坝设置了原型观测系统。在施工期间，观测大坝的填筑质量；在运行期间，观测大坝的运行状态，保证水库大坝的安全使用，充分发挥工程效益。通过积累第一手的原型观测资料，对大坝的变形进行规律性研究。

(3) 观测系统设计依据。根据《碾压式土石坝设计规范》(SL 274—2001)、《土石坝安全监测技术规范》(SL 551—2012) 可知：

1) 必测项目。大坝表面变形、坝体变形是必测项目。

2) 选择性观测项目。大坝内部重点部位的变形是选择性观测项目，大坝应力观测是选择性观测项目。该工程在坝下有涵洞穿过坝体，要对涵洞底板变形进行变形观测。

2. 活动2：大坝表面变形观测点布置

大坝表面的变形观测点布置在中主坝和东、西副坝上，中坝上的观测点分别布置在坝顶上下侧、下游坝坡马道和坡角三个位置，其中每隔200m设置一个观测断面，每个断面有4个综合位移观测点，可以同时测定水平位移和竖向位移，总计42个断面，168个标点；东、西副坝的观测点分别布置在坝顶上下侧和坡角，其中每隔300m设置一个观测断面，每个断面有3个综合位移观测点，总计14个断面，42个标点。观测断面平面布置图如图12-1所示。

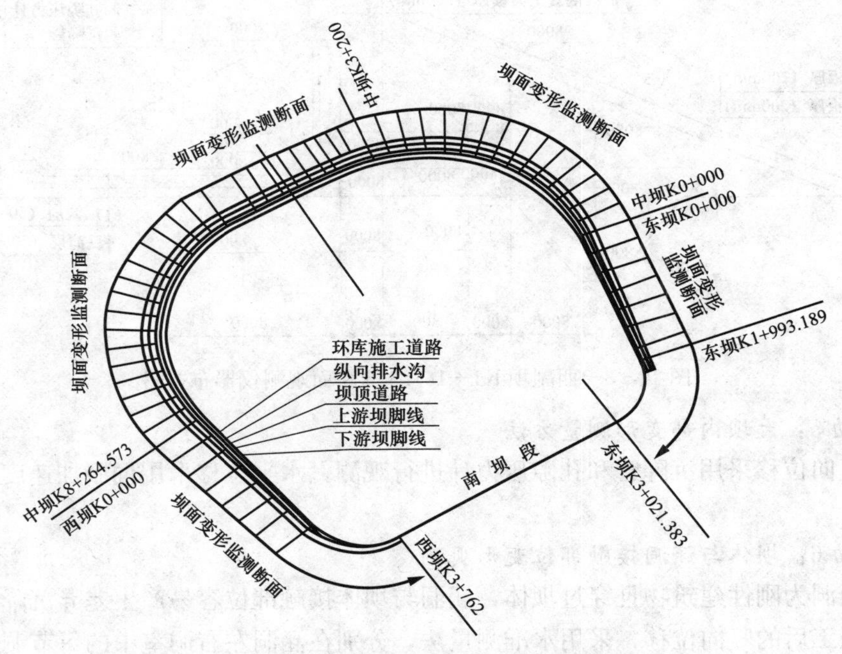

图12-1 某水库大坝表面变形观测断面布置图

3. 活动3：大坝表面变形测量方法

大坝表面竖向位移，采用水准法测量；表面水平位移，垂直坝轴线方向分量，采用视准线法与三角网法联合观测。

4. 活动4：大坝内部变形观测点的选取

大坝内部变形观测包括竖向位移(沉降)和水平位移观测，断面观测仪器布置如图12-2

和图 12－3 所示，中坝设置两个断面观测，桩号为 K4＋080、K4＋300；东副坝设置两个断面观测，桩号为 K0＋600、K1＋800；西副坝设置一个断面观测，桩号为 K1＋161.376；共计 5 根沉降管。

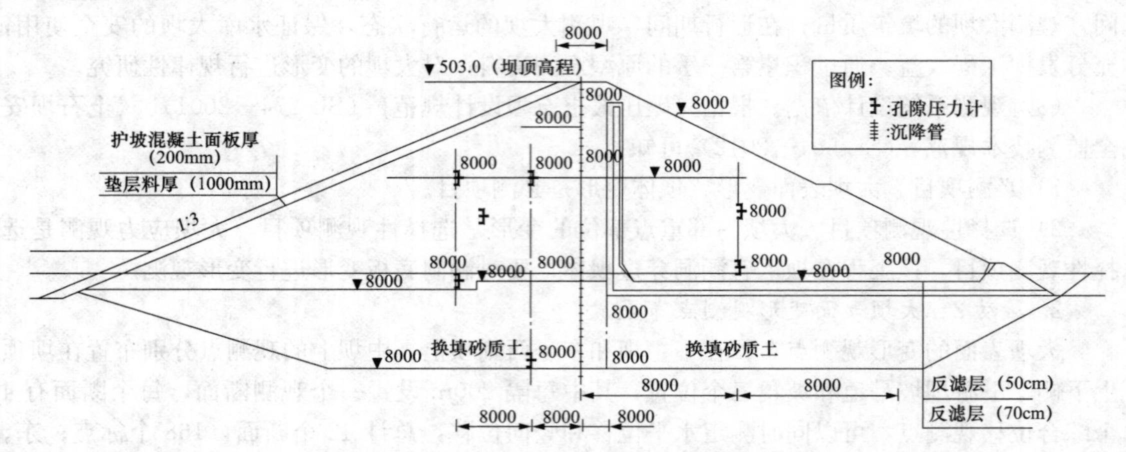

图 12－2　中坝 K4＋080 断面观测仪器布置图

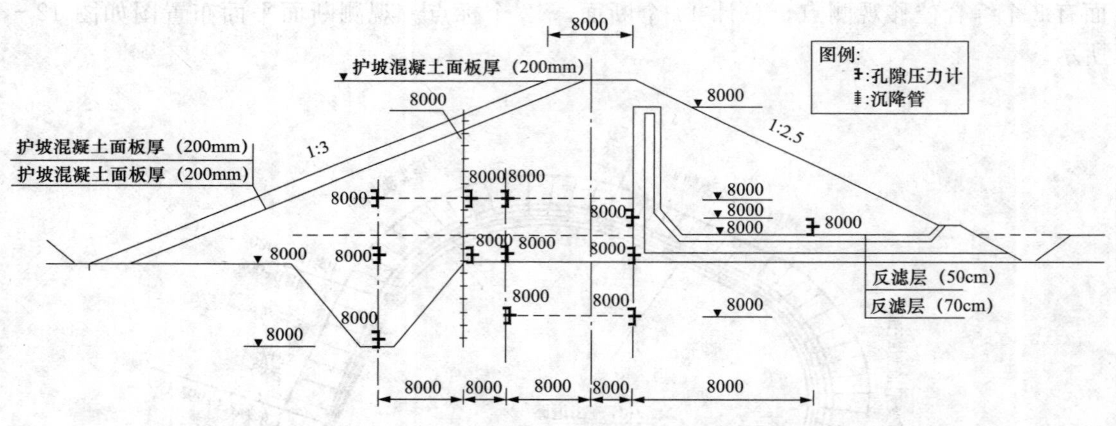

图 12－3　西副坝 K1＋161.376 断面观测仪器布置图

5. *活动 5：大坝内部变形测量方法*

大坝竖向位移采用沉降管和孔隙压力计进行观测，水平位移采用伺服加速度计式测斜仪观测。

6. *活动 6：坝体与涵洞接触部位变形观测*

由于涵洞为刚性建筑物且穿过坝体，涵洞与坝体接触部位容易产生差异沉降，为了观测涵洞底板完工后的竖向位移，采用水准测量法，分别在涵洞左右洞室中的每节洞身底板处各布置沉降点 13 个，具体位置见表 12－2。

表 12－2　　涵洞底板沉降位置

左洞	洞 13	洞 12	洞 11	洞 10	洞 9	洞 8	洞 7
底板桩号	K0＋23.5	K0＋30.5	K0＋37.5	K0＋44.5	K0＋51.5	K0＋58.5	K0＋65.5
设计高程	480	480	480	480	480	479.965	479.930

续表

左洞	洞 6	洞 5	洞 4	洞 3	洞 2	洞 1	
底板桩号	K0+72.5	K0+79.5	K0+86.5	K0+93.5	K0+103.5	K0+113.5	
设计高程	479.895	479.860	479.825	479.825	479.755	479.720	
右洞	洞 21	洞 22	洞 23	洞 24	洞 25	洞 26	洞 27
底板桩号	K0+23.5	K0+30.5	K0+37.5	K0+44.5	K0+51.5	K0+58.5	K0+65.5
设计高程	480	479.965	479.930	479.895	479.860	479.825	479.825
右洞	洞 28	洞 29	洞 30	洞 31	洞 32	洞 33	
底板桩号	K0+72.5	K0+79.5	K0+86.5	K0+93.5	K0+103.5	K0+113.5	
设计高程	479.755	479.720	479.685	479.650	479.600	479.550	

7. 活动7：根据观测数据对水坝稳定性进行分析

从2005年9月首次观测至第九次观测，大坝表面、内部变形观测数据已有规律可循，根据这九次观测结果进行具体分析。

（1）大坝表面变形观测分析。

1）表面竖向位移。竖向位移较大的点主要分布在中坝桩号为K3+400～K4+600和K4+818～K5+800范围内，两段上下游坝顶的测点累计竖向位移范围为240～380mm，下游马道处测点累计竖向位移范围为150～277mm；桩号K5+016为累计竖向位移最大点，位移值为+380mm，水库蓄水后坝面最大累计沉降量约占坝高的1.5%，沉降较大。

2）大坝表面水平位移。横向位移较大点的分布范围大致与竖向位移一致，主要分布于中坝直线段和西转弯坝段；相对于坝面竖向位移而言，坝面横向水平累计位移不大，累计最大水平位移点为K3+801，累计位移值为101mm；自第五次观测后，横向水平位移逐渐由库内位移变为库外位移。

（2）坝体内部变形观测分析。

1）坝体竖向沉降。大坝内部观测沉降特性见表12-3，表中5个断面各测点数据显示，水库自2005年9月底蓄水后，坝基、坝体沉降率减缓，坝体相对坝基面的沉降速率更小，说明坝体相对坝基面的沉降趋于稳定。坝基沉降受库内水位影响较小，主要是由自身压缩引起，坝基沉降正逐渐稳定。

表12-3　　内部观测数据

部位	轴距 (mm)	第一次（mm）			第二次（mm）			第三次（mm）			第四次（mm）			第五次（mm）		
		总沉降	坝基	坝体	总沉降	坝基	坝体	总沉降	坝基	坝体	总沉降	坝基	坝体	总沉降	坝基	坝体
K0+600	−12	296	292	27	333	325	28	350	341	29	358	347	30	362	350	34
K1+800	4	137	137	16	169	169	17	178	178	13	181	181	15	182	182	16
K4+080	0	713	652	128	799	735	130	829	762	134	842	775	134	851	781	137
	0		668			769			797			811			819	
K4+300	0	854	813	108	972	927	117	1083	1032	124	1201	1135	139	1228	1157	148
K1+161	−12	366	366	38	416	416	43	421	421	43	439	438	45	445	445	47

2）坝体水平位移。根据观测数据可知，5个断面所测的纵向水平位移累积量均小于

30mm，沿深度方向变化不大，西坝 K1＋161.376 水平位移较大，管顶累计横向水平位移达到 100mm，而东坝 K0＋600 断面累计最大横向水平位移为 60mm，这两端面水平位移尚未稳定。

（3）涵洞底板竖向位移。从 2004 年 10 月首次观测数据看出，涵洞底板初期沉降速率较快，随着时间的推移，沉降速率明显减小，目前底板沉降已基本稳定。

12.2.2　任务二：某重力坝变形观测

1. 活动 1：布置大坝水平位移观测系统

（1）工程概况。某水电站是一座山谷型水库。正常蓄水位为 191.5m，水库总库容 2 亿 m^3，主要由主坝、副坝、引水系统等组成，其中拦河坝为混凝土重力坝，坝长为 547m，最大坝高为 40m，坝顶高程为 196m。大坝分为 36 个坝段，0～3 及 24～25 坝段为挡水坝段，3～23 坝段为溢流坝段；坝内有两条纵向廊道，即灌浆廊道（底高程为 156m）和观测廊道（底高程为 176m）。

（2）水平位移观测系统的布置。

1）坝顶测点位置。在坝顶设置长约 600m 的光学基准线（见图 12－4），在所有坝段中分别布设一个测点，共计 36 个测点；其中挡水坝段和溢流坝的测点都布置在坝轴线上，高程分别为 195.25m 和 194.85m；工作基点分别设置在左、右两岸山坡平坦处，并设立倒垂线进行校核。

2）坝段测点位置。从 2～30 坝段分别设置测点，2、30 坝段的倒垂线长度分别为 40.5、43.8m，并且引张线的两个端点在此两坝段处（见图 12－4），引张线倒垂锚块的方向垂直这两坝段，深度为 10m；此外，为了观测大坝挠度，在坝顶附近设置垂线观测站，垂线观测的精度为 0.2～0.3mm。

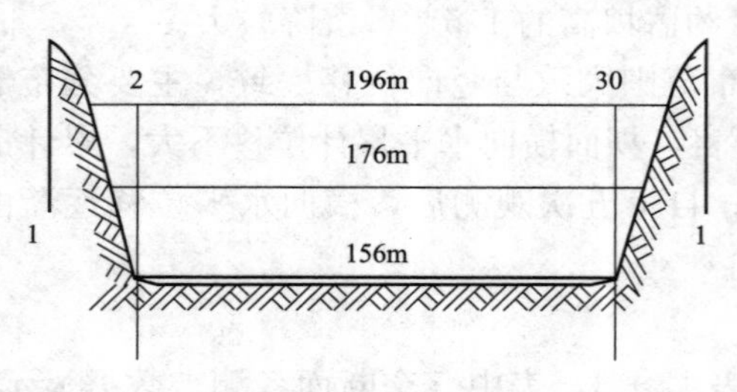

图 12－4　观测布置图

3）坝面测点位置。在 36 个坝段中，分别在坝面上设置 13 个真空激光准直测点，右岸观测室为激光发射端，左岸观测室为接收端。另外，在观测平台上各设有一个倒垂和双金属标，对两端观测平台（即点光源和探测器）的变位进行校核。

2. 活动 2：布置大坝竖向位移观测系统

（1）水准点位置。在坝底下游区 5km 的范围内布置了长约 10km 的Ⅰ等水准环线（见图 12－5），其中 $Ⅰ_{太1}$ 及 $Ⅰ_{太10}$ 为大环的基点组，$Ⅰ_{太9}$、$Ⅰ_{太11}$ 为工作基点。其他 7 个水准点为下游变形区的沉陷标点，间距为 1～3km。

（2）垂直位移观测点。坝体垂直位移观测路线分别布置在坝顶和基础廊道位置处，从坝面传到基础廊道组成Ⅱ等精密水准路线。在坝顶上每一坝段设一垂直位移观测点，各测点位于坝轴线上游 1.5m 与各坝段中心线的交点处。

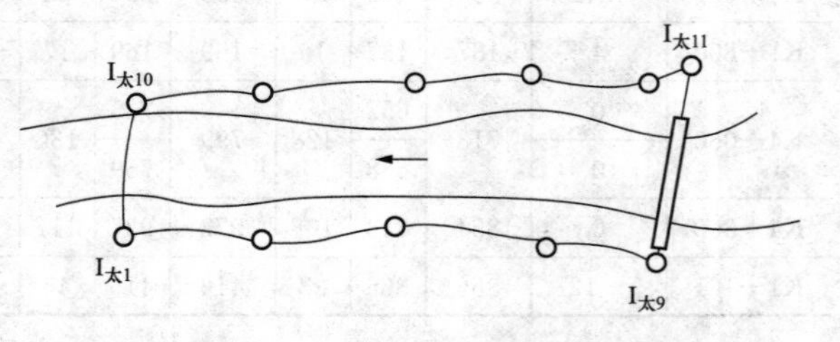

图 12－5　观测布置图

自坝顶垂直位移测点“坝沉 30”采用

竖直传递高程经“基沉30”(基础廊道30坝段测点)至“基沉3”,再传送至坝顶“坝沉3”组成基础廊道附合水准路线。基础廊道中其他观测点组成两条支水准路线,应往、返进行观测。

另外,在大坝基础廊道的5、10、20、29坝段有横向廊道,利用横向廊道观测坝体倾斜及基础的转动,每条横向廊道设两个测点。

12.3 拓展知识

12.3.1 大坝变形观测在大坝建设、管理运行中的作用

1987年9月,水电部颁发了《水电站大坝安全管理暂行办法》,作为全国开展和加强水电站大坝安全管理工作的基本规定,除此之外,还制定了《水电站大坝安全检查施行细则》和《混凝土大坝安全观测技术规范》等。

国际大坝委员会在1974年出版的《大坝事故中引出的教训》一书中曾提出滑动引起的破坏只占破坏总数的15%,其余破坏都是由设计、施工和运行等因素引起的。这些因素很难计算确定,在大坝工程中若没有变形观测设备,缺少定期检查观测,不能及时发现异常,会造成严重的事故。

综上分析,在大坝上必须安装变形观测设备,以保证大坝在施工和运行期间的安全性,实测的变形数值还可以验证设计方案的理论依据,核对计算公式和公正地评价设计质量。大坝变形观测的主要作用包括以下五个方面:

1. 分析、对比

通过对观测资料的分析,与设计理论计算结果进行对比,以实际情况来检验设计理论的可靠性,以利于进行反馈设计和建立有效的变形预报模型。

2. 建立模型

通过对观测成果的整编与分析,可以对被观测的大坝建立位移变化的数字模型,对各种工况下的位移变化特点进行分析,找出影响枢纽安全的最不利工作条件,在运行过程中采取措施,尽量避免不利工作条件的产生。

3. 预判变形状况

科学、准确、及时地分析和预报工程及大坝的变形状况,为判断其安全提供必要的信息。

4. 辅助施工

作为施工决策的依据,通过观测检查施工质量,掌握施工过程中坝与基础的实际状态,从而调整设计或施工技术方案。

5. 充分发挥工程效益

通过安全观测判定大坝在各种运用条件下的安全程度,以便在确保建筑物安全的前提下,充分发挥工程效益。

12.3.2 我国大坝变形观测方法

对于土石坝,大都继续采用视准线法(活动标法、小角法)和人工水准测量法进行水平位移和垂直位移观测,这些方法原理相对简单,设备费用也较低,但都不是自动化观测。

对于中、大型混凝土大坝,在坝区较大范围内还需建立平面和高程观测基准网;部分拱坝坝体、滑坡体及高边坡等位移点大都采用边、角交会实现平面位移观测,采用三角高程实

现垂直位移观测。大坝变形观测手段越来越趋向于自动化，主要的观测手段可概括如下：

（1）利用常规测量仪器进行的传统变形观测方法。

（2）激光准直。

（3）近景摄影测量。

（4）各类位移传感器。

（5）数字水准仪。

（6）全自动电子全站仪（测量机器人）。

（7）三维立体激光扫描仪。

（8）全球卫星导航定位系统（GNSS）。

（9）自动检测新技术。

12.3.3 大坝水平变形观测方法

1. 极坐标法水平位移观测

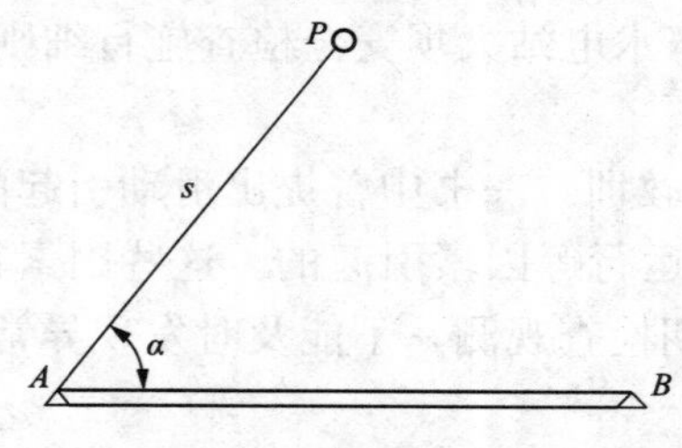

图 12-6 极坐标法水平位移观测原理示意图

利用极坐标法进行水平位移的观测，是通过至少 2 个工作基点来测定水平位移观测点的坐标变化，从而确定其变形情况。如图 12-6 所示，A、B 为两个工作基点，其坐标分别为（x_A，y_A），（x_B，y_B）。当测出角度 α 及距离 s 以后，即可根据坐标正算公式求出 P 点的坐标（x_P，y_P），见式（12-1）。

$$\begin{cases} x_P = x_A + s\cos\alpha_{AP} = x_A + s\cos(\alpha_{AB} - \alpha) \\ y_P = y_A + s\sin\alpha_{AP} = y_A + s\sin(\alpha_{AB} - \alpha) \end{cases} \tag{12-1}$$

观测点 P 的点位中误差 m_P，可按下式估算

$$m_P = \sqrt{m_{xP}^2 + m_{yP}^2} = \pm\sqrt{m_s^2 + \left(\frac{m_\alpha}{\rho}s\right)^2}$$

式中 m_s——测距精度；

m_α——测角精度；

ρ——取 206265″。

观测点 P 的水平位移就是不同周期观测所得到的该点坐标的变化量。一般地，利用极坐标法进行水平位移观测，要求至少在两个测站上对观测点进行水平位移观测，以提高水平位移观测的精度和可靠性。

2. 视准线法水平位移观测

除了上述常规方法外，土石坝的水平位移观测通常还采用视准线法来观测其变形，其测量原理如图 12-7 所示。图 12-7 中，视准线的两个端点 A、B 为工作基点，观测点 P_1、P_2、P_3 等布设在 AB 的连线上，其与 AB 的偏差不宜超过 2cm。观测点相对于视准线 AB 偏离值 l_i 的变化值，即是土石坝在垂直于视准线方向上的水平位移。

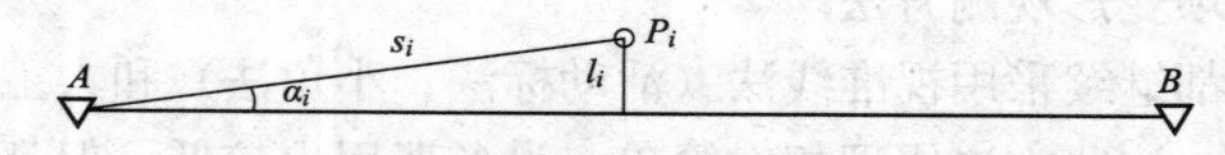

图 12-7 视准线法水平位移观测原理示意图

视准线法按其所使用的工具和作业方法的不同，又可分为测小角法和活动觇牌法。

测小角法是利用高精度全站仪，精确地测出基准线方向与置镜点到观测点 P_i 的视线方向之间所夹的小角 α_i，从而按式（12-2）计算观测点相对于基准线的偏离值 l_i

$$l_i = \frac{\alpha_i}{\rho} s_i \tag{12-2}$$

式中 s_i——置镜点到观测点的水平距离；

ρ——取 206265″。

由误差传播定律，可得偏离值的中误差 m_{l_i}

$$m_{l_i}^2 = \left(\frac{s_i}{\rho} m_{\alpha_i}\right)^2 + \left(\frac{\alpha_i}{\rho} m_{s_i}\right)^2 \tag{12-3}$$

式中 m_{α_i}——测角精度；

m_{s_i}——测距精度。

采用活动觇牌法观测时，在 A 点设置全站仪，瞄准 B 点后保持视线方向固定。在欲测点 P_i 上放置觇牌，由 A 点操作人员指挥，P_i 点操作人员旋动活动觇牌，使觇牌标志中心严格与视准线重合，读取活动觇牌读数，并与觇牌的初始值相减，便能得到 P_i 点偏离基准线 AB 的偏移值 l_i。不同周期观测的同一个观测点的偏离值的变化量，即为该点的水平位移变形值。

12.3.4 自动观测新技术在大坝表面变形观测中的应用

1. 流动式半自动化变形观测系统

流动式半自动化变形观测系统一方面可用于基点和工作基点三角网的边角观测；另一方面还可在基点或工作基点上对变形点进行边角交会测量。由于徕卡 TCA 系列全站仪在机载软件的控制下，可实现对棱镜目标的自动识别与照准，因此测站工作实现了自动化观测、记录与限差检核。但因多站观测，需要人工在有关的网点（基点或工作基点）之间搬动仪器。因此，该系统应用的特点是观测方案传统成熟，但使用的设备是现代化的。

（1）硬件配置。1 台 TCA 全站仪、若干单棱镜组（根据观测点位数量而定）及其他附件，如图 12-8 所示。

（2）TCA1201/1800/2003 全站仪机载软件。用于变形观测过程中的基准网点、位移观测点的自动化观测。

（3）平差软件。在 PC 机上运行的变形观测网后处理平差软件，主要用于测前基准网的精度估计、测后的观测数据平差处理、工作基点的稳定性分析、变形观测点的变形计算与分析等。

图 12-8 观测基点上的 TCA2003

流动式半自动化变形观测系统方案成熟，设备先进，已在二滩、李家峡等大型水电大坝的变形观测中发挥了很好的作用。

2. 固定式全自动变形观测系统

固定式全自动观测系统的最大特点是测量设备（TCA 全站仪、GPS、Nivel200 等）固定在基点（工作基点）或位移观测点上，需要时建有防护作用的观测房；测量设备通过通信系统与远方的控制计算机相连，在计算机软件的控制下实现远程监控化的全自动化变形观测，如图 12-9 所示。

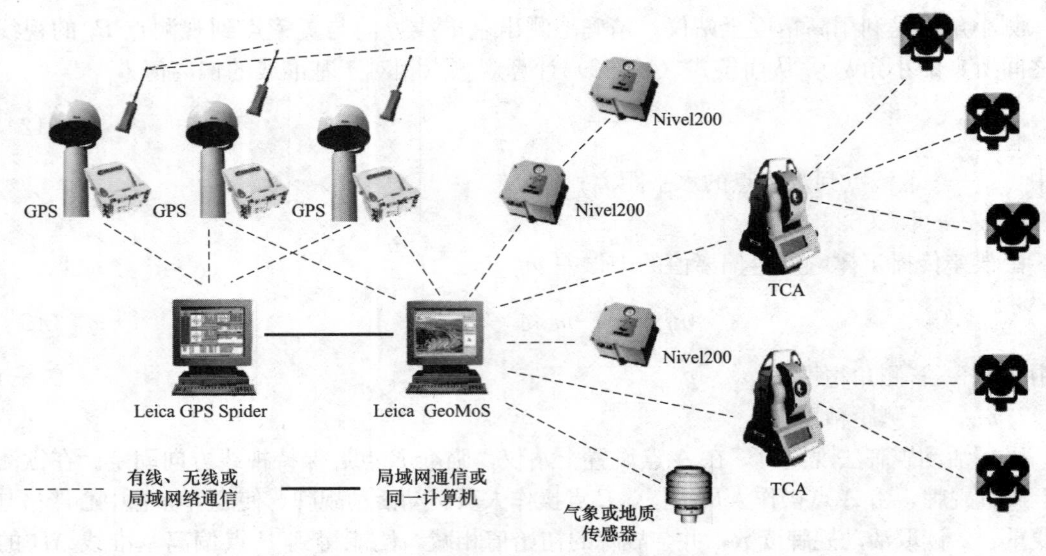

图 12-9 固定式全自动变形观测系统

(1) 硬件配置。1 台或多台观测设备（TCA 全站仪、GPS、Nivel200、气象或地质传感器等）、若干单棱镜组（根据观测点位数量而定）及其他附件、观测仪器供电设备、观测仪与计算机的远程数据通信设备、观测设备观测站房等。

(2) 软件配置。徕卡 GPS Spider 软件，主要功能为集中处理 GPS 数据，保存原始观测数据，配置管理 GPS 传感器等；徕卡 GeoMoS 变形自动化观测软件，主要功能为配置管理 TCA、Nivel200、气象或地质传感器等测量设备，实现限差检核，系统运行消息输出，变形量分析等。

12.3.5 大坝表面变形自动化观测系统应用实例

以某水库为例，为了给自动变形观测提供实时校验基准，建立了如图 12-10 所示的 *A*、*B*、*C*、*D* 四点大地四边形控制网。

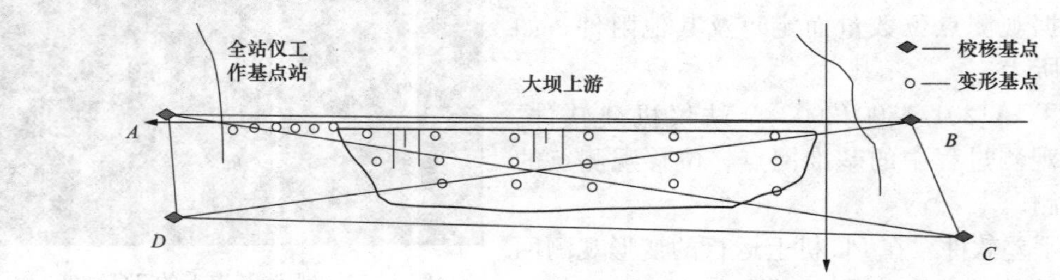

图 12-10 大坝变形观测基准网

基准网野外观测使用 TCA2003 自动化全站仪，测站分别尝试了人工观测（人工粗瞄，ATR 精确照准，12 测回，每一测站约 1h）和自动观测（用 MCHO 软件，只在 *C* 站试用，每一测站约 30min）。野外观测时间为：2004 年 7 月 22 日 5：00～8：00，18：00～19：00，7 月 23 日 6：00～7：00。四个三角形闭合差的质量检核分别为：±0.3″、±0.3″、±0.7″、±1.3″。三角网平差结果表明，各基准点的三维坐标测量误差都小于 1mm。

变形观测点沿坝轴线布置 6 个表面变形观测横断面、4 排观测标点。4 排观测标点分别埋设于上游坝坡小平台、下游坝肩 35.5m 高程、24.16m 高程平台及下游坝脚外 5m 处。另外，溢洪道变形观测共设 6 个变形观测标点，变形观测点数共计 30 个。整个系统在

GeoMoS 观测模块的控制与管理之下自动运行。每一变形点盘左、盘右观测，30 个变形点一个周期观测时间约为 13min。

图 12－11 自动化全站仪观测站

图 12－11～图 12－13 为现场具体观测图。

大坝自动化观测系统的建立包括两大部分，即建筑工程、设备及安装工程。建筑工程包括工作基点房、各种观测墩的土建，棱镜的保护装置、各种连接器的加工等。

变形数据分析软件为水利科学研究院大坝观测中心自行编制。该软件采用 SQL 数据库，只要将由 GeoMoS 记录的观测数据转换成该分析软件要求的数据格式即可。

图 12－12 变形观测点

图 12－13 溢洪道观测点

12.4 项 目 案 例

12.4.1 案例背景

某水电站总装机容量 128 万 kW，总库容 247 亿 m^3，是黄河上最大的龙头水库大坝，主坝为混凝土重力拱坝，最大坝高为 178m，底宽 80m。最大中心角为 32°03′39″，上游面弧长 396m。左右岸均设有重力墩和混凝土副坝，挡水建筑物前沿总长 1227m。坝基岩性均一，为花岗闪长岩，岩盘为块状岩体。在坝线上游、右岸副坝右端及下游冲刷区的右岸为三叠系变质砂岩夹板岩。

坝区岩体经受多次构造运动，断裂发育，北西向压扭性断裂和北东向张扭性断裂构成八区构造骨架，地形条件复杂。有 8 条大断裂和软弱带切割，且库内有上亿立方米的巨大滑坡，如图 12－14 所示。

主要工程地质问题有：

（1）两岸坝肩的深层抗滑稳定性较差。

（2）距拱端较近的两岸坝肩断层岩脉及其交汇带，将产生较大变形。

（3）坝区岩石透水性较小，但断裂发育，成为主要渗水通道。

（4）各泄水建筑物的冲刷区，位于坝线下游，冲刷区范围内局部岩体有失稳的可能。

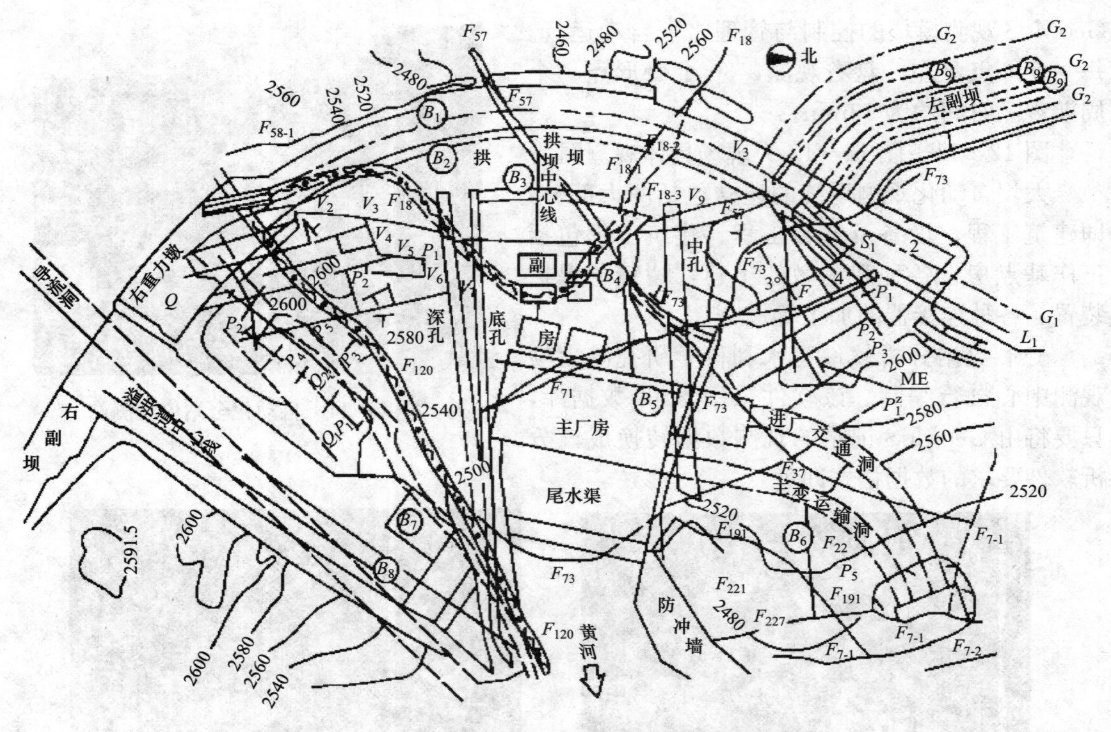

图 12-14 坝区岩体主要断裂分布及基础处置总图

根据枢纽布置形式、工程地质条件和存在的问题，要求大坝安全观测能准确、迅速、直观地取得数据，确保大坝安全运行。因此，观测项目应以安全观测项目为主，做到可能发生时应及时报警。

12.4.2 变形观测

1. 坝址区平面变形控制网

平面变形控制网是为宏观观测大坝、基础、两岸坝肩岩体、泄水建筑物及下游消能区岸坡的稳定和水平位移而设置的。根据某坝具体的地形、地质条件，平面变形控制网由 7 点组成。为精密边角网，见图 12-15，网中边长采用 ME3000 光电测距仪测量，其标称精度为 ±（0.3+1.0×$10^{-6}D$）（单位：m）；方向采用 T3 经纬仪全组合法测量，方向权选用 $M\times n=36(35)$，方向中误差 $m_r=\pm0.42''$。为了获取在施工期两岸坝肩岩体的变形及稳定状况，1986 年 6 月采用 ME3000 精密光电测距仪对施工网进行了全网的复测。经平差计算，观测成果表明，大坝坝基开挖、混凝土浇筑期间，两岸近坝区的上部岩体均向河心变位。左岸近坝线上游岩体倾向河心 12mm 左右，下游测岩体倾向河心 25mm 左右。左岸近坝线坝肩岩体倾向河心 15mm 左右，左岸明显大于右岸，同时变形岩体的范围也大得多。

将变形控制网和施工网点 1989 年初的资料综合起来，经变形分析，两岸坝肩上部岩体受到水荷载的推力，有向下游变位的趋势，这种变形反映在初期蓄水的前两年间。尔后在水库水位从 2547m 降至 1575m 时，变位不明显。

2. 坝址精密高程控制网

精密高程控制网与平面变形控制网一样，是为研究大坝、坝基和两岸坝肩岩体垂直位移而设立的。它将坝址下游区地形变化观测网、库区左岸精密水准线路联系在一起，组成高程控制

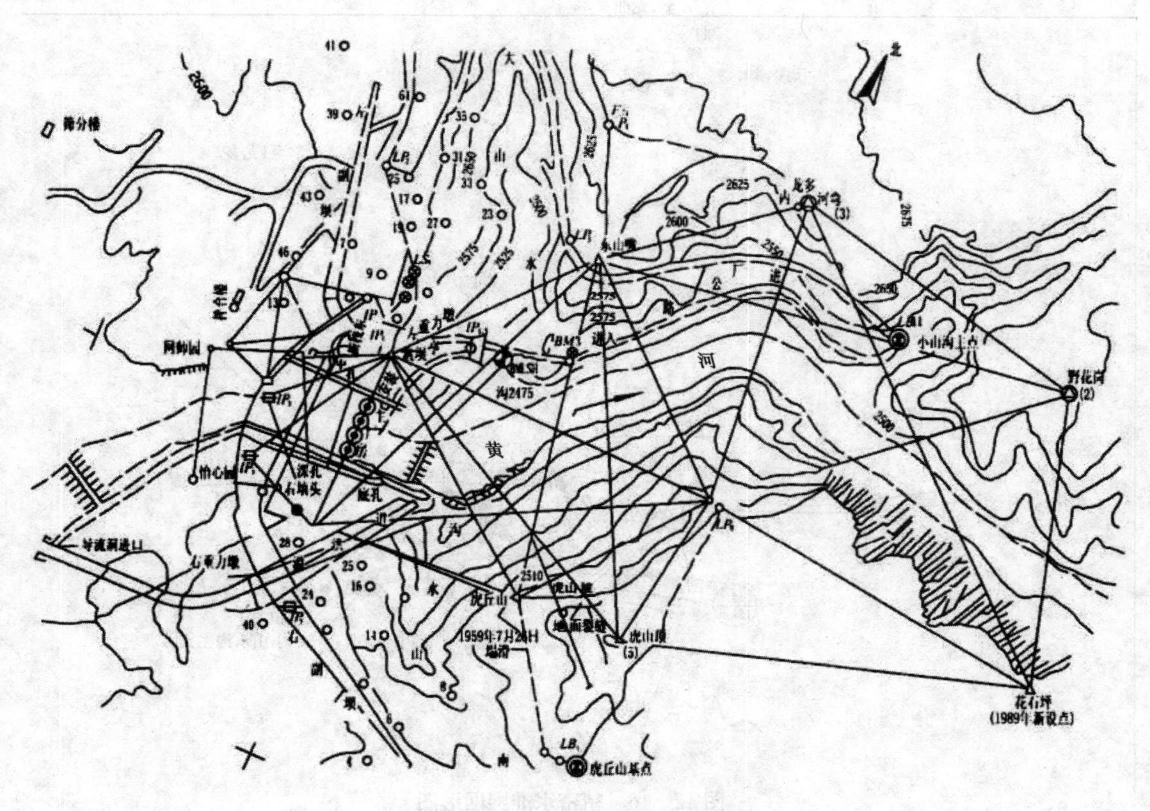

图12-15　坝区平面控制网图

—谷幅（弦长）观测线；—地下水位观测孔；—编号；—IP倒垂线；—LP岩体垂直位移测点精密水准线

网，如图12-16所示。

根据某水电站的具体地形地理条件，水准网由9条线路组成多个环线，环线全长为12km。网中建有3个深埋式双金属标志作为高程基点，观测采用Ni002自动安平水准仪，按国家一等精密水准要求作业。

该网首次观测始于1979年，与施工控制水准网结合在一起，进行了6次复测，下闸蓄前3次，下闸蓄水后3次。观测成果表明，在大坝坝基开挖、混凝土浇筑期间，坝基、两岸坝肩岩体垂直位移为下沉。左岸坝肩上部岩体与河床基础的下沉量差不多，约为20mm；但远离坝肩部位的点，例如进厂公路十字路口的钢管厂ID2，下游3号交通洞进口处的TSⅡ点的垂直位移就很小；右岸坝肩上部岩体下沉量小于左岸，为12～14mm；下闸蓄水后，坝基、坝肩岩体的垂直位移趋于平稳，大部分测点高程变化值均小于2mm。

3. 谷幅测线长度测量

该工程在近坝轴上、下游坝肩上部岩体上。布置了3谷幅测量线。采用ME3000光电测距仪测量边长变化，观测周期为10～25d一次。

某坝坝肩测量始于1986年6月，蓄水后连续3的观测资料说明，上游谷幅变化很小，约2mm，且有随水库水位升高测线伸长的相关关系；紧靠坝肩下游拱座的谷幅2，一直呈缩短方向发生塑性变形，数量已达13mm。

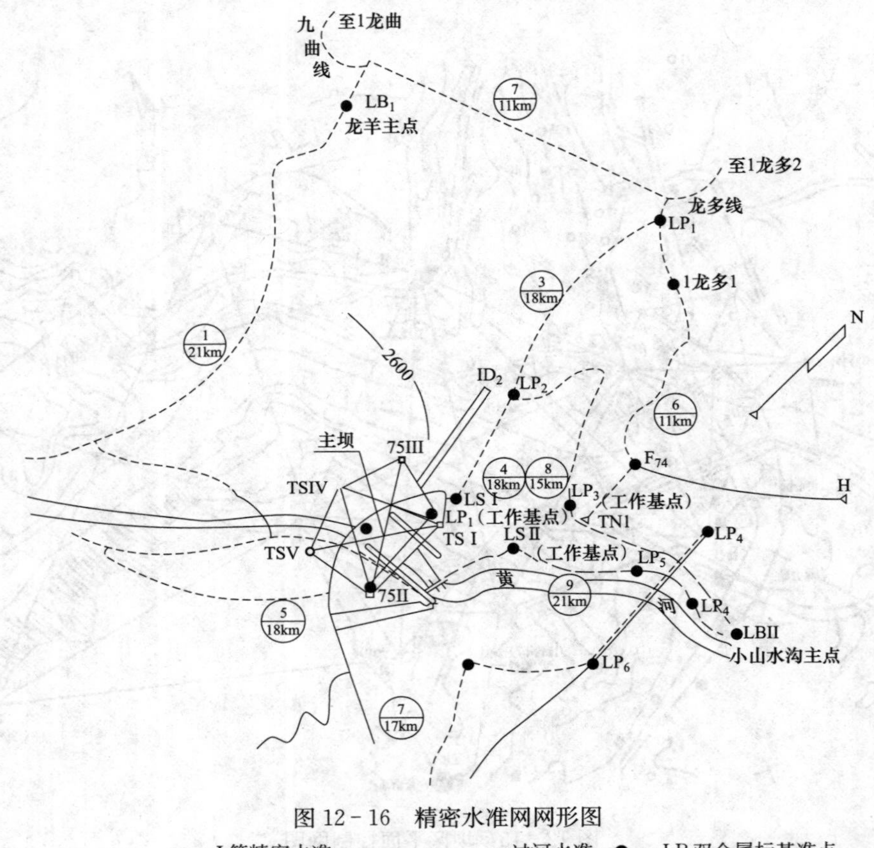

图 12-16　精密水准网网形图

------ —I等精密水准；====== —过河水准；● —LB双金属标基准点

4. 高陡边坡稳定观测

按照工程地质方面提出的要求，参照地质力学模型试验的成果，结合两岸护坡工程的格局，在两岸坝肩地表和下游冲刷区右岸高边坡岩体上设置位移观测点25个。测点的水平位移、垂直位移分别采用精密测边交会和Ⅱ等水准及三角高程测定法测定。

布置在下游消能区有右岸高边坡测点，成功地观测出了虎丘山、虎山坡不稳定岩体的变形过程，为地质分析、临滑预报和上级主管决断提供了有力的依据。

5. 坝基水平位移观测

某水电站坝基和坝肩岩体深层滑动位移，主要采用倒垂线法进行观测，在布置形式上组成地下垂线网，如图12-17所示。

垂线观测网由13条例垂线、7条正垂线组成：主坝坝基设置倒垂线7条、正垂线5条；右岸副坝坝基设置2条例垂线；两岸坝肩岩体内设置4条例垂线、2条正垂线。除右岸副坝倒垂线外，所有倒垂线锚固点高程均在2423m以下的岩盘上，比河床最底建基面2435m高程低12m。为了加强河床基础位移值的观测，分析倒垂线基点的稳定，在河床9号坝段的倒垂线是一组三个不同深度的倒垂线组，其锚固点高程分别为2361.4、2406、2414m。为了观测倒垂线锚固点的稳定性，将地下观测网与表部观测网连为一体，在主坝4、9、13号坝段2600m层正垂线悬挂点处，设立标点，直接与坝址变形控制网联测测定。

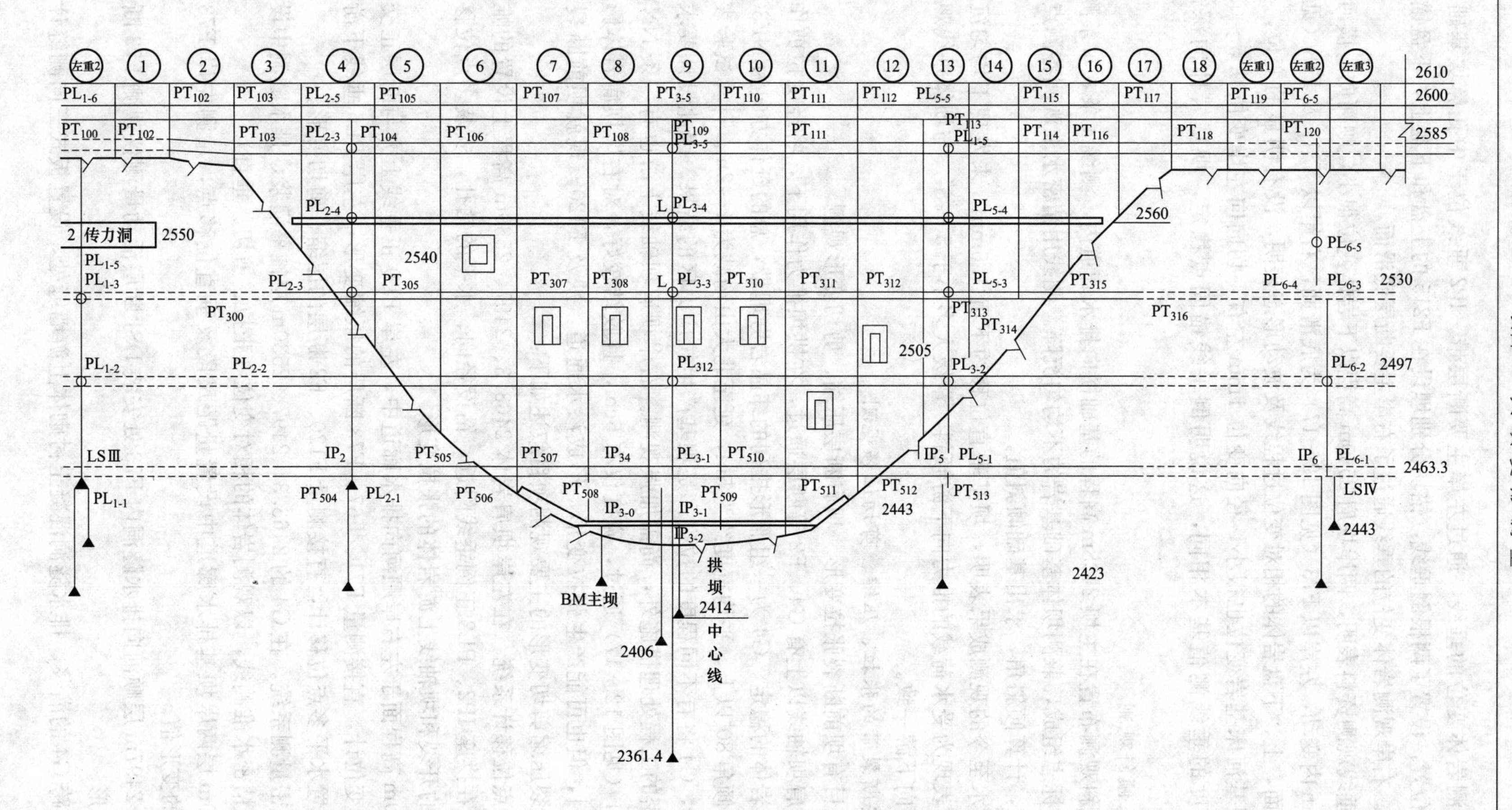

图12－17　主坝纵剖面观测布置

PL—正垂线；IP—倒垂线；PT—激光导线；ID—量具导线；LS—垂直位移工作基点；KL—强震仪测点

左岸观测岩体变位的垂线，通过左岸主要断层带。IP2垂线位于中孔鼻坎基础岩体内2462m高程位置，设置了两根倒垂线，锚块分别埋设在F215的上盘和下盘上，下盘锚块高程为2419.3m。右岸观测岩体变位的垂线通过了右岸主要断层底滑面。

3年的垂线观测资料表明，两岸坝肩2530m高程以下岩体变位很小，顺河向、横河向变位均在1～2mm内变动，左岸以F73（见图12-17）为底滑面，右岸以T314及F18（见图12-17）为底滑面，上、下盘岩体的相对变位过程线及波动形态表明，没有明显的变位，处于稳定状态，坝基河床基岩变位也很小，径向变位1mm左右，切向向左岸变位0.5～0.8mm，3根不同深度的垂线测值基本相同，这说明倒垂线锚固点稳定，坝基岩体向深部变位很小。

6. 坝基倾斜观测

坝基倾斜观测布置在主坝2438m高程的基础横向排水廊道内，测线4条，每条测线由4个墙上水准标志组成，兼测坝体基础基岩的不均匀沉降。测线用精密水准观测各测点间的相对高差变化，计算倾斜角，求出基础倾斜值。

大坝蓄水至今的观测成果表明，坝基垂直位移约下沉1.5mm，未发现不均匀沉降，坝基倾斜主要表现为受水荷载的推力向下游倾斜，量级大多小于5″～8″。与坝体垂线观测中径向位移值朝向下游一致。

7. 主要断裂带的张拉、压缩、剪切位移观测

观测项目有坝前断裂张拉变形、坝肩断层压缩、剪切变形观测。

左岸坝肩坝轴线以上有G4、F2等断层通过，在拱坝推力作用下，将经受拉剪作用，影响左岸坝肩岩体的稳定。G4为一组雁形排列的纬晶岩劈理带，总的延伸方向为NE30°左右，倾向NW，倾角80°以上。平均宽度约为5m，延至北大山沟减为1～2m。计算试验表明，在正常蓄水时，G4将有不同程度的拉裂，是坝基产生拉应力区的结果。因此设计要求，除对G4采用严密的工程处理措施外，尚需加强观测。右岸坝肩坝轴线上游也有一条NNW向的断层F58-1（见图12-17）通过，宽度仅有5cm，且胶结较好，对右岸坝肩岩体影响程度小于左岸G4，但也可能产生张拉变形，形成渗水通道，殃及F120。现就坝前断裂拉裂变形、坝肩断裂压缩剪切变形的主要观测项目叙述如下：

（1）多点位移计系统。在左岸坝肩岩体2463.3、2497、2530m高程上设置的帷幕灌浆廊道中，旨在拱座IP2、PL2正倒垂线附近，钻设径向、水平的钻孔，安装多点位移计，直接测量G4的开裂和坝轴线上游岩体的张拉变形。

在2530m高程面于左右岸顺河向排水廊道中，左岸PL9正垂线上方与断层正交，设置水平向多点变位计，直接测量F71、F67、F73断层的压缩变形；左岸PL6垂线下游，与断层斜交，设置水平多点位移计，直接测量F120、F2断层的压缩、剪切变形。

（2）精密量测系统。在G4的2463.3、2497、2530m层帷幕灌浆、排水隧洞中设置精密量距导线和精密水准测线，以观测岩体的相对变位（张拉、剪切、垂直）。

在2530m层两岸坝基排水廊道中设置量距尺段及垂直位移点，量测左岸F73、右岸F120、A2的变形值。

在左岸2497m层顺河向排水隧洞内F73处安装DSJ断层活动量测仪观测F73断层的压缩、剪切变形。

（3）在跨G4的灌浆、排水隧洞混凝土衬砌体上游墙缝处，设置板式三向测缝计。直接

量测因岩体变位所引起的混凝土建筑物的变形。

(4) 在两岸表部上游建立变形控制网点，测量地表变形。

(5) 在右岸坝前混凝土体内，用风钻水平钻孔，穿过F58-1，安装岩石变位计，直接测量F58-1的拉伸变形。岩石变位计埋设高程为2484、2500、2520、2540、2560m。

(6) 下闸蓄水以来的3年观测资料表明，水库蓄水低于2550m时，左岸G4开裂甚微，仅0.2～0.3mm，右岸F58-1在2560m高程处开裂达0.7mm。两岸坝肩断层的压缩变形值不大，左岸0.3mm，右岸最大0.4mm。

除此之外，某水电站还对坝基进行了温度、应变、应力观测、渗流观测及坝址区强震观测。限于篇幅，这里不再作进一步的叙述。

习 题

1. 大坝变形观测的内容由哪几部分组成?
2. 概述大坝变形观测方法。
3. 大坝变形观测位置如何布置?
4. 如何分析变形观测数据?
5. 大坝变形观测的意义是什么?
6. 简述大坝水平位移观测的常用方法。简述极坐标法水平位移观测法的原理。

项目 13　全站仪在工程中的应用

全站型电子速测仪简称全站仪，是一种集机械、光学、电子于一体的现代测量仪器。它可以同时进行角度（水平角、竖直角）测量、距离（倾斜距离、水平距离、高差）测量和数据处理。相对于经纬仪测角、水准仪测高差、测距仪测距而言，全站仪可以一次性地完成测站上所有的测量工作，精确地确定地面两点间的坐标增量和高差，故称为“全站仪”。全站仪是目前测绘行业使用最广泛的测量仪器之一。

知识目标

1. 掌握全站仪的基本结构、放样测量、平高导线测量的作业方法和要求。
2. 熟悉全站仪的各种使用、断面测量的作业方法和要求。

能力目标

1. 能对全站仪进行角度测量、距离测量操作。
2. 能使用全站仪进行坐标放样测量、面积测量、平高导线测量、断面测量。

13.1　预　备　知　识

全站仪虽然品种繁多，但各种全站仪的外形结构差别不大。现以科利达 KTS440 系列全站仪为例，介绍全站仪的结构部件。

13.1.1　科利达 KTS440 系列全站仪操作键及显示屏

科利达 KTS440 系列全站仪键盘和显示屏如图 13－1 所示。

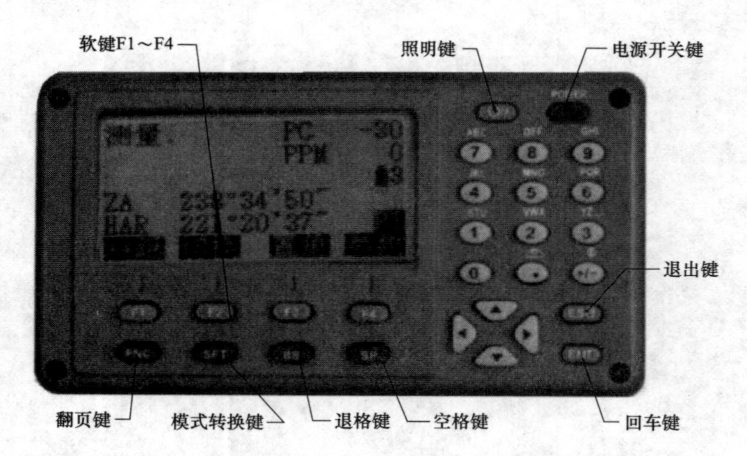

图 13－1　科利达 KTS440 系列全站仪键盘和显示屏

显示屏为 5 行数字显示，1 行功能软件显示。显示屏左上方显示当前工作模式为测量模式。在测量模式中，角度测量为常态，显示屏主窗口显示当前望远镜照准目标的水平角和竖直角。显示屏下方有 4 个功能软键，通过对应的功能键 F1、F2、F3、F4 进入，如距离测量、坐标测量和程序测量等。

显示屏的右上方显示仪器已经设置的棱镜常数（PC）、气象改正参数（PPM）和电池电量水平。右下方的 P1 表示当前显示功能软键为第一页，按换页键，可查看第二页（P2）、第三页（P3）的软键功能。

（1）操作键。控制面板共有 28 个按键，其功能如下：

POWER，电源开关键，按此键开机，长按此键关机。

照明键，打开或关闭显示屏照明。

F 软键（4 个），进入各种对应的功能状态。

数字、字母输入键（12 个），用于数据和符号输入。第一功能用于数字输入，第二功能用于字母输入。其中，小数点的第二功能为电子水准器显示；正负号的第二功能为测距返回信号强度检测。

ESC，取消前一操作，或返回状态模式。

FNC，功能软键的换页键。

SFT，打开或关闭第二功能。

BS，删除左边一空格。

SP，输入一空格。

ENT，确认输入，或存入该行数据并换行。

光标移动键（4 个），用于光标上下左右移动。

（2）显示符号。在测量模式下，显示屏显示的符号及含义见表 13－1。

表 13－1　科利达 KTS440 系列全站仪常见显示符号及意义

显示符号	含义	显示符号	含义	显示符号	含义
PC	棱镜常数	S	斜距	HAh	水平角锁定
PPM	气象改正数	H	平距	⊥	倾斜补偿有效
ZA	天顶距	V	高差	N	x 坐标
VA	垂直角	HAR	水平角（右角）	E	y 坐标
%	坡度	HAL	水平角（左角）	Z	高程

13.1.2　全站仪角度测量

大多数全站仪开机后的默认状态为角度测量状态。在其他工作模式状态下，按“ESE”键或多次按“ESC”键可以返回角度测量状态。如果有单独的“测角（ANG）”键（如南方全站仪），在基本测量状态下直接按“测角”键可进入角度测量状态。在角度测量状态下，角度观测的结果显示出来，不用按键操作及自动即时显示。望远镜无论是旋转，还是静止，显示屏总是显示当前照准目标的水平角和竖直角。

在角度测量状态下，可能用到下列操作功能：

（1）水平角置零通过软键“置零”。将当前水平角读数设置为 0。

（2）水平角置角通过软键“置角”。将当前水平角读数设置为任意值。此项功能有的全站仪称为“输入”。

(3) 水平角锁定与解锁通过软键“锁角”。将当前水平角读数锁定（照准部旋转，水平角读数不变）；再按软键“锁角”解除水平角读数锁定。此项功能有的全站仪称为“保持”。

(4) 水平角复测通过软键“复测”。进入水平角复测程序测量状态。有的全站仪通过菜单选择进入水平角复测状态。

水平角复测用于对某两个方向的水平角进行多次观测，最后取平均值。按“取消”键返回上一操作界面；按“回车”键记录结果，并返回上一操作界面。

(5) 有的全站仪还有F1/F2功能即用盘左（F1）、盘右（F2）观测同一目标，最后取平均值。

全站仪角度测量照准目标的操作与经纬仪相同。全站仪角度测量状态，因为不需要启动测距系统，故耗电低。全站仪在既不关机又不工作的时候，最好置于角度测量状态，利于节约用电。

13.1.3 全站仪距离测量

1. 距离测量的相关设置

全站仪测距时，需要对仪器进行一些设置和选择，而这些设置和选择会直接影响距离观测结果。如果不改变这些设置，仪器将沿用上一次的设置。在测距精度要求较高，或初次使用仪器时，应全面检查仪器的各种参数设置，保证这些设置的正确性。

全站仪的测距设置一般在参数设置模式下进行，但有的设置也可以在测量模式下进行。不同的仪器，其操作过程稍有差别。

(1) 距离单位选择。m（米）和ft（英尺），一般选择m（米）。

(2) 温度单位选择。℃（摄氏度）和℉（华比度），一般选择℃（摄氏度）。

(3) 气压单位选样。hPa（毫巴）、mmHg（毫米汞柱）和inHg（英寸汞柱），一般根据所用气压计的单位选择。

(4) 测程选择。有的全站仪设有测程选择，普通红外光测距时，测程为1～2km，选择激光测距时，测程可达5km。当所测距离超过普通红外光测距测程时，可选择激光测距。选择激光测距，会增大对人体伤害的风险，也会增大电池的功耗。

(5) 比例尺设定。比例尺选择用于对观测距离进行不同高程面的投影化算。取值范围一般在0.990000～1.010000之间，在测区高程较大的时候使用。低海拔地区一般可选择1.000000。此项设定有的全站仪称为网格因子设定。

(6) 球气差改正选择。关/0.14/0.20。球气差改正是对两点间的观测高差进行地球曲率改正和垂直大气折光改正。地球曲率改正按平均地球半径6370km计算，垂直大气折光改正按所选垂直折光系数0.14或0.20计算。一般地区季节和时段选择0.14，垂直折光较大的地区、季节和时段选择0.20。球气差改正选择不会对倾斜距离和水平距离产生影响。

(7) 合作目标选择。全站仪的合作目标可选棱镜、微棱镜、反射片或免棱镜。在免棱镜状态下，禁止照准棱镜或反射片进行距离测量。

(8) 棱镜常数设定。按选定的棱镜输入棱镜常数。棱镜常数是指棱镜等效反射中心与棱镜杆中心在测程上的差值。棱镜常数由仪器生产商提供，不同型号和品牌的棱镜，棱镜常数可能不一样。棱镜常数常用PC表示，也有的用PSM表示。

(9) 仪器常数设定。仪器常数是指仪器红外光等效发射点与仪器对中器中心不一致产生的距离差值。仪器常数在出厂时经严格测定并设定好。用户一般情况下不要更改此项设定，除非经专业检测机构在标准基线场测定了新的仪器常数。

(10) 气象改正参数设定。全站仪发射红外光的光速随大气的温度和气压不同而改变，因此需要根据观测时的温度和气压对观测距离进行气象改正，可以在观测时输入当时的温度和大气压值，仪器自动对测距结果进行气象改正；也可以将温度和大气压值代入公式，计算出每千米的气象改正数，然后在仪器中输入气象改正数的值，仪器同样自动对测距结果进行气象改正。但这两种方法只有一种有效。当输入温度和大气压值后，气象改正数的值自动计算并显示。当气象改正数的值直接输入时，温度和大气压的值将自动清零。

(11) 测距模式选择。一般全站仪可选择的测距模式有跟踪测量、连续精测、N 次精测和单次精测。跟踪测量用于运动目标以等间隔的时间连续测距，测距精度低于精测；连续精测用于对观测目标多次精测取平均值；N 次精测模式下可以选择精测次数，N 可选择 1～5 次，有的仪器可选择 1～9 次，单次精测就是精测 1 次。全站仪的测距精度比较高，在大多数情况下，单次精测的精度足够了。

(12) 工作文件选择。为观测数据指定一个记录文件。

(13) 全站仪记录方式选择。回车记录/自动记录/仅测量。

2. 距离测量的相关功能

在距离测量状态下，可能用到下列操作功能：

(1) 返回测距信号检测。用于检查返回测距信号的强弱。当测程特近或特远时，或特殊气象条件下，可能用到此项功能。

(2) 测距键。启动测距动作。有的全站仪称为“测量”键，在测量模式下，按测距键，仪器进入测距状态，按当前设定的模式进行测距，并按相关设置进行改正计算，最后显示改正后的观测值。观测结果的显示有多种选择，可通过换页键切换查看。

距离观测值有三种显示形式：倾斜距离（s、s_D）、水平距离（H、H_D）和高差（v、v_D）。注意，这里的高差是指三角高程中的初算高差，即以倾斜距离（斜边）和水平距离（直角边）构成的直角三角形的另一个直角边，而不是测站点与目标点之间的真正高差。

(3) 放样键。有的全站仪在距离测量状态下，可进行极坐标法放样。按“放样”软键，进入极坐标放样状态，出现放样方向和放样距离的输入界面。输入放样数据后，仪器显示当前方向与放样方向的差值；当照准棱镜进行测量后，还显示当前棱镜距离与放样距离的差值。根据方向差值和距离差值，移动棱镜位置并进行测量，直至两项差值均为零即可。

(4) 偏心键。有的全站仪在距离测量状态下，可进行偏心测量。按“偏心”软键，进入偏心测量状态，在出现的偏心参数输入界面，输入偏心参数后，照准棱镜进行测量，仪器显示至偏心点的距离，而非至棱镜的距离。

13.1.4　全站仪坐标测量

全站仪坐标测量是测定目标点的三维坐标（x，y，H）。实际上，直接观测值仍然是水平角、竖直角和斜距，通过直接观测值，计算测站点与目标点之间的坐标增量和高差，加到测站点已知坐标和已知高程上，最后显示目标点三维坐标。计算坐标增量时以当前水平角为方位角。全站仪坐标测量主要用于碎部点数据采集中。

全站仪坐标测量的操作步骤如下：

（1）安置仪器并检查相关设置。全站仪坐标测量中包含水平角观测、竖直角观测和距离观测，故有关角度测量的设置和距离测量的设置对坐标测量会产生影响。坐标测量前应检查相关设置。

（2）在测量模式下，按“CORD”键或“坐标”软键进入坐标测量状态。进入坐标测量状态，会有三项或更多的选择：测站点设置/后视点设置/测量/等。测站点设置就是告诉仪器当前测站点的坐标和高程。这是计算目标点三维坐标的基础。后视点设置就是将当前的水平度盘设置成方位角方向。这是计算测站点至目标点坐标增量的基础。测量就是进行目标点的坐标测量，显示测量结果。

（3）测站点设置。选择测站点设置进入测站点设置状态。测站点设置通常有两种方式：按“输入”键，直接输入测站点坐标和高程；按“调用”键，选择仪器已存有的测站点坐标和高程数据。如果不进行测站点设置，直接进入坐标测量，仪器将默认上一次输入的测站点坐标和高程为当前测站点数据。如果没有上一次输入的数据，仪器将测站点坐标和高程均视为零。测站点设置时还应输入仪器高。仪器高用于高差计算。

（4）后视点设置。选择后视点设置，进入后视点设置状态。有的仪器在测站点设置回车后直接进入后视点设置状态。后视点设置通常有坐标、角度两种方式。选择坐标方式后，再选择是直接输入坐标还是调用已存坐标，具体操作同测站点设置。选择角度方式后，可直接输入后视方向的方位角。此时，仪器会提醒观测者照准后视点确认后完成后视点的设置。后视点设置的目的就是使仪器当前照准方向的水平度盘读数与地面上测站点与目标点构成的方位角一致，为仪器在坐标测量的计算中提供实时的方位角。后视点选择角度方式时，相当于对水平度盘置角；选择坐标方式时，仪器根据测站点坐标和后视点坐标反算方位角，并以此配置当前水平度盘。

如果不进行后视点设置，直接进入坐标测量，仪器将当前水平角默认为方位角，并以此计算目标点的坐标。

（5）后视点观测。后视点设置完成后，可以观测后视点一次，也可以不观测。观测后视点，会显示后视点的观测结果。观测后视点有检查的功能：当观测的坐标和高程相差甚微时，表明测站设置无错误。否则，应检查测站点、后观点点号、数据输入的正确性。用观测后观点来检查测站设置、不能发现方位角的错误。全站仪坐标测量测站设置的严格检查应在第三个已知点上进行。

（6）测站设置检查。将照准目标安置在第三个已加点上，在坐标测量状态下测量该点的坐标和高程。当观测的坐标和高程与已知的坐标和高程相差甚微时，表明测站设置无错误。否则，应检查测站点、后视点点号、数据输入的正确性。坐标测量的结果只有在测站设置正确的状态下才是有用的，否则全是错的。

（7）选择工作文件。为观测数据指定一个记录文件。

（8）坐标测量。当测站设置无误时，就可以进行目标点的坐标测量。选择“测量”键进入坐标测量状态。在目标点安置棱镜（合作目标为棱镜时），将望远镜照准棱镜中心。按“测量”键，仪器启动“坐标测量”并显示结果。在记录前，需要输入未知点点号、棱镜高、编码。如果不输入点号，仪器自动按数字顺序在前一点号的基础上加1记录。如果不输入棱镜高，仪器自动按前一点的棱镜高计算。

编码是观测者赋予目标点的一个属性注记，作为观测数据的组成部分，与观测值一起被记录存储于工作文件中，可以不输入编码；如果不输入，则该数据处为空白。在碎部点数据采集中，对碎部点程度要求不是很高，通常以手持对中杆来保持棱镜的对中、整平，这样会使测量效率提高很多。

(9) 中间和结束检查。进行坐标测量时，不仅要检查测站设置是否正确。测量过程中和测量结束时还应检查水平度盘读数是否正确。通常是在测站设置完成后，选择一明显标志(如避雷针、电杆等)，记录其水平度盘读数。在测量过程中或测量结束时，再观测其水平度盘读数，比较变化情况，判断仪器水平度盘是否变动，确保观测数据的可靠性。

需要指出的是，全站仪坐标测量是单镜位（一般为盘左）观测的结果，其中高程中包含指标差的影响。当仪器的指标差过大时，对远距离的坐标测量，必然引起较大的高程误差。打开双轴补偿，只能补偿垂直轴倾斜造成的影响，而不能改变指标差的大小。所以，一般在数据采集之前需要进行垂直度盘指标零点的检校。

13.2　项　目　实　施

该部分详细阐述科利达 KTS440 系列全站仪四种常用的测量任务，分别是放样测量、面积测量、平高导线测量和断面测量。

13.2.1　任务一：放样测量

放样测量就是根据已有的控制点，按工程设计要求，将建（构）筑物的特征点在实地标定出来。工程建（构）筑物的特征点就是放样点。测量工作一般是将实地上的特征点测绘到图纸上，故放样测量是将图纸上的特征点测设到实地上。因此，可以说放样测量是测量工作的逆过程。放样测量通常又称为测设，是工程施工部门主要的测量工作。

采用全站仪进行放样测量时，需要实时观测测站点至棱镜点之间的距离。为了保证放样测量的质量，放样测量时，应注意全面检查和正确设置仪器有关测距的参数和模式。

图 13－2 为全站仪放样测量示意图。

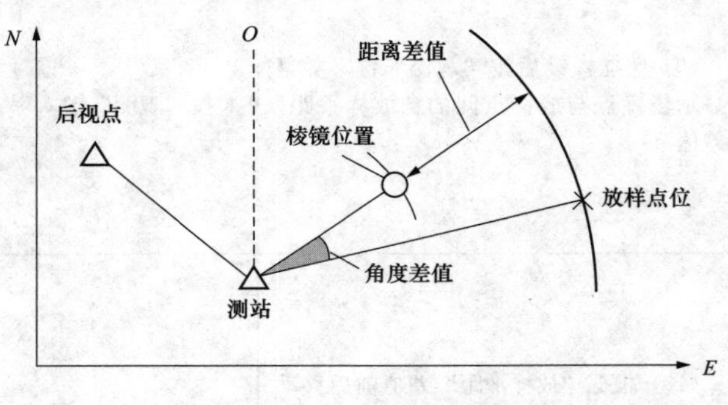

图 13－2　全站仪放样测量

1. 直角坐标放样

操作步骤见表 13－2。

表 13－2　**直角坐标放样步骤**

操　作　步　骤	按键	显　　示
(1) 在已知点安置仪器。 (2) 按“放样”进入放样测量屏幕。 (3) 选取“测站定向”中的“测站坐标”，输入或调用测站坐标数据。 (4) 选取“后视定向”，设置后视方向的坐标方位角	按“放样” 选“测站定向” 选“测站坐标” 选“后视定向”	放样测量 测站定向 放样数据 测量 EDM

续表

操作步骤	按键	显示
(5) 选取“放样数据”，并按“模式”键直至显示“放样测量坐标”	选“放样数据” 按“模式”键	放样测量 测站定向 放样数据 测量 EDM
(6) 输入放样点的坐标，或者按“调取”键，调取内存中的放样点坐标。 (7) 按“OK”键确认输入的放样坐标值	输入坐标值或按“调取”键	放样测量　坐标 Np:　100.000 Ep:　100.000 目标高:　1.400m
(8) 旋转仪器直至“水平角差”显示为“0”，在视线方向上适当的位置安置棱镜		放样平距　0.820m 水平角差　0°09′40″ H　2.480m ZA　75°20′30″ HAR　39°05′20″
(9) 照准棱镜后按“观测”键，屏幕显示棱镜点与放样点间的“放样平距”差值	按“观测”键	放样平距　0.820m 水平角差　0°09′40″ 2.480m ZA　84°41′37″ HAR　191°22′57″
(10) 根据“放样平距”差值前后移动棱镜，直至“放样平距”差值为0		↑↓　0.010m ←→　0°00′30″ H　2.290m ZA　75°20′30″ HAR　39°59′30″

注　1. 屏幕显示的箭头符号表示棱镜当前位置到放样点的移动方向。
2. 按键“模式”用于选择放样的类别，可选择“放样坐标”“放样平距”“放样斜距”“放样高差”“悬高放样”等。
3. 按键“←→”用于观测显示屏幕与移动指示屏幕之间的切换。
4. 放样完成后，需要检测放样点，按“观测”键，仪器测量放样点的坐标。若检测结果满足精度要求，可按“记录”键，储存检测结果。若检测结果不满足精度要求，则应重新放样。

2. 极坐标放样

极坐标放样的操作见表13-3。

表 13-3　　极坐标放样步骤

操作步骤	按键	显示
(1) 在已知点安置仪器。 (2) 按“放样”进入放样测量屏幕。 (3) 选取“测站定向”中的“测站坐标”，输入或调用测站坐标数据。 (4) 选取“后视定向”，设置后视方向的坐标方位角	按“放样” 选“测站定向” 选“测站坐标” 选“后视定向”	放样测量 测站定向 放样数据 测量 EDM
(5) 选取“放样数据”，并按“模式”键直至显示“放样测量平距”	选“放样数据” 按“模式”键	放样测量 测站定向 放样数据 测量 EDM
(6) 输入平距或斜距放样值	输入平距或斜距值	放样测量　平距 平距 角度　40°00'00"
(7) 输入角度放样值，并按“OK”键确认输入的放样值	输入角度值	放样测量　平距 平距　3.300m 角度
(8) 旋转仪器直至“水平角差”显示为“0”，在视线方向上适当的位置安置棱镜。 (9) 照准棱镜后按“观测”键，屏幕显示棱镜点与放样点间的“放样平距”差值	按“观测”键	放样平距　0.820m 水平角差　0°09'40" H　2.480m ZA　75°20'30" HAR　39°05'20"
(10) 根据“放样平距”差值前后移动棱镜，直至“放样平距”差值为 0		↑↓　0.010m ←→　0°00'30" H　2.290m ZA　75°20'30" HAR　39°59'30"

注　放样完成后的检测与坐标测量相同。

13.2.2　任务二：面积测量

面积测量是通过调用仪器内存中的三个或多个点的坐标数据，计算出由这些点连线封闭而成的图形面积（见图 13－3），包括平面面积和斜面面积。面积测量所用的数据可以是仪器内存已有的数据，也可以是测量所得，还可以是手工输入。

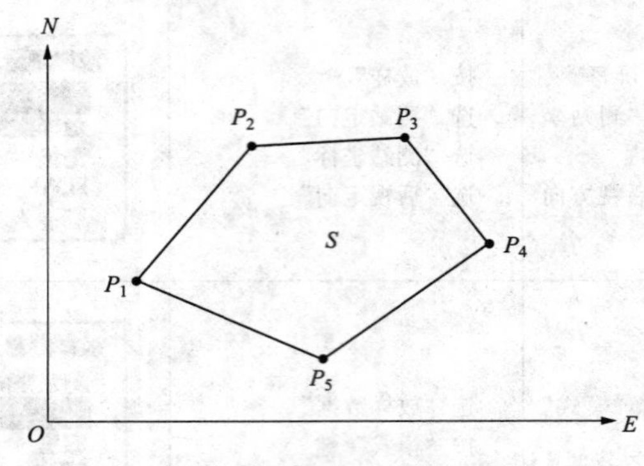

图 13－3　全站仪面积测量

1. 面积测量的操作

面积测量是指现场边测量边计算面积，其操作见表 13－4。

表 13－4　　面 积 测 量 步 骤

操 作 步 骤	按键	显　示
(1)“菜单”里选取“面积计算”。 (2) 输入测站数据	选“面积计算”	悬高测量 后交测量 [illegible] 直线放样 点投影
(3) 在“面积计算”中选取“面积计算”	选“面积计算”	面积计算 测站定向 [illegible]
(4) 照准所计算面积的封闭区域第一个边界点后按“测量”，接着按“观测”开始测量	按“测量”键 按“观测”键	[illegible]: 02: 03: 04: 05:
(5) 按“OK”将测量结果作为“01”点的坐标值	按“OK”键	N　12.345 E　137.186 Z　1.234 ZA　90°01′25″ HAR　109°32′00″

续表

操 作 步 骤	按键	显 示
(6) 按“测量”顺时针或者逆时针逐个观测剩余的边界点	按“测量”键	: Pt_01 02 : 03 : 04 : 05 :
(7) 按“计算”计算面积并显示结果	按“计算”键	01 : Pt_01 02 : Pt_02 03 : Pt_03 04 : Pt_04 : Pt_05
(8) 按“OK”结束计算面积并返回测量模式	按“OK”键	点数 5 斜面积 468.064m² 0.0468ha 平面积 431.055m² 0.0431ha

2. 调取内存坐标点面积计算

面积计算是指调取内存坐标点计算闭合图形的面积，其操作见表 13 - 5。

表 13 - 5　调取内存坐标点面积计算步骤

操 作 步 骤	按键	显 示
(1) 在测区适当位置安置仪器。 (2) 在“菜单”里选取“面积计算”	选“面积计算”	悬高测量 后交测量 直线放样 点投影
(3) 在“面积计算”中选取“面积计算”	选“面积计算”	面积计算 测站定向
(4) 按“调取”键调取存储在仪器当中的所计算面积的封闭区域第一个边界点的已知数据	按“调取”键	: 02 : 03 : 04 : 05 :

续表

操 作 步 骤	按键	显 示
（5）按“OK”将测量结果作为“01”点的坐标值	按“OK”键	N 12.345 E 137.186 Z 1.234 ZA 90°01′25″ HAR 109°32′00″ OK
（6）按“调取”，顺时针或者逆时针逐个观测剩余的边界点	按“调取”键	01： Pt_001 02： Pt_002 03： Pt_004 04： Pt_101 05： Pt_102 首点 末点
（7）按“计算”计算面积并显示结果	按“计算”键	01： Pt_01 02： Pt_02 03： Pt_03 04： Pt_04 05： Pt_05 计算 测量
（8）按“OK”结束计算面积并返回测量模式	按“OK”键	点数 5 斜面积 468.064m² 0.0468ha 平面积 431.055m² 0.0431ha OK

13.2.3 任务三：平高导线测量

在进行地形图测绘前，要布设控制网，进行控制测量，控制测量分首级控制和图根控制。首级控制目前普遍采用GPS测量，图根控制可采用图根导线和GPS-RTK测量等方法。

图根导线测量目前广泛使用全站仪进行施测。使用全站仪施测平高（平面和高程）导线，除采用传统方法（即外业测量水平角、竖直角及边长，内业进行平差计算）外，还可直接应用全站仪自带的导线测量程序，导线测量、平差一并进行。

下面以南方NTS662R全站仪为例，介绍应用导线测量程序进行平高导线测量的方法。

1. 平高导线的测量与平差

南方NTS662R全站仪测量平高导线是采用测量坐标的方式进行，在导线测量模式下，前视点坐标测定后被存入内存，用户迁站到下一个点后，该程序会将前一个测站点作为后视定向用；迁站安置好仪器并照准前一个测站点后，仪器会显示后视定向边的方位角。若未输入测站点坐标，则取其为零（0，0，0）或上次预置的测站点坐标。导线平差采用闭合差配赋的方法。导线由起点、中间点和终止点确定，起点和终止点的坐标必须已知。若起始后视点的坐标已知，则软件会由已知点数据计算方位角。用“前视测量”记录导线点的观测值，观测的终止点号应与已知点号不同。要进行角度平差时，必须在终止点设站并观测一已知点以检查角度闭合差，用于观测的点号也必须与已知点号不同。

仪器安置好后，量取仪器高及前、后视点的棱镜高。在程序菜单下选择“导线平差”进入平高导线测量与平差计算模式。

下面以图 13－4 所示的导线为例，说明应用“导线平差”进行导线测量的具体操作步骤。

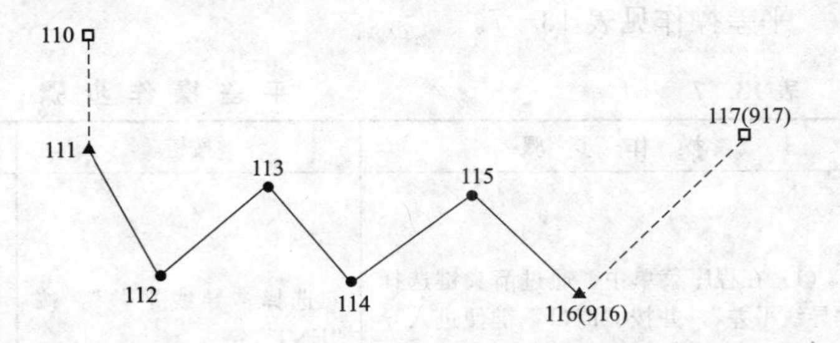

图 13－4　平高导线图

2. 测量

测量操作见表 13－6。

表 13－6　　**平高导线测量步骤**

操作步骤	按键	显示
(1) 选一已知点，将仪器架设在该点上（这里以 111 号点为起点），此点为测站点，进行测站设置，设置后视点为 110，照准前方导线点（如图 13－4 所示，照准 112 号点），用“前视点测量”记录下所测量的坐标	选择“前视点测量”	【前视点测量】 点名 112　V 104°29′56″ 标高 1.500　HR 81°42′07″ 编码 SURVEY　SD HD (m) F.R　VD 数字　后退　→　↓　测量　P1↓
(2) 将仪器搬至 112 号点上，开机，选择“记录”，重新设置测站点（112 号点）、后视点（111 号点），照准前方导线点（113 号点），用“前视点测量”记录下所测量的坐标		【前视点测量】 85°21′56″ N 99.070　156°55′36 E 140.740　123.4510 Z 108.850　46.2023 7.633 取消　确定
(3) 按照第 (2) 步同样的操作进行测量并记录坐标（导线点的个数根据导线的长度和所要求的精度确定）		
(4) 当仪器搬到 115 号点上时，测量 916 号点坐标，并将数据记录为 116 号点		【前视点测量】 点名 116　V 104°29′56″ 标高 1.500　HR 81°42′07″ 编码 SURVEY　SD HD (m) F.R　VD 数字　后退　→　↓　测量　P1↓
(5) 为了计算闭合差，还应在 116 号（也就是 916 号）点上设站，照准另一已知点（如 917），测量，并记下坐标记录 117 号点。此时，117 号点则为闭合点		【前视点测量】 点名 117　V 104°29′56″ 标高 1.500　HR 81°42′07″ 编码 SURVEY　SD 123.4503 HD 46.2023 (m) F.R　VD 4.047 数字　后退　→　↓　测量　翻页

3. 平差

平差操作见表 13－7。

表 13－7　　平 差 操 作 步 骤

操 作 步 骤	按键	显 示
(1) 在程序菜单中，通过箭头键选择“导线平差”，并按“ENT”键便进入导线平差屏幕	选择“导线平差”，按“ENT”键	【导线平差】 起始点： 数字 ← → ↓ 空格 后退
(2) 输入起始点号，并按“ENT”键	输入起始点号，按“ENT”键	【导线平差】 起始点：111 数字 ← → ↓ 空格 后退
(3) 当输入的导线起始点号与内存中该导线的起始点号相同时，屏幕便显示输入终止点屏幕。输入导线的终止点号（实际测量的点号）和已知点号，这两个点号必须不一致		【导线平差】 终止点：116 已知点：916 数字 ← → ↓ 空格 后退
(4) 输入完终止点和已知点按“ENT”键，便进行闭合差计算并显示屏幕，按“F4”（确定）接受该数据	按“ENT”、“F4”	【导线平差】 闭合差：0.011 方位角：135.5725 相对差：1:9865 确定 取消
(5) 此时，屏幕提示“进行坐标平差吗?”按“F4（确定）”或“ENT”进行坐标平差，按“F5”（取消）或“ESC”则不对数据作任何改变	按“F4”或“F5”	【导线平差】 进行坐标平差吗? 确定 取消
(6) 屏幕提示“进行高程平差吗?”此时，按“F4”（确定）或“ENT”进行高程平差，按“F5”（取消）或“ESC”则返回主菜单屏幕	按“F4”或“F5”	【导线平差】 进行高程平差吗? 确定 取消

若测量了闭合点，其操作见表 13－8。

表 13－8　　闭合点平差操作步骤

操作步骤	按键	显示
(1) 在程序菜单中，通过箭头键选择“导线平差”，并按“ENT”键便进入导线平差屏幕	选择“导线平差”，按“ENT”键	【导线平差】 起始点： 数字 ← → ↓ 空格 后退
(2) 输入起始点号，并按“ENT”键	输入起始点号，按“ENT”键	【导线平差】 起始点：111 数字 ← → ↓ 空格 后退
(3) 输入完起始点号，屏幕显示输入终止点号（实际测量的点号）和已知点号。这两个点号必须不一致	按“ENT”	【导线平差】 终止点：116 已知点：916 数字 ← → ↓ 空格 后退
(4) 输入闭合点号（实际测量的点号）和已知点号，这两个点号也必须不一致	输入闭合点号，按“ENT”	【导线平差】 闭合点：117 已知点：917 数字 ← → ↓ 空格 后退
(5) 进行闭合差计算，并显示屏幕，按“F4”（确定）接受该数据	按“F4”	【导线平差】 闭合差：0.011 方位角：135.5725 相对差：1:9665 确定 取消

续表

操作步骤	按键	显示
(6) 显示平差结果。如果角度在闭合差允许范围内，按“F4”(确定) 接受该数据	按“F4”	【导线平差】 已知方位角 135.5700 推算方位角 135.5725 角度闭合差 1:9665 确定 取消
(7) 此时，屏幕提示“进行角度平差吗?”，按“F4”(确定) 或“ENT”进行角度平差，按“F5”(取消) 或“ESC”则不对数据作任何改变	按“F4”或“F5”	【导线平差】 进行角度平差吗? 确定 取消
(8) 显示平差后得结果		【导线平差】 闭合差: 0.011 方位角: 125.5025 相对差: 1:9666 确定 取消
(9) 此时，屏幕提示“进行坐标平差吗?”，按“F4”(确定) 或“ENT”进行坐标平差，按“F5”(取消) 或“ESC”则不对数据作任何改变	按“F4”或“F5”	【导线平差】 进行坐标平差吗? 确定 取消
(10) 屏幕再提示“进行高程平差吗?”。此时，按“F4”(确定) 或“ENT”进行高程平差，按“F5”(取消) 或“ESC”则返回主菜单屏幕	按“F4”或“F5”	【导线平差】 进行高程平差吗? 确定 取消

上述操作完成后，平高导线测量与平差计算完毕，平差后的导线点的坐标存储于仪器内存中。

利用全站仪的程序功能测量平高导线，操作简便，不需要另行记录、计算，测量完成后即可以得到平差后的导线点平面坐标（x，y）和高程（H），精度可以满足测图需要。

值得注意的是，在平高导线测量过程中，水平角和竖直角都只测量了半测回。导线的边长只测量了一次，高差也只测量一个往测。整条导线测量过程中没有检核，不能及时发现错误，只有等到整条导线测量完毕，才可显示结果是否合格。因此，用全站仪的程序功能测量导线前应认真、严格地检校仪器，测量过程中应仔细地测量并输入仪器高、棱镜高，严格对中、整平仪器，注意照准位置的准确性。

13.2.4　任务四：断面测量

线路工程测量，通常分两阶段进行，即线路初测和线路定测。定测阶段的主要工作是中线测量和线路的纵、横断面测量。目前，各种品牌的全站仪断面测量的方法基本一致，都是测量横断面上的点，并将数据按照桩号、偏差、高程的格式输出。本节以南方 NTS662R 全站仪为例，介绍全站仪测量线路横断面和放样横断面的方法。

1. 横断面测量

如图 13－5 所示，CL 为横断面中线点，桩号通常以线路起点桩的里程数表示。A、B、D、E 为其他断面点。

在适当的位置安装仪器，设置好测站点和后视点。在“记录”菜单中通过箭头键选择“横断面测量”，进入横断面测量界面。

测量横断面的操作步骤见表 13－9。

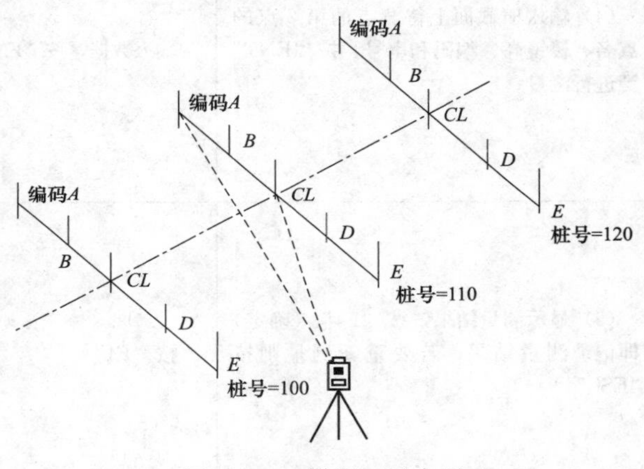

图 13－5　横断面示意图

表 13－9　　横断面测量操作步骤

操作步骤	按键	显示
(1) 选择“记录”中的“横断面测量”，输入断面中线点的编码，按“ENT”键将光标移动到下一输入项，输入中线点的串号。按“ENT”退出并保存该输入。若按“ESC”则不保存设置	输入中线点的编码，按“ENT”键；输入串号，按“ENT”键	【横断面测量】 CL 编码: X 串　号: 002 数字 ← → ↓ 空格 后退
(2) 开始横断面测量，先测量中线点，输入中线点的点名、棱镜高、编码和串号（编码和串号必须和上一屏幕输入一致，程序会自动识别这是进行中线点测量）。按“ENT”键测量中线点	输入数据，按“ENT”键	【侧视点测量】 点名 4　V 108°28′39″ 标高 1.560　HR 81°42′07″ 编码 X　SD 串号 002　HD (M) P.S　VD 数字 后退 → ↓ 测量 P1↓

续表

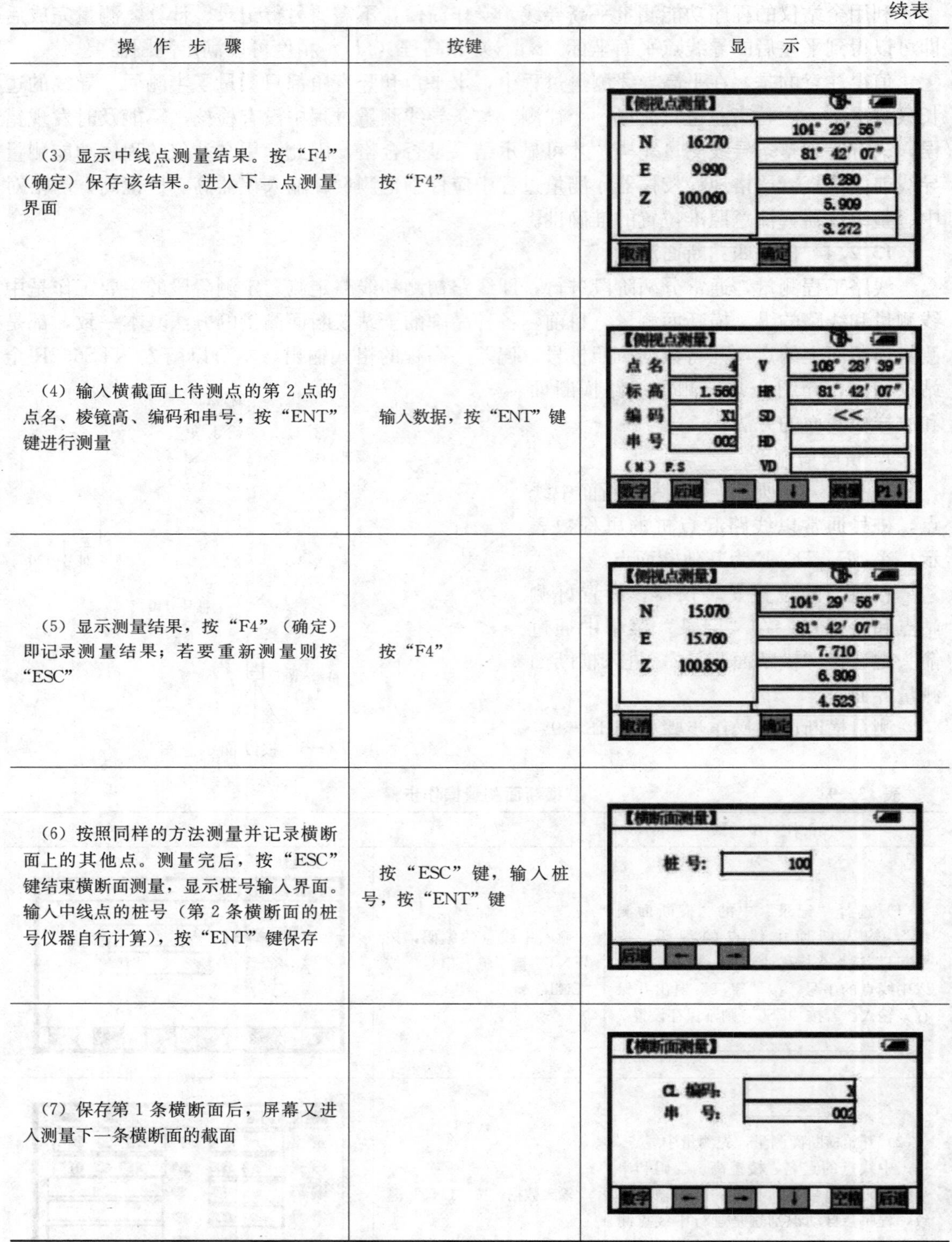

操 作 步 骤	按键	显 示
(3) 显示中线点测量结果。按“F4”(确定) 保存该结果。进入下一点测量界面	按“F4”	【侧视点测量】 N 16.270　104° 29′ 56″ E 9.990　81° 42′ 07″ Z 100.060　6.280 5.909 3.272 取消　确定
(4) 输入横截面上待测点的第2点的点名、棱镜高、编码和串号，按“ENT”键进行测量	输入数据，按“ENT”键	【侧视点测量】 点名 4　V 108° 28′ 39″ 标高 1.560　HR 81° 42′ 07″ 编码 X1　SD << 串号 002　HD (M) F.S　VD 数字　后退　→　↓　测量　P1↓
(5) 显示测量结果，按“F4”(确定) 即记录测量结果；若要重新测量则按“ESC”	按“F4”	【侧视点测量】 N 15.070　104° 29′ 56″ E 15.760　81° 42′ 07″ Z 100.850　7.710 6.809 4.523 取消　确定
(6) 按照同样的方法测量并记录横断面上的其他点。测量完后，按“ESC”键结束横断面测量，显示桩号输入界面。输入中线点的桩号 (第2条横断面的桩号仪器自行计算)，按“ENT”键保存	按“ESC”键，输入桩号，按“ENT”键	【横断面测量】 桩号: 100 后退　←　→
(7) 保存第1条横断面后，屏幕又进入测量下一条横断面的截面		【横断面测量】 CL 编码: X 串　号: 002 数字　←　→　↓　空格　后退

注　1. 每个横断面的最多点数为60。

2. 桩号代表一个断面，串号用于观测点或放样点分串。

2. 横断面放样

利用南方 NTS662R 全站仪可以将设计的横断面在实地放样出来。

图 13 - 6 所示的横断面中，偏差是断面点相当于中线点的水平距离，右正左负。高程是断面点的高程。一个断面一个桩号。

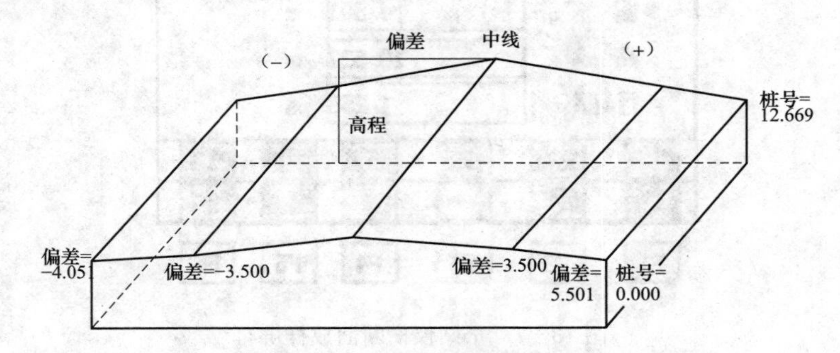

图 13 - 6　全站仪放样横断面示意图

横断面放样步骤如下：

(1) 准备放样数据。横断面放样类似于定线放样，点的输入格式按照桩号、偏差（设计点到中线的水平距离）和高程装入，但是首先必须存在一条参考直线（即横断面的中线）。

1) 在计算机中准备数据，见表 13 - 10。

表 13 - 10　　数 据 准 备

桩号	偏差	高程	备注
0.000	－4.501	18.527	
0.000	－3.500	18.553	
0.000	0.000	18.658	CL01
0.000	3.500	18.553	
0.000	5.501	18.493	
12.669	4.501	18.029	
12.669	3.500	18.059	
12.669	0.000	18.164	CL01
12.669	3.500	18.059	
12.669	5.501	17.999	

注　以上是两个横断面的放样数据。

2) 将横断面的放样数据传输至全站仪中。

(2) 横断面放样。

1) 从放样菜单中选择“横断面放样”，进入横断面放样屏幕，如图 13 - 7 所示。

2) 按功能键“增桩”或“减桩”，可向前或向后查寻存储的数据。

3) 按功能键“左偏”或“右偏”，可用来显示横断面上相邻的偏差和高程。这里的高差值实际上为高程值。

4) 按“ENT”键，进行所选点的放样。

注：横断面数据不能进行手工输入或手工编辑。

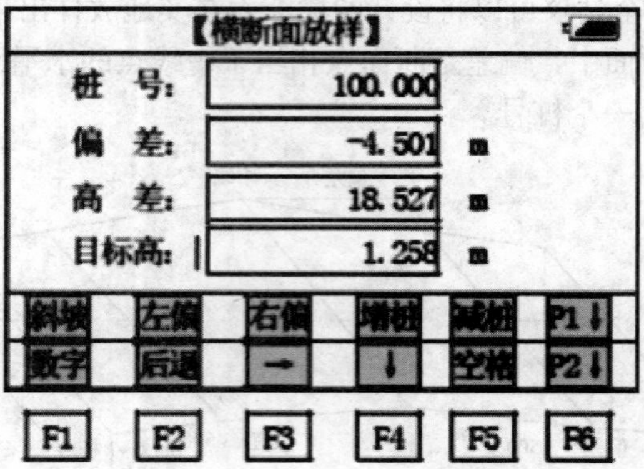

图 13－7 全站仪横断面放样屏幕

习 题

1. 如何改变全站仪当前照准方向的水平度盘读数？

2. 试述全站仪进行面积测量的方法和步骤。

3. 全班同学以小组为单位，指导教师现场布设一个五边形，测站点设在五边形中间，指定某一后视方向来定向（测站点坐标及后视方位角由指导老师来提供），要求：

（1）利用全站仪的坐标测量功能完成五边形五个顶点的坐标测量；

（2）利用全站仪的对边测量功能完成五边形边长的测量；

（3）利用全站仪的面积测量功能完成五边形的面积测量；

（4）利用全站仪的放样测量功能完成两个点的坐标放样（放样点数据由指导老师提供）。

4. 以你所用的全站仪为例，说明利用全站仪进行平高导线测量的方法与步骤。

5. 以你所用的全站仪为例，说明利用全站仪进行横断面测量与放样的方法与步骤。

拓 展 项 目

拓展项目一 桥梁工程施工测量

请用手机微信扫描本页二维码阅览。

拓展项目二 桥梁工程变形测量

请用手机微信扫描本页二维码阅览。

《桥梁工程施工测量》《桥梁工程变形测量》两个项目内容

微信扫码阅览

参考文献

[1] 陈久强，刘生文，等. 土木工程测量 [M]. 北京：北京大学出版社，2012.
[2] 顾孝烈. 测量学 [M]. 4版. 上海：同济大学出版社，2011.
[3] 曾仁书. 建筑工程测量 [M]. 武汉：中国地质大学出版社，2012.
[4] 李长成. 工程测量 [M]. 北京：北京理工大学出版社，2010.
[5] 高俊强，严伟标. 工程监测技术及其应用 [M]. 北京：国防工业出版社，2005.
[6] 钟孝顺，聂让. 测量学 [M]. 北京：人民交通出版社，2004.
[7] 张文寿，李伟东. 土木工程测量 [M]. 北京：中国建筑工业出版社，2002.
[8] 李仕东. 工程测量 [M]. 3版. 北京：人民交通出版社，2009.
[9] 杨国清. 控制测量学 [M]. 郑州：黄河水利出版社，2005
[10] 高井祥. 测量学 [M]. 徐州：中国矿业大学出版社，2002.
[11] 刘培义. 道路勘测定线与施工放样技术 [M]. 北京：人民交通出版社，2007.
[12] 李天和. 工程测量 [M]. 郑州：黄河水利出版社，2006.
[13] 罗斌. 道路工程测量 [M]. 北京：机械工业出版社，2005.
[14] 徐忠阳. 全站仪原理与应用 [M]. 北京：解放军出版社，2003.
[15] 翟翔，等. 现代测量学 [M]. 北京：测绘出版社，2008.
[16] 王依，过静珺. 现代普通测量学 [M]. 2版. 北京：清华大学出版社，2009.
[17] 过静珺，饶云刚. 土木工程测量 [M]. 武汉：武汉理工大学出版社，2011.
[18] 陈久强，刘文生. 土木工程测量 [M]. 北京：北京科技大学出版社，2006.
[19] 张晓东. 地形测量 [M]. 黑龙江：哈尔滨工程大学出版社，2009.
[20] 马斌，等. 路桥工程 [M]. 北京：中国电力出版社，2016.
[21] 胡伍生，高成发. GPS测量原理及其应用 [M]. 北京：人民交通出版社，2002.
[22] 胡伍生，潘庆林，黄腾. 土木工程施工测量手册 [M]. 北京：人民交通出版社，2005.
[23] 牛志宏. 工程变形监测技术 [M]. 北京：测绘出版社，2013.
[24] 黄声享，尹晖，蒋征. 变形监测数据处理 [M]. 武汉：武汉大学出版社，2003.
[25] 马斌，刘伟，权娟娟，等. 工程测量实践指南 [M]. 北京：北京出版社，2012
[26] 刘伟. 建筑工程测量实训教学两点改进探讨 [J]. 陕西教育，2009. 7.
[27] 毛合钢，王南虹. 大坝变形监测的预报方法 [J]. 大众科技. 2008，(6).
[28] 姬晓旭. 土石坝变形监测及其数据处理方法的研究与应用 [D]. 成都：西南交通大学，2010.

工程测量实验实习指导

专业：________________

班级：________________

姓名：________________

学号：________________

目　　录

测量实验实习须知

一、实验课的目的和要求

实验课的目的一方面是为了巩固和验证课堂上所学的理论知识；另一方面是进一步了解所学测量仪器的构造和性能，掌握仪器的使用方法，使理论和实际结合起来。每次实验前需仔细阅读测量实验指导书并参考教材进行预习，在弄清楚实验操作、记录、计算及注意事项等内容要求的基础上动手实验，并认真完成规定的作业和实验习题。实验结束后必须及时上交实验报告。

二、仪器的借用办法

（1）每次实验所需仪器均在指导书上写明，实验课前由各组组长向测量仪器室借用。

（2）测量仪器室每次均根据任务，按组配备、填好仪器借用单，将仪器排列在仪器室的工作台上。

（3）各组按照填好的仪器借用单清点仪器及附件等，由小组长在借用单上签名，将借用单交管理人员。

（4）初次接触仪器，未经教师讲解，对仪器性能不了解时，不得擅自架设仪器进行操作，以免弄坏仪器。

（5）实验完毕后，应立即将仪器交还仪器室，由管理人员暂时接收，由于交还仪器时间过于集中，来不及详细检查，待下次他人借用前经清点（最长不超过一周）方算前者借用手续完毕。

（6）借出的仪器须妥善保护，如有损坏遗失，则按照学校的规章制度办理。

三、使用仪器注意事项

爱护国家财产是大家应尽的职责，实验仪器是精密贵重仪器，如有遗失损坏，不仅国家财产受到损失而且对工作也会造成极大的影响。每个人应养成爱护仪器的良好习惯。使用仪器时应注意下列事项：

（1）领取仪器时应注意箱盖是否锁好，提带或背带是否牢固。

（2）打开仪器箱盖前，应将箱子平放在地面或台上后再打开。打开箱盖后应注意观察仪器及各附件在箱中安放的位置，以便用毕后将各部件稳妥地放回原处。

（3）放置仪器于三脚架上后，应立即旋紧连接螺钉，旋动连接螺钉时不宜过松，以防松脱，也不宜过紧以防损坏螺钉。

（4）仪器取出箱后，必须立即将箱盖关好，以防尘土进入和零件丢失，箱子应放在仪器附近，不得将箱子当凳子坐。

（5）不得用手指或粗布擦拭镜头，如有灰尘可用箱内毛刷或麂皮擦拭，不许拆卸仪器，如有故障切勿强力扭动，应立即请指导教师处理。

（6）转动仪器时，必须先放松制动螺旋，未松开时，不可强行扭转。各处制动螺钉，切勿拧得过紧。微动螺钉切不可旋到尽头。拨动校正螺钉时，必须小心，先松后紧，松紧适度。

(7) 搬动仪器时须微松各制动螺钉，万一被撞可稍转动，望远镜应直立向上，三脚架与仪器的连接螺钉应旋紧，仪器最好直立抱持或夹三脚架于腋下，左手托仪器向上倾斜，绝对禁止横扛仪器于肩上，长距离搬运时应将仪器装入箱内。

(8) 仪器用毕后按原来位置装入箱内，箱盖若不能关闭应打开查看原因，不可强力按下。放入箱内的仪器各制动螺钉应适度旋紧，以免晃动。

(9) 仪器必须有人看护，烈日下必须张伞，以免晒坏仪器或影响仪器测量精度。

(10) 必须爱护一切工具和仪器。如钢尺花杆等均不可抛掷，使用钢尺时不可让自行车、三轮车等车辆越过，拉紧钢尺时，须先审视有无扭曲。移动钢尺时，不得着地拖拉。钢尺使用完毕，应擦拭干净。不得用水准尺、花杆抬东西。

(11) 实验后，应清点各项用具，以免丢失，特别要注意清点零星物件。

四、测量记录注意事项

(1) 实验记录须填在规定的表格里，随测随记，不得另纸记录。记录者应“回报”读数，以防听错记错。

(2) 所有记录与计算均需用较好的绘图铅笔记录，字体应端正清晰，字体大小应只占格子的一半，以便留出空隙更改错误。

(3) 记录表格上规定应填写的项目不得空白。

(4) 记录禁止擦拭涂改与挖补，如记错需要修改，应以横线或斜线划去，不得使原字模糊不清，正确的数字应写在原字上方。

(5) 已改过的数字又发现错误时，不准再改，应将该部分观测成果废除重测。

(6) 观测的数据应表现出观测的精度和真实性，如水准尺读至毫米，则应记 1.320m，勿记 1.32m；反之，若读数至厘米，应记 1.32m，不可记 1.320m。

(7) 所有观测与计算的手簿均不准另行誊抄，如经教师许可重抄，原稿必须附后。

(8) 要严格要求自己，培养正确的作业习惯，所有观测记录都应遵守规定要求，否则将根据具体情况部分成全部予以作废，另行重测。

测 量 实 验

实验1　水准仪的认识与使用（课内实验）

专业班级：　　　　组别：　　　　组长：　　　　组员：　　　　成绩：

1. 实验目的

（1）了解水准仪的构造，初步掌握使用方法。

（2）掌握用 DS_3 型微倾式水准仪测定地面上两点间高差的方法。

2. 实验任务

每人用仪高法观测与记录两点间的高差。

3. 实验器具

水准仪 1、水准尺 2、记录板 1、伞 1。

4. 实验内容

（1）熟悉 DS_3 型水准仪各部件名称及作用。

（2）学会利用圆水准器整平仪器。

（3）学会瞄准目标，消除视差及利用望远镜的中丝在水准尺上读数。

（4）测定地面两点间的高差。

5. 限差要求

采用仪高法测得的相同两点间的高差之差不得超过±6mm。

6. 实验注意事项

（1）读取中丝读数前，一定要使水准管气泡居中，并消除视差。

（2）不能把上、下丝看成中丝读数。

（3）观测者读数后，记录者应回报一次，观测者无异议时，记录并计算高差，一旦超限及时重测。

（4）每人必须轮流担任观测、记录、立尺等工作，不得缺项。

（5）各螺旋转动时，用力应轻而均匀，不得强行转动，以免损坏。

7. 实验步骤（可自行加附页）

8. 实验数据

水准仪认识观测记录表　　m

仪器号码：	天气：	观测者：
日　　期：	呈象：	记录者：

安置仪器次数	测　点	后　视	前　视	高　差	高　程
					100.000（假定）
					（假定）

9. 识别各部件功能

部件名称	功　能
准星和照门 目镜调焦螺旋 物镜调焦螺旋 水准管和圆水准器 制动、微动螺旋 微倾螺旋 脚螺旋	

10. 思考题

（1）何谓视准轴？何谓视差？产生视差的原因是什么？怎样消除视差？

（2）水准仪上的圆水准器和管水准器作用有何不同？

实验2　水准测量实施（课内实验）

专业班级：　　　　组别：　　　　组长：　　　　组员：　　　　成绩：

1. 实验目的

掌握普通水准测量方法，熟悉记录、计算和检核。

2. 实验器具

微倾式DS_3型水准仪1；水准尺2，尺垫2，记录板1，测伞1，木桩4，铁锤1、铅笔。

3. 实验任务

在指定场地选定一条闭合或附合水准路线，其长度以安置4～6个测站为宜，采用变动仪器高法施测该水准路线。每个同学都要进行内业计算。

4. 实验内容

(1) 闭合的水准路线测量（即由某一已知水准点开始，经过若干转点、临时水准点再回到原来的水准点）或附合水准路线测量（即由某一已知水准点开始，经过若干转点、临时水准点后到达另一已知水准点）。

(2) 测精度符合要求后，根据观测结果进行水准路线高差闭合差的调整和高程计算。

5. 实验要求

(1) 根据沿途各转点测算各观测点高程（可假设起点高程为500.000m）。

(2) 视线长度不得超过100m，前后视距较差≤10m。

(3) 前后视距应大致相等。

(4) 高差闭合差$f_h \leqslant f_{h容}$，其中：$f_{h容}=\pm 12\sqrt{n}$mm（n为测站数）；或$f_{h容}=\pm 40\sqrt{L}$mm（L为路线长度，km）。

(5) 当$f_h > f_{h容}$时，成果超限，应重测。

(6) 当$f_h \leqslant f_{h容}$，将f_h进行调整，求出待定点高程。

6. 注意事项

(1) 起点和待测高程点上不能放尺垫，转点上要求放尺垫。

(2) 读完后视读数后仪器不能搬动，读完前视读数后尺垫不能动。

(3) 同一测站，圆水准器只能整平一次。

(4) 读数时，注意消除视差，水准尺不得倾斜。

(5) 做到边测边记边计算边检核。

7. 实验步骤（可自行加附页）

8. 实验数据

水准测量记录表

自　　点		天气：		班级组别：		
测至　　点		呈象：		观测者：		
仪器号码：		日期：		记录者：		
测　点	后视读数（m）	前视读数（m）	高差（m）		高程（m）	备注
			+	−		

续表

测 点	后视读数（m）	前视读数（m）	高差（m）		高程（m）	备注
			+	−		
校核计算	$\sum a=$ −）$\sum b=$		$\sum h=$		末点高程＝ −）起点高程＝	

$\Delta h=$　　　　　　　　　　$\Delta h_{允}=\pm\sqrt{n}=$

水准路线高差调整与高程计算表

点号	距离（m）	测站数（个）	测得高差（m）	高差改正数（mm）	改正后高差（m）	高程（m）	备注
Σ							
$\Delta h=$ $\Delta h_{允}=$							

9．思考题

（1）为什么在水准测量中要求前、后视距离相等？

（2）什么是视差？产生视差的原因是什么？

（3）计算并调整表中闭合水准路线的闭合差，求出路线中各点的高程。

实验3 水准仪的检验与校正（课外实验）

专业班级： 组别： 组长： 组员： 成绩：

1. 实验目的

了解水准仪主要轴线间的几何关系，掌握其检验校正的方法。

2. 实验器具

水准仪、水准尺、尺垫、校正针、记录板、(需要小螺丝刀时可向指导教师借用)。

3. 实验内容

(1) 圆水准器的检验校正——圆水准轴平行仪器竖轴检验校正。

(2) 望远镜十字丝的检验校正。

(3) 长水准管检验校正——水准管轴平行视准轴的检验校正。

4. 实验要求

(1) 各项内容经检验如条件满足，可不进行校正，但必须当场弄清楚校正时应如何拨动校正螺钉。

(2) 必须先行检验，发现不满足要求条件时，按所学原理进行校正，在未弄清楚校正螺钉应转动的方向时，不得盲目用校正针硬行拨动校正螺钉，以免损坏仪器。

(3) 拨动校正螺钉后，必须再行检验。

(4) 水准管轴平行视准轴的允许残留误差：远尺实读值和远尺应读值之差不大于3mm。

5. 注意事项

(1) 按照实验步骤进行检验，确认检验无误后才能进行校正。

(2) 转动校正螺钉时，应先松后紧，松紧适当，校正完毕后，校正螺钉应稍紧。固定螺钉应拧紧。

6. 实验步骤（可自行加附页）

7. 水准仪检验校正记录

(1) 圆水准器的检验校正。

绘 图 说 明 检 验 情 况

开始整平后圆水准气泡位置图	仪器转 180°后圆水准气泡位置图	用校正针应拨回气泡位置图

(2) 望远镜十字丝的检验校正。

绘 图 说 明 检 校 情 况

检验时望远镜视插图		校正后望远镜视插图	
点在横丝一端位置	点在横丝另一端位置	点在横丝一端位置	点在横丝另一端位置

(3) 水准管轴平行视准轴的检验与校正。

检验校正的数据记录表

观测者：　　天气：　　呈象：

记录者：　　时间：　　仪器型号：

仪器置中点求出真高差（$h_{真}$）（h_i误差≤3mm）					平均值（$h_{真}$）
	A（m）				
	B（m）				
	高差 h（m）				

检校次数			第一次	第二次	第三次
检验	仪器 B 点附近	B（近尺点）读值（m）			
		$h_{真}$（m）			
		$h_{应}$（远尺应读值）（m）			
		$A_{实}$（远尺实读值）（m）			
		$\lvert A_{实}-A_{应}\rvert$（mm）	□≤3（结束检校） □>3（转入校正）	□≤3 □>3	□≤3 □>3
校正		第一步	调微倾螺钉使远尺值为 $A_{应}$		
		第二步	用校正针拨水准管校正螺钉使气泡居中		
		第三步	转入检验，务必在 B 点附近重新安置仪器进行再次检验		

8. 思考题

(1) 微倾式水准仪有哪几条主要轴线？它们应满足的几何条件是什么？

(2) 水准仪检验的内容包括哪些？具体各项检验方法是什么？校正的方法是什么？

实验4 三、四等水准测量（课内实验）

专业班级： 组别： 组长： 组员： 成绩：

1. 实验目的

掌握四等水准测量的观测方法。

2. 实验器具

水准仪、双面水准尺、尺垫、计算器、记录板。

3. 实验内容

（1）用四等水准测量方法观测一闭合路线。

（2）进行高差闭合差的调整与高程计算。

4. 实验任务

在指定场地选定一条闭合或附合水准路线，其长度以安置4～6个测站为宜，采用双面尺法施测该水准路线。每个同学都要进行内业计算。

5. 实验要求

（1）视线长度、前后视距差、前后视距差的累积差、视线高度、黑红面读数差、黑红面高差之差均按四等水准规定要求。

（2）每组至少观测六站，组成一个闭合路线。

6. 实验步骤（可自行加附页）

7. 实验数据

四等水准测量记录表

测自　　至　　　　仪器型号：　　　　观测者：
年　　月　　日　　天　　气：　　　　记录者：

测站编号	后尺 下丝 / 上丝	前尺 下丝 / 上丝	方向及尺号	水准尺读数（m）		K+黑—红（mm）	高差中数（m）	备注
	后距（m）	前距（m）		黑色面	红色面			
	前后视距离	累积差						
	(1)	(4)	后	(3)	(8)	(13)	(18)	$K_1=$ $K_2=$
	(2)	(5)	前	(6)	(7)	(14)		
	(9)	(10)	后一前	(16)	(17)	(15)		
	(11)	(12)						

续表

测站编号	后尺	下丝	前尺	下丝	方向及尺号	水准尺读数（m）		K+黑-红（mm）	高差中数（m）	备注
		上丝		上丝		黑色面	红色面			
	后距（m）		前距（m）							
	前后视距离		累积差							
校核	Σ（9）＝					Σ（3）＝	Σ（8）＝		Σ（18）＝	
	（12）末站＝ 总距离＝					$\frac{1}{2}$［Σ（16）＋Σ（17）±0.100］＝				

水准路线闭合差调整与高程计算

点号	距离（m）	测站数 N	测得高差（m）	高差改正数（mm）	改正后高差（m）	高程（m）	备注
Σ							
Δh＝ $\Delta h_{允}$＝							

8. 思考题

（1）四等水准测量为何采用双面尺测量？

（2）四等水准测量每一段为何设置偶数站？

实验5 经纬仪的使用与测回法测水平角（课内实验）

专业班级： 组别： 组长： 组员： 成绩：

1. 实验目的

（1）了解DJ_6型光学经纬仪的基本构造、各部件的名称和作用。

（2）掌握经纬仪对中、整平、瞄准和读数等基本操作要领。

（3）掌握测回法观测水平角的观测顺序、记录和计算方法。

2. 实验器具

经纬仪、花杆、木桩、记录板。

3. 实验内容

（1）了解经纬仪各部分构造及作用。

（2）练习经纬仪的对中、整平、瞄准和读数。

4. 实验任务

每人至少安置一次经纬仪，用盘左、盘右分别瞄准两个目标，读取水平度盘读数；另外，每小组用测回法观测一个水平角。

5. 实验要求

（1）每人安置仪器（对中、整平）于测站上，瞄准左、右目标，读出水平度盘读数；然后重新安置仪器于同一测站上，重复观测。算出每次角值，求出角值之差。

（2）用盘左位置观测。

（3）对中误差应小于3mm。

（4）目标瞄准花杆最下部。

6. 注意事项

（1）使用各螺旋时，用力应轻而均匀。

（2）经纬仪从箱中取出后，应立即用中心连接螺旋连接在脚架上，并做到连接牢固。

（3）项目练习均要认真仔细完成，并能熟练操作。

（4）瞄准目标时尽可能瞄准其底部。

7. 实验步骤（可自行加附页）

8. 实验数据

经纬仪认识使用记录表

仪器型号：　　　　　　　　　　　　　　　　　　　　　　观测者：

________年____月____日　　　　　　　天　气：　　　　　　记录者：

测站	竖盘位置	目标	水平度盘读数（° ′ ″）	半测回读数（° ′ ″）	一测回角值（° ′ ″）	各测回平均角值	备注
	左						
	右						
	左						
	右						
	左						
	右						
	左						
	右						

9. 识别下列各部件并写出它们的功能

部件名称	功　能
水平微动螺旋	
水平制动螺旋	
望远镜微动螺旋	
望远镜制动螺旋	
竖盘指标水准管	
竖盘指标水准管微动螺旋	
照准部水准管	
度盘变换器	

10. 思考题

（1）经纬仪对中整平的方法有哪几种？如何操作？

（2）经纬仪的整平方法与水准仪的整平方法有什么不同？

（3）J级光学经纬仪的读数设备有几种？如何读数？

实验6　测回法测量水平角与竖直角测量（课内实验）

专业班级：　　　　组别：　　　　组长：　　　　组员：　　　　成绩：

1. 实验目的

（1）学会测回法测水平角的观测方法和记录计算。

（2）了解竖直度盘的构造特点，学会竖直角的观测、计算以及竖盘指标差计算。

2. 实验器具

DJ_6 型光学经纬仪、花杆、记录板。

3. 实验内容

（1）练习用测回法观测水平角。

（2）用盘左、盘右观测一高处和一低处目标的竖直角，求出指标差。

4. 实验要求

（1）每人至少测两个测回。

（2）对中误差小于3mm，长水准管气泡偏离不超过一格。

（3）第一测回对零，其他测回应改变 $180°/n$。

（4）前、后半测回角值差不超过36″，各测回角值差不超过24″。

5. 注意事项

竖直角观测过程中，对同一目标应用十字丝中横丝切准同一部位。每次读数前应使指标水准管气泡居中。

6. 实验步骤（可自行加附页）

7. 实验数据

测回法测水平角记录表

日　期：　　　　　　仪器型号：　　　　　　观测者：
时　间：　　　　　　天　气：　　　　　　记录者：

测站（测回）	目标	竖盘位置	水平度盘读数（° ′ ″）	半测回角值（° ′ ″）	一测回角值（° ′ ″）	各测回平均角值（° ′ ″）	备注

续表

测站（测回）	目标	竖盘位置	水平度盘读数（° ′ ″）	半测回角值（° ′ ″）	一测回角值（° ′ ″）	各测回平均角值（° ′ ″）	备注

竖直角观测记录表

日期： 仪器型号： 观测者：
时间： 天 气： 记录者：

测站	目标	竖盘位置	竖直角		一测回角值（° ′ ″）	指标差（″）	备注
			竖盘读数（° ′ ″）	竖直角（° ′ ″）			
		左					
		右					
		左					
		右					
		左					
		右					
		左					
		右					

竖直角计算公式：$\alpha_L=$ $\alpha_R=$

8. 思考题

（1）在观测水平角和竖直角时，采用盘左、盘右观测，可以消除哪些因素对测角的影响？

（2）什么是竖直角？经纬仪为什么能测出竖直角？

（3）什么是竖盘指标差？怎样确定竖盘指标差？

实验 7 全圆方向观测法观测水平角（课内实验）

专业班级： 组别： 组长： 组员： 成绩：

1. 实验目的

掌握用全圆测回法观测水平角的方法（包括记录、计算），进一步熟练经纬仪的操作使用。

2. 实验器具

DJ_6型光学经纬仪、花杆、记录板。

3. 实验内容

练习全圆测回法的测角方法。

4. 实验要求

（1）各组至少瞄准四个方向目标，每人至少观测一个测回，换人可以不重新安置仪器，但起始目标度盘，配置数要改变 $180°/n$。

（2）半测回归零差不大于 24″。

（3）各测回同一归零方向值的互差不大于 24″。

5. 实验注意事项

（1）水平角观测瞄准目标时，尽可能瞄准其底部，以减少目标倾斜引起的误差。

（2）水平角观测同一测回观测时，切勿碰动度盘变换手轮，以免发生错误。

（3）水平角观测过程中若发现气泡偏移超过两格，应重新整平，重测该测回。

（4）整个观测过程中，动手要轻而稳，不能用手压扶仪器。

6. 实验步骤（可自行加附页）

7. 实验数据

全圆测回法观测记录表

日期：　　天气：　　观测者：　　开始时间：　　记录者：

终了时间：　　呈象：　　检查者：

测站	测回数	目标	盘左读数 L (° ′ ″)	盘右读数 R (° ′ ″)	$2C=L-R\pm180°$ (° ′ ″)	$\frac{L+R\pm180°}{2}$ (° ′ ″)	起始方向值 (° ′ ″)	归零方向值 (° ′ ″)	平均方向值 (° ′ ″)	角值 (° ′ ″)

8. 思考题

（1）什么是水平角？经纬仪为什么能测出水平角？

（2）如何使用 DJ_6 型光学经纬仪的两种读数装置进行读数？

（3）在观测水平角时，采用盘左、盘右观测，可以消除哪些因素对测角的影响？

实验8 经纬仪的检验与校正（水平部分及竖盘检校）（课外实验）

专业班级： 组别： 组长： 组员： 成绩：

1. 实验目的

了解经纬仪各主要轴线之间应满足的几何关系，并学会其检验校正方法。

2. 实验器具

经纬仪、校正针、小螺丝刀（需用时向指导教师借用）、记录板。

3. 实验内容

（1）照准部水准管检校。

（2）十字丝检校。

（3）视准轴检校。

（4）横轴的检验。

（5）竖盘检校。

4. 实验要求

（1）各项内容经检验，如条件满足，则可不进行校正，但必须当场掌握校正时应如何拨动校正螺钉的方法。

（2）必须先行检验，发现不满足条件要求时按所学原理进行校正。不得盲目用校正针硬行拨动校正螺钉。

（3）拨动校正螺钉后必须再行检验。

（4）允许残留误差：水准管一格，二倍照准差60″。

（5）求出指标差，指标差小于24″时可不作校正，但应弄明白如何进行校正，先动哪个螺旋，使读数对准多少，应拨动哪个校正螺钉。

5. 实验步骤（可自行加附页）

6. 实验记录

经纬仪检验校正记录表

<table>
<tr><td colspan="4">仪器号码：　　　　　　日期：　　　　　　检校者：</td></tr>
<tr><th>顺序</th><th>项　目</th><th>检验情况</th><th>校正过程及残留误差</th></tr>
<tr><td>1</td><td>水准管
($LL \perp VV$)</td><td>仪器整平后，使气泡严格居中，照准部旋转180°后气泡偏离
第一次偏____ ____格
第二次偏____ ____格
第三次偏____ ____格
第四次偏____ ____格</td><td>拨回一半
第一次偏____ ____格
第二次偏____ ____格
第三次偏____ ____格
第四次偏____ ____格
再检验后残留误差____格</td></tr>
<tr><td>2</td><td>十字丝
(纵丝$\perp HH$)</td><td>纵丝歪斜情况：检验时十字丝纵端点瞄准某点，上下移动十字丝，该点移动的位置用下图说明。
检验时望远镜视场图<table><tr><td>点在纵丝一端
位　置</td><td>点在纵丝另一端
位　置</td></tr><tr><td></td><td></td></tr></table></td><td>校正后再检验的情况</td></tr>
<tr><td>3</td><td>视准轴
($CC \perp HH$)</td><td>使望远镜大致水平，盘左盘右瞄准固定点P，精确读取其水平盘读数 M_1 和 M_2 视准差 $C=\frac{1}{2}(M_1-M_2\pm180°)$<table><tr><th>次序</th><th>竖盘位置</th><th>水平盘读数
(° ′ ″)</th><th>C
(″)</th></tr><tr><td rowspan="2">1</td><td></td><td></td><td rowspan="2"></td></tr><tr><td></td><td></td></tr><tr><td rowspan="2">2</td><td></td><td></td><td rowspan="2"></td></tr><tr><td></td><td></td></tr><tr><td rowspan="2">3</td><td></td><td></td><td rowspan="2"></td></tr><tr><td></td><td></td></tr></table></td><td>正确读数 $M=\frac{1}{2}(M_2+M_1\pm180°)$
(1) 转动水平水平动螺旋，使盘右读数对准 M。
(2) 打开十字丝护盖，先轻轻松开十字丝的上或下螺钉，再拨动左、右校正螺钉，使十字丝交点对准 P<table><tr><th>次序</th><th>M
(° ′ ″)</th></tr><tr><td>1</td><td></td></tr><tr><td>2</td><td></td></tr><tr><td>3</td><td></td></tr></table>再检验残留误差：</td></tr>
</table>

续表

<table>
<tr><th>顺序</th><th colspan="3">项 目</th><th colspan="4">检验情况</th><th colspan="2">校正过程及残留误差</th></tr>
<tr><td>4</td><td colspan="3">横轴
($HH \perp VV$)</td><td colspan="4">用盘左位置瞄准一清晰固定的高点 M，固定照准部，令望远镜俯至与仪器同高水平位置，根据十字丝交点标出一点 m_1，然后倒转望远镜，在盘右位置仍瞄准高点 M，仍使望远镜俯至水平位置，据十字丝交点标出一点 m_2，若与 m_1 点重合，则满足 $HH \perp VV$，否则应校正</td><td colspan="2">注：此项校正需在室内进行，故实验课只作检验，不作校正。作图如下：</td></tr>
<tr><td rowspan="7">5</td><td>检验次数</td><td>测站</td><td>目标</td><td>竖盘位置</td><td>竖盘读数
(° ′ ″)</td><td>竖直角
(° ′ ″)</td><td>$x=\frac{\alpha_2+\alpha_1}{2}$
(° ′ ″)</td><td>$x=\frac{\alpha_2-\alpha_1}{2}$
(° ′ ″)</td><td></td></tr>
<tr><td rowspan="2">第一次</td><td rowspan="2"></td><td></td><td></td><td></td><td></td><td rowspan="2"></td><td rowspan="2"></td><td>$x<30''$结束</td></tr>
<tr><td></td><td></td><td></td><td></td><td>$x>30''$校正后
转入第二次检验</td></tr>
<tr><td rowspan="2">第二次</td><td rowspan="2"></td><td></td><td></td><td></td><td></td><td rowspan="2"></td><td rowspan="2"></td><td>$x<30''$结束</td></tr>
<tr><td></td><td></td><td></td><td></td><td>$x>30''$校正后
转入第二次检验</td></tr>
<tr><td rowspan="2">第三次</td><td rowspan="2"></td><td></td><td></td><td></td><td></td><td rowspan="2"></td><td rowspan="2"></td><td></td></tr>
<tr><td></td><td></td><td></td><td></td><td></td></tr>
</table>

7. 思考题

(1) 什么是水平角？经纬仪为什么能测出水平角？

(2) 如何使用 DJ_6 型光学经纬仪的两种读数装置进行读数？

(3) 在观测水平角时，采用盘左、盘右观测，可以消除哪些因素对测角的影响？

实验9　距离测量和直线定向（课外实验）

专业班级：　　　　　　组别：　　　　　　组长：　　　　　　组员：　　　　　　成绩：

1. 实验目的和要求

（1）掌握钢尺的正确使用方法。

（2）掌握钢尺量距的一般方法与成果计算。

（3）了解森林罗盘仪的构造，熟悉森林罗盘仪的使用方法并进行直线定向。

（4）限差要求：平坦地区，钢尺量距的相对误差不大于$\frac{1}{3000}$；在量距困难地区，其相对误差不大于$\frac{1}{1000}$。

2. 实验任务

在校园内平坦的地面上，完成一段长约80～90m的直线的往返丈量任务，并用经纬仪进行直线定线，用森林罗盘仪完成2～3个方向的直线定向。

3. 实验仪器工具

30或50m钢尺1，花杆3～4，测钎1束，木桩3，斧头1，记录板1。

4. 注意事项

（1）钢尺量距的原理简单，但在操作上容易出错，要做到三清：零点看清——尺子零点不一定在尺端，有些尺子零点前还有一段分划，必须看清；读数认清——尺上读数要认清m，dm，cm的注字和mm的分划数；尺段记清——尺段较多时，容易发生少记一个尺段的错误。

（2）钢尺容易损坏，为维护钢尺，应做到“四不”（不扭、不折、不压、不拖），用毕要擦净、涂油后才可卷入尺壳内。

（3）前、后尺手动作要配合好，定线要直，尺身要水平，尺子要拉紧，用力要均匀，待尺子稳定时再读数或插测钎。

（4）用测钎标志点位，测钎要竖直插下，前、后尺所量测钎的部位应一致。

（5）读数要细心，小数要防止错把9读成6，或将23.041读成23.014等。

（6）记录应清楚，记好后及时回读，互相校核。

（7）量距越过公路时，不允许往来车辆碾压，以免损坏。

5. 实验步骤（可自行加附页）

6. 实验数据

钢尺量距的一般方法记录与计算表

日　　期：　　　　　　　　　仪器型号：　　　　　　　　　观测者：
时　　间：　　　　　　　　　天　　气：　　　　　　　　　记录者：

测量起止点	测量方向	整尺长（m）	整尺数	余长（m）	水平距离（m）	往返测较差（m）	平均距离（m）	精度
$A-B$	往测							
	返测							
辅助计算备注								

7. 思考题

（1）在钢尺量距前，为什么要进行直线定线？如何进行定线？

（2）钢尺量距的基本要求是什么？钢尺量距有哪些误差来源？

（3）钢尺量距的一般方法的限差要求是多少？

实验10 视 距 测 量

专业班级： 组别： 组长： 组员： 成绩：

1. 实验目的

掌握经纬仪视距法测定碎部点与测站点间的高差与水平距离的方法。

2. 实验器具

经纬仪、视距尺、计算器、记录板。

3. 实验内容

安置仪器于测站上，每组同学各人轮换测量周围五个固定点（自己选定点后做标记），将观测数据记录在视距测量观测数据记录表中，用电子计算器计算出水平距离和高差。

4. 实验要求

水平角、竖直角读数到分，水平距离计算至 0.1m，高差计算至 0.01m。

5. 实验步骤（可自行加附页）

6. 观测记录

视距测量观测数据记录表

日　　期：　　天　　气：　　观测者：　　记录者：
测站名称：　　测站高程：　　仪器高：　　仪器型号：

测点	下丝读数 上丝读数 （m）	视距间隔 （m）	中丝读数 （m）	竖盘读数 （°　′　″）	竖直角 （°　′　″）	水平距离 D（m）	初算高差 h'（m）	高差 h（m）	测点高程 H（m）

7. 思考题

立水准尺时，尺子前、后、左、右四个方向上的倾斜对水平距离和高差的观测结果有没有影响？如有，哪位情况最大？试分析说明。

实验11 光电测距仪测距

专业班级：　　　　组别：　　　　组长：　　　　组员：　　　　成绩：

1. 实验目的

了解使用光电测距仪的工作方法与注意事项。

2. 实验器具

光电测距仪、反射棱镜、记录板、2m小钢卷尺。

3. 实验内容

练习用光电测距仪测出地面上两点的距离和高差。

4. 实验要求

(1) 在地面两个固定点上分别安置好光电测距仪和反射棱镜（注：此实验受仪器条件限制，一般是以小班或大组为单位进行。加之仪器比较精密贵重，故此项工作也可由教师事先完成）。

(2) 各人确定气象改正旋扭挡位，在教师的直接指导下，轮流顺次操作。

5. 实验步骤（可自行加附页）

6. 观测记录

光电测距仪测距记录

<table>
<tr><td colspan="4">天气
呈象：</td><td colspan="5">仪器型号：
反射镜块数：</td><td colspan="4">观测者：
记录者：</td><td colspan="3">日期：
时间：</td></tr>
<tr><td rowspan="3">仪站
仪高</td><td rowspan="3">镜站
镜高</td><td colspan="2">竖盘读数</td><td colspan="2">气温</td><td colspan="2">气压</td><td rowspan="3">气象
改正数</td><td colspan="4">显示平距</td><td rowspan="3">中误差</td><td rowspan="3">高差</td><td rowspan="3">备注</td></tr>
<tr><td rowspan="2">盘位</td><td rowspan="2">° ′ ″</td><td rowspan="2">编
号</td><td rowspan="2">读
数</td><td rowspan="2">编
号</td><td rowspan="2">读
数</td><td colspan="2">第一次瞄准</td><td colspan="2">第二次瞄准</td></tr>
<tr><td>读数</td><td>光强</td><td>读数</td><td>光强</td></tr>
<tr><td rowspan="2"></td><td rowspan="2"></td><td>左</td><td></td><td rowspan="2"></td><td rowspan="2"></td><td rowspan="2"></td><td rowspan="2"></td><td rowspan="2"></td><td>1
2
3</td><td rowspan="2"></td><td>1
2
3</td><td rowspan="2"></td><td rowspan="2"></td><td rowspan="2"></td><td rowspan="2"></td></tr>
<tr><td>右</td><td></td><td>平均</td><td>平均</td></tr>
<tr><td rowspan="2"></td><td rowspan="2"></td><td>左</td><td></td><td rowspan="2"></td><td rowspan="2"></td><td rowspan="2"></td><td rowspan="2"></td><td rowspan="2"></td><td rowspan="2"></td><td rowspan="2"></td><td rowspan="2"></td><td rowspan="2"></td><td rowspan="2"></td><td rowspan="2"></td><td rowspan="2"></td></tr>
<tr><td>右</td><td></td></tr>
<tr><td></td><td></td><td>左</td><td></td><td></td><td></td><td></td><td></td><td></td><td></td><td></td><td></td><td></td><td></td><td></td><td></td></tr>
</table>

7. 思考题

相位式和脉冲式光电测距仪测距原理各是什么？

实验 12　闭合导线测量（课内实验）

专业班级：　　　　　　组别：　　　　　　组长：　　　　　　组员：　　　　　成绩：

1. 实验目的与要求

（1）掌握闭合导线的布设方法。

（2）掌握闭合导线的外业观测方法。

（3）测量限差：半测回的较差不大于 20″，导线方位角闭合差不大于$\pm 60''\sqrt{n}$；钢尺量距的相对误差不大于 1/3000；导线全长相对闭合差 K 不大于 1/2000。

（4）掌握闭合导线的内业计算方法。

2. 实验任务

在校园内每组选择一地势较平坦视野开阔的场地布置 4～5 个点构成一闭合导线，然后进行距离测量和导线转折角的测量等外业观测和内业计算，用森林罗盘仪测定起始边的磁方位角。

3. 实验仪器工具

DJ_6型经纬仪或 DJ_2型经纬仪 1、钢卷尺 1，水准尺 2，记录板 1，斧头 1，木桩 4～5、小钉数个、测钎数个。

4. 实验注意事项

（1）相邻点间通视良好，地势较平坦，便于测角和量距。

（2）点位应选在土质坚实处，便于保存标志和安置仪器。

（3）视野开阔，便于测图和放样。

（4）导线各边长度应大致相等，除特殊条件外，导线边长一般在 50～350m 之间。

（5）导线点应有足够密度，分布较均匀，便于控制整个测区。

（6）测角时应用盘左、盘右位观测，且半测回的较差不得大于 20″。

（7）使用罗盘仪时，用完后务必把磁针托起，以免磁针脱落。

（8）钢尺切勿扭折或在地上拖拉，用后要用油布擦净，然后卷入盒中。

（9）闭合导线的外业观测完成后，要做好闭合导线测量的内业计算。

5. 实验步骤（可自行加附页）

6. 实验数据

导线测量外业记录表

日期：__________ 天气：__________ 仪器型号：__________ 组　号：__________
观测者：__________ 记录者：__________ 参加者：__________

测点	盘位	目标	水平度盘读数 (° ′ ″)	水平角		示意图及边长
				半测回值 (° ′ ″)	一测回值 (° ′ ″)	
						边长名：__________ 第一次＝__________m。 第二次＝__________m。 平　均＝__________m
						边长名：__________ 第一次＝__________m。 第二次＝__________m。 平　均＝__________m
						边长名：__________ 第一次＝__________m。 第二次＝__________m。 平　均＝__________m
						边长名：__________ 第一次＝__________m。 第二次＝__________m。 平　均＝__________m
校核	内角和闭合差 f＝					

导线测量内业计算表

测站	水平角 β		方位角（α）（° ′ ″）	边长 D	增量计算值		改正后增量		坐标值	
	观测值（° ′ ″）	改正后角值（° ′ ″）			$\Delta x'$（m）	$\Delta y'$（m）	Δx（m）	Δy（m）	x（m）	y（m）
			1							
			2							
			3							
			4							
			5							
			6							
			7							
总和										
	$f_{\beta}=$ $f_{\beta允}=\pm 40''\sqrt{n}$		$f_x=$ $f_s=$		$f_y=$ $K=$			$K_{允}=1/2000$		

7. 思考题

（1）导线测量的外业工作和内业工作包含哪些内容？

（2）导线有哪几种布设形式？各适用于哪些场合？

实验13 碎部测量（课外实验）

专业班级： 组别： 组长： 组员： 成绩：

1. 实验目的和要求

（1）了解经纬仪测绘法测绘地形图的方法和步骤。

（2）能合理选定地物、地貌的特征点。

（3）练习用地形图图式和等高线表示地物、地貌。测图比例尺为1∶500，等高距为1m。

2. 实验任务

在校园内一比较平坦地段选一直线，在直线的两个端点上安置仪器进行测图。

3. 实验仪器工具

DJ_6型经纬仪或DJ_2型经纬仪1，小平板1，绘图纸1，水准尺2，花杆1，皮尺1，比例尺1，量角器1，计算器1，记录板1，地形图图式1，小三角板1，小针1。

4. 实验注意事项

（1）读取竖直角时，指标水准管气泡要居中，水准尺要立直。

（2）每测约20个点，要重新瞄准起始方向，以检查水平度盘是否变动。

5. 实验步骤（可自行加附页）

6. 实验数据

碎 部 测 量 手 簿

测站：　　　　仪器高：　　　　　　指标差：　　　　　　　测站高：

点号	尺间隔 l (m)	中丝读数 (m)	竖盘读数 L (m)	竖直角 α (° ′ ″)	初算高差 h' (m)	改正数 $(i-v)$ (m)	改正之后高差 h (m)	水平角 β	水平距离 (m)	高程 (m)	点号	备注

7. 思考题

(1) 测图前应做好哪些准备工作？

(2) 平板仪的安置包括哪几项工作？

(3) 何谓地物及地貌特征点？它们在测图中有何作用？

(4) 经纬仪测图法与小平板加经纬仪联合测图法有哪些异同点？

实验 14　测设点的平面位置和高程（课内实验）

专业班级：　　　　　组别：　　　　　组长：　　　　　组员：　　　　　成绩：

1. 实验目的

掌握用极坐标法进行点的平面位置测设和用水准仪进行设计高程的测设。

2. 实验器具

经纬仪、水准仪、水准尺、钢尺、花杆、木桩、测钎、斧头、计算器、记录板。

3. 实验内容

（1）计算准备点平面位置（用极坐标法）的放样数据并进行测设。

（2）计算准备点设计高程的放样数据并进行测设。

4. 实验要求

（1）按所给的假定条件和数据，计算出放样数据。

（2）根据计算出的数据进行测设，每组测设 2 个点。

（3）计算完毕和测设完毕后，都必须进行认真的校核。

5. 点位测设记录

（1）点的平面位置测设。

1）点的平面位置测设数据准备。

已知点坐标			待测设点坐标			测设数据				
点名	x （m）	y （m）	点名	x （m）	y （m）	边名	水平距离 （m）	坐标方位角 （° ′ ″）	角名	水平角 （° ′ ″）

检测	设计距离			设计角度		
	实际距离			实际角度		
	相对精度			角度误差		

2）简述点位测设的方法（要求写出测设步骤）。

（2）点的高程测设。

1）点的高程测设数据准备。

<table>
<tr><th rowspan="2">测站</th><th colspan="3">已知高程点</th><th rowspan="2">视线高程</th><th colspan="6">待测设高程点</th></tr>
<tr><th>点号</th><th>高程</th><th>后视读数</th><th>点号</th><th>设计高程</th><th>前视读数</th><th>实际高程</th><th>应读前视</th><th>填挖高度</th></tr>
<tr><td></td><td></td><td></td><td></td><td></td><td></td><td></td><td></td><td></td><td></td><td></td></tr>
<tr><td></td><td></td><td></td><td></td><td></td><td></td><td></td><td></td><td></td><td></td><td></td></tr>
<tr><td></td><td></td><td></td><td></td><td></td><td></td><td></td><td></td><td></td><td></td><td></td></tr>
<tr><td></td><td></td><td></td><td></td><td></td><td></td><td></td><td></td><td></td><td></td><td></td></tr>
<tr><td></td><td></td><td></td><td></td><td></td><td></td><td></td><td></td><td></td><td></td><td></td></tr>
<tr><td rowspan="3">检测</td><td colspan="2">设计高差</td><td colspan="2"></td><td colspan="2"></td><td colspan="2"></td><td colspan="2"></td></tr>
<tr><td colspan="2">实际高差</td><td colspan="2"></td><td colspan="2"></td><td colspan="2"></td><td colspan="2"></td></tr>
<tr><td colspan="2">误　差</td><td colspan="2"></td><td colspan="2"></td><td colspan="2"></td><td colspan="2"></td></tr>
</table>

2）简述点的高程测设方法（要求写出测设步骤，并绘出测设略图）。

6. 思考题

（1）什么是测设？测设的基本工作有哪些？它们与量距、测角、测高差有何区别？

（2）角度测设的方法有哪些？如何操作？

实验 15 圆曲线的测设（课外实验）

专业班级： 组别： 组长： 组员： 成绩：

1. 实验目的

掌握应用偏角法或应用直角坐标法测设圆曲线。

2. 实验器具

经纬仪、花杆、测钎、皮尺、木桩、计算器、记录板。

3. 实验内容

（1）在现场选定两条相交折线并安置经纬仪在转折点上，测定其转折角 α，并假定转折点的桩号。选定一个适当的半径 R，在转折处测设一个圆曲线。

（2）圆曲线三主点的数据计算和测设。

（3）圆曲线细部点的数据计算和测设。

4. 实验要求

（1）每 5m 弧长测设一个细部点。

（2）圆曲线细部放样到终点时，角度拟合误差$\leqslant 3'$，距离拟合误差 $\Delta s/L \leqslant 1/1000$（式中 Δs 为与终点不拟合相差的距离；L 为曲线长度）。

5. 圆曲线测设记录

（1）计算圆曲线元素及主点桩桩号：

转折点桩号： 转折角 α= 曲线半径 R=

$T=R\tan\dfrac{\alpha}{2}=$ 曲线起点桩号：

$L=R\alpha\times\dfrac{\pi}{180}=$ 终点桩号：

$E=R\left(\sec\dfrac{\alpha}{2}-1\right)=$ 中点桩号：

（2）主点测设。

1）置仪器于转折点；

2）瞄准起点方向，仪器度盘对零，在此方向上丈量切线长 T，地上标定出起点；

3）水平盘读数配置 $180°-\alpha$，在此方向上丈量切线长 T，地上标定出终点；

4）水平盘读数配置是 $180°-\alpha$，在此方向上丈量外矢矩 E，地上标定出中点。

（3）细部点测设数据计算及测设检查。

1）直角坐标法。

a. 曲线细部点坐标计算，见下表。

曲线细部点坐标计算

距起（终）点弧长	$i=1$ 5m	$i=2$ 10m	$i=3$ 15m	20m	25m	30m	曲线终点 （或起点）
x							
y							

注 计算公式：$\begin{cases} x_i=R\sin\varphi_i, & \varphi_i=\dfrac{l}{R}\cdot\dfrac{180°}{\pi} \\ y_i=R-R\cos\varphi_i, & i=1,2,3,\cdots \end{cases}$ l=弧长（5m）

b. 测设的检查。以曲线起（终）点为坐标原点，切线为 x 轴，用直角坐标法测设圆曲线细部点。检查终点拟合误差：

角度误差＝

距离误差＝

2）偏角法。

a. 偏角计算，见下表。

曲线细部点偏角计算

桩　号	偏角 （°　′　″）	测设时度盘读数 （°　′　″）	备注
起点（或终点）			l_1＝　　s_1＝ l＝5.0m　　s＝ l_2＝　　s_2＝ 计算公式： $\frac{\varphi_1}{2}=\frac{l_1}{2R}\frac{180^\circ}{\pi}$，$s_1=2R\sin\frac{\varphi_1}{2}$ $\frac{\varphi}{2}=\frac{l}{2R}\frac{180^\circ}{\pi}$，$s=2R\sin\frac{\varphi}{2}$ $\frac{\varphi_2}{2}=\frac{l_2}{2R}\frac{180^\circ}{\pi}$，$s_2=2R\sin\frac{\varphi_2}{2}$

b. 测设检查。从曲线起点开始测设圆曲线细部点。检查终点拟合误差：

角度误差＝

距离误差＝

实验 16　全站仪的使用（课内实验）

专业班级：　　　　　　组别：　　　　　　组长：　　　　　　组员：　　　　　　成绩：

1. 实验目的

（1）了解全站仪各部件及键盘按键的名称和作用。

（2）掌握全站仪的安置和使用方法。

（3）练习用全站仪进行角度测量、距离测量、高程测量及坐标测量的方法。

2. 实验任务

每人至少安置一次全站仪，选择两个高、低不同稍有起伏的目标点供观测。分别瞄准两个目标，读取水平盘读数及距离。

3. 实验器具

全站仪 1（包括反射棱镜、棱镜架）、测伞 1、记录板 1。

4. 实验要求

（1）使用各螺旋时，用力应轻而均匀。

（2）全站仪从箱中取出后，应立即用中心连接螺旋连接在脚架上，并做到连接牢固。

（3）各项练习均要认真仔细完成，并能熟练操作。

5. 实验步骤（可自行加附页）

6. 实验数据

天气仪器型号　　　　　　观测者　　　　　　记录者　　　　　　日期：

序号	测站	目标点	观测角读数		2C	平均读数	角度	水平距离		平均距离	高差
			盘左	盘右				盘左	盘右		

7. 识别下列各部件并写出它们的功能

部件名称	功　能
望远镜调焦螺旋	
望远镜扶手	
水平制动螺旋	
水平微动螺旋	
垂直制动螺旋	
垂直微动螺旋	
管水准器	
圆水准器	

8. 思考题

(1) 电子全站仪由哪些主要部分组成？试述双轴倾斜传感器的功能与原理。

(2) 试述电子全站仪的一般程序功能。

实验 17　全站仪坐标放样（课外实验）

专业班级：　　　　　组别：　　　　　组长：　　　　　组员：　　　　　成绩：

1. 实验目的

掌握用全站仪进行施工放样点位。

2. 实验器具及人员

每组全站仪 1 台、小钢尺 1 把、测钎 1 个、单棱镜 1 个、记录板 1 个。

3. 实验任务

每组完成 3 个空间点的放样任务。

已知点：0(500，500，50)，后视点（540，530，50.i)

待放样点 A(515.j，520.j，50.j)、B(420.j，510.j，50.j)、C(520.j，475.j，50.j)（i、j 分别为班、组号）

4. 注意事项

(1) 放样检查：边长误差≤±20mm，角度误差≤±60″。

(2) 实验前各组将放样数据计算好、放样草图准备好。

(3) 先放样平面位置，再放样高程位置。

5. 实验步骤（可自行加附页）

6. 实验数据

工程名称						桩号及部位					
测量点	设计坐标（m）			实测坐标（m）			坐标差（mm）				示意图：
	x	y	H	x	y	H	Δx	Δy	Δs	ΔH	
测站数据	测站点号		坐标				仪器高		棱镜类型： $P=-30$mm		
	后视点号		坐标				棱镜高				
									仪器型号：宾得 300		

测量者：　　　　　　　　记录者：　　　　　　　　日期：

7. 思考题

简述全站仪放样的优点。

实验18　全站仪坐标测量（课外实验）

专业班级：　　　　组别：　　　　组长：　　　　组员：　　　　成绩：

1. 实验目的

（1）掌握全站仪坐标测量时输入起始数据的方法。

（2）熟悉全站仪坐标测量的方法。

2. 实验器具及人员

（1）仪器、工具：全站仪1。

（2）人员组织：每4～5人一组，轮换操作。

3. 实验内容

（1）在测站点A安置仪器，瞄准后视点B。

（2）通过操作面板输入：A点坐标（x_A，y_A，H_A），后视点坐标B（x_B，y_B，H_B），仪器高i。

（3）转动照准部瞄准B点，由显示屏读取B点坐标（x_B，y_B，H_B）。

4. 实验步骤（可自行加附页）

5. 注意事项

(1) 输入初始数据时应仔细认真，以免输错。

(2) 全站仪属精密仪器，要轻拿轻放。

(3) 全站仪望远镜不能直接瞄准太阳，以免损坏仪器元件。

	No：	No：
测站	x：	仪器高：
	y：	y：
	H：	H：

全站仪坐标测量手簿

测站	目标	坐标		高程（m）	备注
		x（m）	y（m）		

实验19 GPS接收机使用练习（课外实验）

专业班级： 组别： 组长： 组员： 成绩：

1. 实验目的、要求

（1）了解GPS接收机的构造。

（2）熟悉GPS接收机各部件的名称、功能和作用。

（3）简单掌握GPS接收机静态和动态作业的操作方法。

2. 实验内容

（1）由指导教师现场介绍接收机的基本组成和主要性能，并示范快速静态和实时动态操作步骤及记录方法。

（2）分组进行操作练习，学会进行接收机安置、观测数据采集、数据导入软件和成图方法。

1）认识GPS接收机的硬件组成。

2）电源（电池）的安装。安装电池时，先松开固连螺旋，按电源盒上的提示安装上电池。安装时，注意电池盒上标注的“+”“−”极性。

3）GPS接收机安装。将GPS接收机固定安装在三脚架基座上，对中整平，量天线高（在每时段观测前后各量取天线高一次，精确至毫米。采用倾斜测量方法，从脚架互成120°的三个空挡测量天线高，互差小于3mm，最后取平均值）。

4）GPS接收机操作。

a. 开机；

b. 参数输入（静态模式）；

c. 数据接收；

d. 状态面板；

e. 关机（长按电源键3s至关机）。

5）GPS接收机向PC及传输（下载）数据。

3. 实验仪器设备

每班实验仪器：接收机8台。

莱卡接收机配置：①莱卡1200型双频GPS接收机一台；②脚架一个（也可以采用测量墩）；③电池两块；④基座一个；⑤天线一个；⑥天线电缆一根；⑦供电电缆一根；⑧2m钢卷尺一把；⑨通信电台及相关连接设施、电源等。

4. 实验步骤（可自行加附页）

5. 注意事项

（1）GPS 接收机系精密仪器，操作时应小心谨慎，严格按照规程操作。

（2）观测员不得离开仪器，并尽量少用手机、对讲机等通信设备，以免引起电子信号干扰。

6. 思考题

（1）名词解释 GPS、RTK。

（2）GPS－RTK 用于工程测量有哪些优点？

实验 20　地形轴测图的绘制

请用手机微信扫描本页二维码阅览。

实验 21　在地形图计算矿藏储量

请用手机微信扫描本页二维码阅览。

实验 22　道路施工测量

请用手机微信扫描本页二维码阅览。

实验 23　古建筑沉降观测

请用手机微信扫描本页二维码阅览。

实验拓展部分内容

（《地形轴测图的绘制》《在地形图计算矿藏储量》

《道路施工测量》《古建筑沉降观测》）

微信扫码阅览

测 量 实 习

一、实习目的

利用《工程测量》的基本理论、基本知识与基本方法，系统地完成土木工程生产实际中的工作内容——测定和测设。

测量实习是教学的重要组成部分，是应用型人才培养的关键环节，也是巩固和深化课堂所学知识的重要环节，更是培养学生动手能力、团结合作精神、训练严谨的实践科学态度和工作作风的手段。通过地形图的测绘和建筑物的测设，为今后解决土木工程中有关测量工作的实践问题打下良好基础。

通过工程测量实习，应达到以下要求：

(1) 能独立进行施工平面控制网的布设、观测及成果计算。

(2) 能够进行地形图的测绘。

(3) 能根据图纸独立进行工程建筑物的点位的测设。

(4) 能进行测量资料的整编和工程报告的编写。

二、实习时间和地点

(1) 时间：两周。

(2) 地点：校内。

三、实习组织

以 4～5 人为一组，每组设组长一人，组长负责全组的实习分工安排和考勤，负责组内借用仪器工具的安全与管理。

四、实习要求

(1) 实习期间，实习时要按时出工，不得无故不随小组出工。有事必须向辅导员及指导老师请假，并有假条。

(2) 本次实训手写实训报告要调理清晰、层次分明，字迹要工整，切忌潦草，外业记录不能改动。

五、实习的主要内容

1. 控制测量

每组应在本组测图范围内，布设满足测绘大比例尺地形图与施工放样要求的图根导线。图根导线宜布设为单一闭合或附合导线的形式。控制测量的方法如下：

(1) 全站仪法。正式观测前应打开补偿器，测量出大气温度与气压，输入测出的大气温度与气压，以便仪器自动对距离施加气象改正。

1) 水平角观测。在角度测量模式下进行，用测回法观测导线点水平角一测回。

2) 水平距离与高差观测。在距离测量模式下进行，测前输入仪器高与镜高，将格网因子设置为 1。

(2) 经纬仪法。

1) 水平角观测。经纬仪测回法观测导线点水平角一测回。

2）水平距离观测。用钢尺的一般丈量方法，经纬仪定线，往返丈量导线边水平距离。

3）高差观测。采用图根水准测量法测量导线点的高差，可以采用每站两次变动仪器高法，也可以采用双面尺法，图根水准宜布设为附合水准或闭合水准形式。

（3）测量限差。

1）水平角观测限差。采用全站仪或经纬仪观测测回法观测一测回，半测回水平角较差应≤±24″。

2）水平距离测量限差。水平距离采用钢尺量距法往返丈量时，往返丈量相对较差应小于1/2000；水平距离采用全站仪或光电测距仪观测时，往返丈量相对较差应小于1/3000。

3）高差测量限差。采用水准测量法观测高差时，可以采用两次变动仪器高法，也可以采用双面尺法，每站两次观测高差之差应小于±5mm。采用全站仪三角高程测量法观测时，每条边长均应对向观测高差，每条导线边对向观测高差较差不应大于±2cm。

凡超过上述限差的观测数据，均应重新观测。

（4）导线点坐标与高程计算。导线点平面坐标与高程的计算宜使用Excel程序计算。

2. 大比例尺地形图的测绘

（1）比例尺的选择与测图任务量。测图比例尺宜选择1∶500。测图任务量一般为每组4格10cm×10cm方格范围。

（2）地形图的测绘与数字地形图的获取。

1）全站仪草图法数字测图。执行全站仪菜单模式下的“数据采集”命令测量并存储碎部点的坐标，坐标文件名可以使用“组号-测站名-序号”的规则命名，如“5-D3-2”的意义是，第5组在D3点观测的第2个坐标数据文件。碎部点的命名规则为“测站名-序号”，例如“D3-16”为在D3设站观测的第16号碎部点名。

全站仪草图法数字测图的分工是，1人操作全站仪，1人绘制草图，1人立尺，1人为联络员。

草图绘制的每个点均应注明点号，为保证绘制的碎部点点号与全站仪坐标数据文件中记录的碎部点点号一致，每测量10个碎部点，草图员应与观测员对一次点号。

完成一天的野外坐标采集返回宿舍后，应将当天测量的坐标文件下传到全站仪通信软件中，将其转换为CASS坐标数据格式存盘，在CASS中展绘坐标数据文件中的点号，草图员应对照野外绘制的草图，操作CASS绘制地物或地貌，当天测绘的数据应在当天晚上完成绘图工作。对存在问题的碎部点，应在第二天观测时重新测量。

2）量角器配合经纬仪视距测量法碎部测量。在测站安置DJ_6级经纬仪、量取仪器高、盘左瞄准后视点定向，将水平度盘读数配置为0°00′。瞄准另一个控制点，将其作为碎部点进行观测并展点，其与测图已展绘控制点的水平距离之差应≤±0.3mm，否则应重新观测并检查展点是否有误。

每个碎部点的观测与记录数据为上丝读数、下丝读数、水平盘读数与竖盘读数四个。组员分工是，1人操作经纬仪，1人操作编程计算器记录计算，1人展绘碎部点，1人立尺。

测站至碎部点的水平距离及碎部点的高程宜使用Excel计算，绘制地物或地貌，当天测绘的数据应在当天晚上完成绘图工作，当完成地形图测绘后，纸质地形图与数字地形图可以同时生成。对存在问题的碎部点，应在第二天观测时重新测量。

（3）地形图测绘的限差与接边。

1）地物点、地形点视距和测距最大长度要求应符合表1的规定。

表1　地物点、地形点视距和测距的最大长度　m

测图比例尺	视距最大长度		测距最大长度	
	地物点	地形点	地物点	地形点
1∶500	—	70	80	150
1∶1000	80	120	160	250
1∶2000	150	200	300	400

注　1. 1∶500比例尺测图时，在建成区和平坦地区及丘陵地，地物点距离应采用皮尺量距或光电测距，皮尺丈量最大长度为50m。
2. 山地、高山地地物点最大视距可按地形点要求。
3. 当采用数字化测图或按坐标展点测图时，其测距最大长度可按本表地形点放大一倍。

2）高程注记点的分布。

a. 地形图上高程注记点应分布均匀，丘陵地区高程注记点间距宜符合表2的规定。

表2　丘陵地区高程注记点间距　m

比例尺	1∶500	1∶1000	1∶2000
高程注记点间距	15	30	50

注　平坦及地形简单地区可放宽至1.5倍，地貌变化较大的丘陵地、山地与高山地应适当加密。

b. 山顶、鞍部、山脊、山脚、谷底、谷口、沟底、沟口、凹地、台地、河川湖地岸旁、水涯线上及其他地面倾斜变换处，均应测高程注记点。

c. 城市建筑区高程注记点应测设在街道中心线、街道交叉中心、建筑物墙基脚和相应的地面、管道检查井井口、桥面、广场、较大的庭院内或空地上及其他地面倾斜变换处。

d. 基本等高距为0.5m时，高程注记点应注至厘米；基本等高距大于0.5m时可注至分米。

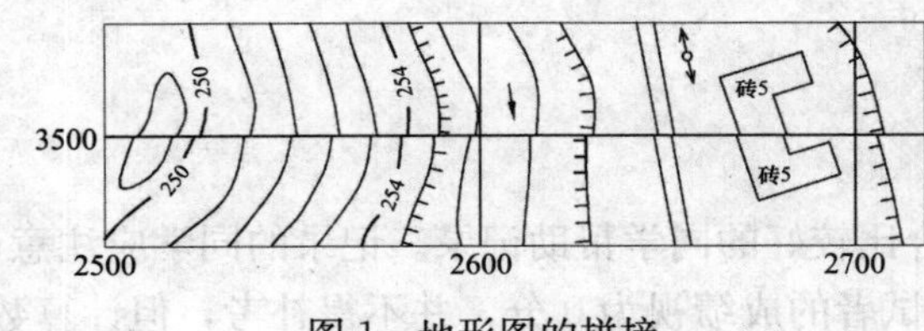

图1　地形图的拼接

3）地形图的拼接，见图1。接边差小于表3规定的平面、高程中误差的$2\sqrt{2}$倍时，可平均配赋，并据此改正相邻图幅的地物、地貌位置，但应注意保持地物、地貌相互位置和走向的正确性。超过限差时则应到实地检查纠正。

表3　地物点、地形点平面和高程中误差

地区分类	点位中误差（mm）	邻近地物点间距中误差（mm）	等高线高程中误差			
			平地	丘陵地	山地	高山地
城市建筑区和平地、丘陵地	⩽0.5	⩽±0.4	⩽1/3	⩽1/2	⩽2/3	⩽1
山地、高山地和设站施测困难的旧街坊内部	⩽0.75	⩽±0.6				

3. 建筑物轴线交点的放样

在本组已测量的地形图上设计一幢尺寸为15m×10m大小的矩形建筑物，建筑物距离已知图根点的水平距离宜≤30m，采用极坐标法将其轴线的平面位置测设至实地。如本组图幅内有空地，测设至本组图幅内；如本组图幅内没有空地，则可以测设至有空地的其他组图幅内。

（1）经纬仪＋钢尺放样法。水平角测设应使用正倒镜分中法，水平距离使用钢尺丈量。完成测设后，应分别将经纬仪安置在四个房角点上，用测回法观测水平角一测回，用钢尺丈量房角四点的水平距离，限差要求为：边长相对较差≤1/3000，角度较差≤90°±1′。

（2）全站仪坐标放样法。在CASS中采集设计尺寸为15m×10m矩形建筑物四个角点及附近图根点的坐标，并将其上传到全站仪的坐标文件中，在设计建筑物附近的图根点上安置仪器，打开仪器的电子补偿器，置全站仪于盘左位置，执行全站仪的“放样”命令，完成测站设置与后视点设置后，逐个选取矩形建筑物四个角点进行放样。可以使用钢尺丈量房角四点的水平距离进行检查，也可以执行全站仪的“对边测量”命令测量房角四点的水平距离进行检查，限差要求同上。

六、实习操作考试

1. 常规测量仪器操作考试

测量实习操作考试的内容有下列三项：

（1）经纬仪安置与测回法观测水平角。测量实习基地建立两个比较正规的照准标志，在地面设立10～20个点位标志，教师先用测回法测出这些点至两个照准标志的精确水平角。

经纬仪安置应使用光学对中法，对中误差应≤±2mm；测回法观测水平角一测回，半测回较差应≤±24″，一测回观测平均值与标准角度值的较差应≤±36″。

考试时，教师应佩带体育比赛用的秒表记录经纬仪安置与水平角观测时间。

（2）水准仪两次变动仪器高测量高差一站。教师应先用细绳将两把水准标尺绑定在路灯、树干或电线杆上，并保证竖直，教师先测出两个立尺点的高差，学生在两尺连线的中点附件安置水准仪观测。

两次观测的高差之差应≤±3mm。

（3）考试规则。

1）操作考试时，操作者可以请与自己配合比较好的同学帮助记录。记录的同学应注意，原始记录数据不得改动，凡有改动者，操作考试者的成绩视为0分，并不得补考，但计算数据算错可以按规范规定修改。

2）测量成果超限只允许重测一次，重测后取两次测量时间的平均值为考试时间；测量成果符合限差要求，只因操作时间过长者不允许补考。

2. 全站仪放样操作考试

（1）场地准备。全站仪操作考试的场地准备如图2所示，A_1～A_6为测站点，用于分组安置全站仪，C_1～C_6为每组的圆心点，这些点需要教师预先布置在实地，并用GPS方法精确测量点的平面坐标，教师在CASS中展绘A_1～A_6及C_1～C_6点，然后分别以C_1～C_6点为圆心，以4～5m的半径绘制圆，在圆弧上阵列8～10个点位，在CASS中采集这些点位的平面坐标，在考试前的晚上将第二天所采集点的坐标文件用电子邮件的方式发送给学生，要求每个组的学生将坐标文件预先上传到全站仪内存文件中，以便第二天操作考试。

上述圆的半径可以使每个组都不相同，例如，第1组的半径为4.1m，第2组的半径为4.2m等。

（2）考试内容与限差要求。每组在本组的点上安置好全站仪，以圆心点 C_i 为后视方向，每人放样一个圆周点，然后用钢尺丈量圆心点 C_i 与放样点的水平距离，要求与半径值的较差应≤±5mm。同时记录放样时间。

（3）操作考试的奖励。常规测量仪器与全站仪操作考试完成后，在三项考试的测量结果符号限差规定的人员中，按三项考试时间之和排序，取三项考试总时间最短的前 6 名学生进行奖励。奖励设一等奖 1 名、二等奖 2 名、三等奖 3 名，对获奖者颁发加盖院（系）公章的获奖证书，以资鼓励。

七、实习提供的资料

1. 每组提交的资料

（1）图根控制点选点图。

（2）图根控制测量的观测记录、计算成果。

（3）碎部观测计算手簿。

（4）1∶500 地形图。

（5）测设图纸、测设数据及检查测量。

（6）考勤表（附带每天的工作任务）。

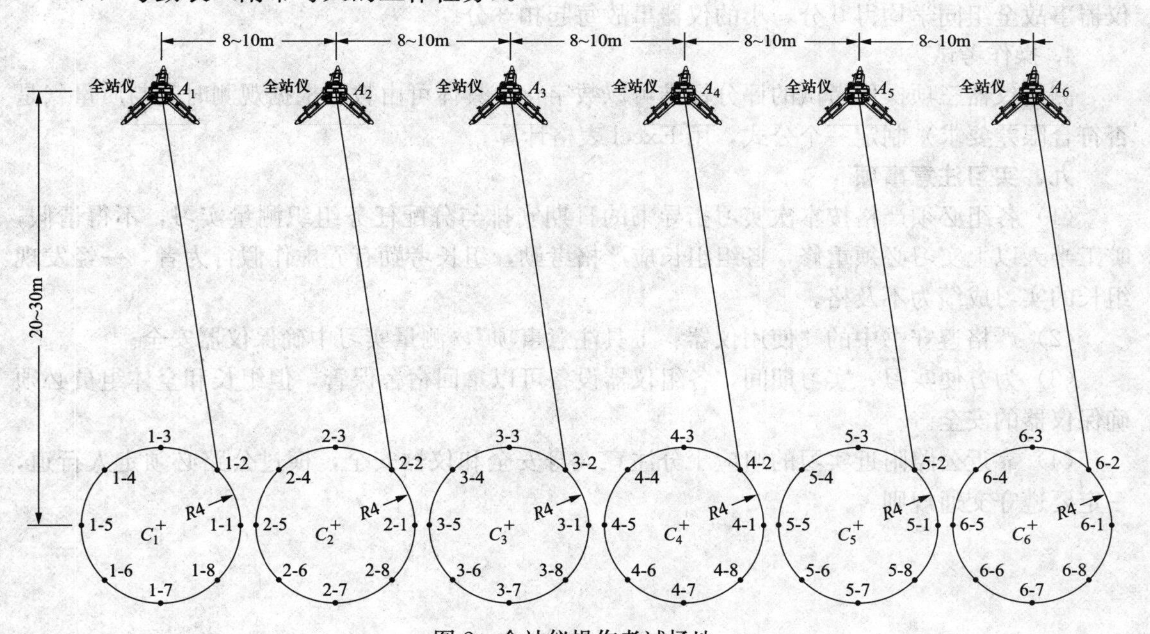

图 2 全站仪操作考试场地

2. 个人提交的资料

实习总结报告（附带讲座笔记）。

实习总结报告应写实习中自己做过的工作、体会与收获，不要计“流水账”，报告应写在 19cm×24.5cm 的方格信纸上，也可以用 Word 录入计算机打印出来，至少 1000 字。

注意：每组为单位，将组上交资料和个人上交资料统一装进档案袋，档案袋封皮注明袋内所装资料。

八、实习成绩的评定

测量实习成绩评定标准见表 4。

表 4　　　　测量实习成绩评定标准

项目	出勤及守纪情况	任务完成情况	仪器设备完好率	操作考试
分数	20	40	10	30

表 4 中四项内容的评分标准如下：

1. 出勤及守纪情况

实习期间，每天由组长负责按时填写考勤表，实事求是地记录组员当天所完成的工作内容、工作质量及工作时间。实习完成后由组长对全体组员综合打分后，按由好到差排一个队并连同考勤表一起上交指导教师。

2. 任务完成情况

按时按量完成实习任务的给 15 分，另 25 分为质量分。其中“完成实习任务”包括按规定时间完成了本组范围的测图任务，提供了全部记录计算资料；“质量”包括图根点平面坐标、高程及碎部观测记录、计算的规范性、正确性及图面质量。

3. 仪器设备完好率

实习期间如果没有发生任何仪器事故，全组同学均给满分（10 分），如发生了一起重大仪器事故全组同学均得 0 分，小的仪器事故每起扣 3 分。

4. 操作考试

测量仪器三项操作考试的评分标准可以数字化，具体可由教师根据观测时间与质量（是否符合限差要求）制定一个公式，用 Excel 表格计算。

九、实习注意事项

（1）各组必须严格按本次实习指导书的日期安排与分配任务组织测量实习，不得请假，旷工半天以上实习必须重修，各组组长应严格考勤，组长考勤有弄虚作假行为者，一经发现组长的实习成绩为不及格。

（2）严格遵守书中的“使用仪器、工具注意事项”，测量实习中确保仪器安全。

（3）为方便实习，实习期间，各组仪器设备可以拿回宿舍保管，但组长和全体组员必须确保仪器的安全。

（4）靠近公路附近实习的组应十分注意人身安全和仪器安全，横过公路必须走人行道，一定要遵守交通规则。